国防电子信息技术丛书

数据链系统与技术

（第2版）

赵志勇　毛忠阳　张　嵩　刘锡国　编著

電子工業出版社
Publishing House of Electronics Industry
北京·BEIJING

内 容 简 介

本书介绍了数据链的基本概念、发展历程和趋势，分析了 Link-4、Link-11、Link-16 和 Link-22 数据链的系统组成、工作模式、技术特点等内容，并以 Link-16 数据链为重点，全面阐述了该数据链的信道共享机制、时间同步技术、传输消息类型、封装结构、信号波形等内容，给出了多网、导航、中继、距离扩展等功能实现方法；以数据链关键技术为主线，详细论述了数据链的消息格式、信息传输、网络协议、通信安全等方面的相关知识，剖析了数据链的本质。

本书可作为高等学校通信工程、电子信息类等专业专科以上高年级的专业教材或参考书，参考学时 40 学时，也可作为从事数据链管理、系统设计和维护的工程技术人员的参考资料。

图书在版编目（CIP）数据

数据链系统与技术 / 赵志勇等编著. —2 版. —北京：电子工业出版社，2022.1

ISBN 978-7-121-42451-9

I. ①数… II. ①赵… III. ①数据传输－高等学校－教材 IV. ①TN919.1

中国版本图书馆 CIP 数据核字（2021）第 242662 号

责任编辑：竺南直
印　　刷：三河市鑫金马印装有限公司
装　　订：三河市鑫金马印装有限公司
出版发行：电子工业出版社
　　　　　北京市海淀区万寿路 173 信箱　　邮编：100036
开　　本：787×1092　1/16　印张：16　字数：410 千字
版　　次：2014 年 5 月第 1 版
　　　　　2022 年 1 月第 2 版
印　　次：2023 年 2 月第 3 次印刷
定　　价：55.00 元

凡所购买电子工业出版社图书有缺损问题，请向购买书店调换。若书店售缺，请与本社发行部联系，联系及邮购电话：(010)88254888，88258888。

质量投诉请发邮件至 zlts@phei.com.cn，盗版侵权举报请发邮件至 dbqq@phei.com.cn。

本书咨询联系方式：davidzhu@phei.com.cn。

前　　言

数据链是以通信网络为纽带，以信息处理为核心，将遍布陆海空天的战场感知系统、指挥自动化系统、火力打击系统和信息攻击系统等作战要素联为一个有机整体的信息网络系统，是传感器、指挥控制系统与武器平台综合一体化建设和数字集成的基础，是实现战场信息共享、缩短指挥决策时间、快速实施打击的保障。数据链作为“现代信息化作战的神经网络”，在多种平台间构建了“交叉”式传输网络，变革传统的树杈式信息传输模式为扁平化传输模式，使诸军兵种的各级指战员能在第一时间共享各种战术信息，实现信息传输的实时性。

数据链在军事上的应用水平在很大程度上决定着信息化战争的水平和能力。所以，加紧研究数据链的消息格式、信息传输、网络协议、通信安全等关键技术刻不容缓。战场信息的实时多维感知、战场信息的实时共享及目标的实时打击是数据链发展的方向，数据链是未来信息化战争取得战场主动权的有力保障。各国越来越重视对数据链的研究，尤其是美军/北约对数据链的研究和应用最为广泛，且在各种数据链研制方面尚处于领先地位。

该书紧跟数据链的发展趋势，及时、全面反映数据链的最新技术，力求语言精练、图文并茂，所述内容能够深入浅出、全面准确地反映当前数据链的新技术、新体制和未来的发展趋势。

该书共 11 章。第 1 章数据链的基本概念，主要介绍数据链的定义、类型、基本组成、特征，以及数据链在指挥控制系统、ISR 系统和武器系统中的应用。第 2 章数据链的发展历程，主要介绍数据链的兴起背景、外军战术数据链和宽带数据链的发展历程，分析外军数据链的发展特点和趋势。第 3 章 Link–4、Link–11 和 Link–22 数据链，主要介绍 Link–4、Link–11 和 Link–22 三种典型战术数据链的系统组成、系统特性、组网方式等内容。第 4 章 Link–16 数据链，主要从 TDMA 多址方式、传输消息类型、时隙分配、时间同步、传输波形、射频信号、消息封装结构等方面介绍了 Link–16 数据链的系统特性，从通信加密、多网、网络角色、精确参与定位与识别、相对导航、话音通信、中继、网络参与组功能等方面详细介绍了 Link–16 数据链的功能。第 5 章无人机数据链，主要介绍无人机测控系统及其关键技术，并以 TCDL、HIDL、QNT 数据链为例，介绍了无人机数据链的技术特点，分析无人机数据链的发展趋势。第 6 章数据链的消息格式，主要介绍 Link–16 和 Link–22 数据链的消息格式，分析消息格式的描述方法和数据元素字典的概念。第 7 章数据链的信息传输，分别从信道特性、调制技术和编码技术三个方面，详细分析数据链系统所采用的信息传输技术。第 8 章数据链的网络协议，主要介绍网络互联的基本概念，分析数据链网络的拓扑结构和网络协议栈，并以 Link–16 数据链为对象，深入剖析了数据链网络协议体系结构；最后，分析无线网络的 MAC 协议的类型及其在典型战术数据链中的应用。第 9 章数据链的通信安全，从通信抗干扰与抗干扰技术的理论基础出发，分析通信干扰与抗干扰的类型、准则和特点，详细阐述数据链系统中采用的扩频抗干扰技术，并以外军典型的战术数据链

Link–16 为对象，重点分析它的抗干扰和保密措施。第 10 章典型数据链系统的作战运用，介绍 Link-11 数据链的装备应用、网络管理和组网运用情况，以及 Link-16 数据链的装备应用、网络管理和在飞机指挥权交接中的运用情况。第 11 章数据链的新发展，主要从数据链端机设计、网络协议及新兴数据链系统三个方面介绍数据链技术的新发展。

本书由赵志勇、毛忠阳、张嵩和刘锡国编著，得到了教研室王瑞同志的大力支持。在本书的编写过程中，作者所在单位的领导和同事给予了很多帮助，在此对他们表示衷心的感谢！

由于作者水平有限，书中难免还存在一些错误和疏漏之处，希望广大读者批评指正。

编著者

2021.09

目　　录

第1章　数据链的基本概念

自20世纪90年代初的海湾战争至今，信息化战争作为一种全新的战争形态已登上现代战争的历史舞台。任何划时代的战争形态变革，都有其标志性的新武器，只有弄清标志信息时代战争的新武器及其特征，才能真正掌握信息化战争及其特点规律。最初我们遇到的战争形态是冷兵器战争，它的标志性武器就是刀、枪、剑、戟、弓、弩；到了热兵器战争时代，标志性武器变成了枪炮、火药；进入机械化战争时代后，我们看到的标志性武器就是车辆、舰船、飞机；而信息化战争的标志性武器，就是以数据链为核心的作战网络。

1.1　信息化战争中的数据链

1.1.1　数据链在近几场局部战争中的运用

数据链的建设是信息化战争的重要保证，数据链的应用水平在很大意义上决定着信息化战争的水平和能力。

海湾战争是第一场以精确打击为主要作战手段的信息化战争。虽然美军当时装备了数据链，如Link-4、Link-11、PADIL等，但由于数据链应用范围小、数据链系统种类繁多且各军种专用，这就导致了在组织、管理以及横向互通方面的巨大困难。基本上是作战平台加精确制导武器主导战场，战斗行动仅表现在打击平台的单打独斗，尚未形成由打击平台、航空侦察监视、天基信息系统和指挥控制中心组成的网络体系，部队和武器平台的作战效能未能得到充分发挥。由于没有有效的数据通信和实时指挥系统，目标信息的处理和传输较慢，一般需要数天才能完成。而且，海军舰船、巡航导弹和战机的打击计划需要由直升机送达旗舰指挥官，时效性差，经常出现计划赶不上变化的情况。由于目标信息传输慢，攻击的实时性差，打击移动目标和临时出现的目标非常困难，只能打击固定目标，到战争结束时，伊拉克军队仍有大量的“飞毛腿”导弹机动发射架未被摧毁。

科索沃战争是美国及其北约盟国发动的一场以联合火力打击为主要作战样式的高技术局部战争。除精确打击能力发展较快之外，这场战争的信息化水平有了一定的提高，增强了数据链的应用，并且开始形成数字化和网络化的指挥结构，特别是随着Link-16数据链装备数量的增加，数据链在联合火力打击中发挥越来越重要的作用。与海湾战争相比，E-3、E-8和F-15等飞机加装了Link-16数据链，可以实现多军种间不同平台的数据交联，由侦察传感器平台感知到的目标数据再也不用在地面/空中不断地周转才能送达武器平台，这大大缩短了目标打击周期。从目标探测感知到实施精确打击的周期由海湾战争的数小时甚至数天缩短为20分钟。不过Link-16数据链只装在上述少数几种飞机上，而且加装的飞机数量也不多，数字化和网络化程度较低。不过装有Link-16数据链的作战平台比没有装备数据链的作战平台的优势被凸显得淋漓尽致，这使得美军更加坚定了发展数据链装备的信念。

阿富汗战争是一场双方实力悬殊的高技术局部战争。在这场战争中，美军继续由机械化向信息化战争转型，继续将高技术装备投入战场进行试验。与海湾战争、科索沃战争中使用了大量高技术武器相比，阿富汗战争没有使用什么引人注目的武器，但由于信息化程度的提升，特别是数据链技术的普及，战争的信息化特点更加突出，使得美军的一体化联合作战能力得到快速提升，对快速变化目标的打击能力也得到很大提高。Link-16 数据链的应用范围扩大，除了 F-15E、B-2A 等战机外，F-16、F/A-18E/F、B-52 和 B-1B 等战机也加装了 Link-16 数据链，而且 AC-130 火力支援机和“捕食者”无人侦察机之间还建立了专用数据链。这主要是因为 Link-16 这样的通用战术数据链虽然功能强大，但是由于要兼顾不同平台的信息需求，因而数据传输速率不高。而“捕食者”和 AC130 之间建立的专用数据链路，其信息传输速率很高，甚至可以实现战场视频的实时传输。这样，一旦无人机发现目标，就立即将信息发送至 AC130，使得目标打击周期缩短到 10 分钟以内，并且可以有效打击突然出现的偶然目标，据说这类目标占所攻击目标总数的 80%左右。美军的数字化和网络化有了较大发展，美国空中打击信息体系初具规模。

伊拉克战争中美军进一步地把信息化网络中心战提高到了一个前所未有的水平。尽管美军此时使用的武器同阿富汗战争、科索沃战争相差无几，甚至同十几年前的海湾战争比较起来也变化不大，但是通过信息化改造，特别是通过数据链，使这些旧武器发挥了巨大的整体作战效能，数据链的作战使用进入了一个更高的层次。美空军的大部分 F-15E 攻击机和第 40 批以后的 F-16 战斗机，都完成了 Link-16 数据链的加装，形成了空中、空间侦察监视设施和地面指挥中心的网络化结构。战机一次攻击目标的数量增加，F-15E 攻击机一个飞行架次可攻击多达 9 个目标。由于数据链的有效使用，攻击的灵活性和实时性空前提高。

数据链与多种通信手段相结合实现了空、海军之间的情报信息共享。美海军“林肯”号航母上装备联合火力打击网络信息系统和传感器信息战术使用系统，不仅各航母编队间可共享情报信息，而且航母编队还能实时利用美空军 RC135、U-2 和“捕食者”侦察到的目标信息，对目标进行打击。

在伊拉克战争中，美军充分利用战术数据链创造的共享信息探测感知优势，重点强调对“时间敏感目标”的打击，实现了“侦察（确认）即打击”的目标。美军空袭部队和地面部队信息化联网，一旦侦察到敏感目标或地面部队需要空中火力支援时，可立即通过数据链将敌方的目标信息实时传输给指挥中心和空中待航的攻击机，攻击机在最短时间内根据指令实施攻击或火力支援，这一过程大概只有几分钟甚至更短时间。而在海湾战争中美军一般需要 2 天时间才能完成目标侦察、识别和打击准备。

以数据链为支撑的三军联合战术信息分发系统的使用，对于美军发挥信息优势，实施联合作战起到了至关重要的作用。在伊拉克战争中，美军构建了陆、海、空、天一体化的无缝隙全源情报体系，将各种空中侦察平台、武器平台通过数据链达成网络化和一体化，使美军“从传感器到射手”的时间大大缩短。数据链被美军尊称为“作战效能的倍增器”。

1.1.2 数据链对信息化作战的影响

1. 数据链是战场获取信息优势的重要基础

在信息化战场上，信息优势的直接结果是有利于夺取制信息权，获取丰富、及时的信息，这些信息可以使指挥员乃至每个作战单元清楚地了解当前的形势，使战场变得单向透明。信息优势不是简单地指拥有比对方多的信息量，还包括要拥有比对方可靠、快速的信息传输系统和更精确的信息服务等。数据链作为“现代信息化作战的神经网络”，在多种平台间构建了“交叉”式传输网络，变革传统的“树杈”式信息传输模式为“扁平”化传输模式，使诸军兵种的各级指战员能在第一时间共享各种战术信息，实现信息传输的实时性。数据链系统还采用了先进的纠错编码技术，以降低数据传输的误码率，保证了数据链传输的可靠性。此外，数据链系统的加密措施、信息格式的一致性和系统运行的智能性，使信息传输和利用更加及时、准确，从而为获取信息优势和夺取制信息权奠定了基础。

2．数据链可实现诸兵种作战力量之间的无缝链接

信息流可以分为对作战力量运用的指挥控制指令信息、从各种传感器及各级部队向上级报告的数据情报以及从传感器或指挥控制节点到发射平台之间的数据，前两者相辅相成不可或缺。没有数据情报及时准确的汇集，指挥人员就不能正确地判断态势，不能做出正确的决策，不能正确地下达命令；没有指挥人员的指挥控制指令信息的及时下达，指挥人员就无法协调部队的作战行动。传统的信息传输模式，各兵种作战力量之间横向信息交流较少，且无法以信息流快速准确地驱动火力，造成信息化战场上指挥、探测、识别、火力之间的脱节，不能形成快速精确打击能力，达不到作战目的。数据链的“扁平”化信息传递模式，实现了各兵种作战力量之间的横向信息交流，其战术信息数据的采集、加工、传输、处理到使用能自动完成，缩短了战术信息有效利用的时间，使各级指战员共享战场态势，使得“传感器到射手”信息流真正实现，从而使诸兵种作战力量之间无缝链接成为可能。

3．数据链将引发作战指挥方式的深刻变革

在传统作战模式中，信息流通呈“树杈”式，指挥员和指挥机关对指挥对象进行自上而下的指挥，或以控制协调指令干预指挥对象的作战行动，下级指挥员只能在被动地接受上级的指示后，再做出决策，进行相应的部署，使本级行动符合上级意图。在这种指挥模式中，由于下级指挥员不能全面感知上级意图，而是被动地接受上级指示，对战场的反应有延迟，是典型的流水线指挥，不可能实现指挥同步。在信息化战场上，利用数据链系统将分布在陆、海、空、天的各种侦察探测系统、指挥控制系统有机结合，实现了信息共享，各指挥终端的指挥员能够通过信息网络进行实时信息交流，也就是说，在信息面前除了特别规定外，指挥链上各级指挥员的信息地位是平等的。这就意味着各作战单元指挥员依托共享的信息系统，利用战场共享态势图，可以不经上级指挥员的干预，主动地进行自我协调，并将作战意图和相关的友邻信息近实时地传递给整个部队，达成作战行动的同步，协调一致地完成作战任务，部队实现了同步指挥。

4．数据链是作战武器装备效能发挥的倍增器

随着数据链的建设和发展，各作战平台、情报系统、指挥终端实现了高度一体化，信息传输达到了实时化。指挥员可以随时随地地获取各种所需信息，全面分析战场情况，准确判断敌情，选择最有效的某种火力或几种火力的组合，及时下达指令，从而在信息流、物质流和能量流充分结合的基础上实现了指挥决策的实时性和火力使用的科学性，使部队能在正确

的指挥下以最快的速度对目标实施最有效的打击，实现武器装备效能倍增的效果。同时，各作战力量之间通过实时的信息交换，使武器的关联度大大增强，可以根据不同的控制授权或火力呼叫，实现互联互通互操作，减少武器平台的机动频率和时间，大大提高了武器装备的作战效能。

5. 数据链使作战部署更加灵活、快速和准确

当各武器平台与信息系统建立起数据链路后，战场上的部队都能将各种传感器所获取的战场情景信息，通过纵横交错的通信传输网络，传送到各作战单元显示设备上，使各作战单元能及时看到整个战场的画面和作战态势，了解自己在战场上的确切地理位置，实现了战场环境的全透明化，这使得作战部署更加灵活、快速和准确。一是在兵力识别上，可根据实时战场环境，主要作战对象，特别是敌空袭兵器性能、空袭样式、空袭目标和空袭手段等灵活确定，使有限的兵力发挥最佳的效能；二是在作战编组上，可根据作战地区的实际情况变化和各兵种武器的数量和质量等，根据战争进程，进行编组力量的调整和补充，动态增加和调整作战编组的种类或结构形式；三是在兵力配置上，可根据全透明化的战场环境，将兵力配置在主要方向和重要作战时节，并能依据战场共享的作战信息迅速、准确地调整。

6. 数据链使作战协同更加精确、主动和灵活

作战协同是各兵种作战力量按照统一的协同计划在行动上的协调配合。其目的是形成作战力量合力，达到最大的作战效能。在机械化战场上，由于战前与战时的预测差距较大，协同计划很难全盘实施，而要采取临时协同方式，又因信息传输的时效性、安全性、保密性和可靠性差等原因无法高效达成。因此，协同问题一直是亟待解决的一个难题。数据链的诞生为从根本上解决协同难题奠定了坚实的技术基础。在协同方法上，可由“计划协同”向“随机协同”“自适应协同”转变；在协同关系上，通过实时传递的作战信息调整相互关系，使整个系统协调有序；在协同模式上，可根据精确传递的作战信息，达到精确使用作战资源、精确计算作战行动、精确预想作战效果的协同作战。

1.2 数据链的定义

数据链如此重要，那么什么是数据链呢？关于什么是数据链，军事专家、技术专家等不同人员站在不同的立场上，从不同角度出发，有不同的定义和理解。主要有以下几个方面的定义。

（1）数据链是武器装备的生命线，是战斗力的“倍增器”，是部队联合作战的“黏合剂”。

（2）数据链是将数字化战场指挥中心、各级指挥所、参战部队和武器平台链接起来的信息处理、交换和分发系统。

（3）数据链是获得信息优势，提高作战平台快速反应能力和协同作战能力，实现作战指挥自动化的关键设备。

（4）数据链通过无线信道实现各作战单元数据信息的交换和分发，采用数据相关和融合技术来处理各种信息。

（5）数据链是采用无线网络通信技术和应用协议，实现机载、陆基和舰载战术数据系统

之间的数据信息交换，从而最大限度地发挥战术系统效能的系统。

上述各种表述应该说都是对的，但不全面。广义地讲，所有传递数据的通信链路均可称为数据链，数据链基本上是一种在各个用户间，依据共同的通信协议，使用自动化的无线或有线收发设备传递、交换数据信息的通信链路。而狭义地讲，则可引用美国国防部对数据链下的定义：数据链是用于传输机器可读的战术数字信息的标准通信链路。数据链通过单一网络体系结构和多种通信媒体，将两个或多个指挥控制系统或武器系统链接在一起，从而进行战术信息的交换。

从通信的角度来看，数据链是按照规定的消息格式和通信协议，利用各种先进的调制解调技术、纠错编码技术、组网通信技术和信息融合技术，实时传输格式化数字信息的地/空、空/空、地/地间的战术无线数据通信系统。其本质是一种高效、实时传输保密、抗干扰、格式化消息的数据通信网络。

从作战体系角度来看，指挥、控制、通信、计算机、杀伤、情报、监视与侦察系统（简称 C^4KISR）是数字化战场联合作战的体系保障，数据链就是 C^4KISR 的信息传输“纽带”，是实现 C^4KISR 的通信基础设备。简单地说，“数据链”就是链接数字化战场上的作战平台（传感器平台、指挥控制平台以及武器平台），处理和传输（交换、分发）战术信息（态势信息、平台信息和作战控制指令等）的数据通信系统。

1．数据链链接的作战平台

根据平台的作战应用领域，通常将 C^4KISR 系统中的作战平台分为传感器平台、指挥控制平台和武器平台。通过数据链，在传感器平台、指挥控制平台和武器平台间形成数据链接关系。不同类型平台由于载荷的不同，产生的信息类型存在较大差异。

（1）传感器平台。传感器平台是数据链系统的情报信息源，分为侦察监视和预警探测两大类，分别为系统提供侦察监视情报信息和预警探测情报信息。

（2）武器平台。武器平台包括陆基、海上、空中和天基武器平台，是作战任务的具体执行者，实现拦截、攻击等不同作战任务。陆基武器平台以坦克、战车、火炮和导弹为代表，海上武器平台以舰艇和潜艇为代表，空中武器平台以各类飞机为代表，天基武器平台以天基激光武器等新概念武器为代表。

（3）指挥控制平台。指挥控制平台是部队实施作战决策、指挥控制的核心。包括陆海空各级地面/地下指挥所、指挥机动方舱、预警机/指挥通信机等。

数据链与作战平台的链接关系可用图 1.1 表示。

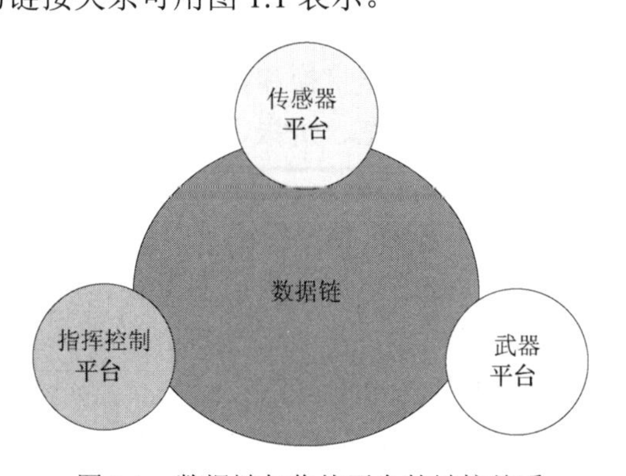

图 1.1　数据链与作战平台的链接关系

链接关系反映各作战平台之间的战术组合关系，如分布在空中某一区域的飞机编队、分布在海上某一区域的舰艇编队等。另外，传感器平台、武器平台、指挥控制平台多为组网形式，相互间构成传感器网络、指挥控制网络和武器协同网络。随着数据链技术的应用和发展，数据链的控制边界将延伸，链接平台的种类也将扩展。

2．数据链传输的消息

数据链传输的消息可分为两类：一类是提供给网内作战平台的战术消息，另一类是用于网络运行所必需的勤务消息。

（1）战术消息。数据链中传输的主要信息是战术消息。战术消息产生于作战平台，通过数据链在平台间传输，实现一定的作战任务。不同的战术任务，战术消息的类型和内容就不同。数据链的基本信息类型包括目标探测信息、态势信息、平台信息、指挥控制信息等。

传感器平台获取情报侦察信息是对敌方阵地、战略要地及重要设施的探测信息，包括敌方兵力部署、武器配置、武器性能、地形地貌及气象情况等情报；预警探测信息是对警戒距离内目标全天候的探测信息，包括目标位置、目标参数、目标属性等信息。态势信息是对探测信息融合处理后得到的更为精确的目标信息，如目标位置、航向、速度等。指挥控制信息是指挥人员对武器平台发送的引导控制指令，如左转、开加力、接敌等。平台信息表示武器平台自身的状态参数，如本机位置、航向、速度、油量以及挂载武器状态等。

根据战术任务，战术信息还将包括电子战信息、控制交接、战术协同信息等。数据链实现的功能越复杂，传输的战术信息种类越多。

（2）勤务消息。勤务消息是维护数据链系统正常运行所需的各种信息，一般由管理控制中心（指挥平台等大型平台）产生，如网络管理信息和信息管理信息。网络管理信息对数据链通信网络进行初始化、模式控制、运行管理及维护；信息管理信息对情报信息进行合批、分批、变更等处理与维护。

1.3 数据链的类型

根据数据链的作战应用领域，可将数据链分为三种类型：战术数据链、宽带数据链和专用数据链。

1．战术数据链

战术数据链是应用于战术级作战区域，传输数字信号（数据、文本及数字话音等）的数据通信链路，提供平台间的准实时战术数据交换和分发，以满足联合作战为主要目的，主要功能包括海上作战、空中控制、监视、防空、情报、空中作战、后勤、火力支援和机动等。从应用角度可大致分为以下三种类型。

（1）态势/情报共享型：以搜集和处理情报、传输战术数据、共享资源为主的战术数据链。

（2）指挥控制型：以常规通信命令的下达，战情的报告、请示，勤务通信以及空中战术行动的引导指挥等为主的战术数据链。

（3）综合型：包括前两型功能的战术数据链。

根据军兵种各自的作战行动特点，有各军兵种的战术数据链（陆军数据链、海军数据链、航空数据链等）和多军种通用数据链。随着战争理念的变化，在联合作战的军事需求牵引下，战术数据链逐步向支持三军联合作战和盟军协同作战的联合数据链方向发展。

战术数据链北约称为数据链路（Link），美军称为战术数字信息链路（Tactical Data Information Link，TADIL）。针对不同的作战需求、不同的作战目的以及不同的技术水平，在不同的历史阶段产生了多种战术数据链，主要包括美军的TADIL-A～TADIL-J系列，北约的Link-l、Link-2、Link-3、Link-4、Link-4A/B/C、Link-11/11B、Link-14、Link-16、Link-22 等系列。

2．宽带数据链

宽带数据链是专门用于分发对带宽要求高的侦察情报如图片、视频、高速数据流信息的数据链，它主要用于支持侦察和监视作战任务，具有统一的消息格式和波形规范、传输速度快、系统容量大等突出特点。拥有其他数据链无法比拟的通信带宽和数据通信能力，能够很好地解决网络中心战中图像、视频等大容量侦察情报高速传输的难题，因而目前在美军中得到了广泛的应用。随着作战网络中所需传送信息量的不断增大，对数据链路带宽的要求也越来越高，这就使得宽带数据链将在未来的信息化战争中扮演越来越重要的角色。因此，美国国防部于 20 世纪 70 年代开发传输 ISR（情报、侦察、监视）信息的宽带数据链，也称 ISR 数据链。目前已装备 E-3 空中预警机、E-8 侦察机、“全球鹰”无人机、“捕食者”无人机等侦察、监视平台。

美军研制的 ISR 宽带数据链很多，其中典型的宽带数据链系统有通用数据链、战术通用数据链和微型/小型无人机数据链等。

（1）通用宽带数据链（Common Data Link，CDL）

美国国防部 20 世纪 80 年代初提出并开始研制宽带数据链，于 1991 年将 CDL 确定为宽带情报侦察数据链标准，并发布了《CDL 波形规范》，同时得到了北约其他成员国的认可，之后北约也以该规范为基础发布了相应的北约宽带数据链标准 STANAG70850。通用宽带数据链链接指挥控制平台与空中平台（侦察机/无人机/卫星），主要传输图像和情报信息，执行侦察任务的空中平台可通过 CDL 对合成孔径雷达、光学照相、红外照相的图像进行实时传输。通用宽带数据链采用全双工的工作方式，具有抗干扰能力，工作频段主要有 C、X 和 Ku 频段，可利用卫星或空中中继飞机实现超视距通信。

（2）战术通用数据链（Tactical Common Data Link，TCDL）

虽然基于 CDL 的通用宽带数据链的数据传输能力完全能够满足无人机的各种战术需求，但是已有的 CDL 系列通用宽带数据链终端的重量、体积、功耗以及成本却无法适应无人机平台，于是专门针对类似无人机等小型平台的通用宽带数据链便诞生了，它就是战术通用数据链（TCDL）。除应用于无人机的 TCDL 系统外，美军也开发了可安装在直升机上的 TCDL 系统（“鹰链”Hawklink）、海军用的 TCDL 系统（TCDL-N）以及单兵使用的手持式 TCDL 系统。TCDL-N 是一种 Ku 频段的视距数据传输链路，用于将 P-3C 反潜机和 S-3 舰载反潜机获取的图像情报和信号情报传送到地面终端或者舰载终端。

（3）微型/小型无人机数据链

微型/小型无人机比战术无人机级别更低，通常配备背负式地面站。微型/小型无人机数据链与 TCDL 性能相似。以色列 Tadiran Spectralink 公司将“星链”（STARLink）和战术视频链路 II（Tactical Video Link II，TVL II）用于微型、小型无人机，以增强其战场的信息搜集能力。

“星链”是一个全数字化快速跳频系统，包括空中数据终端、地面数据终端和空中数据中继设备，所有这些设备都是微型的。该类型数据链适用于微型/小型无人机在城区、崎岖不平的地形、山上或有建筑物遮挡处进行侦察或战场损伤评估。

3. 专用数据链

专用数据链是应用于某个特殊战术领域的数据通信链路，可以理解为战术数据链的一类特殊分支。与战术数据链相比，其功能和信息交换形式较为单一。比较典型的有增强型定位报告系统（EPLRS）、态势感知数据链（SADL）、情报广播数据链、监视与控制数据链（SCDL）、武器数据链（WDL）、陆军1号战术数据链（ATDL-1）等。

1.4 数据链的基本组成

从数据链的组成要素角度来看，数据链系统包括三个基本要素：传输通道、通信协议和标准的格式化消息。

传输通道是数据链通信的基础，通常表现为端机、数据终端及电台等；通过选择合适的信道、工作频段、发射功率、调制解调方式等，产生数据链信号波形，满足数据链战术信息传输要求，如通信距离、通信方式、通信业务、通信带宽、传输速率等。

通信协议是数据链网络中有关信息传输顺序、网络控制方面的规约，主要解决各种应用系统的格式化消息如何通过信息网络可靠而有效地建立链路，从而快速达成信息的交互。它主要包括频率协议、波形协议、链路协议、网络协议等。在数据链系统各节点加载初始化程序后，各节点按照通信协议的操作控制及时序规定，自动生成、处理、交换战术信息，建立通信链路，形成一定拓扑结构的通信网络，满足作战任务的实时、可靠通信的需求，完成作战任务。

标准的格式化消息是对数据链传输信息的帧结构、信息类型、信息内容、信息发送/接收规则的详细规定，形成标准格式，以利于计算机生成、解析与处理。格式化消息是数据链系统传送的数据内容，它使机器可以识别，传输的数据可用于控制武器平台，也可以产生图形化的人机界面。严格科学的格式化消息标准是数据链广泛应用的前提条件。首先，它能够保证战场上的各类作战信息按照统一约定的格式传输分发达到共享；其次，在复杂的无线信道通信环境中，经编码技术处理的格式化消息能够提高链路抗干扰能力。有了科学的格式化消息标准才能够使各作战平台的传感器、指控系统、武器平台真正达到有机连接起来的目的。

从设备角度来看，数据链的组成部分主要包括战术数据系统（Tactical Data System, TDS）、接口控制处理器、数据链终端设备（端机）和无线收/发设备等，如图1.2所示。

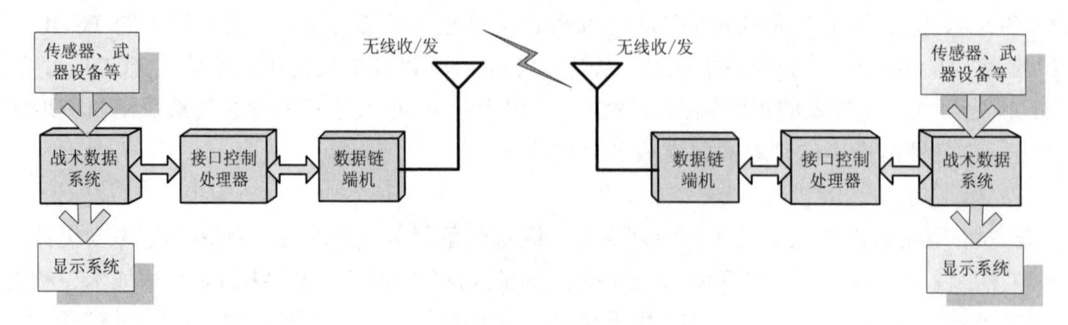

图1.2　数据链系统构成示意图

战术数据系统（TDS）实际上就是一台计算机系统，完成格式化消息转换。它接收各种传感器和操作员发出的数据（如雷达、CCD 成像系统、武器系统等），并将这些数据转换成标准的报文格式。

接口控制处理器完成不同数据链的接口和协议转换，实现战场态势的共享和指挥控制命令、状态信息的及时传递。为了保证对信息的一致理解以及传输的实时性，数据链交换的消息是按格式化设计的。根据战场实时态势生成和分发以及传达指控命令的需要，按所交换信息内容、顺序、位数及代表的计量单元编排成一系列面向比特的消息代码，便于在指控系统和武器平台中的战术数据系统及主任务计算机中对这些消息进行自动识别、处理、存储，并使格式转换的时延和精度损失减至最小。

数据链端机简称端机，是数据链网络的核心部分和最基本单元，主要由调制解调器、网络控制器和密码设备等组成。密码设备是数据链系统中的一种重要设备，用来确保网络中数据传输的安全。通信规程、消息协议一般都在端机内实现，它控制着整个数据链路的工作并负责与指挥控制或武器平台进行信息交换。一般要求端机具有较高的传输速率、抗干扰能力、保密性、鲁棒性和反截获能力，实现链路协议和动中通。数据链各端机之间需要构成网络便于交换信息，通信协议用于维持网络有序和高效地运行。传输通道通常是由端机和无线信道构成的，端机设备在通信协议的控制下进行数据收发和处理。

数据链的工作过程一般是：首先由作战单元的主任务计算机将本单元欲发送的战术信息，通过 TDS 按照数据链消息标准转换为格式化消息，经过接口处理及转换后，由端机按照组网通信协议处理后，再通过传输设备发送（通常为无线设备）。接收方（可以一个或多个）由其端机接收到信号后，由端机按组网通信协议进行接收处理，再经过接口处理及转换后，由 TDS 进行格式化消息的解读，最后送到主任务计算机进行进一步处理和应用，并通过图形符号的形式显示在作战单元的屏幕上。

1.5　数据链的特征

数据链与作战平台紧密结合，把地理上及空间上分散的部队、各种探测器和武器系统链接在一起，保证战场态势、指挥控制、武器协同、情报侦察、预警探测等信息的实时、可靠、安全地传输，实现信息共享，缩短决策时间，提高指挥速度和协同作战能力，增加部队的整体作战能力和防御能力，对敌方实施快速、精确、连续的打击，对我方的重要目标进行全方位的有效保护。

总结起来，数据链的特点主要包括以下几个方面。

（1）信息传输的实时性。对于目标信息和各种指挥引导信息来说，信息传输的实时性有较高要求。数据链力求提高数据传输的速率，缩短各种机动目标信息的更新周期和延迟时间，以便及时显示目标的运动轨迹。

为了达到实时性要求，有多种技术措施，一是提高信息的编码效率，采用面向比特的方式来定义消息标准，尽可能压缩信息传输量；二是选用高效、实用的交换协议，将信道资源优先传输重要的信息；三是始终把握可靠性服从实时性的原则，在满足实时性的前提下，才考虑如何提高传输的可靠性；四是尽量采用相对固定和直接的信息传输路径，而不采用复杂的路由选择方法。

（2）信息传输的可靠性。数据链系统要在保证作战信息实时传输的前提下，保证信息传输的可靠性。数据链系统主要通过无线信道来传输信息数据。在无线信道上，信号传输过程中存在着各种衰落现象，严重影响信号的正常接收。

话音通信时，收信人可通过听觉判断力，从被干扰信号中正确识别信息。对于数据通信来说，接收的数据中将存在一定的误码，数据链系统采用高性能的纠错编码技术来降低数据传输的误码率。

（3）信息传输的安全性。为了不让敌方截获己方信息，数据链系统一般采用数据加密手段，以确保信息传输安全可靠。

（4）信息格式的一致性。为避免信息在网络间交换时因格式转换造成时延，保证信息的实时性，数据链系统规定了各种目标信息格式。指挥控制系统按格式编辑需要通过数据链系统传输的目标信息，以便于自动识别目标和对目标信息进行处理。

数据链具有一套相对完备的消息标准，标准中规定的参数包括作战指控、控制、侦察监视、作战管理等静态和动态信息的描述，信息内容格式化是指数据采用面向比特定义的、固定长度或可变长度的信息编码，数据链网络中的各成员对编码的语义具有相同的理解和解释，保证了信息的一致性。

（5）通信协议的有效性。根据系统不同的体系结构，如点对点结构或网络结构，数据链系统采用相应的通信协议。

（6）系统的自动化运行。数据链设备在设定其相应的工作方式后，系统将按相应的通信协议，在各终端网络（通信）控制器的控制下自动运行。

数据链与数字通信系统具有天然的渊源，可以说数字通信技术是数据链的重要技术基础，但并不等于说数据链就是数字通信。一般来说，数字通信的主要功能是按一定的质量要求将数据从发端送到收端的透明传输，即完成所谓的"承载"任务，通常不关心所传输数据表征的信息，数据需要由所在的应用系统做进一步处理后形成信息。而数据链则不然，除要完成数据传送的功能外，数据链终端还要对数据进行处理，提取出信息，用以指导进一步的战术行动。另外，数据链的组网方式也与战术应用密切相关，应用系统可以根据情况的变化，适时地调整网络配置和模式与之匹配。数据链消息标准中蕴涵了很多战术理论、实战经验数据和信息处理规则，将数字通信的功能从数据传输层面拓展到了信息共享范畴。

数据链是紧密结合战术应用，在无线数字通信技术和数据处理技术基础上发展起来的一项综合技术，将传输组网、时空统一、导航和数据融合处理等技术进行综合，形成一体化的装备体系。在今后相当长一段时期内，无线数字通信技术仍然是数据链装备发展的主要技术基础之一。

数据链与数字通信的区别和联系主要体现在以下几个方面。

（1）使用目的不同。数据链用于提高指挥控制、态势感知及武器协同能力，实现对武器的实时控制和提高武器平台作战的主动性；而数字通信系统则用于提高数据传输能力，主要实现传输目的，但数字通信技术是数据链的基础。

（2）使用方式不同。数据链直接与指控系统、传感器、武器系统链接，可以"机—机"方式交换信息，实现从传感器到武器的无缝链接；而数字通信系统一般不直接与指控系统、传感器、武器系统链接，通常以"人—机—人"方式传送信息。数据链设备的使用针对性很强，在每次参加战术行动前都要根据作战的任务需求，进行比较复杂的数据链网络规划，使数据链网络结构和资源与该次作战任务最佳匹配；而数字通信终端通常为即插即用，在通信网络一次性配置好后一般不做变动。

（3）信息传输要求不同。数据链传输的是作战单元所需要的实时信息，要对数据进行必要的整合、处理，提取出有用的信息；而数字通信一般是透明传输，所有的措施是为了保证数据传输质量，对数据所包含的信息内容不做识别和处理。另外，为实现运动平台的时空定位信息为其他用户所共享，各数据链终端需要统一时间基准和位置参考基准；而通信系统一般不考虑用户的绝对时间基准与空间位置的关系。

（4）与作战需求关联度不同。数据链网络设计是根据特定的作战任务，决定每个具体终端可以访问什么数据，传输什么样的消息，什么数据被中继，数据链的网络设计方案是受作战任务驱动的，从预先规划的网络库中挑选一种网络设计配置，在初始化时加载到终端上。数据链的组网配置直接取决于当前面临的作战任务、参战单元和作战区域。数据链的应用直接受作战样式、指挥控制关系、武器系统控制要求、情报的提供方式等因素的牵引和制约，与作战需求高度关联；而数字通信系统的配置和应用与这些因素的关联度相对较低。

总的来说，数据链是有针对性地完成部队作战时的实时信息交换任务，而数字通信是解决各种用户和信息传输的普遍性问题。数据链所传送的信息和对象，要实现的目标十分明确，一般无交换、路由等环节，并降低了通信系统中为了保证差错控制和可靠传输的冗余开销，它的传输规程、链路协议和格式化消息的设计都针对满足作战的实时需求。由数据链网络链接各种平台，包括指挥所和无指控能力的传感器与武器系统等，其平台任务计算机需要专门配置相应的软件，以接收和处理数据链端机传来的信息或向其他平台发送信息。数据链与平台任务计算机之间必须紧密集成，以支持机器与机器、机器与人之间的相互操作。

可以将数字通信系统形象地比喻成商品流通行业中的集装箱运输，其功能是在一定的期限内，尽量无损地将货物从发货点运送到目的地，涉及交通线路（传输通路）、交通规则（传输规程）和中转（交换）等环节，承运方一般不关心集装箱里装的是什么物品（信息内容）。而数据链就像连锁店的鲜活品的物流配送，既涉及交通线路（传输通路）、交通规则（传输规程）和中转（交换）等环节，又要把不同种类（格式）、不同数量的物品（信息内容）配送到需要的商店（链接对象），而鲜活物品对环境条件和配送时间（实时性）有十分严格的要求。

1.6　数据链的应用

1.6.1　在指挥控制系统中的应用

由于受技术装备水平等因素的制约，传统的作战指挥体制大多是“树杈”式的结构，存在着层次多、信息传输慢、横向联系少、协同困难、整个结构易受局部影响及抗毁性差等缺陷。这种传统的垂直“树杈”式指挥体制无法满足现代快节奏的信息化作战。信息化战争的突出特点就是快，战争的主要实施者是“基层”作战单元或者单兵。如果战争中“上层”不能及时了解“基层”作战单元乃至单兵的情况，军队的“大脑”就不能掌握战争的进程，就不能“导演”战争。为了适应信息化战争的需要，各国军队的指挥控制体制加速向“扁平化”“网络化”发展，建立“无缝隙”的指挥控制系统，真正实现三军互联、互通、互操作。实现这一目的的关键是借助于各种先进的信息技术优势，尤其是数据链系统的广泛应用解决了“树杈”式指挥控制系统的互操作问题，使武器平台的横向组网成为可能，一定程度上实现了以“平台”为中心到以“网络”为中心的转移，极大提高了信息的共享程度，增强了战场上的态势感知能力，提高了部队的协同作战能力。

1. 陆军战术指挥控制系统

图 1.3 是典型的美陆军战术指挥控制系统（Army Tactics Command and Control System, ATCCS）结构图。

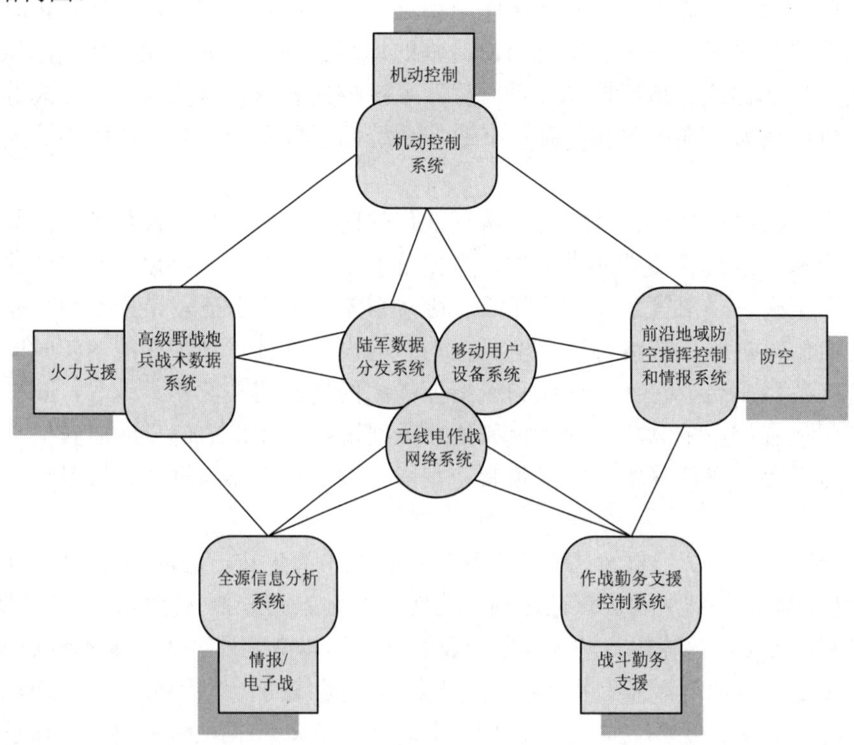

图 1.3 美陆军战术指挥控制系统（ATCCS）结构图

该系统旨在提高战场重要功能领域指挥控制的自动化和一体化，主要装备于军以下部队。通过该系统，可直接与陆军全球指挥控制系统相链接，为从营到战区的指挥控制提供一个无缝的体系结构。ATCCS 包括 5 个独立的指挥控制分系统和 3 个通信系统。5 个指挥控制分系统分别是：机动控制系统（Move Command System, MCS），又称为机动系统；前沿地域防空指挥控制和情报系统（Front Area Aerial Defence System of Command Control and Intelligence, FAADS C^2I），其主要任务是防空；高级野战炮兵战术数据系统（Advanced Field Artillery Tactical Data System, AFATDS），用于火力支援控制系统；全源信息分析系统（ASAS），用于情报/电子战；作战勤务支援控制系统（Combat Service Support Control System, CSSCS），用于战斗勤务支援。3 个通信系统分别是：移动用户设备系统（Mobile Subscriber Equipment, MSE），无线电作战网络系统（Combat Wireless Network System, CWNS），陆军数据分发系统（Army Data Distribution System, ADDS）。其中，ADDS 主要担任 ATCCS 系统中的数据信息传输链路。ADDS 的体系结构如图 1.4 所示。

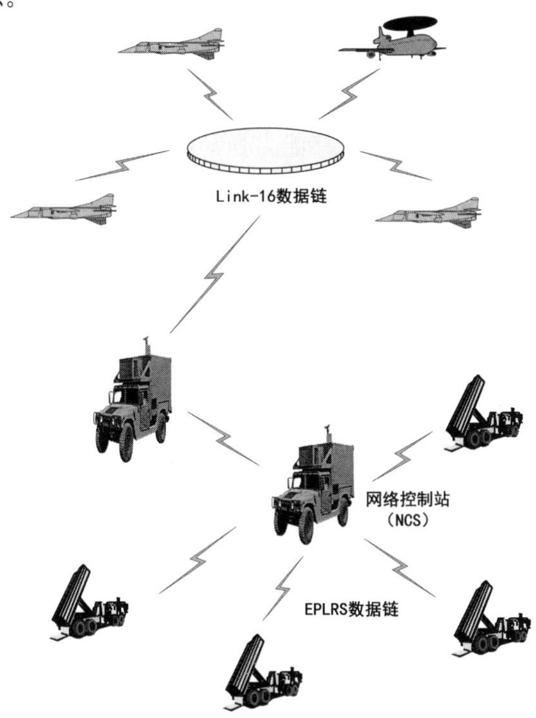

图 1.4　陆军数据分发系统（ADDS）体系结构

ADDS 主要由 Link-16 数据链、增强型定位报告系统（Enhanced Position-Location Reporting System，EPLRS）和网络控制站（Network Control Station，NCS）组成。ADDS 的数据链路可分为两层：上层通过 Link-16 数据链参与外界网络共享战术信息；下层是 ADDS 内各 EPLRS 用户间以网络控制站（NCS）为核心构成的另一个互相交换信息的数据链网络。通过 ADDS，可建立一个由军、师到连、排甚至到单兵间的数据信息传输通道，加强各战术单位间的横向联系，并有效地执行各军兵种间的协同作战。

例如，在防空作战时，以往前线防空单位须等到由上级逐层传送的目标数据后才能够实施交战，而配备由数据链支撑的 ADDS 后，防空部队可通过本单位的 Link-16 数据链端机，直接接收由预警机所提供的目标信息，迅速展开防空作战；而其他配备 EPLRS 终端的单位一旦发现敌机后，通过 ADDS 迅速地将目标位置、高度、航速、航向及其他特征数据直接报告给防空射击指挥中心，而步兵或战车则可直接以其 EPLRS 终端接收的由 ADDS 转发来的敌机来袭警报，迅速采取相应的战术行动。

ADDS 也可有效支援陆空协同作战的实施，如执行近空支援任务的飞机可通过 Link-16 数据链网络，由 EPLRS 接收己方地面部队提供的敌方目标，或直接由与 EPLRS 的数据链终端接收地面部队提供的目标信息。另外，EPLRS 内各用户间可向 NCS 查询其他用户的识别信息和位置，也就是说，ADDS 可提供一个敌我识别通道，降低误伤概率。所以配备 ADDS 的部队在实施火力支援作战时，无须像传统部队那样设立轰炸线、禁射区、火力支援协调线等来确保己方不会遭到误伤，使协调及规划作战的时间由过去的数天降低到数小时甚至数十分钟，可有效适应现代高机动性的战场环境。地面部队间也可通过 ADDS 进行作战协调，如炮兵前沿观察员可通过 ADDS 向炮兵射击指挥中心传输目标资料，协调火力支援等。

2．机载战场指挥控制中心

机载战场指挥控制中心是美空军空中机动式指挥、控制、通信系统，升空执行指挥控制任务时，具有机动性好、反应速度快、生存能力强和使用灵活等特点，可作为地面固定式或机动式指挥设施遭破坏后的应急设施使用，也可作为地面指挥设施在空中的延伸使用，以达到从总体上加强空军作战指挥控制能力的目的。

机载战场指挥控制中心于 20 世纪 60 年代初开始研制。美国空军根据在越南战场上作战的需要，开始研制和使用空中战场指挥控制中心（ABCCC）。当时，战争的“机动”性迫使做出快速反应；而战争的“有限”性，又要求在打击可疑目标之前，加以确认。然而那时情报通常很久才能到达空军战术控制中心的空军指挥官处，而且，要转发给前线部队也非常慢。ABCCC 飞机开创了能及时地把已获取的战术信息与情报传达给指挥官，从而为他们提供了所必需的“实时”指挥决策能力的新局面。第一架 ABCCC 飞机由 C-47“信天翁”飞机改装而成。但由于 C-47 是道格拉斯公司生产的小型运输机，它所能承载的人员和通信装备的数量以及天线布局均受到很大限制。从 1965 年开始至 1966 年，美国空军开始发展第二代空中战场指挥控制中心（ABCCC Ⅱ），载机采用 C-130E“大力士”飞机，军用型号为 EC-130E，如图 1.5 所示，并明确把该系统列为战术空中控制系统的一部分。1988 年 4 月，美国空军与 Unisys 公司签订合同，开发了第三代空中战场指挥控制中心（ABCCC Ⅲ），载机仍然采用 EC-130E，而密封指挥方舱则全部重新研制，其宗旨是提高 ABCCC 空中作战的自动化程度。

图 1.5 EC-130E 飞机

ABCCC Ⅲ主要由 4 个分系统组成：通信分系统（CS）、战术作战管理分系统（TBMS）、机上维修分系统（AMS）和密封方舱分系统。与 ABCCC Ⅲ配套的地面任务规划分系统（MPS）为机上维修技师提供初始化战斗数据库，战斗结束后，MPS 又能用于飞行后记录数据的回放，并分析任务数据。飞机升空后，通信与内部通信自动分配系统便可提供战勤与前沿部队、其他飞机以及后方基地间通信和机内通信任务。ABCCC Ⅲ还配备了 Link-16 数据链终端，通过数据链网络与 E-3 飞机实时传送空中航迹。

在 20 世纪 90 年代中的波黑维和行动、科索沃军事行动和伊拉克战争中，都使用了 ABCCC Ⅲ系统，对完成航空作战活动的指挥控制、空中中继等任务，都起到了重要作用。2002 年 5

月美国空军宣布，2003 财年军力结构调整，将把 ABCCC Ⅲ承担的任务转移到 E-3 和 E-8 平台上。空中指挥控制中队于 2002 年 11 月 30 日停止一切活动。

3. 海军战术数据系统（NTDS）

海军战术数据系统（NTDS）是美军研制最早的海军舰艇作战指挥系统。该系统从 20 世纪 50 年代开始研制，1962 年开始服役。

NTDS 的数据传输子系统有 Link-4A、Link-11、Link-14 和 Link-16 共 4 种数据链路，如图 1.6 所示。其中，自动的数据通信链路向作战指挥官提供高速、准确的战术通信。每条链路能够快速地向其他舰艇、飞机和岸上设施传递数据，且没有人工接口造成的延迟。

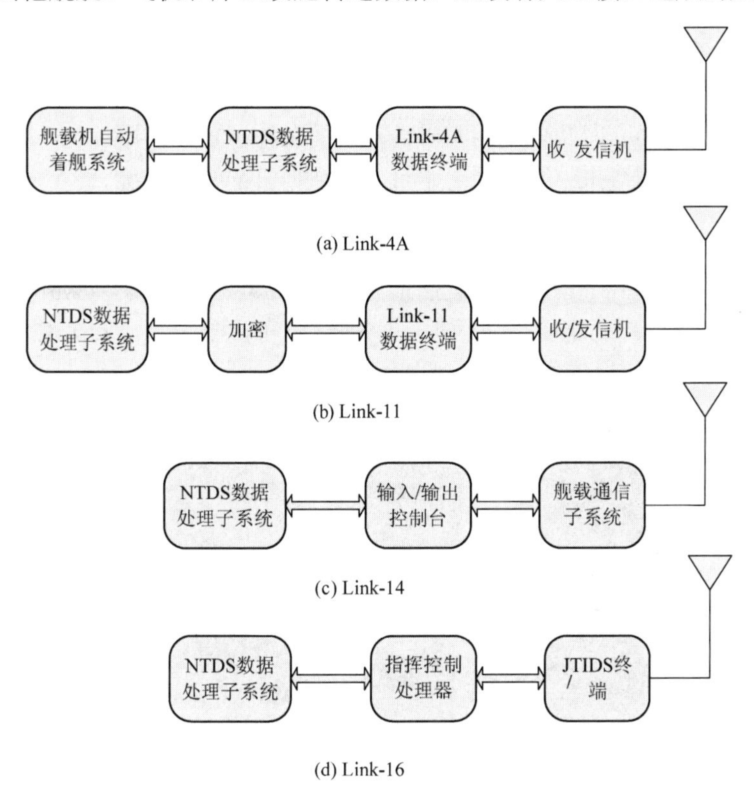

图 1.6 NTDS 的数据传输子系统

由于 NTDS 最初是为了应对空中攻击而设计的，反舰与反潜作战能力有限，面对日益增长的水面与水下威胁，自 1981 年起，美海军开始研制 NTDS 的改进系统，后来称为先进作战指挥系统（ACDS），具有更强大的数据处理能力。正式版本的 ACDS Block1 是一套实时的舰载综合指挥控制系统，与 Link-16 数据链兼容，通过 Link-16 数据链与美军其他军种及北约部队进行联合作战，废除了旧式的 Link-14 数据链，并与协同作战能力（CEC）系统整合，大大提高了对目标的跟踪和自动识别能力，并具有辅助决策功能。

1.6.2 在 ISR 系统中的应用

夺取信息优势是信息化战争中各种军事作战行动不可或缺的关键因素。数据链在情报、监视和侦察（ISR）系统中的应用主要体现在侦察平台的链接组网以及情报侦察信息的实时、快速传递等方面。

美军现已建立了航天侦察、航空侦察、地面侦察和海上侦察等全方位、全天候、具有较强实战能力的情报侦察体系，实现了传感器信息获取手段多样化、信息处理自动化、信息传输实时化，并且通过各种数据链实现了网络化和一体化。例如，在伊位克战争中，美军构建了多维监视侦察体系。该监视侦察体系可分为4个层次：距地面600km的太空是由装备有综合广播业务（IBS）、卫星战术数字信息链路J（STADIL J）的多颗间谍卫星组成的“天眼”卫星网；在距地面约20km的高空，装备有公共数据链（CDL）的“全球鹰”无人侦察机、装备多条数据链路的RC-135信号情报飞机在不断盘旋；在距地面12km的高空，装备有移动目标追踪雷达的E-8 JSTARS飞机和E-3、E-2C空中预警机往返巡逻；在距地面6km的高空，则是装备有图像、红外及雷达传感器的“捕食者”无人机在窥探军情。在整个侦察体系中美英联军共用到了IBS、CDL、SCDL、TCDL、HIDL、Link-16、STADIL J、Link-11等8种数据链，数据链在实现传感器联网及信息的实时传输方面发挥了重要作用。

下面介绍几种典型的情报侦察、预警平台及其数据链的装备情况。

1. E-3预警机

E-3预警机是美国波音公司根据美国空军“空中预警与控制系统”（Airborne Warning and Control System, AWACS）研制的全天候远程空中预警和控制平台，别名E-3“望楼”，如图1.7所示。

图1.7 E-3预警机

E-3预警机具有全天候监视、指挥和控制功能，它是对轰炸机和巡航导弹进行预警的重要空中预警系统。它能探测和跟踪较小的隐秘目标，包括海面上静止的和运动的大小舰艇、各种地面杂波背景下的目标以及巡航导弹等低空目标，而且还能截获来袭空中目标辐射的各种电磁波。它不仅能迅速、准确地探测和传送目标的性质、方位、高度、距离、速度信息和敌我识别信息，向空中战术飞机发布命令，而且还具有较高的抗干扰、抗截获、安全保密和传送多种信息的空—空、空—地、空—海通信能力。

E-3预警机直接在波音707商用机的机身上加上旋转雷达装置及加油装置。雷达直径9.1m，中央厚度1.8m，用两根4.2m的支撑架撑在机体上方。所加装的水平旋转雷达AN/APY-1/2可以监控地面到同温层之间的空间（包含水面）。

美军2001年开始了E-3预警机升级Block 30/35计划，主要包含4个方面的内容。

（1）电子支援措施（ESM）可以被动侦测到地面或空中的电波发射源。

（2）联合战术信息分发系统（Link-16）确保战术信息传输畅通，定位和确认能力加强。

（3）增加计算机内存以配合 Link-16、ESM 和未来升级。

（4）全球定位系统（GPS）。

为让 E-3 机队仍能符合在现代战争环境下的需要，美军与波音公司于 2011 年开始改装、测试 E-3C Block 40/45 机型，并于 2020 年将剩下的 E-3C 机队升级为 Block 40/45 标准。Block 40/45 是 E-3C 近 30 年来最大规模的更新改造计划；该计划将全面更新机上的任务计算机系统、人机接口以及软件。E-3C Block 40/45 将能自动整合机上与机外的情报信息，以更好地掌控监视区域的动态。

E-3 预警机是用于空中早期预警和空域战斗管理的主要指挥控制节点，因此，需要利用数据链来支持防空作战。E-3 预警机的通信链路系统包括 Link-4A、Link-11、Link-16 三种战术数据链。E-3 预警机上的指挥与控制处理器（C^2P）是一套报文分发系统，它确保战术数据系统计算机（ATDS）与 Link-4A 数据终端、Link-11 数据终端、Link-16 数据终端（JTIDS）设备之间的连接。它接收从 ATDS 输出的信息，翻译及格式化信息，通过 Link-4A、Link-11、Link-16 三种战术数据链发送。同样，C^2P 接收从这些战术数据链路输入的信息，翻译后提供给 ATDS。预警机选择哪条具体的链路与其他作战单元进行情报信息交换以及指挥控制，是根据任务前战场通信系统的配置以及不同网络的初始化条件决定的。

2. E-8 侦察机

E-8 侦察机装备的联合监视目标攻击雷达系统（Joint STARS，J STARS）是美军的一种高性能机载监视和目标截获系统，如图 1.8 所示。该飞机像预警机那样装有一部高性能雷达，但它不像预警机那样主要用于探测空中目标，而是主要用于实时和精确地探测地面目标。该雷达系统能够探测、区别和跟踪敌方地面部队、低空飞行的飞机或海上舰船的运动。

图 1.8　E-8 侦察机

E-8 侦察机所装备的联合监视目标攻击雷达系统，是 20 世纪 80 年代美苏两个超级大国冷战时期的产物，是美军为了对付苏联和华约组织大量的坦克目标以及探测敌第二梯队和后续部队的目标需要，而发展起来的一种机载远程战场侦察雷达系统。该系统于 1984 年 8 月开始研制，1988 年 12 月完成首架试飞，1991 年爆发海湾战争时，E-8A 样机系统受命奔赴伊位克战场参战；1993 年 11 月底，美国空军正式接收了 2 架 E-8A 侦察机系统；1995 年年底，首架 E-8C 侦察机系统提供美国空军；1996 年 1 月，美国空军装备 E-8C 侦察机的第一支联队在美国佐治亚州罗宾空军基础正式成立。

为了更好地实现 E-8 联合监视目标攻击雷达系统监视与指挥控制信息的高效、实时分发，该系统配有专用数据链—监视与指挥控制数据链（SCDL），是专用于E-8侦察机的情报分发、双向抗干扰的广播式数据链，可实现在E-8平台与地面站之间传送和接收机载AN/APYJ雷达获取的目标数据，包括动目标指示（MTI）数据、合成孔径雷达（SAR）数据、雷达状态、目标位置、交战点、自由文本、雷达中断优先级数据、参考点以及成像时间数据等。

SCDL数据链工作在Ku频段（12.4～18GHz），最大传输速率可达1.9Mb/s。SCDL数据链系统由机载数据终端（ADT）和地面数据终端（GDT）以及一个KGV-8加密模块组成。SCDL机载数据终端外形如图1.9所示。

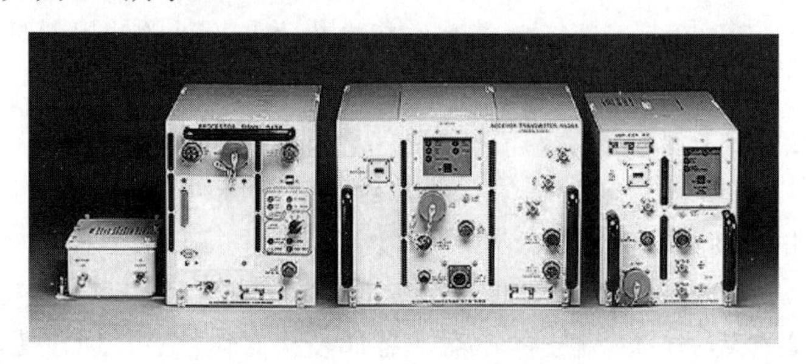

图1.9 SCDL机载数据终端外形

SCDL数据链是美军E-8侦察机最重要的雷达数据及情报信息的传输手段，用于飞机与地面站之间下传情报、上传指令。它主要有以下三种功能。

（1）空/地情报传输。它既可以根据地面站的要求，将E-8侦察平台上处理后的实时雷达图像数据往下传送到地面站，也可以将地面站的各种信息上传到E-8侦察平台。

（2）与其他作战平台实现情报共享。利用该数据链系统，还可以将重要的目标图像数据传送到其他作战平台、空中作战中心（AOC）或者卫星上，以便美军各有关部队实现在全球范围内共享E-8侦察机系统所获取的战场目标信息的目的。

（3）将地面站组网，实现自主式的信息交换。利用SCDL数据链，以及一个或者多个空中通信中继平台，将地面站组成一个立体的情报交换网络，以便在任意两个地面站之间或者在任意一个地面站和E-8空中平台之间灵活地交换信息，从而扩大对作战空域范围的有效覆盖。

虽然E-8飞机装备的SCDL数据链具有很多优点，但由于它是在网络中心作战样式提出之前研发的数据链，因而仍有许多地方需要改进，例如需要进一步提高数据速率、增强组网能力、增强网络容量等。为此，美国空军和陆军联合提出了多平台通用数据链（MP-CDL）的研发计划，用于替代E-8的监视与控制数据链。

3. 无人机

从20世纪50～60年代开始，美国相继研制成功“火蜂”“先锋”“猎人”“捕食者”和“全球鹰”等无人侦察机。在越南战争、海湾战争、科索沃战争和阿富汗战争中，美军大量使用了无人机，在监视与侦察、打击效能评估、通信中继以及对敌实施攻击等方面发挥了重要作用。目前，美军的无人机已经形成了包括侦察、诱骗、电子干扰、攻击、目标引导和通信中继等多个领域系列化产品。无人机的优点是：载机简单、成本低廉、发射容易、机动灵活、可重复使用；体积和雷达截面积小，噪声和红外辐射小，可隐蔽深入敌后，生存能力强；无人员伤亡威胁，可以飞临防空严密的重要地区和目标上空侦察；侦察目标或侦察任务特定，且距目标较近，侦察效果好，对侦察设备的技术要求相对较宽。缺点是：侦察受气象条件限制，无线电控制系统易受干扰，载重量小，对侦察设备的体积和重要限制较严，侦察传感器种类较少。

美军现役长航时“全球鹰”无人机如图 1.10 所示，其最大航程 25930km，飞行速度 635km/h，飞行高度 9800m，续航时间达 41h，在指定空域巡航时间 24h，机载合成孔径雷达扫描速度为 $10000km^2/h$，具有两种分辨率状态，在低分辨率状态下可标出运动目标的当前坐标、运动速度和方向，在高辨率状态下分辨率达 30cm。

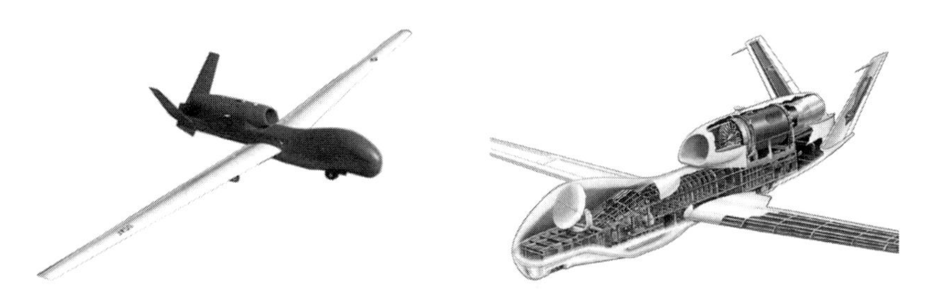

图 1.10　“全球鹰”无人机

“捕食者”（Predator）无人机如图 1.11 所示，被美国空军描述为“中海拔、长时程”（MALE）无人机。它可以扮演侦察角色，可发射两枚 AGM-114 地狱火飞弹。机长 8.27m，翼展 14.87m，最大活动半径 3700km，最大飞行速度 240km/h，在目标上空留空时间 24h，最大续航时间 60h。该机装有光电/红外侦察设备、GPS 导航设备和具有全天候侦察能力的合成孔径雷达，在 4000m 高处分辨率为 0.3m，对目标定位精度 0.25m。可采用软式着陆或降落伞紧急回收。

图 1.11　“捕食者”无人机

在现代信息战争中，要求实现传感器联网，实现“传感器到射手”的作战能力，这样，无人机与其他平台之间的联网就显得非常重要，对信息传递的实时性要求也更高，而这一切都必须借助数据链来实现。因而为其配备一种能够将其传感器获得的侦察情报数据传回地面站的宽带数据链成为无人机发展的首要问题。无人机数据链是一种测控与信息传输系统，它用于完成对无人机的遥控、遥测、跟踪定位及传感器信息的传输。无人机数据链分为上行链路和下行链路。上行链路主要传输数字遥控信号、任务载荷的命令信号、无人机的飞行路线控制信号；下行链路主要传送无人机状态信号和侦察信号。当无人机超出了地面测控站的无线电视距范围时，数据链采用中继方式。根据中继设备所处的空间位置，可分为地面中继、空中中继和卫星中继等。

战术通用数据链（TCDL）就是专门针对类似无人机等小型平台的通用宽带数据链，可用于无人机之间及它们与地（海）面之间的宽带数据传输，广泛支持各种情报、监视和识别应用，可支持 200km 以内的雷达、图像、视频和其他传感器信息的空地传输。TCDL 数据链运行于 Ku 频段，上行链路运行于 15.15～15.35GHz 频段，下行链路运行于 14.4～14.83GHz 频段。TCDL 数据链可在 200kb/s 前向链路和 10.71Mb/s 反向链路数据率上与现有的通用宽带数据链（CDL）实现互操作。

1.6.3 在武器系统中的应用

1. 武器平台

未来战争将是信息化条件下的局部战争，主要作战样式是信息化条件下联合作战，其重要特点是武器平台横向组网，实现资源共享、协同交战，最大限度地提高武器平台的作战效能。联合作战下的体系对抗，其本质是战场资源的有效共享，所以信息优势是现代战争制胜的先决条件，夺取信息优势使得战场态势感知、决策和交战的每一个环节对作战信息和数据交换的需求都有了前所未有的增长。因此，武器平台加装数据链是参与联合作战、满足作战信息需求的有效手段。

为了掌握战场态势，采用多渠道的探测、数据链和多机协同作战，是未来空战必不可少的方式。数据链将发展为空/天/地信息传输的重要手段。在空战中，谁的雷达先开机，谁将首先暴露目标，遭到攻击。而在数据链方式下，敌机的信息可能来自编队中某架开机的飞机（或预警机、地面雷达站），通过数据链传给保持静默的友机实施攻击。

在科索沃战争中，南联盟米格-29 被北约 F-16 战斗机击落了 5 架。这并不是因为米格-29 的速度慢、升限低、火力弱，而是空战中双方所掌握的信息不在一个层次。虽然米格-29 单机性能强于 F-16，但北约有数据链支撑的预警机指挥系统，能够向战斗机提供数百千米范围的敌方飞机信息，并对战斗机进行精确的指挥引导，因而能先敌捕捉目标，使米格-29 的一举一动都在北约飞机的监视下，并在距敌机数十千米之外用中程拦截导弹进行超视距攻击。而南联盟没有预警机，米格-29 也就如盲人骑瞎马，在战争中始终处于被动，被击落也就不足为奇。

2. 制导武器

在网络中心战思想大行其道的今天，以美军为代表的军事技术发达国家从 20 世纪末就开始致力于提高各作战平台的网络中心作战能力，让各种作战单元都融入网络中心战，就连作战平台发射的武器弹药（如各种导弹、炸弹等）也不例外。目前使武器弹药融入网络中心战，主要方式是为之加装数据链，即武器数据链（WDL）。

在制导武器上加装数据链，可以在战场景象获取、目标正确识别、毁伤效果评估、打击目标实时装订、目标变更、提高打击突发性和命中精度等方面发挥巨大作用。

巡航、陆基、空射导弹均可加装飞行控制数据链系统。导弹飞行控制数据链允许在战术计算机之间交换信息，以标准的报文格式在导弹、地面控制系统和指挥系统之间交换数字信息，实现导弹与控制中心、发射平台连通，可用于上传控制命令信息或为导弹提供导航信息。同时，该链路还可实时传输巡航导弹的飞行状态等数据，使指挥员得以判断导弹的飞行情况和导弹的突防情况。在导弹飞抵打击目标前，通过下行链路可实时传输欲打击目标的图像数据和先前导弹已打击目标的毁伤图像数据，指挥系统通过获取的上述信息，指挥员可以判断是否需要改变或修正导弹的航路，以达到突防目的，或是重新装订打击目标的位置信息，并根据需要启动中段机动装置，改变导弹航路，或是根据情报系统提供的先验信息发出重新进行景象匹配的命令。在链路许可的情况下也可直接装订欲打击目标的图像信息，指挥导弹的自动寻的系统；这些控制信息都是通过数据链系统的上行链路传输到导弹的飞行控制系统的。

武器数据链的应用使得武器控制人员在武器发射之后仍然可以与武器实现互通，从而实现所谓的“人在回路”控制。这一能力的引入大大提高了武器装备的作战能力，主要表现在以下几个方面。

（1）提高了武器（包括导弹、炸弹等）的打击精度和突防能力。对于加装武器数据链的武器，在武器发射之后，操作员可以继续将更新的瞄准信息和控制指令发送给武器，进而提高打击精度和突防能力，特别是对于打击移动目标，其优势更加明显。

（2）增强武器的目标识别能力，并能提供有限的毁伤评估。海陆空联合作战使得战场日趋复杂，战场上误伤己方部队的情况屡见不鲜。加装武器数据链的武器，由于控制员在发射之后仍可进行控制，因而即使在发射时瞄准了己方部队，在武器打击前仍有机会改变瞄准坐标数据，避免误伤。操作员还可以通过武器上的探测器获得一定的战场侦察情报，并利用其进行毁伤评估。

（3）大大提升了武器的机动性能。以“战斧”导弹为代表的远程巡航导弹由于配备了武器数据链，大大提高了机动性能，美军甚至夸口说可以“先发射（朝着大致方向），后瞄准”。

小　结

本章重点介绍了数据链的基本概念，主要包括数据链的定义、类型、基本组成、特征，以及数据链在指挥控制系统、ISR 系统和武器系统中的应用。广义地讲，所有传递数据的通信均可称为数据链，而狭义地讲，数据链是用于传输机器可读的战术数字信息的标准通信链路。数字通信技术是数据链的重要技术基础，但并不等于说数据链就是数字通信。数据链与数字通信的区别和联系主要体现在：使用目的不同、使用方式不同、信息传输要求不同、与作战需求关联度不同。传输通道、通信协议和标准的格式化消息是数据链的三个基本要素，其类型主要包括战术数据链、宽带数据链和专用数据链。

思　考　题

（1）请分别从广义和狭义角度叙述数据链的定义？

（2）请简述数据链的特点？

（3）数据链由哪几部分组成，并简述各组成部分的作用？

（4）简述数据链的一般工作过程？

（5）简述数据链与数字通信的区别和联系？

参 考 文 献

[1] 孙义明，杨丽萍. 信息化战争中的战术数据链[M]. 北京：北京邮电大学出版社，2005.

[2] 胡文龙. 数据链作战网络将颠覆传统战争理念[J]. 解放军报, 2009. 02. 05(10).
[3] 骆光明, 杨斌, 邱致和, 等. 数据链——信息系统连接武器系统的捷径[M]. 北京：国防工业出版社, 2008.
[4] 白剑林, 高洪星, 梁雨, 等. 数据链对未来信息化作战的影响及建议[J]. 航空科学技术, 2010, 6：6-9.
[5] 孙继银, 付光远, 车晓春, 等. 战术数据链技术与系统[M]. 北京：国防工业出版社, 2009.
[6] 吕娜, 杜思深, 张岳彤. 数据链理论与系统[M]. 北京：电子工业出版社, 2008.
[7] 连宏. 战术数据链仿真测试系统的设计与实现[D]. 西安：西安电子科技大学, 2008.
[8] 梅文华, 蔡善法. JTIDS/Link-16 数据链[M]. 北京：国防工业出版社, 2007.
[9] 夏林英. 战术数据链技术研究[D]. 西安：西北工业大学, 2007.
[10] 于金华. 国外战场数据链发展综述[J]. 无线电通信技术, 2001, 5:62-63.
[11] 张伟. 特种飞机[M]. 北京：航空工业出版社, 2009.

第 2 章　数据链的发展历程

本章重点介绍数据链的兴起背景、外军战术数据链和宽带数据链的发展历程，并分析外军数据链的发展特点和趋势。

2.1　数据链的兴起背景

由于作战形式与作战环境的变化，数据链最早主要为满足防空与海、空作战的需求而出现。第二次世界大战后，喷气式飞机的迅速发展与导弹的出现，使陆上、海上防空及空中作战的节奏加快，遇到多架飞机不断地改变航向、运动方式变化或多机同时交战状况时，若仅仅靠指挥员通过无线电话音持续通报敌机飞行路线和状态，并引导己方作战单元交战已经十分困难了，对分秒必争的防空作战更是无法接受；反之，若攻击方要以无线电话音指挥、控制高速飞机实施攻击，也变得很困难了。此外，雷达等新式传感器的发展与广泛运用，也使军事情报的内容更为丰富，同时数据量也大为增加，无法以简单的话音通信来传递情报。

信息化战争讲究的是体系对抗，为取得信息优势和战争的主动权，要求对战场态势进行全面掌控，实施有效的指挥控制，充分发挥各参战单元的协同作战能力和最大限度地发挥武器平台的作战效能。面对战场敌我态势瞬息万变、战机稍纵即逝的情况，需要将各作战单元和武器平台连为一个整体，为战场提供共享战术信息资源，将各种作战平台探测到的战术情报信息和指控命令在各作战单元和武器系统之间进行实时传输和交换。使用数据通信代替战术飞机控制中的语音通信，是高速机动作战和对时间紧急目标进行截击作战的需要，也是对大量信息进行传输、处理的需要，于是，数据链便应运而生。

2.2　战术数据链的发展历程

迄今为止，美军及北约国家已完成 Link-4A、Link-11、Link-16 及 Link-22 等多个数据链系统的研制，并由最初装备于地面防空系统、海军舰艇，逐步扩展到飞机，并于近年来的几场信息化战争中发挥了极其重要的作用。

2.2.1　酝酿和产生

第二次世界大战后的 20 世纪五六十年代，在空军和防空方面，随着飞机性能的不断提高，加上导弹等新式武器的出现和发展，配合新军事理论的提出，以及部队体制与作战方式的改变，使战争的速度有了飞跃性的提高，三维空间的战场上敌我态势瞬息万变，战机稍纵即逝，特别是雷达与各种传感器的迅速发展，军事信息中非话音内容显著增加，如数字情报、导航、定位与武器的控制引导信息等，只用话音传输已经远远适应不了需求。

为了对付不断增强的空中威胁，适应飞机的高速化与舰载、机载武器导弹化的发展，先进国家自 20 世纪 50 年代起就开始发展数据链。数据链的雏形是美军于 20 世纪 50 年代中期以后，启用的半自动地面防空系统（Semi-Automatic Ground Environment, SAGE）。SAGE是美国冷战时期一个著名的军工项目，起因是美国人对苏联核轰炸的恐惧。20世纪50年代初，苏联已经拥有了原子弹，从而就有了使用轰炸机直接轰炸美国本土的可能。而当时美国理论上的防御办法就是用雷达监控，如果发现敌情，立即通知战斗机起飞拦截。但是当时美国的雷达部署和技术都比较落后，无法有效监控低空飞行，另外，美国边防雷达的通信方式是用高频无线电（短波），靠地球大气层的电离层传播，如果有核爆的话，电离层受影响，雷达信号的传播就会紊乱。还有就是，即便轰炸机进入打击领空被发现，如果预警时间太短，战斗机在短时间内，上升不到轰炸机的高度，也阻止不了。当轰炸机扔下炸弹之后，重量减轻，返回时，战斗机的速度也追不上。而当苏联的轰炸机逼近美国领空时，可以首先探测到雷达信号，如果轰炸机随后改成低空飞行，就有可能绕过雷达监控，进入美国领空。根据当时苏联的轰炸机飞行能力，通过这种办法，可以打击到美国任何一个主要城市。所以，要想抵御苏联的核威慑，首先要部署严密的低空雷达监测网，改变雷达通信方式，缩短响应部署时间。这些要求意味着重要技术的攻关。针对该问题，美国的北美防空司令部启用了SAGE项目。

SAGE是以计算机辅助的指挥管理系统，使用各种有线和无线数据链路，将系统内的21个区域指挥控制中心、36个不同型号共214部雷达连接起来，采用数据链自动地传输雷达预警信息。例如，位于边境的远程预警雷达一旦发现目标，只需要15s就可将雷达情报传送到位于科罗拉多州的北美防空司令部（NORAD）的地下指挥中心，并自动地将目标航迹与属性等信息经计算机处理后，显示在指挥中心内的大型显示屏；若以传统的战情电话传递信息并使用人工标图作业来执行相同的程序，至少须数分钟至十多分钟。数据链在SAGE系统中的运用，使得北美大陆的整体防空效率大大提高。

2.2.2 单一功能数据链的产生和发展

20世纪60年代初至20世纪80年代中期出现了功能比较完善的专用数据链。美军率先使用数据链，后来又与北约国家联合发展了Link-4、Link-11与Link-14数据链。这些数据链自20世纪60年代初期在陆地防空部队及海军舰艇上使用，而后再逐步到飞机上。

Link-4数据链对应于美军的TADIL-C数据链，是一种非保密数据链，用来向战斗机提供无线电导引指令，是一种网状的时分链路，以5000b/s的速率工作在UHF频段上，适用于美国海军舰船、机载预警机、战斗机、轰炸机等平台。Link-4数据链有两种类型：Link-4A数据链和Link-4C数据链。Link-4A数据链是一种半双工飞机控制链路，供所有航空母舰上的舰载飞机使用，支持自动着陆系统，也可用于校正航空母舰上的飞机惯性导航系统。Link-4C数据链是一种机对机数据链，是对Link-4A数据链的补充，但这两种链路互相之间不能进行通信联络。

Link-11数据链的研发始于20世纪60年代，并于20世纪70年代开始服役。通常所说的北约11号数据链除海基的Link-11数据链外，还包括陆基的Link-11B数据链，它们分别对应于美军的TADIL-A和TADIL-B数据链。Link-11数据链是美军和北约海军舰艇之间、舰—岸之间、舰—空之间和空—岸之间实现战术数字信息交换的重要战术数据链。最初设计Link-11数据链时，只是为了实现舰对舰之间的通信，为了实现超视距通信而采用了HF频段。之后由于海军的作战飞机需要配备Link-11数据链，才又增加了UHF频段，以提高视距通信效率。

为了解决装备 Link-11 数据链与未装备 Link-11 数据链舰艇间的战术数据传递问题，北约还研制了 Link-14 数据链，该数据链只能接收友舰信息而不能发送信息。

以现代观点来衡量，上述数据链已不能满足多军种协同作战的要求，这些数据链存在的主要问题是：①各军种专用，不适用于联合作战；②数据链的数据吞吐能力低，影响数据链组网的容量、数据精度和作用范围；③因系统结构单一而造成应用上的局限性。

2.2.3　协同与整合

越南战争后，美军根据战时陆军、海军、空军和海军陆战队以及各军种内数据链各自为政、互不相通而造成的协同作战能力差，甚至常常出现误炸的严重情况，在 20 世纪 70 年代中期开始开发 Link-16 数据链，其目的就是要实现各军种数据链的互联互通，增强联合作战的能力，同时对该数据链的通信容量、抗干扰、保密以及导航定位性能也提出了更高的要求。

Link-16 数据链是美国与北约各国共同开发的，它综合了 Link-4 与 Link-11 数据链的特点，采用时分多址工作方式，具有扩频、跳频抗干扰能力，是美军与北约空对空、空对舰、空对地数据通信的主要方式。Link-16 数据链于 1994 年在美国海军首先投入使用，实现了战术数据链从单一军种到军种通用的一次跃升，随后 Link-16 数据链被美军国防部确定为美军 C^4ISR 系统及武器系统中的主要综合性数据链。

Link-22 数据链是北约对 Link-11 数据链的改进型。为与 Link-16 数据链兼容，Link-22 数据链采用了 Link-16 数据链的架构、协议，同时，采用了 HF 和 UHF 频段，有效克服了 Link-16 数据链必须经过中继才能实现的超视距通信。Link-22 数据链和 Link-16 数据链同属 J 序列战术数据链，各有所长，功能上相互补充完善。Link-16 数据链以对空作战为主，通常使用空载或卫星中继方式扩展通信距离；而 Link-22 数据链偏重于支持海上作战数据交换，使用舰艇中继扩展视距通信范围。

2.2.4　完善和综合

20 世纪 90 年代末至 21 世纪，美军及北约的战术数据链朝着两个方面发展。

（1）发展和完善单一数据链系统

随着现代武器装备和作战体制的不断改进，尤其是大容量战术信息和多武器平台协同作战的需要，单一数据链体制朝着高速率、大容量、抗干扰方向发展。其目的就是提高协同作战能力，实现对目标的精确打击。如美军为了实现 Link-16 数据链信息的超视距传输，提出了 TADIL J 距离扩展（JRE）计划，其主要目标就是增加短波和专用卫星传输信道。

（2）向多种传输信道、多种传输体制、多个数据链互操作方面发展

由于技术的原因和作战应用对象的不同，没有一种数据链能够满足所有作战要求，多种数据链并存是一种必然。各种数据链通专结合、高低搭配，同时满足了应用的普及性与系统的经济可承受性、传统系统与新研系统兼容性、信息分发的实时性、网络配置管理的合理性等要求；保密、抗干扰和多种传输手段并用，体现了数据链的军用特色，满足在对抗条件下系统的可靠性、生存性要求，形成较完备的数据链装备体系并发挥重要作用。

美军/北约数据链的发展历程如图 2.1 所示。

通过分析美军/北约数据链的发展历程，可以得到以下规律：从数据传输的规模上看，基本上是沿着从点对点、点对面，到面对面的途径发展的；从数据传输的内容上看，是从单

一类型报文的发送发展到多种类型报文的传递，出现了综合性战术数据链；从应用范围上看，基本上沿着从分散建立军种内的专用战术数据链到集中统一建立三军通用战术数据链的方向发展。

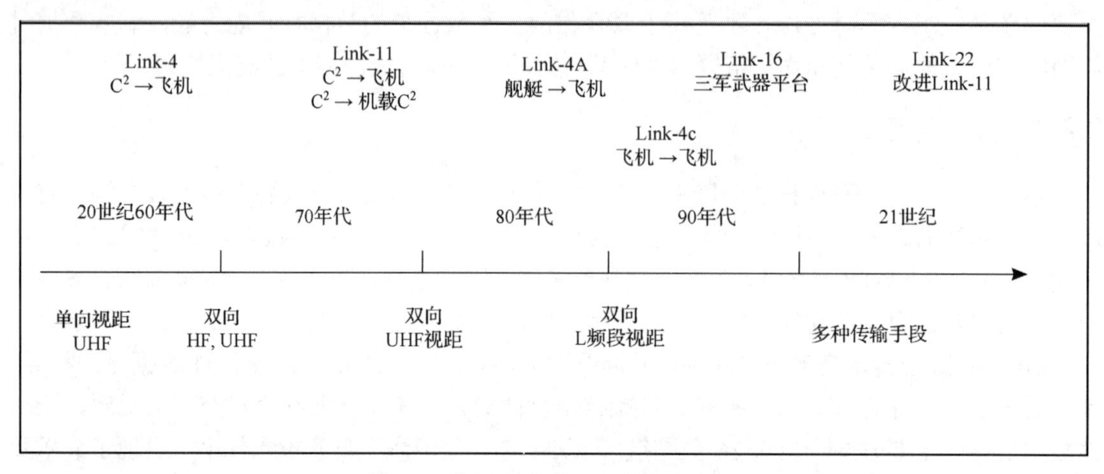

图 2.1　美军/北约数据链的发展历程

2.3　宽带数据链的发展历程

宽带数据链是指专门用于分发对带宽要求高的侦察情报如图像、视频、高速数据流信息的数据链，它主要用于支持侦察和监视作战任务，具有统一的消息格式和波形规范、传输速度快、系统容量大等突出特点。该数据链于 20 世纪 70 年代诞生，已经由原来美军高空侦察平台专用的数据链发展成为现在北约侦察情报传输的主要数据链之一。

2.3.1　产生背景

由于高空侦察具有隐蔽性强、侦察范围广、侦察能力强等特点，在第二次世界大战后各国都投入大量财力发展高空情报侦察平台。但早期的高空侦察平台缺乏将其侦察到的情报及时分发出去的能力，这主要是因为它们所获得的侦察情报多是图像、视频等数据量很大情报信息，对情报传输链路的带宽要求很高，一般的战术数据链系统无法满足要求，因而早期的高空侦察平台只能将所获得的情报先存储在机载存储器中，待飞到特定地面站上空时再下传到地面站。这种工作方式大大降低了侦察情报的利用效率，无法满足现代战争实时分发的需求，严重地阻碍了作战效率的提高。宽带数据链正是在这种情况下应运而生的。

2.3.2　从各军兵种专用到标准统一

20 世纪 70 年代，美军为了满足情报侦察平台的信息分发需求，研发了多种宽带数据链系统，如 L-52 数据链、互操作数据链（IDL）、小型互操作数据链（MIDL）等。但是，由于早期的宽带数据链都是根据各军兵种的应用需求开发的，所采用的波形、调制技术以及系统终端等都不尽相同，随着美军联合作战需求的不断增强，暴露出数据链互操作性差的致命弱点。

为了解决早期宽带数据链的互操作性问题，美国国防部于 1991 年指定通用数据链（CDL）

作为宽带数据链的标准，并为其制定了相应的波形以及系统规范，强制要求各军种基于这些规范开发通用宽带数据链，以保证它们的互操作性。与此同时，北约也将 CDL 作为其宽带数据链标准。

CDL 是一种全双工、抗干扰、点对点的宽带数字数据链，主要用于实现 ISR（情报、监视、侦察）平台与地面站及其他作战节点间情报数据交换，工作在 X 或 Ku 频段。CDL 可提供“标准”的上行链路和下行链路业务：上行链路数据传输速率为 200kb/s，传输内容为指令、保密话音、测距和导航修正等数据；下行链路数据传输速率为 10.7Mb/s、137Mb/s、274Mb/s，传输内容为传感器数据、平台导航数据及保密话音等数据。

CDL 的主要功能包括以下几个。

① 飞行平台高速数据侦察信息的实时回传；

② 飞行参数和飞行平台上的设备工作状态的实时回传；

③ 保密、抗干扰的上行指令传输；

④ 飞行参数、定位参数的重要参数的注入；

⑤ 飞行平台的跟踪定位；

⑥ 空中平台的数据交互和协同组网；

⑦ 战场侦察信息的分发；

⑧ 空中数据中继。

在美军将 CDL 确定为宽带数据链标准并发布了《CDL 信号规范》之后，也得到了北约其他成员国军方的认可，之后北约也以该规范为基础发布了相应的北约宽带数据链标准 STANAG70850。为了满足不同用户和任务的需求，美军发布的 CDL 规范中定义了一系列的信号标准，包括标准 CDL（STD-CDL）、高级 CDL（A-CDL）、组网 CDL（N-CDL）和扩展型卫星 CDL（SE-CDL）。

（1）标准 CDL：用于将机载侦察平台所获取的侦察情报传送给地（海）面处理站，同时让地（海）面用户也能够向机载平台发送信息。标准 CDL 的上行和下行链路为非对称链路。上行链路有两种标准速率 200kb/s 和 10.71Mb/s，而下行链路则有 2Mb/s、10.71Mb/s、45Mb/s、137Mb/s、274Mb/s 五种标准可选速率。

（2）高级 CDL：是标准 CDL 波形的扩展，用于为机载侦察平台提供高速中继功能，高级 CDL 数据链主要用于空-空之间的情报侦察数据传输，上行链路的传输速率一般为 200k～68Mb/s，下行链路的传输速率一般为 10kb/s～274Mb/s。

（3）组网 CDL：与标准 CDL 波形不同，它具有标准点对点 CDL 所不具备的多址访问和共享宽带能力，但仍是基于 CDL 实现的一种通用宽带数据链，可以与其他通用宽带数据链基于标准 CDL 实现互操作。

（4）扩展型卫星 CDL：是一种多平台通用的空—星—地数据链，上行链路的传输速率为 200kb/s～2Mb/s，下行链路的传输速率有三种，即 274Mb/s、50Mb/s 和 3.088Mb/s。

2.3.3　基于 CDL 标准的宽带数据链

将 CDL 确立为通用宽带数据链的标准之后，通用宽带数据链得到了更为迅猛的发展，适应各种作战任务及平台的通用宽带数据链不断涌现。比较典型的有多平台通用数据链（MP-CDL）、战术通用数据链（TCDL）等。

MP-CDL 数据链是美国空军和陆军合作开发的，于 2002 年基本确定系统需求，之后便正式启动了开发计划。MP-CDL 数据链是基于《CDL 波形规范》中定义的 N-CDL 波形开发的一种组网 CDL 数据链，用来替代联合监视目标攻击雷达系统（JSTARS）E-8 的监视与控制数据链（SCDL），把 E-8 的数据发送给地面站，或者从地面站接收数据。

TCDL 数据链是专门针对类似无人机等小型平台的宽带数据链，该数据链于 1997 年正式启动研制。该数据链与 CDL 数据链相兼容，用于为有人和无人驾驶的飞机之间及它们与地（海）面之间提供安全、可互操作的宽带数据传输，可支持 200km 以内的雷达、图像、视频和其他传感器信息的空地传输。

通过上述对美军/北约战术数据链和宽带数据链的发展历程来看，归纳起来，美军/北约数据链的特点主要包括以下几个方面。

① 应用平台广泛：美军/北约数据链已应用于陆、海、空和海军陆战队等不同的作战平台上；

② 支持的业务种类多：除能处理各种类型的报文外，美军/北约数据链还能支持雷达数据、图像、视频和来自友邻或无人机的数据传输；

③ 可支持较高的数据传输速率：通用宽带数据链 CDL 支持高达 274Mb/s 的传输速率；

④ 保密性强、抗干扰性好：由于采用了扩频、快速跳频、密钥保护编码和信源编码等措施，美军/北约数据链具有较强的抗突发干扰、随机干扰能力和安全保密性；

⑤ 能直接控制高性能武器系统：美军/北约大多数机载、舰载数据链系统都具有此功能；

⑥ 将新型通信技术用于数据链系统。军用卫星通信以其覆盖面广、通信容量大、传输信道稳定可靠等优点，用于数据链系统，可进一步提升其信息分发能力。

2.4 外军数据链发展特点和趋势

2.4.1 外军数据链的发展特点

1. 根据技术的发展适时更新物理层设备

随着技术手段的发展，数据链采用的信道传输设备在不断地更新换代，如 Link-11 数据链中的短波电台已发展为具有频率自适应能力的电台；支持的传输信道也不断增加，如 Link-11 数据链中增加了卫星和散射，采用卫星信道实现 Link-16 数据链距离扩展；同时，使用的传输技术也在不断更新；但是链路层的通信协议和信号格式则基本保持不变。

2. 实现地空数据链的互操作

为了满足不同的使用要求，外军已发展了多种战术数据链，这些数据链工作在不同频段（如 L 频段、UHF 频段或 HF 频段），通信协议和信号格式也各不相同。为了使战术数据链系统联合工作，必须使不同类型数据链系统之间能兼容工作。美军已经通过网关设备实现了 Link-16 数据链与 Link-4A 和 Link-11 数据链之间的互操作。

3. 以 J 系列数据链为基础实现多数据链的综合

Link-16 数据链已经投入使用多年，但对 Link-16 数据链的改进和升级一直没有停止。

Link-4 及 Link-11 数据链等都是为特定军兵种的需求而研制开发的，因此没有过多考虑互通问题，彼此之间的操作性也较差。为使这些数据链可以实现信息共享，通常采用转换器来实现信息格式的转化和信息的共享。但这样做并不能完全解决问题，效率也不高。Link-16 数据链的目标是为美国各军种和北约国家提供通用的数据分发系统，由于 Link-16 数据链功能上的限制，它无法完全替代原有数据链，仍然需要解决与原有数据链的互通问题。因此，以 Link-16 数据链为基础，实现多战术数据链综合使用，目前正得到完善。Link-16 数据链将逐渐取代 Link-4A/4C 数据链，但 Link-11 数据链和卫星数据链路还将存在，以实现超视距通信，Link-11 数据链将向 Link-22 发展，以融入统一的数据链体系之中。这种综合不仅是在硬件设备上的改进，更重要的是在消息标准和操作规程上的融合。Link-16 数据链、Link-22 数据链和以陆军为主要应用对象的 VMF 数据链将构成一体化的 J 系列数据，成为战术数据链的主体。

2.4.2　数据链的发展趋势

在美军/北约数据链 60 多年的发展历程中，美国先后研制出了 40 余种数据链系统，形成了适应信息化作战需要的数据链装备体系。数据链装备的数据传输速率、安全保密性和抗干扰性、信号隐蔽性和抗截获能力等战技指标，也得到了不断改善。美军/北约建设的数据链系统逐步向着支持陆、海、空三军联合/协同作战的方向发展，不断提升数据分发能力。在提高数据链路能力的同时，充分考虑了与其他数据链路和已有系统的兼容性。

数据链的发展趋势主要表现在以下三个方面。

1．加紧研制、开发新一代数据链

战术数据链希望传输的不只是语音及数据业务，而且还希望能够传输图像等业务，这就对数据链的带宽和数据吞吐量有着更高的要求；并且在传输语音、数据及图像等业务过程中要实时、保密、准确地到达目标系统，以满足动态战场上多平台之间快速数据交换，以获得战场上的主动权。所以新一代战术数据链在原有的技术基础上，将具有更大的带宽，更大的数据传输率及更高的准确率，并增大信号传输的隐蔽性和抗干扰能力。

当前数据链总的发展趋势是在兼容现有装备的基础上，开发新的频率资源，提高数据传输速率，改进网络结构，增大系统容量，提高抗干扰、抗截获及数据分发能力，从战术数据链终端向联合信息分发系统演变，并在与各指挥控制系统及武器系统链接的同时，实现与战略网的互联互通。

美军一直在试验、改进各种通信系统和装备，一方面美军正在对 Link-16 数据链进行改进，主要包括：①增强 Link-16 数据链报文传输的可靠性，例如，提高链路的抗干扰能力，降低报文传输的时延，提高数据吞吐量，保证 link-16 数据链在强干扰条件下的稳定性；②拓展 Link-16 数据链的现有带宽，主要采用时隙重分配，动态网络管理等技术实现；③扩展 Link-16 数据链的通信距离，例如美国海军开发的卫星战术数字信息链路 J（S-TADIIL-J）和美国空军开发的联合距离延伸（JRE）系统；④将 Link-16 数据链融入 GIG 体系当中，可以采用网关与 GIG 接口或全面研究一种新格式以获得良好的适应能力。

另一方面，美军通过采用战术目标网络技术（TTNT）及具有网络通信功能的多平台传感系统，为传感器到传感器、传感器到射手提供更大的带宽。TTNT 技术与当前数据链系统相结合，可以提高数据链的信息传输速率和性能，不仅能够为提供战场态势传输战术数据，而且可以满足目标指示的精度要求，沟通从传感器到武器发射平台之间的信息流，应用于引导武器发射，实现多平台的火力协同，完成从“平台中心战”到“网络中心战”的变革。

此外，美军正积极研发网络化的通用宽带数据链（CDL），用于情报、监视、侦察（ISR）平台向地面处理中心传递图像情报和信号情报数据，它是网络中心战传感器栅格的连接纽带，如美空军开发的多平台战术公共数据链（MP-CDL）、美海军开发的海军公共数据链（N-CDL）等。

2．实现多数据链的协同

随着数据链的开发应用，新型数据链的传输速率、系统容量、抗干扰和保密能力、抗毁性、能传输的信息种类、导航与识别功能等都在逐步提高，但新型数据链的出现并不意味着旧的数据链将被立即取代，相反在相当长一段时间内它们是共存的，原因之一是数据链是指挥自动化系统的组成部分，更新数据链必然要更新指挥自动化系统的其余部分，这是一个不容易的、逐渐的过程；二是因为旧的数据链有一些特点，新型数据链不能完全取代，如 Link-11 数据链采用短波信道实现超视距传输比较容易，而用 Link-16 数据链实现超视距传输便需要中继。这就使多种数据链并存成为一种必然。同时，由于技术原因和作战应用对象的不同，目前还没有一种战术数据链能够满足所有作战需求，于是形成了多种数据链并存的局面。为了保证各作战单元具有统一的战场指挥和战场态势情报，以实现分工合作，形成体系对抗的优势，必须加强多数据链协同作战的能力。

目前美军主要通过数据转接和各种各样的网关系统进行数据链之间的互通，以此实现多链协同作战，其中比较典型的数据转接设备有负责 Link-16 数据链和 Link-11 数据链之间数据转接的联合信息分发系统转发设备（FJU），典型的网关系统有三军适用的防空系统集成器（ADSI）、美空军提出的“空中互联网”、舰载战术数据链系统中的指挥控制处理器（C^2P）以及美海军提出的多战术数据链处理器（MTP）等。

3．寻求发展一体化数据链系统

信息化战争对战场态势感知的范围、自动化指挥系统的数据通信速率、容量等都提出了更高的要求，因此，战术数据链的另一个发展趋势就是借助于卫星通信及其他远距离传输信道，形成一体化数据链系统。

一体化数据链系统体系结构大体上分为三个层次，其中底层是为陆、海、空和海军陆战队各军种局域服务的数据链；中层为 Link-16 数据链，它把局域数据链联系在一起，形成统一的网络系统；上层为远距离数据链，把各个 Link-16 数据链联成国家甚至世界范围的数据链体系，在统一的网络管理下工作，远距离数据链也采用 Link-16 数据链的消息标准和结构，因此可以说是 Link-16 数据链的扩展，如美军新研制开发的卫星战术数据信息链路（简称 S-TADIL-J），可以实现 Link-16 数据链系统之间远距离、不间断的数据交换。

小　结

由于作战形式与作战环境的变化，数据链最早主要从防空与海、空作战的需求驱动而出现。战术数据链的发展经历了单一功能数据链的产生、数据链的协同与整合、单一数据链完善和多个数据链的综合三个阶段。Link-16 数据链、Link-22 数据链和 VMF 数据链将构成一体化的 J 系列数据，成为战术数据链的主体。

思　考　题

（1）请从数据传输规模、内容和应用范围简述战术数据链的发展规律?

（2）请简述外军宽带数据链的发展历程？

（3）请问外军宽带数据链标准 CDL 定义了哪几类波形？

（4）简述外军数据链的发展特点？

（5）简述数据链的发展趋势？

参 考 文 献

[1] 骆光明, 杨斌, 邱致和,等. 数据链——信息系统连接武器系统的捷径[M]. 北京：国防工业出版社, 2008.

[2] 孙义明, 杨丽萍. 信息化战争中的战术数据链[M]. 北京：北京邮电大学出版社, 2005.

[3] 孙继银, 付光远, 车晓春,等. 战术数据链技术与系统[M]. 北京：国防工业出版社, 2009.

[4] 吕娜, 杜思深, 张岳彤. 数据链理论与系统[M]. 北京：电子工业出版社, 2008.

[5] 连春亭. 战术数据链系统的发展与作战应用研究[D]. 北京：北京交通大学, 2008.

[6] 王邦荣, 李辉, 张安,等. 战术数据链的现状及未来发展趋势[J]. 火力指挥与控制, 2007, 32(12):5-9.

[7] 杨丽萍. 数据链装备在空天一体战中的应用[J]. 地面防空武器, 2003, 4:6-19.

[8] 崔瑞琴. “数据链”及其发展应用[J]. 地面防空武器, 2006, 1:9-15.

[9] 崔潇潇. 美军数据链发展概况与启示[J]. 国际太空, 2009, 5:19-22.

[10] 曾向荣. 多战术数据链接口配置方案连通性和抗毁性研究[D]. 长沙：国防科学技术大学, 2010.

第 3 章　Link-4、Link-11 和 Link-22 数据链

Link-4 和 Link-11 数据链是数据链发展初期最为重要的两种数据链。20 世纪 90 年代，美国及北约又启动了改进型的 Link-11 数据链（NATO Improved Link Eleven, NILE）研制计划，即 Link-22 数据链。Link-22 数据链支持 Link-11 数据链的战术功能，但在网络结构和通信传输体制上有较大变化，系统性能显著提高。在过去的几次局部战争中，这三种数据链发挥了极其重要的作用，也正是它们所表现出的惊人作战效能，大大推动了军用数据链的发展，同时这些数据链也为以后研发功能更强、性能更高的新型数据链奠定了技术和应用基础。本章重点介绍 Link-4、Link-11 和 Link-22 数据链的系统组成、系统特性、组网方式等内容。

3.1　Link-4 数据链

Link-4 数据链是用于向战斗机传送无线电引导指令的非保密 UHF 数据链，源于美国海军的战术数字信息链 TADIL-C。Link-4 数据链的设计初衷主要用于航空母舰对战斗机战术飞行和着舰控制，以取代传统的话音引导。在装备之初，Link-4 数据链只能进行单向传输，之后经不断改进，发展成为两种类型的数据链：Link-4A 和 Link-4C 数据链。

3.1.1　Link-4A 数据链

Link-4A 数据链是控制站到飞机的数据链，它采用北约标准 STANAG5504 定义的 V 系列和 R 系列消息格式，支持空中交通控制、空中拦截控制、空中攻击作战控制、地面轰炸控制、航母惯性导航校准和航母自动着舰等功能，并可用于交换航迹数据和传送命令以及状态数据。Link-4A 数据链工作在 UHF 频段，信号采用 FSK 调制，信道间隔为 25kHz，数据传输速率可达 5kb/s。Link-4A 数据链既可以作为单向链路，也可以作为双向链路；其最大传输距离为 200nmile（1nmile=1.852km），而海上控制站与受控飞机间的全向视距覆盖范围最大距离为 170nmile。作为单向链路工作时，控制站（如舰艇、预警机等）采用广播方式向受控飞机（如 F-14 战斗机等）发送控制消息，而受控飞机则只接收消息，不发送响应消息。Link-4A 数据链采用这种工作模式时可支持的任务包括空中交通管制、航母自动着舰、引导对地攻击以及航母惯性导航系统的校准等。这时控制站发送的消息可以包含航向、速度、高度等指令以及目标数据等。Link-4A 数据链作为双向链路工作时，要求控制站和受控飞机都具备发送和接收能力。采用的是半双工模式，它采用时分方式在一条信道上实现双向通信，每 32ms 为一个消息传送周期，其中前 14ms 控制平台发射，受控飞机接收；而后 18ms 控制平台接收，受控飞机发送。控制平台根据需要向受控飞机发送控制消息，而受控飞机则用应答消息作为响应。受控飞机所发送的应答消息中可以包含飞机的位置、燃料、武器状况以及自身传感器跟踪数据等信息。Link-4A 数据链的双向通信主要用于执行空中拦截控制任务。

在消息发送周期内，控制站在为其分配的发送时间内首先发送含有飞机地址的控制消息，而收信飞机也要在为其分配的发送时间内发送相应的应答消息，并且受控飞机只有在收到控

制消息之后才发送应答消息。相反，如果没有收到控制消息，则不发送应答消息。这样，控制站就可以通过控制分配给每架受控飞机的传输时间来实现网内通信。

在实战环境中，一个Link-4A数据链控制站可以根据任务的需要，同时控制多个不同的Link-4A数据链“子网”，或者多个工作频率（Link-4A数据链链路中，每个任务如拦截控制都要占用一个频率），如一艘航母可以同时控制多个工作频率，以支持空中拦截控制、惯性导航系统等任务的频谱需求。但是一架受控飞机不能同时在两个Link-4A数据链任务子网中进行通信。因为每个任务子网采用的频率不同，作战飞机从一个任务子网转入另一任务子网的同时，必须将频率也调到相应的频率上才能正常工作。Link-4A数据链具有有限的数据吞吐量，只能满足有限数量的参战者（最多达8个）。然而，它却是第一条把战斗机组网为指挥控制单元提供战术信息传输路径的通信链路。

3.1.2 Link-4C数据链

Link-4C数据链是北约为扩充Link-4A数据链功能而开发的一种战斗机—战斗机专用战术数据链，其研发始于1984年。Link-4C数据链采用F系列消息，不同于Link-4A数据链的V&R系列消息，并且Link-4C数据链具备一定的抗干扰能力。利用Link-4C数据链可以实现最多4架作战飞机的互联。在利用Link-4C数据链组网的过程中，要让其中一架飞机作为长机，其他飞机作为僚机。每架Link-4C数据链的入网飞机都会被分配一个单独的地址，而这些入网飞机则基于该地址在规定的时隙内利用指定的频率交换数字消息，这些消息包含的信息有本机位置、目标数据以及武器状态等。

Link-4C数据链是一种机对机数据链，是对Link-4A数据链的补充，但这两种链路互相之间不能进行通信联络。Link-4C数据链是专门为F-14战斗机研制的，F-14战斗机不能同时使用Link-4A和Link-4C数据链进行通信。

3.2 Link-11数据链

Link-11数据链的研发始于20世纪60年代，并于20世纪70年代开始服役。Link-11数据链包括海基的Link-11数据链和陆基的Link-11数据链，它们分别对应于美军的战术数字信息链TADIL-A和TADIL-B两种类型数据链。海基Link-11数据链可在美军和北约海军舰艇之间、舰—岸之间、舰—空之间和空—岸之间实现战术数字信息交换。Link-11数据链的诞生对于北约数据链的发展具有非常重要的意义，因为在已服役的数据链中，其应用范围是最为广泛的。本节重点介绍海基的Link-11数据链。

3.2.1 Link-11数据链的系统组成

一个典型的Link-11数据链系统组成如图3.1所示，包括计算机系统、保密设备、数据终端设备以及无线电设备。

（1）计算机系统

计算机系统，即战术数据系统（TDS），接收各种传感器和操作员所发出的数据，将其按照标准的数据格式整合成M系列报文，并以每组24bit的形式送入保密设备。TDS同时还可以接收来自其他TDS的突发数据。

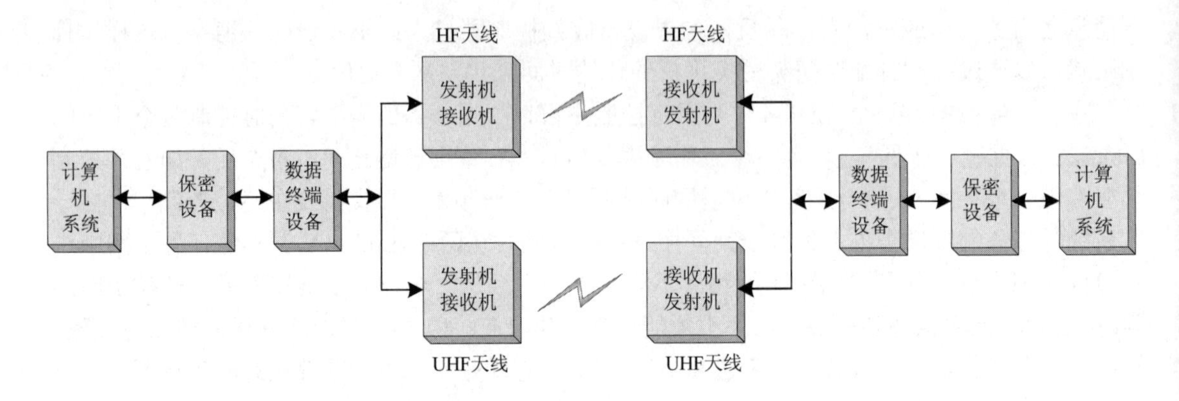

图 3.1 Link-11 数据链的系统组成

（2）保密设备

保密设备用来确保链路中数据传输的安全性。在 Link-11 数据链中使用的保密设备是密钥发生器（KG-40A），它是一种半双工数字设备，其串行配置（KG-40A-S）用于北约/美军机载 Link-11 数据链，并行配置（KG-40A-P）用于海军 Link-11 数据链。

（3）数据终端设备（DTS）

数据终端设备被作为一个调制解调器进行设计，是整个 Link-11 数据链的核心部分。加密后的 M 系列报文进入 DTS 后，每组 24bit 的数据先进行（30,24）的汉明纠错编码，产生 6bit 的监督码和输入的 24bit 数据组成一帧数据。对编码后的数据再进行多音调制。

（4）无线电设备

Link-11 数据链使用短波 HF 和超短波 UHF 无线电台进行无线电信号收发，多音调制后的信号进入无线电台后，被调制到高频或超高频，通过天线发射出去。

3.2.2 Link-11 数据链的调制技术特点

Link-11 数据链工作在 HF 短波频段（15～30MHz）和 UHF 超短波频段（225～400MHz）两个频段。最初设计 Link-11 数据链时，只是为了实现舰对舰之间的通信，为了实现超视距通信增加了 HF 频段。工作在 HF 频段时，理论上可以实现 300nmile 的超视距全向覆盖；而工作在 UHF 频段时，则只能进行视距通信，可提供 25nmile 的舰对舰和 150nmile 的舰对空覆盖。Link-11 数据链有两种标准传输速率：1200b/s 或 2400b/s，实际使用的是 1364b/s（每秒 45.45 帧，每帧时间为 22.0ms）或 2250b/s（每秒 75 帧，每帧时间为 13.33ms）。

Link-11 数据链的战术消息经加密后，以 24bit 数据为一组送入数据终端设备。为了保证传输数据的正确性，对这组 24bit 进行（30,24）的汉明纠错编码，编码后的战术消息再进行调制。

Link-11 数据链采用常规 Link-11 波形（Conventional Link Eleven Waveform,CLEW）进行副载波多音调制，使用并行传输体制，每个单音采用 π/4-DQPSK 调制。常规 Link-11 波形由 16 个单音波形组成，其中 15 个相移单音，1 个非相移单音，每一个单音都携带 2bit 数据。Link-11 数据链的单音频谱如图 3.2 所示，其中，单音编号与频率的对应关系如表 3.1 所示。

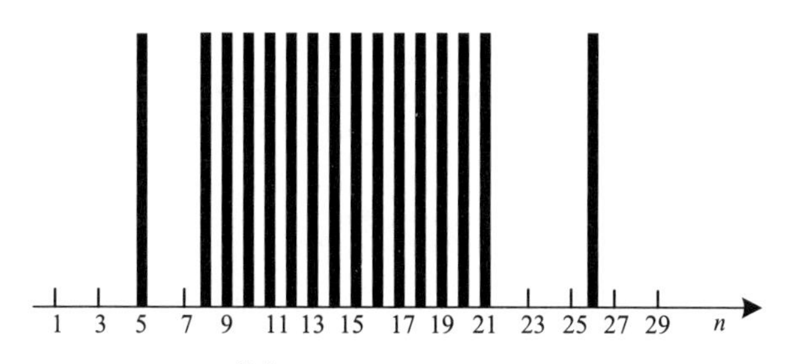

图 3.2　Link-11 数据链的单音频谱

表 3.1　Link-11 数据链单音编号与频率对应表

单音编号	1	2	3	4	5	6	7	8
频率(Hz)	605	935	1045	1155	1265	1375	1485	1595
单音编号	9	10	11	12	13	14	15	16
频率(Hz)	1705	1815	1925	2035	2145	2255	2365	2915

Link-11 数据链的信息按帧传输，编码后的数据每帧是 30bit，按顺序分为 15 组，每 2bit 为一组分别用 15 个数据单音进行 π/4-DQPSK 调制。从这个意义上说，Link-11 数据链也可以看成是一种多载波 π/4-DQPSK 传输系统，这样可以将发送的串行数据流分散到多个子载波上，降低了各子载波的码元速率，从而提高了抗衰落和抗多径的能力。编码后 30bit 数据由编号为 2～16 的 15 个单音各携带 2bit，数据位置和单音编号的对应关系如图 3.3 所示。

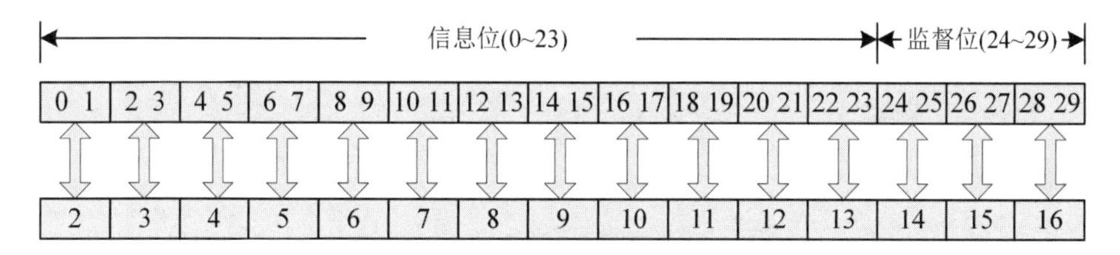

图 3.3　数据位置与单音编号的对应关系

实际中，Link-11 数据链通过无线电台发送的音频信号是包含编号为 1 的 605Hz 在内的 16 个单音频率的组合波形，只是 605Hz 作为多普勒单音不进行调制，而由其他 15 个单音进行 π/4-DQPSK 调制。

经多音调制后的信号，再通过短波 HF 或超短波 UHF 两个频段进行高频调制。使用短波频段时，采用调幅技术，使用单边带抑制载波（SSB）调制方式；使用超短波频段时，采用调频（FM）技术。

3.2.3　Link-11 数据链的组网方式与工作模式

Link-11 数据链采用有中心结构进行组网，图 3.4 是其网络结构的示意图。组成 Link-11 数据链的各站点采用时分复用的半双工通信方式，工作于同一载频，通常指定一个站点作为网控站（Network Control Site，NCS）（一般为指挥控制平台），让它负责控制、频率监控和网络分析，每个 Link-11 数据链网内只能有一个网控站；而其他入网单元则被称为参与单元（Participation Unit，PU），或称为前哨站、从属站，如舰艇、作战飞机。Link-11 数据链在网控站的管理下进行组网通信，使用主从方式进行呼叫、应答，所有的报文在网络内广播。一个 Link-11 数据链网络最多可以容纳 62 个前哨站（或从属站），但实际使用时一般限制在 20 个左右。

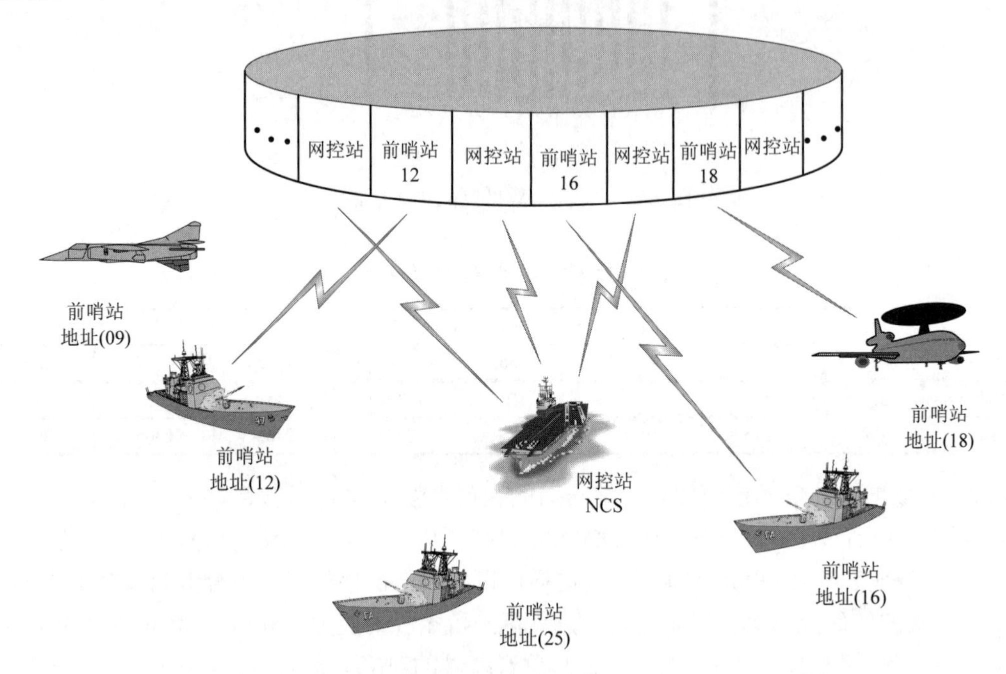

图 3.4 Link-11 数据链网络结构示意图

轮询呼叫模式是 Link-11 数据链的主要工作模式，除此之外还有网络同步、网络测试、广播和无线电静默等工作模式。

1. 轮询

在 Link-11 数据链网络中，每一个站都有一个唯一的地址码，网控站为这些地址码建立一个轮询呼叫序列。网络中的每一个站以时分的方式共用一个频率来完成信息的传输，在任何一个时刻，网络中只有一个站使用该频率发送信息。网络传输启动之后，网控站先发送询问信息，这些信息包括网控站的战术信息和下一次要发送信息的前哨站的地址，网络中的所有前哨站都能接收到这个询问信息，将其中的战术数据存储在自己的战术计算机中；同时比较自己的地址码和接收到的地址码，两个地址码相同的站就是下一个要发送数据的前哨站，该前哨站将自己的战术数据作为应答信息发送给网控站。网络中的其他前哨站都能接收到该前哨站的应答信息，并将这一应答信息存储在自己的战术计算机中。如果该前哨站发送的战术数据比较长，没有在规定的时间内发完，那么它将停止发送等待下一次轮询。如果该前哨站没有数据要发送，也会用一个相应的报文响应。如果网控站没有在规定的时间内接收到应答信号，那么网控站就会重新呼叫该前哨站。如果还是没有接收到应答信号，那么网控站就会呼叫序列中的下一个站点。网控站接收到应答信息后，就转换到发送状态，继续发送新的询问信息，以此类推，当网络中的所有前哨站都被询问结束后，一次网络循环就完成了。

轮询呼叫模式时，Link-11 数据链的工作时序如图 3.5 所示。该图描述了在 Link-11 数据链一个轮询周期内网控站、前哨站之间占用时隙的情况，图中忽略了各站点信息的处理时间。

由于数据链内的节点采用监听模式，所以每个前哨站不管轮询到自己与否，都能监听并接收来自网控站或前哨站发送的数据信息。

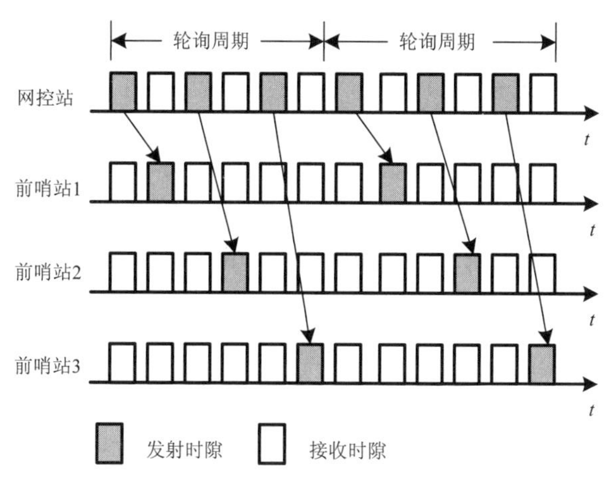

图 3.5　Link-11 数据链轮询时序示意图

轮询方式又可以细分为以下三种。

（1）全轮询（Full Roll Call）：网络中所有的站点处在激活态并且对每次来自网控站的询问进行回应。

（2）部分轮询（Partial Roll Call）：当网络中的部分单元切换到无线电静默时，虽然这个时候还能接收网控站的询问，但是并不应答。如果一个处于无线电静默中的单元需要对网控站的询问做出回应，那么它将切换为一个激活状态的参与单元，并且在下一次被询问到时传输它的数据，它可以在发送完该报文后重新切换到无线电静默状态。

（3）轮询广播（Roll Call Broadcast）：当网络中除去网控站以外的所有单元都处在静默状态，网控站在网络上传输它的有效数据，所有的参与单元虽然被轮询但是并不应答。任一处在无线电静默状态的单元如果希望传输数据，则按照部分轮询（Partial Roll Call）中所介绍的方法进行。

2. 网络同步

网络同步主要用于建立网络内统一的时间基准，它是检验站点之间的射频连通性的第一步。由操作员人工启动，网控站连续不断地发送连续的前导码，参与单元进行接收，使它们的时间基准与接收信号同步，并且在此之后连续监视与所接收的信号是否同步，并随时对微小的差别进行修正。在网控站发同步信号时，其所发的信号中只有多普勒单音和同步信号，也就是信号中只含有 605Hz 和 2915Hz 两个单音信号。

3. 网络测试

网络测试用来完成站点之间连通性测试，当网络同步以后，由网控站发送一个已知的测试信号，所有的参与单元接收到该信号后通过比较该信号和本地信号来检测系统性能。

4. 广播

短广播，网络中的每一个作战单元都可以将单个数据发送给其他网络成员；长广播，由一系列短广播组成，用 2 帧的空载时间将其分开。

5．无线电静默

所有单元都处于无线电静默，如果单元需要报告数据，则需要向所有单元发送一条短广播信息。

3.2.4 Link-11 数据链的消息格式

Link-11 数据链采用北约标准 STANAG5511（相应的美军军标为 MIL-STD-6011）规定的 M 系列消息格式。Link-11 数据链的所有信号都以帧为单位进行传输。每 30bit 为一帧，每帧中有 6bit 用于误码检测和校正，剩余 24bit 用于传送战术信息。

1．轮询模式的消息格式

轮询是 Link-11 数据链的主要工作模式，在轮询模式下有三种报文格式：网控站呼叫报文、前哨站应答报文和网控站报告报文。

（1）网控站呼叫报文

网控站呼叫报文用于对前哨站进行轮询呼叫，不包含具体的战术信息，其报文格式如图 3.6 所示。

前导码 5帧	相位参考帧 1帧	地址码 2帧

图 3.6 网控站呼叫报文格式

① 前导码。前导码，有的文献中称为报头，其持续时间为 5 帧，由两个频率是 605Hz 和 2915Hz 的单音构成，605Hz 用来校正因终端设备的相对运动或高频信道的变化而引起的多普勒频移，它在整个前导码传输期间相位连续；2915Hz 是同步单音，用于接收端完成同步，采用 BPSK 调制，在每帧的结尾处相位有 180°跳变。前导码中的 605Hz 和 2915Hz 的两个单音，发射功率比普通数据单音分别高 12dB 和 6dB。

② 相位参考帧。相位参考帧紧跟在前导码之后，由 16 个单音频率组成。除 605Hz 外的其他 15 个数据单音各提供一个参考相位，作为后面数据帧进行 π/4-DQPSK 调制的初始相位。信号发射时，15 个数据单音以标称功率发射，605Hz 多普勒单音以高于标称功率 12dB 的功率发射。

③ 地址码。地址码用来标识不同的参与单元，Link-11 数据链所采用的地址码编号从$(01)_8$到$(76)_8$，可以表示 62 个参与单元，但实际上参与单元的数量大都控制在 20 个左右。

（2）前哨站应答报文

前哨站对网控站的呼叫进行应答，应答信息中包含该站的战术数据，其报文格式如图 3.7 所示。

前导码 5帧	相位参考帧 1帧	起始码 2帧	数据帧 若干帧	前哨终止码 2帧

图 3.7 前哨站应答报文格式

① 前导码。持续时间为 5 帧，用于接收端同步和多普勒频移的纠正，其格式同网控站呼叫报文中的前导码一致。

② 相位参考帧。持续时间为 1 帧，用来为 π/4-DQPSK 调制提供参考相位，其格式与网控站呼叫报文中的相位参考帧一致。

③ 起始码。当传输的数据帧包含战术信息时，就需要有起始码，持续时间为 2 帧，它是 M 系列消息开始的 2 帧，数据内容固定地设置为$(7450604077)_8$和$(5467322342)_8$，接收方利用该起始码通知 TDS 准备接收数据。

④ 数据帧。数据帧由 16 个单音信号构成，其中 605Hz 仍用于多普勒频移校正，不携带信息，在整个数据帧传输中相位连续。其余的 15 个单音，在每帧内分别携带 2bit 信息，总共 30bit。

⑤ 前哨终止码。前哨终止码是前哨站发出的表示数据结束的指示码，持续时间为 2 帧，用来通知网控站准备轮询下一个前哨站，前哨终止码只能由前哨站发出。前哨终止码的 2 帧都被设置为$(7777777777)_8$。

（3）网控站报告报文

网控站报告自身的战术数据同时呼叫下一个前哨站，其报文格式如图 3.8 所示。

前导码 5帧	相位参考帧 1帧	起始码 2帧	数据帧 若干帧	控制终止码 2帧	地址码 2帧

图 3.8 网控站报告报文格式

① 前导码。持续时间为 5 帧，用于接收端同步和多普勒频移的纠正，其格式与网控站呼叫报文中的前导码一致。

② 相位参考帧。持续时间为 1 帧，用来为 π/4-DQPSK 调制提供参考相位，其格式与网控站呼叫报文中的相位参考帧一致。

③ 起始码。持续时间为 2 帧，接收方利用该起始码通知 TDS 准备接收数据，其格式与前哨站应答报文中的起始码一致。

④ 数据帧。数据帧由 16 个单音信号构成，其中 605Hz 仍用于多普勒频移校正，不携带信息，其格式与前哨站应答报文中的数据帧一致。

⑤ 控制终止码。控制终止码表示网控站结束自身报告，只能由网控站发出，控制终止码的 2 帧都被设置为$(0000000000)_8$。

⑥ 地址码。地址码用来标识不同的参与单元，Link-11 数据链所采用的地址码编号从$(01)_8$到$(76)_8$。

2. 其他工作模式的消息格式

（1）网络同步

该工作模式下，网控站发送 5 帧的前导码，信号由两个频率是 605Hz 和 2915Hz 的单音构成。每个入网单元连续监视接收该信号，随时对微小的差别进行修正，最终与接收信号同步。

（2）网络测试

网络测试模式下的测试消息报文格式如图 3.9 所示。其中，网络测试字序列为 21 个字组成的已知代码，通过 π/4-DQPSK 调制，将其转换为多音调制信号，每个入网单元接收解调后与已知测试消息进行数据对比，根据误码率或其他准则确定结果，达到测试网络特性的目的。

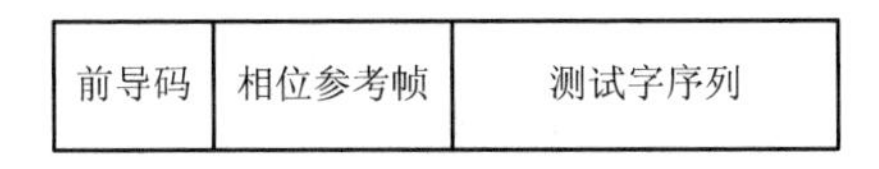

图 3.9 网络测试报文格式

（3）广播

短广播时，网络中的每一个作战单元都可以将单个数据（短广播消息）发送给其他网络成员，发送完毕后自动转入接收状态，短广播消息格式与前哨站应答报文格式相同。长广播，由一系列短广播组成，用2帧的空载时间将其分开，其报文格式如图3.10所示。

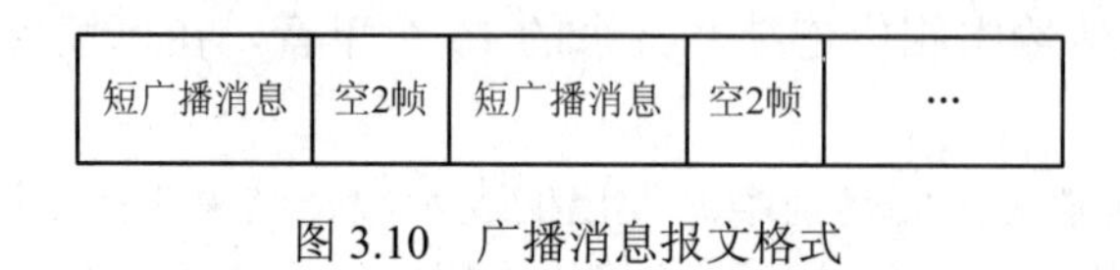

图3.10 广播消息报文格式

3.3 Link-22数据链

随着现代战争形态的变革和信息技术的迅猛发展，曾经在战场上大显身手的Link-11数据链已不能满足作战的需求。为此，美国及北约在20世纪90年代启动了改进型Link-11数据链研制计划，即Link-22数据链。Link-22数据链支持Link-11数据链的战术功能，但在网络结构和通信传输体制上有较大变化，系统性能显著提高。本节重点介绍Link-22数据链的系统特性、网络结构、工作模式等内容。

3.3.1 Link-22数据链的系统特性

Link-22数据链是一种抗干扰、保密可靠、灵活机动的中速率战术数据链，它执行北约研制的接口标准，旨在满足在多种战术数据系统之间交换战术数据和网络管理数据。装备Link-22数据链的平台单元称为NILE单元，简称NU。Link-22数据链是Link-11数据链的改进和提升，不论在参与单元数量、跟踪航迹数量与精度、抗干扰能力、系统报警或反应时间等诸多方面都有显著提高。

（1）工作频段与作用距离

Link-22数据链工作在HF和UHF两个频段。在HF频段，频率范围是2～30MHz，可提供超视距通信能力，最大通信距离为300nmile。在UHF频段，频率范围是225～400MHz，只能进行视距范围通信。Link-22数据链平台单元在HF和UHF频段，都能够通过中继协议进一步扩展通信距离，采用舰载中继时，HF频段的通信距离可扩展到1000nmile，UHF频段可扩展到300nmile。

（2）战术消息传输能力

相比于Link-11数据链2400b/s的数据传输速率，Link-22数据链极大提高了用户数据传输速率。一方面，HF定频的信息传输速率保持在2400b/s，UHF定频的信息传输速率可达12.667kb/s。另一方面，装备Link-22数据链每一个用户单元可同时采用HF和UHF两个频段传输信息，一个用户最多能支持4个网络并行传输信息。

（3）调制编码方式

Link-22数据链采用单载波串行调制，3kHz常规音频带宽，采用QPSK/8PSK调制方式，采用CRC-16检错编码和RS或卷积纠错编码，确保信息传输可靠性；并可根据所采用的调制方式和编码方式的不同组合，形成不同的信息传输波形。

（4）组网方式

Link-22 数据链放弃了 Link-11 数据链双向连通的网络控制模式，使用 TDMA 组网体制构成分布式网状网络，抗毁性明显优于 Link-11 数据链的集中式星状网络。Link-22 数据链使用超级网络（SN）概念构造网络。超级网络可由一个或多个（最多 8 个）网络组成。当它拥有多个网络时，它的网络部件为超级网络的所有 NU 单元（最多为 125 个）提供数据通道连接。超网配置使 Link-22 数据链可以形成多个任务子网，同时为多种作战任务交换信息，如防空作战、反潜战、对海作战、电子战以及战区弹道导弹防御等，而 Link-11 数据链的单一网络结构同时只能进行某类作战任务的信息交互。

（5）消息格式

Link-22 数据链采用 STANAG5522 定义的 F 和 FJ 系列报文格式。与 Link-11 数据链的 M 消息标准相比，在提高数据元素分辨率的同时，增加对陆地和友军位置/区域/身份的支持，具有统一的位置和敌方索引报告。表 3.2 列出了 Link-22 数据链与 Link-11 数据链消息特性比较。

表 3.2　Link-22 数据链和 Link-11 数据链消息特性比较

数据链类型 / 消息内容	Link-11 数据链	Link-22 数据链
单元地址	$(01)_8$～$(76)_8$	$(00001)_8$～$(77777)_8$
航迹号	$(0200)_8$～$(7777)_8$	$(00200)_8$～$(77777)_8$
航迹质量	0～7	0～15
航迹标识	标识 原始标识扩展 标识扩展	标识 平台 特定类型 平台任务 国籍
状态信息	有限	详细
定位精度/m	457	10
空中速度精度/(km/h)	51	4
电子战	有限	详细

在表 3.2 所示的航迹号中，Link-11 数据链的航迹号由 12bit 组成，Link-22 数据链的航迹号由 19bit 组成，它由两个 5bit（高位）和三个 3bit（低位）组成，总共为五个字符，其航迹号组成规则及编码分别如表 3.3、表 3.4 所示，这种组成编码规则使得 Link-22 数据链的 12bit 低位航迹号与 Link-11 数据链的 12bit 航迹号兼容。

表 3.3　Link-22 数据链的 19bit 航迹号组成

二进制位数	19　18　17　16　15	14　13　12　11　10	9　8　7	6　5　4	3　2　1
字符组成	0～7、A～Z（不含 O、I）	0～7、A～Z（不含 O、I）	0～7	0～7	0～7
占用 bit 数	5（高位）	5（高位）	3（低位）	3（低位）	3（低位）

（6）抗干扰措施

① 跳频技术：在每一个工作频段，都可采用固定频率（FF）或跳频（HF）工作方式。

② 提供无源电磁抗干扰自适应天线。

③ 功率控制：用于防止可能的截获。

④ 采用现代差错控制技术，根据信道质量选择编码形式，如 CRC-16 检错和 RS 或卷积纠错编码，提高信息传输可靠性。

⑤ 增强网络鲁棒能力：Link-22 数据链使用时间分集、频率分集和天线波瓣分集等多种方式，增强单元冗余能力。如一个终端可以不同频率在 4 个网络中并行收发相同信息，某个或某些网络被干扰造成中断时，剩余网络仍能保证信息的正常传输，接收单元根据判决准则选择最优。

表 3.4　Link-22 数据链的 19bit 航迹号编码

5bit（高位）编码								3bit（低位）编码	
字符	编码	字符	编码	字符	编码	字符	编码	字符	编码
0	00000	A	01000	J	10000	S	11000	0	000
1	00001	B	01001	K	10001	T	11001	1	001
2	00010	C	01010	L	10010	U	11010	2	010
3	00011	D	01011	M	10011	V	11011	3	011
4	00100	E	01100	N	10100	W	11100	4	100
5	00101	F	01101	P	10101	X	11101	5	101
6	00110	G	01110	Q	10110	Y	11110	6	110
7	00111	H	01111	R	10111	Z	11111	7	111

3.3.2　Link-22 数据链的系统组成

Link-22 数据链的系统组成主要包括战术数据系统（TDS）、数据链处理器（DLP）、人机接口（HMI）、系统网络控制器（SNC）、链路层控制（LLC）、信号处理控制器（SPC）和无线收/发设备以及日历时间（TOD）基准，如图 3.11 所示。

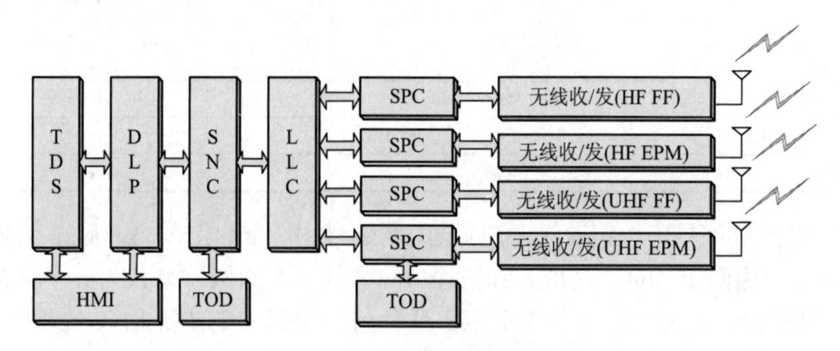

图 3.11　Link-22 数据链系统组成

（1）战术数据系统（TDS）

TDS 是 Link-22 数据链消息传输的来源和归宿，它收集、处理、显示和存储 TDS 航迹。在舰船平台配置的 TDS 称为海军战术数据系统（NTDS），在飞机平台配置的 TDS 称为机载战术数据系统（ATDS）。尽管它们的任务有所不同，但它们的功能主要包括以下几个。

① 把战术数字信息传送给数据链处理器（DLP）；

② 恢复和处理从 DLP 传来的战术数字信息。

（2）数据链处理器（DLP）

DLP 是 Link-22 数据链的实际接口部件。它支持网络应用层功能，主要包括以下几个。

① 产生和解释格式化战术报文；

② 分配和更新战术消息优先级；

③ 分配目的地址和选择其他质量服务要求；

④ 在数据转发单元，它支持和其他数据链的接口和数据转发。

（3）人机接口（HMI）

人机接口部件提供以下主要功能。

① 初始化（若需要，重新初始化），控制网络操作模式、协议和无线收/发设备；

② 诊断和隔离网络故障和平台故障；

③ 管理和监视网络和平台。

（4）系统网络控制器（SNC）

系统网络控制器提供通信传输层功能，包括网络管理和监视、信号处理控制器（SPC）配置和网络协议。SNC 还支持报文投递服务，包括报文寻址、报文时间印戳、报文中继与路由、迟到网络或传输入口。当 SNC 发现网络出现堵塞时，它询问 DLP 是否可以丢弃一些已过时的报文，以便减缓网络的流量。

（5）链路层控制（LLC）

链路层控制设备是由国家保密局（NSA）核准的高级加密安全设备。它使用日历时间（TOD）基准和用户地址进行加密处理，还对数据完整性进行核实。LLC 支持 SNC 与 4 个信号处理控制器（SPC）的接口服务，最多支持 4 个网络的并行操作。链路层控制、信号处理控制器（SPC）和无线收/发设备的组合称为 Link-22 数据链的通信信道。

（6）信号处理控制器（SPC）

信号处理控制器支持战术报文分割与组合、转发误码校正、调制解调、无线收/发配置和链路质量反馈。

（7）无线收/发设备

无线收/发设备支持网络单元实现无线电链路连接，能组合配置 4 路通信介质（HF FF/EPM、UFH FF/EPM）。低速跳频无线电设备保证 HF 跳频传输的安全；快速跳频无线电设备提供 UHF 跳频传输的安全。自适应阵列天线设备支持电磁保护措施（EPM），也有效抑制电磁干扰和射频干扰，还减少天线波瓣的不规则效应。

3.3.3　Link-22 数据链的网络结构

Link-22 数据链采用时分多址（TDMA）访问协议构建数据链网络；同时，采用动态 TDMA 协议，按需为 Link-22 数据链网内单元分配信道资源。

1. 时隙结构

Link-22 数据链将系统时间划分为时帧、时隙和微时隙（Mini Slot，MS）。微时隙为最小时间单位，其长度与系统通信介质有关。一次信息传输时间是由一个或一组微时隙组成的，亦称为时隙（Time Slot）。时隙长度取决于信息传输要求。时帧是 Link-22 数据链网络的时间循环单位，由多个 NU 发送时隙组成。

时隙分为分配时隙（AS）和中断时隙（IS）两类。多数时隙被分配给指定的 NU 单元，这些时隙称为分配时隙（AS）。分配时隙（AS）按照时隙分配算法预先分配或动态按需分配给网内各 NU，在某一分配时隙中只有被指定的 NU 发送消息，其他 NU 接收消息。Link-22 数据链网络的信息交互主要在分配时隙中完成。少量的中断时隙被“插入”到指定时隙内，用于发送高实时性的紧急消息，NU 以竞争方式使用中断时隙。由于中断了正常的消息发送流程，被形象地称为“中断时隙”（IS）。各个 NU 单元竞争访问中断时隙，以便传输高优先级数据或提供延迟入网（LNE）服务。延迟入网服务支持网络非参与者成为 Link-22 数据链网络成员，并为它分配必要的时隙。Link-22 数据链定义了 4 种优先权报文队列，最先进入最高优先权队列的报文被首先发送；低优先权报文使用常规分配的 MS 发送，而不使用 IS 发送。

与 Link-11 数据链网络中的轮询周期类似，Link-22 数据链网络中的时帧长度称为网络循环时间（NCT），它是微时隙的整数倍。“网络循环结构”（NCS）负责指定和安排各个 NU 单元的分配时隙以及中断时隙在网络周期（NCT）中的位置。Link-22 数据链的网络管理单元（NMU）控制“网络循环结构”。Link-22 数据链的“网络循环结构”如图 3.12 所示，图中数据链网络有 5 个 NU 单元。

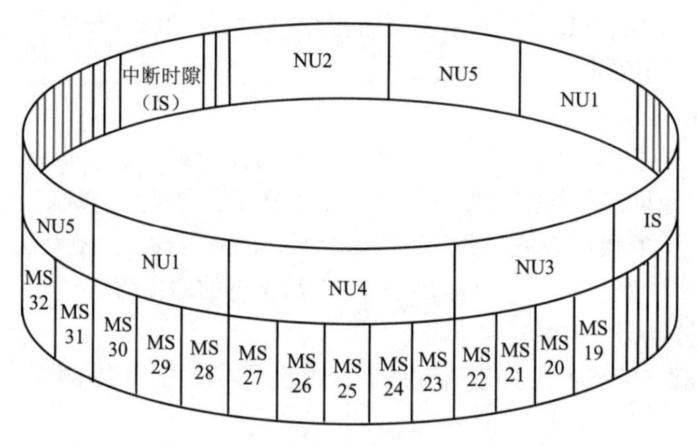

图 3.12 “网络循环结构”示意图

网络循环结构初始化操作可由网络管理单元集中计算配置，或由各单元使用相同算法分别计算配置。分配给各单元的传输时隙可以是固定的（只在系统重新配置时才能变动），也可以是动态的。动态 TDMA（DTDMA）分配是一种通用的自治算法，各单元能将其空闲 MS 赠给需要更多传输能力的单元使用。动态分配算法能优化网络循环结构，减少信道访问延迟，增强信道能力和其他操作。

2. 多网配置

当多个 NU 单元设定一组专用的网络参数，利用单一通信信道进行信息交换时，所形成的网络为单网。由于每个 NU 单元最多可配置 4 个通信网络，因此，也可以构成多个网络同时工作，从而形成超级网络（SN），简称超网。超网最多由 8 网络组成。当它拥有多个网络时，它的网络部件为超级网络的所有 NU 单元（最多为 125 个）提供数据通道连接。

超网网络连接可采用三种主要配置模式，即子网络配置、网络全部重叠和网络部分重叠，如图 3.13 所示。

网络全部重叠能增加系统流通量，如各网络能分别传输不同的信息；它也能提高系统的可靠性，如所有网络传输或重发相同的信息；网络部分重叠“多网 NU”单元能为互联的多网络之间提供中继服务，从而扩展了超级网络的通信覆盖域，并增加了 Link-22 数据链网络容量；

子网络配置能使一组专用 NU 单元构建任务域子网（MASN），可以在不占用其他网络容量的情况下，在本组单元内交换信息。

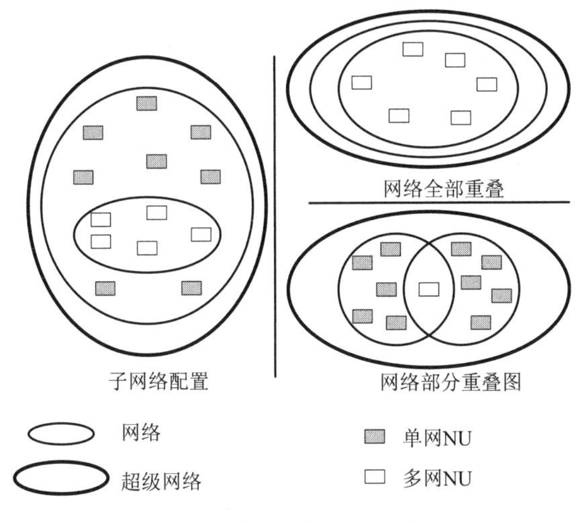

图 3.13　超级网络的主要配置模式

3. 网络管理

基于时分多址（TDMA）协议的数据链网络是一种无中心节点结构，也是说，它的运行不依赖于特定节点的控制，系统在没有网络管理节点时，也能照常运作数小时。然而，Link-22 数据链指定网络单元负责管理网络。Link-22 数据链定义两层责任体制：超级网络管理（SM）和网络管理（NM）。超级网络（SN）的网络管理单元是它的最顶层管理单元。它负责整个网络的关闭命令、重新配置或重新初始化命令、网络单元脱离或加入网络命令、加密命令、迟到单元加入超级网络命令、监视下层网络管理单元、设置网络单元中继功能、无线电静默和通告改变单元状态的命令。超级网络的下层网络管理单元分别管理各自的网络，它们执行上级网络管理单元命令。如果需要，启用备用的网络管理单元，也能承担网络管理职能。

3.3.4　Link-22 数据链报文

Link-22 数据链采用 STANAG5522 定义的 F 和 FJ 系列报文格式。FJ 系列报文格式是基于 Link-16 数据链 J 序列（70bit）的嵌入报文格式，采用了与 Link-16 数据链相同的数据元素和测量坐标系，避免额外的格式转换，确保多链的互操作性。

1. 报文功能

Link-22 数据链的 F 系列报文分为 10 大类 72 小类，FJ 系列报文分为 8 大类 25 小类。详细分类如表 3.5 和 3.6 所示。

Link-22 数据链使用固定格式消息交换战术功能信息。Link-22 数据链定义的消息标准功能域包括系统信息交换与网络管理、参与者定位和识别、监视、电子战、情报、信息管理、威胁警报、武器协调和管理、平台和系统状态。为了正确使用这些功能域，所有参与者都执行统一协议，包括消息更新率、消息传输优先级、发送/接收规则和必要的设备。

（1）参与者定位与识别

参与者定位与识别（PLI）功能是每个NU单元必备的战术功能，有PLI和间接PLI之分。PLI消息适用于所有NU单元平台（如空中/水面/水下/陆地航迹/点）；间接PLI消息是由FNU（Link-22数据链转发单元）用来转发其他数据链单元（如Link-11/11B）的定位和识别信息。

表3.5 Link-22数据链F系列报文列表

报文/字编号	报文/字标题	报文/字编号	报文/字标题
F00.1-0	电子战　方位字首	F02.2-1	空中PLI附加任务相关器
F00.1-1	电子战　定位字首	F02.3-0	海上PLI航向和速度
F00.1-2	电子战　位置	F02.3-1	海上PLI附加任务相关器
F00.1-3	电子战　放大	F02.4-0	水下PLI航向和速度
F00.2-0	电子战　概率范围区字首	F02.4-1	水下PLI任务相关器
F00.2-1	电子战　概率范围区	F02.5-0	地面上点的PLI连续
F00.3-0	电子战　发射机和电子对抗措施	F02.5-1	地面上点的PLI附加任务相关器
F00.3-1	电子战　频率	F02.6-0	地面轨迹PLI航向加速度
F00.3-2	电子战　PD/PRF/扫描	F02.6-1	地面轨迹PLI任务相关器
F00.3-3	电子战　平台	F02.7-0/7	ANFT TBD
F00.4-0	电子战　协调字首	F03.0-0	参考点字首
F00.4-1	电子战　相关	F03.0-1	参考点位置
F00.4-2	电子战　协调ECM	F03.0-2	参考点航向和速度
F00.4-3	电子战　协调发射控制	F03.0-3	参考点中心线
F00.7-0	频率分配	F03.0-4	参考点分段
F00.7-1	网络媒介参数	F03.0-5	参考点反潜
F00.7-3	网络管理命令	F03.0-6	参考点友方武器危险区
F00.7-3P	带参数的网络管理命令	F03.0-7	参考点战区弹道导弹防御
F00.7-5	无线电静默命令	F03.1-0	紧急点字首
F00.7-6	网络状态	F03.1-1	紧急点位置
F00.7-7	任务域子网的网络状态	F03.4-0	ASW联系信息
F00.7-7C	任务域子网的创建	F03.4-1	ASW联系证实
F00.7-M	任务域子网的修改	F03.5-0	地面轨迹/点的字首
F00.7-10	密钥滚动	F03.5-1	地面轨迹/点的位置
F01.0-0	敌我识别（IFF）	F03.5-2	地面非实时轨迹
F01.4-0	声定向/声测距	F03.5-3	地面轨迹/点的IFF
F01.4-1	声定向/声测距模糊	F1-0	间接PLI位置
F01.5-0	声定向/声测距放大	F1-1	PLI位置
F01.5-1	声定向/声测距传感器	F2	空中航迹位置
F01.5-2	声定向/声测距频率	F3	海上航迹位置
F01.6-0	基本命令	F4-0	水下航迹位置
F01.6-1	命令扩展	F4-1	水下航迹的航向和速度
F01.6-2	空中协调	F5-0	空中航迹的航向和速度
F02.0-0	间接PLI放大	F5-1	海上航迹的航向和速度
F02.1-0	PLI敌我识别	F6	EW紧急情况
F02.2-0	空中PLI航向和速度	F7	备用

表 3.6　Link-22 数据链 FJ 系列报文列表

报文/字编号	报文/字标题	报文/字编号	报文/字标题
FJ3.0	参考点	FJ8.1	任务相关器改变
FJ3.1	应急点	FJ10.2	交战状态
FJ3.6	空间轨迹	FJ10.3	移交
FJ6.0	情报信息	FJ10.5	控制单元改变
FJ7.0	轨迹管理	FJ10.6	配对
FJ7.1	数据更新请求	FJ13.0	机场状态
FJ7.2	相关	FJ13.2	空中平台和系统状态
FJ7.3	指示器	FJ13.3	水面平台和系统状态
FJ7.4	轨迹标识符	FJ13.4	水下平台和系统状态
FJ7.5	IFF/SIF 管理	FJ13.5	陆地平台和系统状态
FJ7.6	过滤器管理	FJ15.0	威胁告警
FJ7.7	关联	FJ28.2(0)	文本报文
FJ8.0	单元指示器		

（2）监视

监视功能域消息分别提供各种监视数据报告。这些监视数据还能通过 FJ6.0（情报信息）、F01.0-0（敌我识别）或 FJ15.0（威胁告警）扩展。许多信息管理消息也支持交换监视数据，例如 FJ7.0（轨迹管理）、FJ7.1（数据更新请求）、FJ7.2（相关）、FJ7.4（轨迹标识符）、FJ7.5（IFF/SIF 管理）、FJ7.6（过滤器管理）和 FJ7.7（关联）。

（3）电子战

电子战（EW）包含三个领域：电子战支援措施（ESM）、电子对抗措施（ECM）和电磁抗干扰（EPM）。Link-22 数据链电子战功能由电子战监视、电子战控制和协调组成。

（4）情报

FJ6.0（情报信息）在接口交换情报信息，包括威胁告警、国籍/盟国、单元环境/种类、平台、平台行动、行动扩展、专用种类、作战状态、控制单元、交战或配对对象。

（5）信息管理

数据管理规程要求在接口交换管理信息。信息管理消息包括 FJ7.0（轨迹管理）、FJ7.1（数据更新请求）、FJ7.2（相关）、FJ7.3（指示器）、FJ7.4（轨迹标识符）、FJ7.5（IFF/SIF 管理）、FJ7.6（过滤器管理）、FJ7.7（关联）和 FJ8.1（任务相关器改变）。

（6）威胁告警

FJ15.0（威胁告警）在接口交换威胁告警信息，它向一个或一组 NU 单元报告迫近的敌方威胁，以便操作员及时采取应对措施。

（7）武器协调和管理

武器协调和管理功能支持武器控制系统（如作战飞机、舰对空导弹等）和支援平台（如侦察、后勤运输等）的 NU 单元交换信息。这是一个互动过程，它需要 PLI、监视、电子战和情报功能支持。它们交换的信息包括指挥、任务变更、控制单元报告、移交控制、控制单元的变更/信道/话音呼叫信号、武器系统/平台参战状态、武器系统/平台状态和配对信息。

（8）平台和系统状态

NU 单元使用 FJ13（平台和系统状态）报告它当前的状态：机场状态-FJ13.0 报告机场、

跑道和机场设施的作战状态；空中平台和系统状态-FJ13.2 报告空中平台的当前状态，包括装载军火、油料、作战状态和机载系统状态；水面平台和系统状态-FJ13.3 报告水面平台的当前状态，包括装载军火、油料、作战状态和舰载系统状态；水下平台和系统状态-FJ13.4 报告水下平台的当前状态，包括作战状态和舰载系统状态；陆地平台和系统状态-FJ13.5 报告陆地平台的当前作战武器和设备的状态。

2. 报文传输

Link-22 数据链报文包含两种格式：F 和 FJ 系列报文。

数据链处理机（DLP）承担 Link-22 数据链与 Link-16 数据链的报文翻译转换工作。然而它仍需要适当的低层处理和用无线设备收发 Link-16 数据链报文。它对 Link-11 数据链报文的处理也很相似，但由于它们的表示层量化度不同，报文翻译作业更复杂，还可能成为难题。包含这些处理设备和翻译能力的终端被称为转发单元。STANAG5616 标准包含了 Link-22 数据链与 Link-11 数据链和 Link-16 数据链的数据转送和报文翻译规则。

终端传送的报文具有多种地址类型，包括点对点、射频邻居传送、全体传送（传送给所有上级网络单元的）、任务区子网（MASN）、单元动态表列。MASN 是一组网络功能逻辑群，类似于 Link-16 数据链网络参与群（NPG）。它是为执行一个特定任务而集成的一群单元。

报文传输是以 DLP 向系统网络控制器（SNC）发送传输服务请求（TSR）为起点。TSR 包含描述传输请求参数。按传输优先权，它被放进 4 个不同优先权的队列。只有更高优先权的 TSR 被服务后，才轮到对它服务。

小　结

本章重点介绍了三种典型的战术数据链系统：Link-4、Link-11 和 Link-16 数据链。Link-4 数据链包括 Link-4A 和 Link-4C 两种类型数据链，其中 Link-4A 数据链是控制站到飞机的数据链，Link-4C 数据链是为扩充 Link-4A 功能而开发的一种战斗机—战斗机专用战术数据链。Link-11 数据链工作在 HF 和 UHF 两个频段，采用常规 Link-11 波形进行副载波多音调制，每个单音采用 π/4-DQPSK 调制；采用有中心结构进行组网，轮询呼叫模式是 Link-11 数据链的主要工作模式。Link-22 数据链又称为改进型 Link-11 数据链，是一种抗干扰、保密可靠、灵活机动的战术数据链。Link-22 数据链可工作在 HF 和 UHF 两个频段，一个 NU 单元最多能支持 4 个网络并行传输信息，有效提高了信息传输速率。Link-22 数据链融合了 Link-11 和 Link-16 数据链的功能与特点，采用 TDMA 和动态 TDMA 构建网络，通过超网配置增加网络规模；采用 F 和 FJ 系列消息传输报文，增强了与 Link-11 和 Link-16 数据链的互操作能力。

思 考 题

（1）简述 Link-4A 数据链的技术特点。

（2）请问 Link-11 数据链系统由哪几部分组成？

（3）简述 Link-11 数据链的调制技术特点，其采用何种调制、编码方式？

（4）请问 Link-11 数据链采用哪种网络结构，有哪些工作模式？

（5）简述 Link-11 数据链的轮询工作模式。

（6）请问 Link-11 数据链轮询模式下有哪几种报文格式？

（7）请从工作频段、信息速率、调制方式、工作模式、消息格式等方面比较分析 Link-4A 与 Link-11 数据链的技术性能。

（8）简述 Link-22 数据链的系统特性。

（9）请问 Link-22 数据链系统由哪几部分组成，各组成部分完成何种功能？

（10）请问 Link-22 数据链的时隙划分为哪几类，各类时隙有何用途？

（11）与 Link-11 数据链相比，请问 Link-22 数据链的网络结构有何不同？

（12）请问 Link-22 数据链的超网有哪几种配置模式，各有何特点？

（13）请问 Link-22 数据链采用何种消息格式，该消息格式与 Link-11 数据链相比，有哪些优势？

参 考 文 献

[1] 孙义明, 杨丽萍. 信息化战争中的战术数据链[M]. 北京：北京邮电大学出版社, 2005.

[2] 骆光明, 杨斌, 邱致和, 等. 数据链——信息系统连接武器系统的捷径[M]. 北京：国防工业出版社, 2008.

[3] 孙继银, 付光远, 车晓春, 等. 战术数据链技术与系统[M]. 北京：国防工业出版社, 2009.

[4] 吕娜, 杜思深, 张岳彤. 数据链理论与系统[M]. 北京：电子工业出版社, 2008.

[5] 杨丽萍. 数据链装备在空天一体战中的应用[J]. 地面防空武器, 2003, 4:6-19.

[6] 王剑. Link-11 系统关键技术研究与改进——组网技术与抗干扰技术[D]. 南京：东南大学, 2007.

[7] 王国栋. 短波战术数据链 Link-11 技术体制研究[D]. 西安：西安电子科技大学, 2010.

[8] 张妙. 战术数据链 Link-11 物理层及调制识别技术的研究[D]. 西安：西安电子科技大学, 2011.

[9] 王莹. 战术数据链 Link11 的仿真研究[D]. 成都：西南交通大学, 2008.

[10] 费忠霞, 尹华锐, 徐佩霞. 基于 DSP 的 Link-11 数据链对抗系统[J]. 航天电子对抗, 2005, 21(4):40-54.

[11] 蔡啸, 郭伟, 周应芳. 对美军战术数字信息链路（TADIL）A 的侦察与干扰[J]. 舰船电子工程, 2005, 110-113.

[12] Jeffrey F Bull, Harris Z Zebrowitz, Michael A Arnao. A versatile adaptive array for Link-11 communication [J]. Military Communications in a Changing World, 1991:1241-1245.

[13] 梁炎, 陆建勋. Link-22——北约国家的下一代战术数据链[J]. 舰船电子工程, 2006, 26(1):3-7.

[14] 尹亚兰, 邓捷坤. Link-22 数据链调制方式性能分析[J]. 信息化研究, 2009, 35(1):26-28.

[15] 刘浩然, 宋福晓, 方洪俊. Link-22 数据链网络的仿真系统设计[J]. 无线电工程, 2011, 41(6):1-4.

[16] 何健辉, 饶志宏. 基于 OPNET 的 Link-22 建模与仿真[J]. 通信技术, 2009, 42(10):97-99.

[17] 李有才, 王然, 李子丰. 外军 Link 系列数据链的发展与工作性能、特点分析[J]. 电子对抗, 2008, 2:8-11.

[18] Pursley M, Royster T, IV, Tan M. High-rate direct-sequence spread spectrum [C]. Proc. of IEEE. Military Communications. Conf, 2005, 4: 2264-2268.

[19] Hanho Lee. A High-speed low-complexity parallel Reed-Solomon decoder for optical communications[J]. IEEE Transactions on Circuits Systems, 2006, 52(8):461-465.

[20] D. V. Sarwate, N. R. Shanbhag. High-speed architectures for Reed-Solomon decoders[J]. IEEE Trans. VLSI Syst, 2001, 9:641-655.

第 4 章　Link-16 数据链

Link-16 数据链又称为战术数字信息链 J（TADIL J）。与 Link-4、Link-11 数据链类似，Link-16 数据链的目的也是为了交换实时的战术消息。与 Link-4、Link-11 数据链相比，Link-16 数据链并没有明显改变战术数据链信息交换的基本方法，但是，Link-16 数据链对战术数据链的功能进行了显著的技术改进，实现了各军种数据链的互联互通，增强了数据链的协同作战能力，在通信容量、抗干扰、保密等性能方面也得到显著提升。本章将详细分析 Link-16 数据链的系统特性和功能，主要内容包括 TDMA 多址方式、传输消息类型、时隙分配、时间同步、传输波形、消息封装、网络角色、导航、中继等。

4.1　Link-16 数据链的发展历程

研制 Link-16 数据链的设想是从 20 世纪 60 年代美国在越南战争时萌发的，那时从基地或航母上起飞的飞机，基地难以与它们持续保持联系，不能随时掌握飞机飞到哪里和执行任务的情况。美军各军兵种在以后的军事行动和研究中，又从不同的角度完善了这种新信息系统的方案与要求。1974 年美国成立了以空军为首的 JTIDS（Joint Tactical Information Distribution System，联合战术信息分发系统）联合办公室，统一了对这种新系统的要求，并开始了研制 Link-16 数据链的工作。

1974 年开始研制 Link-16 数据链 1 类端机。1983 年 1 类端机首先装备在北约的 18 架和美国的 36 架 E-3A 预警机以及北约和美国的地面防空系统，主要用于 E-3A 预警机向地面传输对华沙条约组织和苏联的监视信息。美国军方称，有了 Link-16 数据链，他们可以在地面上实时掌握对方的动态，并为爱国者和霍克防空导弹提供实时信息与指令，让美军获得先敌发现、先敌攻击的能力。但是，这时的 Link-16 数据链 1 类端机吞吐率只有 56kb/s，没有相对导航和话音功能，协议简单，采用的是临时消息规范（IJMS）。

Link-16 数据链 2 类端机于 20 世纪 80 年代开始研制。与 1 类端机相比，2 类端机采用了新一代电子技术，不仅减小了体积和重量，而且还包含一些 1 类端机不具备的特性，如增加了相对导航功能，提高了数据速率，它的数据吞吐率提高到了 238.08kb/s，与此同时，还制定出了正式的格式化消息和协议标准。

由此 Link-16 数据链各项要素齐备，所以 20 世纪 80 年代末是 Link-16 数据链正式形成的时期。在 2 类端机的基础上还研制了 2H 类端机和 2M 类端机。2H 类端机在 2 类端机的基础上增加了 1000W 功率放大、天线适配等单元，主要用于海军飞机及舰艇指挥控制。2M 类端机是把 2 类端机中的塔康和话音功能去掉，以减小体积，主要用于陆军防空系统，发射功率同 2 类端机一样，为 200W。

然而 Link-16 数据链 2 类端机在美国空军的推广遇到了困难。主要是 2 类端机的体积仍太大，装不进 F-16 和其他一些较小的飞机，价格也太高，不利于大量推广，另外可靠性也不够理想。

在美国研制 Link-16 数据链 2 类端机的同时，美国和北约也开展合作，以提升北约盟军之间的互操作性。1976 年，美国将 Link-16 数据链提供给北约。1987 年北约提出了抗干扰战术通信的需求，并由美国、加拿大和意大利等 8 个国家启动 MIDS（多功能信息分发系统）项目，以更新的电子技术为基础，研制了体积更小、价格更低的端机，取名为 MIDS。

MIDS 作为 Link-16 数据链端机 JTIDS 的衍生物，其性能和功能与 Link-16 数据链 2 类端机完全一样，只是它采用了更加先进的计算机技术、电子技术和开放结构等。与 JTIDS 相比，MIDS 具有以下特点：

（1）体积小、重量轻，可被集成到更多的系统中，应用范围更广泛。

（2）成本较低。与 JTIDS 相比，采购一套 MIDS 可节约数十万美元。

（3）可靠性高。美空军要求 JTIDS 端机的故障平均间隔时间（MTBF）是 250h，而 MIDS 在舰载战斗机平台工作环境下，MTBF 指标为 1822h，远高于 JTIDS。

MIDS 端机有两种型号：LVT（Low Volume Type）与 FDL（Fighter Data Link）。LVT 又分为三种，即 LVT(1)、LVT(2)与 LVT(3)。LVT(1)与 LVT(3)用于机载平台，LVT(2)用于陆基固定或移动式空中管制中心，另外，LVT(1)也可用于舰艇；FDL 则是专为美国空军 F-15 战斗机开发的简化版本，取消了塔康与话音信道，功率较低。Link-16 数据链 MIDS 端机的类型如图 4.1 所示。

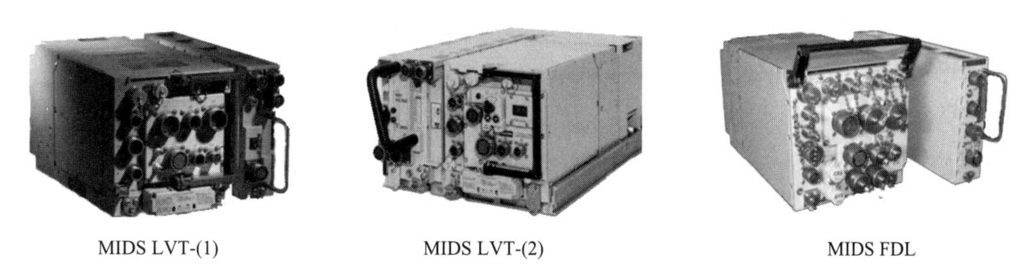

图 4.1　Link-16 数据链端机的类型

4.2　Link-16 数据链的 TDMA 接入方式

Link-16 数据链是一种采用时分多址（TDMA）接入方式的无线数据广播网络，每个成员根据网络管理规定，轮流占用一定的时隙广播自身平台所产生的信息；在不广播时，则根据网络管理规定，接收其他成员广播的信息。Link-16 数据链的系统组成如图 4.2 所示。

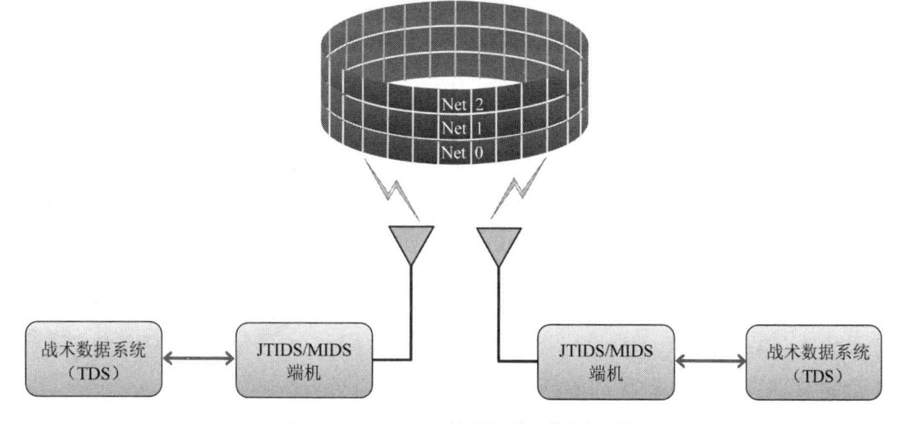

图 4.2　Link-16 数据链的系统组成

与其他数据链一样，Link-16 数据链由传输通道、通信协议和格式化消息三个基本要素组成。Link-16 数据链的传输通道是联合战术信息分发系统/多功能信息分发系统（JTIDS/MIDS），是由 STANAG4175 技术标准规定的，格式化消息采用 J 系列消息，是由 STANAG5516 或 MIL-STD-6016 标准规定的，其通信协议采用 TDMA 接入方式，可构建多网结构。装备 Link-16 数据链的平台单元又常简称为 JU。

4.2.1 时隙划分

为了使 Link-16 数据链网络内的消息有序地传递，Link-16 数据链以时隙为基本单位有序传输信息。时隙大小的由来是：系统时间被划分为时元和时隙，1 天 24 小时被划分为 112.5 个时元，每个时元在时间上等于 12.8min，每个时元又分为 98304 个时隙，因此，每个时隙为 7.8125ms。

时隙是访问 Link-16 数据链网络的基本单元。这些时隙被分配到参与 Link-16 数据链网络的所有 JU 单元。在每个时隙时间内，JU 单元发射或者接收消息。

每个时元的 98304 个时隙分为 3 个时隙组，分别命名为 A 组、B 组和 C 组。每组包含 32768 个时隙，编号从 0 到 32767，这个编号称为时隙索引号。例如，A 组的时隙被定义为从 A-0 到 A-32767。

根据数据链相关标准规定，每个时元中的时隙是交替命名的。每组的时隙与其他组的时隙交错地排列，即排列顺序为 A-0，B-0，C-0，A-1，B-1，C-1，…，A-32767，B-32767，C-32767。这个顺序在每个时元中重复出现。Link-16 数据链时隙划分示意图如图 4.3 所示。

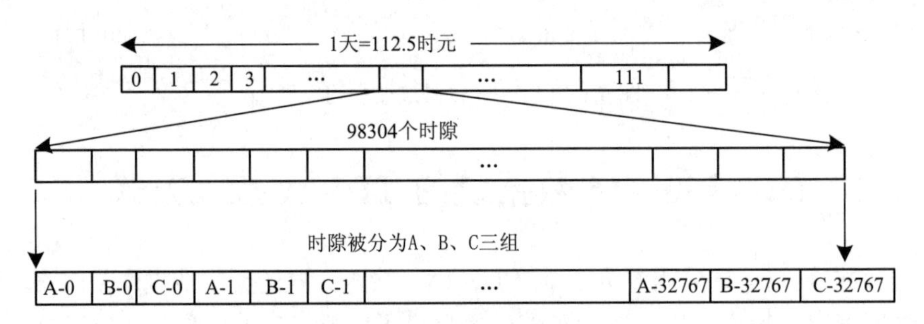

图 4.3　Link-16 数据链时隙划分示意图

4.2.2 时帧

每个时元有 64 个时帧。每个时帧时长是 12s，包含 1536 个时隙，其中 A、B、C 各组包括 512 个时隙。在每个时帧中，时隙的排列序列是 A-0，B-0，C-0，A-1，B-1，C-1，…，A-511，B-511，C-511。

只要数据链正常运行，时帧一个接一个地重复出现。鉴于此，时帧通常采用环状形式表示，时隙从 A-0 开始到 C-511，如图 4.4 所示。

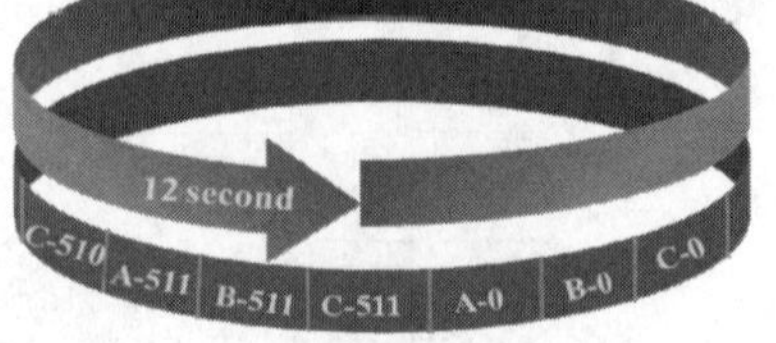

图 4.4　Link-16 数据链时帧结构示意图

每个时元含有 64 个时帧，因此，每个时帧中的时隙数可由时元的总时隙数均分 64 份得到。时元、时帧与时隙的对应关系如图 4.5 所示。

1 天　＝24 小时
　　　＝ 112.5 个时元
1 个时元＝12.8 分钟
　　　＝64帧
　　　＝98304 时隙
　　　＝32768 时隙/ 组

1 帧　＝12秒
　　　＝1536 时隙
　　　＝512 时隙/ 组
128 时隙=1秒
1 个时隙 ＝ 7.8125ms

图 4.5　时元、时帧与时隙的对应关系

4.2.3　时隙块

通常，时隙以时隙块（TSB）的形式分配给各个网络终端。时隙块由 3 个变量定义：时隙组（A、B、C）、起始时隙数或索引号（0～32767）和时隙重复率（Recurrence Rate Number, RRN）。时隙重复率（RRN）指的是在时隙块中时隙总数以 2 为底的对数值。

可用时隙重复率表示在一个时隙块中有多少个时隙。分配的时隙块是以均匀分布的形式出现的，因此，可以知道它们是间隔多少个时隙出现 1 次。在时隙组 A 中的时隙总数是 32768，也就是 2^{15}，该组的时隙分布是每 3 个时隙间隔出现 1 次，其时隙重复率为 15。如果时隙块为 A 组时隙的一半，则在一个时元中有 16384 个时隙，每 6 个时隙出现 1 次，重复率为 14。时隙重复率与时隙间隔之间的对应关系如表 4.1 所示。要注意，由于总时隙数分为 A、B、C 三组，因此，在每个时隙组中，最小的时隙间隔数是 3。时隙间隔时间可由时隙数乘以时隙时间 7.8125ms 来得到。

表 4.1　时隙重复率与时隙间隔之间的对应关系

重复率（RRN）	时隙块大小（每时元时隙数）	块内时隙间隔	
		相隔时隙数	相隔时间
0	1	98304	12.8min
1	2	49152	6.4min
2	4	24576	3.2min
3	8	12288	1.6min
4	16	6144	48s
5	32	3072	24s
6	64	1536	12s
7	138	768	6s
8	256	384	3s
9	512	192	1.5s
10	1024	96	750ms
11	2048	48	375ms
12	4096	24	187.5ms
13	8192	12	93.75ms
14	16384	6	46.875ms

根据表 4.1 可知，时隙块 A-5-3 表示它属于时隙组 A，起始时隙是 A-5，重复率为 3，时隙间隔时间是 1.6min。

4.2.4 时隙互斥

分配给网络终端的各时隙块，必须保证所分配的时隙块是互斥的，即它们必须没有共同的时隙。时隙块的互斥性与时隙块参数是密切相关的，下面举例说明互斥性与时隙块参数的关系。

例如，时隙块 A-2-11 表示它属于时隙组 A，起始时隙是 A-2，重复率为 11（每间隔 48 个时隙出现 1 次）。也就是说，这个时隙块包含时隙 A-2，A-18，A-34，A-50，…，A-498。一般来说，上述时隙块的索引号可用（2+16*n*）来表示，对于 12s 的一个时帧单元来说，*n*=0～31。同样，时隙块 B-2-11 包含时隙 B-2，B-18，B-34，B-50，…，B-498。由此可见，虽然时隙块 A-2-11 和 B-2-11 有相同的起始时隙索引号和相同的重复率，然而它们没有共同时隙。由此可见，不同时隙组中的时隙块是互斥的。

时隙块 A-7-11 表示的时隙块属于时隙组 A，起始时隙是 A-7，重复率为 11（每 16 个时隙出现一次），包含时隙（7+16*n*），*n*=0～31：A-7，A-23，A-39，A-55，…，A-503。可见时隙块 A-2-11 和 A-7-11 也没有共同时隙。由此可见，重复率相同但索引号不同的时隙块是互斥的。

如果一个时隙块的索引号是偶数，则该时隙块中的所有时隙号都是偶数。如果一个时隙块的索引号是奇数，则该时隙块中的所有时隙号都是奇数。不论重复率是否相同，时隙索引号为奇数的时隙块与时隙索引号为偶数的时隙块是互斥的。

下面分析时隙块 C-7-11 和 C-7-10 的互斥性。从它们的重复率可看出，C-7-10 包含的时隙数是 C-7-11 时隙数的一半。由于各个时隙是均匀分布的，因此，在 C-7-11 的时隙中，每隔一个时隙，存在一个与 C-7-10 相同的时隙。由此可见，时隙组相同，时隙索引号相同，但重复率不同的时隙块不是互斥的，其中重复率小的时隙块是重复率大的时隙块的子集。

例如，时隙块 A-0-15 包含 A 组中的每一个时隙，即 A-0，A-1，A-2，A-3，…。如果将这个时隙块平分为 2 个（重复率为 14），则两个子集分别为 A-0-14 和 A-1-14。时隙块 A-0-14 包含时隙 A-0，A-2，A-4，A-6，…；时隙块 A-1-14 包含时隙 A-1，A-3，A-5，A-7，…。如果将这两个时隙块再分别平分为 2 个，那么，重复率为 13。时隙块 A-0-14 包含时隙块 A-0-13 和 A-2-13；时隙块 A-1-14 包含时隙块 A-1-13 和 A-3-13。继续下去，可以看到，时隙块 A-5-12 包含的时隙也包含在 A-1-13，A-1-14 和 A-0-15 中。这种树形结构的时隙块相互关联，当时隙块交替分配时，可以同时发送。

在给网络中各参与者分配时隙时，需要清楚各时隙块的相互关系。假设将时隙块 B-196-7 分配给某个参与者用于发送，而将 B-4-9 分配给另一个参与者，如果这两个时隙块是互斥的，那么，这两个参与者可以同时发送。

判断时隙块是否互斥的一个方法是列出每个时隙块中的所有时隙。对于 B-196-7 来说，重复率为 7，时隙在一个时隙组中的间隔为 256。因此，它包含的时隙号为（196+256*n*），即 B-196 和 B-452。对于 B-4-9 来说，重复率为 9，时隙在一个时隙组中的间隔为 64。因此，它包含的时隙号为（4+64*n*），即 B-4，B-68，B-132，B-196，B-260，B-324，B-388 和 B-452。由此可见，这两个时隙块不是互斥的，B-196-7 是 B-4-9 的一个子集。

4.3　传输消息类型

Link-16 数据链基于 TDMA 结构传输消息。每个消息都包含有报头和消息（数据）。报头不是数据信息，报头的作用是帮助平台设备正确解释和处理消息。报头信息包含终端源航迹号、中继标识、消息打包类型、消息格式等。Link-16 数据链传输的消息共有以下 3 种类型。

（1）固定格式消息；

（2）可变格式消息；

（3）自由文本消息。

固定格式消息用于交换 J 系列消息；可变格式消息用于交换面向用户类型消息；自由文本消息用于传输数字话音。实际使用中，可变格式 J 消息已经成为新的消息标准：VMF 标准。所以通常所说的 J 系列消息指的是固定格式 J 消息。

4.3.1　报头

在每个时隙的开始，要发送 35bit 的报头。报头后紧跟一个或多个数据信息。报头格式如图 4.6 所示。

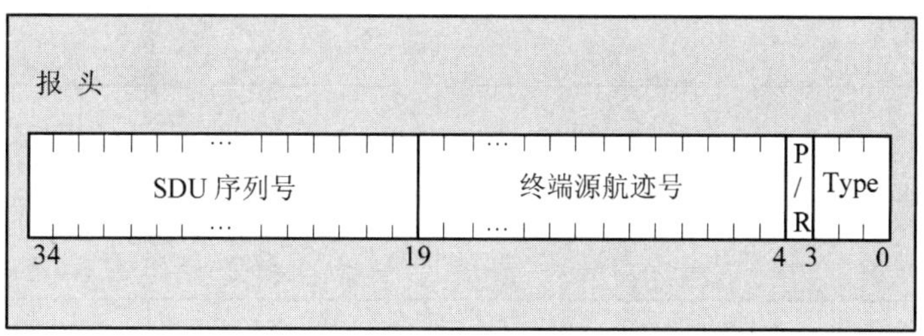

图 4.6　报头格式

如图 4.6 所示，报头共 35bit。其中，时隙类型占 3bit，用于标识本消息的封装类型、消息类型（固定格式消息还是自由文本），以及自由文本是否带纠错码等。P/R 占 1bit，当传输自由文本时，这 1bit 用于标识传输波形是双脉冲字符还是单脉冲字符；当传输的是固定格式消息或可变格式化消息时，这 1bit 指出这一时隙传送的是中继的消息还是非中继的消息。终端源航迹号（Source Track Number, STN）是本时隙消息的发射源的编号，占 15bit。保密数据单元（Secure Data Unit, SDU）序列号标识本时隙消息是如何加密的，接收端机将据此作解密处理。

为了提高报头信息传输的可靠性，报头采用了 RS 纠错编码方式。将报头的 35bit 信息分为 7 组，每 5bit 为一组形成一个字符（Symbol）。因此，35bit 的报头共分为 7 个字符。报头的 7 个字符信息经过 RS（16,7）编码，得到 16 个字符，即将 35bit 信息位扩展为 80bit 信息位。因此，这 16 个字符中包含了 7 个字符的报头信息（35bit）和 9 个字符的纠错编码信息（45bit）。通过 RS（16,7）编码，即使报头字符中出现了 4 个字符的错误，仍可以得到纠正。

4.3.2　固定格式消息

固定格式消息用于 Link-16 数据链发送战术和指挥信息。这类消息就是通常所指的 J 系列消息（即固定格式消息就是 J 系列消息）。美军的消息标准 MIL-STD-6016C 定义了 J 系列消息以及数据元素。

固定格式消息包含 1 个以上的字，最多 8 个字。每个字有 75bit，其中第 00 位~第 69 位携带数据信息，第 70~74 位用于奇偶检验，其中第 70 位是空（置 0）。固定格式消息的字有 3 种类型：初始字、扩展字和继续字，分别如图 4.7、图 4.8 和图 4.9 所示。关于字格式的详细分析将在后续章节中介绍。

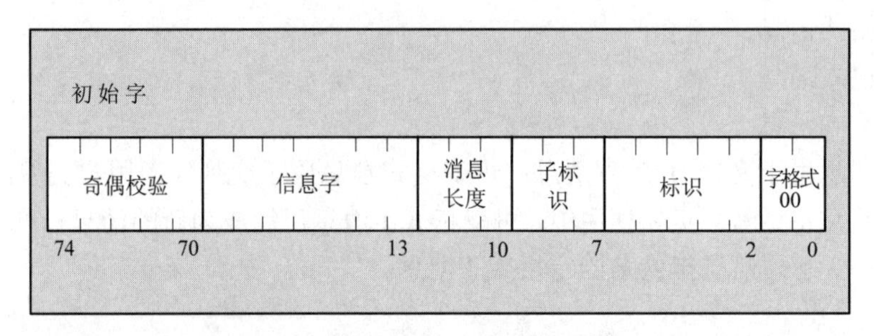

图 4.7　固定格式消息的初始字结构示意图

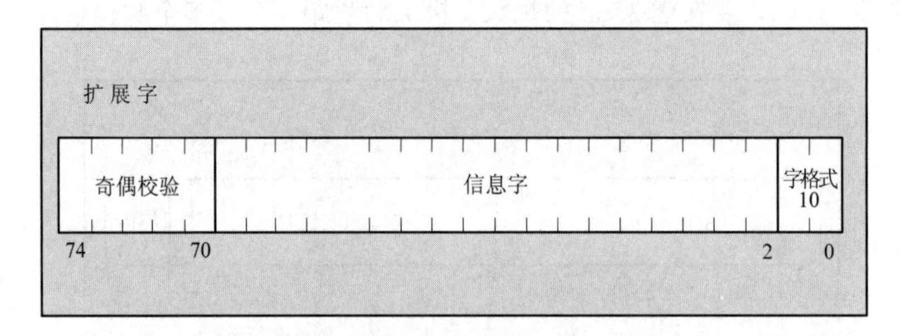

图 4.8　固定格式消息的扩展字结构示意图

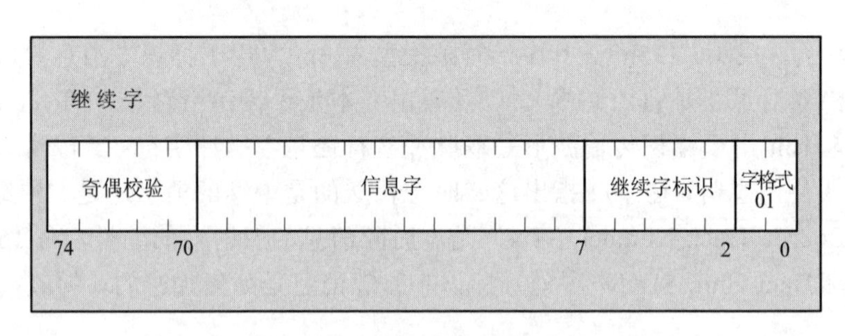

图 4.9　固定格式消息的继续字结构示意图

每个 J 系列消息必须以一个初始字开始，之后可根据信息交换要求，选择扩展字或多个继续字发送。扩展字必须直接跟在初始字之后发送，继续字也可直接跟在初始字之后发送。但是，当一条消息既包括扩展字也包括继续字时，则继续字须跟在扩展字之后发送。

1．奇偶校验

固定格式消息采用奇偶校验编码。报头的 15bit（4～18 位）源航迹号信息连同 3 个字的 210bit 数据一起，共计 225bit，使用（237,225）奇偶校验检错编码，生成 12bit 奇偶校验位。12bit 奇偶校验位按每组 4bit 分为 3 组，分配至每个字的 71～74 位，每个字的第 70 位置 0。

2. RS 纠错编码

数据脉冲以 93 个字符（每个字符含 5bit 信息）为基本单位，均由 1 组、2 组或 4 组 93 个字符构成。这 93 个字符又可分组为 3 个码字（Code Word），每个码字有 31 个字符。然而这并不说明每个字符都载有信息，固定格式消息采用 RS 纠错编码方式，这 31 个字符是由 RS（31,15）前向纠错编码后形成的，这就意味着每个码字只有 15 个字符载有信息，其余 31−15=16 个字符是在发射机中为在接收时纠错而附加上去的检错字符。通过 RS（31,15）编码，即使消息字中出现了 8 个字符的错误，也可以得到纠正。

3. 消息封装

在 Link-16 数据链中，分别以 3 个码字、6 个码字和 12 个码字为一组的形式传输消息。如果组中没有足够的字来填充，则终端用“无陈述”字填充。以 3 个码字为一组的消息封装格式称为标准（STD）格式，以 6 个码字为一组的消息封装格式称为 2 倍压缩（P2）格式，以 12 个码字为一组的消息封装格式称为 4 倍压缩（P4）格式。以标准封装（STD）格式为例，固定格式消息的编码过程如图 4.10 所示。

4. 交织

报头信息中含有消息封装类型以及源航迹号，其中源航迹号还用于完成产生检错编码数据位。如果敌方能够发现报头并对它进行干扰，则将导致无法完成信息交换。另外，通过上述对 RS 编码过程的分析可以看到，即便采用了纠错编码，数据链发送的战术信息能够承受的干扰仍是有限度的。例如，采用短促的宽频段强功率干扰，便有可能超过报头或一个消息字 RS 编码的纠错能力。

为了提高信息传输的保密性，同时为了应对突发干扰对接收端信息解调的影响，Link-16 数据链的信号采取了交织措施。所谓交织，是打乱消息传输顺序，在报头与码字之间伪随机地选择字符，形成新的顺序进行发射。这样，如果一条消息受到突发干扰，使这段中的字符在接收机中解调不出来或解调错了，报头和每一个码字会差不多均等地分担损失，因而不容易超过报头和每一个码字的纠错能力。这样，通过交织会显著提高消息抗突发干扰的能力，同时，也有利于提高消息的保密性。

在 Link-16 数据链中，参与交织的符号数量取决于封装格式中的码字数。三种封装格式包含的码字数如下。

① 标准格式（STD）包含 3 个码字共 93 个字符；

② 2 倍压缩格式（P2）包含 6 个码字共 186 个字符；

③ 4 倍压缩格式（P4）包含 12 个码字共 372 个字符。

对于标准封装格式来说，把报头的 16 个字符和数据脉冲 3 个码字的 93 个字符合起来一共 109 个字符加在一起进行交织，如图 4.11 所示。对于不同的消息封装，交织方法也略有不同。

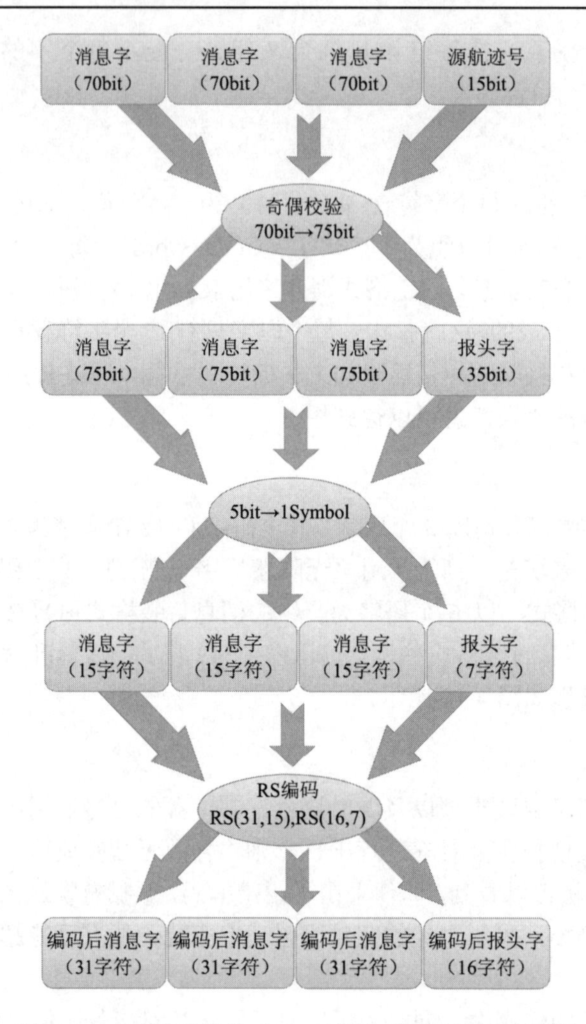

图 4.10 固定格式消息（STD 封装）的编码过程示意图

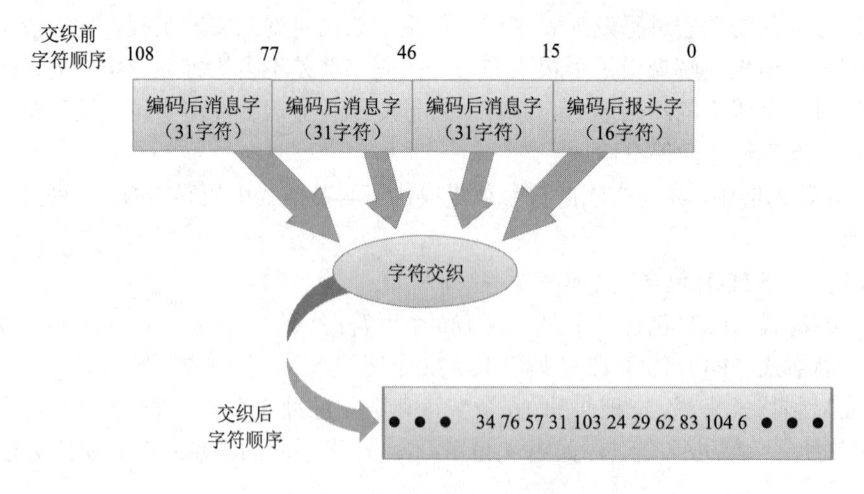

图 4.11 标准封装格式的交织示意图

4.3.3　可变格式消息

正如固定格式消息一样，可变格式消息的每个字也包含 75bit 信息。可变格式消息的内容和长度都可变化。可变格式消息源于 Link-16 数据链的 J 系列消息。最初 J 系列消息由固定格式消息和可变消息两部分组成，其中，可变格式消息只有陆军使用。后来，该类消息从 J 系列消息中独立出来成为 K 系列，也常称为 JVMF。目前，可变消息格式（VMF）是美国国防部强制要求执行的战术数据链消息格式之一。

4.3.4　自由文本消息

自由文本消息独立于其他消息标准。它是非格式化消息，并利用每个字的 75bit 传输信息，即 3 个字的 225bit 传输信息，如图 4.12 所示。

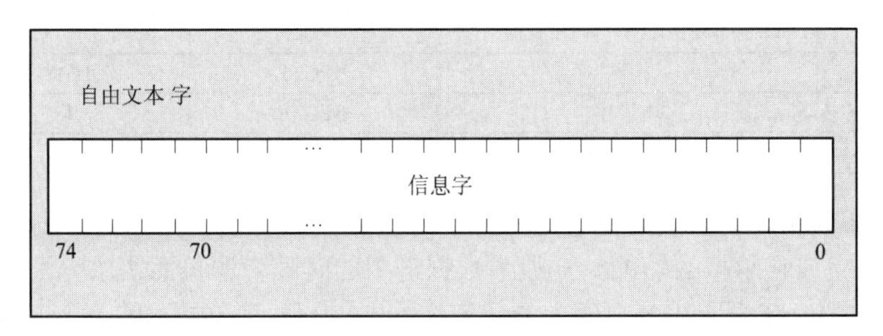

图 4.12　自由文本格式

自由文本类消息在 Link-16 数据链中用于传输话音。自由文本消息不采用奇偶校验检错编码方式。该类消息可采用也可不采用 RS 码前向纠错编码方式。当采用 RS 码时，225bit 信息映射为 465bit 信息进行传输。当不采用 RS 码时，465bit 信息中有 450bit 可用于传输自由文本消息，目的是与标准线路速率（2400b/s 或 4800b/s）相兼容。

4.4　时 隙 分 配

4.4.1　网络参与组

Link-16 数据链所传输的固定格式消息和自由文本消息共 91 种，将这些消息进行分类，每一类消息称为一个网络参与组（Network Participation Groups, NPG）。每一个网络参与组（NPG）都是由一组 J 系列消息所构成的，即每一个 J 系列消息都与一个具体 NPG 相关联。例如，J3.x 消息属于网络参与组 NPG7。换句话说，Link-16 数据链的系统功能是由 NPG 来实现的。

在 Link-16 数据链中，网络容量并不直接分配到用户，而是首先分配到 NPG，然后再分配到加入 NPG 的用户。之所以要加一个 NPG 层而不直接将系统容量分配到用户，目的是使 Link-16 数据链能够对网上传输的数据，都要做选择管理，就是说只有需要这些数据的用户才能加入这个 NPG，从而才能接收相应的消息，再将信息送到需要的地方。Link-16 数据链将时隙分配到一个或多个网络参与组（NPG），NPG 是按照传输消息的功能类型进行定义的，从而允许JU单元只参与本身执行功能的NPG。表4.2列出了Link-16数据链所定义的23个网络参与组的功能。

表4.2 Link-16数据链所定义的23个网络参与组的功能

NPG	功　能	NPG	功　能
NPG0	无陈述	NPG13	话音组B
NPG1	初始入网	NPG19	非 C^2JU 到非 C^2JU A
NPG2	RTT-A（往返计时）	NPG20	非 C^2JU 到非 C^2JU B
NPG3	RTT-B（往返计时）	NPG21	交战协同
NPG4	网络管理	NPG22	组合A
NPG5	PPLI和状态组-A	NPG23	组合B
NPG6	PPLI和状态组-B	NPG27	联合网PPLI
NPG7	监视	NPG28	分布式网络管理
NPG8	任务管理/武器协同和管理	NPG29	剩余消息
NPG9	控制	NPG30	IJMS位置和状态
NPG10	电子战	NPG31	其他IJMS消息
NPG12	话音组A		

各参与JU单元根据其任务和能力加入各个网络参与组(NPG),只使用它加入的那些NPG的J系列报文来完成它承担的功能。把战术数据链中的时隙资源按照需求分配给各个NPG，NPG在分配给它的时隙中完成各自的功能。每个NPG由若干个参与JU单元组成，每个参与JU单元又可以加入多个NPG。如图4.13所示，共9个参与JU单元，每个JU单元都加入网络管理NPG4，参与单元JU1、JU2、JU3和JU4加入了监视NPG7，参与单元JU5和JU6加入了电子战NPG10，参与单元JU3、JU4和JU5加入了话音NPG12，参与单元JU2、JU3、JU7、JU8和JU9加入了交战协同NPG21。进行网络设计时先将时隙组分配给网络参与组NPG，然后再在网络参与组内部将时隙资源平均分配给每个参与JU单元，各参与单元在自己的时隙内工作，共同完成NPG承担的任务。

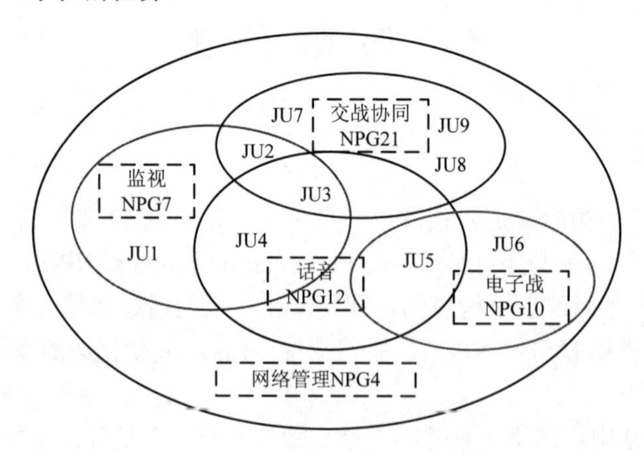

图4.13 网络参与组与任务分配

分配给每个NPG的时隙多少，不仅与其通信需求和信息交换需求紧密相关，例如，参与单元的数量、参与单元访问NPG的频度、待传输数据容量、信息的更新率、中继需求等，还与参与单元的类型及其访问时隙的方式有关。

4.4.2　单元类型

JU 单元分为两种基本类型：指挥控制单元（C^2JU）和非指挥控制单元（非 C^2JU）。指挥控制单元是具有指挥控制能力或发送 J3.x 消息的平台，用于控制其他平台单元的行为。非指挥控制单元是被指挥控制单元（C^2JU）控制或监视的平台单元，典型的作战平台如战斗机和轰炸机等。

对于美国海军来说，指挥控制单元包括具有 TDL（战术数据链路）能力的舰船、E-2C、EA-6B、EP-3 飞机等；非指挥控制单元包括 F-14D、F/A-18 飞机等。

从网络参与组（NPG）角度来看，对于指挥控制单元和非指挥控制单元来说，它们具有不同的作战使命和传输要求以及不同的信息更新率。

4.4.3　时隙访问方式

时隙的访问方式有指定方式、竞争访问方式、时隙再分配方式三种。

（1）指定方式

专门分配给某指定 JU 单元用于实现某类信息传输的时隙分配方式称为指定方式。只有被指定的 JU 单元才允许在该时隙内传输信息。若该时隙时间内没有信息传输，该时隙也不能被其他单元使用。

指定方式的优点在于给网络参与组 NPG 内的每一个 JU 单元都分配预先的网络容量以避免产生信息发送冲突，至少在一个单网内能够实现上述要求。指定方式存在的不足是时隙资源利用率低。

（2）竞争访问方式

在竞争访问方式中，时隙分配给多个 JU 单元用于发送信息，该时隙可被看作时隙池（一组时隙的总称），JU 单元以竞争的方式访问。在该访问方式中，每个 JU 单元随机地从该时隙池中选择时隙发送信息，时隙选择的多少取决于各个 JU 单元所分配的时隙访问率。

竞争访问方式的优点是每个 JU 单元指定相同的时隙块初始化参数。这简化了网络设计并减轻了网络管理负担。在该方式中，时隙并不指定某个 JU 单元，而是任意 JU 单元都有可能使用该时隙。这种方式便于实现新 JU 单元的入网并易于完成 JU 单元替换。竞争访问方式的缺点是不能保证所发送的时隙成功接收。竞争访问方式不适用于基于时隙接收完成的 NPG。

（3）时隙再分配方式

时隙再分配（Time Slot Reallocation，TSR）方式允许基于参与单元的需求动态调整网络参与组的网络容量。每个 JU 单元定期根据其需求，从共享时隙池中给自己分配时隙。如果各个 JU 单元总的时隙要求超过时隙池容量，JU 单元根据时隙分配算法，按照某个公共因子成比例下调时隙数量，使总的时隙分配量不超过时隙池容量。由于定期调整对时隙的需求，因此，时隙再分配方式可以通过按照预期的总容量需求安排时隙，从而节省时隙。

4.5　时 间 同 步

网络实现同步的方式主要有 4 种方式：准同步方式、主从同步方式、互同步方式和混合同步方式。

（1）准同步方式

网内各个节点上设立具有统一标称频率和频率容差的高精度的独立时钟，各独立时钟产生的漂移误差能够满足指标要求。该方式简单灵活，但对时钟性能要求高，成本高，且存在周期性的误差。

（2）主从同步方式

网内设置基准时钟和若干从时钟，以主基准时钟来控制从时钟，同步信号可以从传送业务的数字信号或专用链路中的定时信号中提取。该方法在正常情况下不存在周期性误差，且对从时钟性能要求低，建网费用低；缺点是传输链路的可靠性会影响时钟信号的传送。

（3）互同步方式

不设立主基准时钟，各时钟相互作用，每个时钟接受其他节点时钟送来的定时信号，将自身频率锁定在所有接收到的定时信号频率的加权平均值上，选取适当参数使得全网的时钟趋于稳定的系统频率，从而实现网内时钟同步。该方式的优点是可靠性高且对时钟性能要求不高，缺点是稳态频率取决于网络参数，网络参数变化容易引起系统性能变化，甚至进入不稳定状态。

（4）混合同步方式

将全网划分为若干个同步区，各同步区内设置主基准时钟，同步区内各同步节点配置从时钟，为主从同步网，同步区间采用准同步方式。该方式可以减少时钟级数，缩短定时信号传送距离，克服了时钟远离传送时易受传输链路和外界干扰影响的缺点。

作为一个基于时间的系统，Link-16 数据链采用主从同步方式进行同步，要求每个 JU 终端工作在同一个相对时间基准上，由担任网络时间基准（Network Time Reference, NTR）的一个指定单元建立系统时间。Link-16 数据链可指定给任一成员的时钟为基准，其他成员的时钟与之同步，形成统一的系统时间。在 Link-16 数据链网络中，每个网络参与单元（JU）均可担任 NTR，但通常由大型空中指控平台如 E-3 预警机，或大型水面平台如航空母舰担任，并指定某些平台为备用 NTR，当指定 NTR 因某种原因无法正常工作时，则根据预先的协议，备用 NTR 作为当前 NTR；网络时间基准单元 NTR 定义时隙的开始和结束。NTR 周期性地发送入网消息，帮助其他成员与数据链网络同步并获得系统时间。

时间同步功能是每一个 Link-16 数据链终端自动实现的，包含两步：第一步，粗同步，通过获得入网消息来实现；第二步，精同步，有主动式精同步和被动式精同步两种方式。通过与 NTR 单元交换 RTT（往返计时）消息，用于修正用户与 NTR 单元的时钟误差，实现时钟同步，这种同步方式称为主动式精同步。不通过发送 RTT 消息实现精同步的方式称为被动式精同步。其中，粗同步是通过网络参与组 NPG1 来实现的，精同步是通过网络参与组 NPG2 和 NPG3 来实现的。

4.5.1 粗同步

网络时间基准单元 NTR 在每帧的第一个时隙内通过 NPG1 发送入网消息，这个时隙块记为 A-0-6。Link-16 数据链网络中的每个 JU 单元均参与 NPG1。一方面，NTR 采用默认的传输加密变量和消息加密变量，在 A-0-6 时隙块发送 J0.0“初始入网”消息及 J0.2“网络时间更新”消息，J0.0 消息提供在一个已知时隙内入网所需的数据元素，J0.2 消息用于将系统时间调整到标准时间。另一方面，待入网 JU 单元利用当前时间的估算值和内部时钟误差的估算值，估计每时帧的 A-0 时隙起始位置，从 A-0-6 时隙段选择一个当前还未出现的时隙，开始收听入网消息。在该时隙窗口接受“初始入网”消息以及“网络时间更新”消息。如果入网时隙窗口合适，则 JU 正确接收“初始入网”消息及“网络时间更新消息”。JU 根据消息中的相关参数值计算系统时间，同时获得包括时间量值、往返计时无线电抑制状态、当前默认网号、分配给下一周期的话音、PPLI（精确定位与识别消息）以及往返计时时隙等所需要的网络参数，从而实现粗同步。如果入网时隙窗口不合适，则 JU 无法正确接收“初始入网”消息及“网络时间更新”消息，需要对入网时隙窗口修改并重新接收。

如果终端接收到入网消息，就用接收到的时间校正终端的系统时间。但是，调整后的系统时间仍然包含了由传播时间导致的误差，还达不到网络运行所需的同步精度（小于 100ns）。因此，在接收 JU 完成粗同步后，需要进行精同步，以消除粗同步留下的同步误差，使时间同步精度小于 100ns。处于粗同步的单元能接收所有的消息或话音，但只能发送 RTT，不能发送其他消息。

4.5.2　主动式精同步

主动式精同步通过与 NTR 单元或其他入网 JU 单元交换 RTT（往返计时）消息，用于修正用户与 NTR 单元的时钟误差，实现时钟同步。

每个终端通过网络报告自己的时间品质，并保留一个在视距范围内的终端内部报表，通过这个报表，可以帮助终端选择向哪一个终端发送下一个 RTT-I（往返计时询问）消息。实现粗同步后，终端向 NTR 发送 RTT（往返计时）询问消息，或根据内部表格向具有最高时间品质的终端发送 RTT 消息，并在同一个时隙内接收 RTT-R（往返计时应答）消息。这个应答消息包含了 RTT-I 消息的到达时间。然后，利用询问到达时间和应答到达时间计算出由于传播时延所造成的同步时间误差，从而调整本平台单元的系统时间，实现时间精同步的目的。

1. RTT 询问（RTT-I）消息

RTT 询问（RTT-I）消息可以采用寻址方式（RTT-A），也可采用广播方式（RTT-B）。RTT-A 询问消息在报头中指定应答用户。该类消息在指定时隙内发射，并指定了应答用户。

每个终端都保持跟踪网络内 4 个时间品质高于自己的终端。对于 RTT-A 消息来说，终端成员首先向时间品质最高的终端平台发送往返计时询问消息。如果在两次询问后，仍然没有接收到往返计时应答消息，则该终端选择向时间品质次最高的终端平台发送询问消息。

RTT-B 消息采用广播方式，不是发送给特定终端，只指定时间品质，任何具有更高时间品质的终端都可以应答。在 Link-16 数据链网络中，存储了两种类型的内部报表，一种用于 RTT-A 类消息，另一种用于 RTT-B 类消息。RTT-B 类消息的内部报表只存储网络内前 4 个最高的时间品质。第一次发送 RTT-B 询问消息时，首先选择网络内最高时间品质作为指定时间品质，只有与该时间品质相匹配的终端用户才能应答。

RTT-I 询问消息的内容与报头字内容非常相似。包含 35bit 信息并采用 RS 编码方式，但并不包含数据信息，且该类消息不参与交织。RTT 消息连续发送，且始于时隙初始点。

2．RTT应答（RTT-R）消息

接收到RTT-I询问消息的终端，在时隙起始点开始后4.275ms发送应答消息RTT-R。RTT-R应答消息内容包含了RTT-I询问消息的到达时间（TOA_I）。该询问到达时间TOA_I由接收终端的天线测量并上报给终端。RTT询问及应答消息格式如图4.14所示。

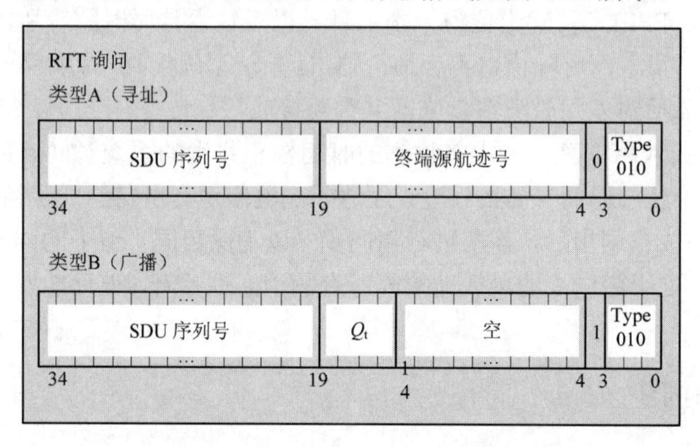

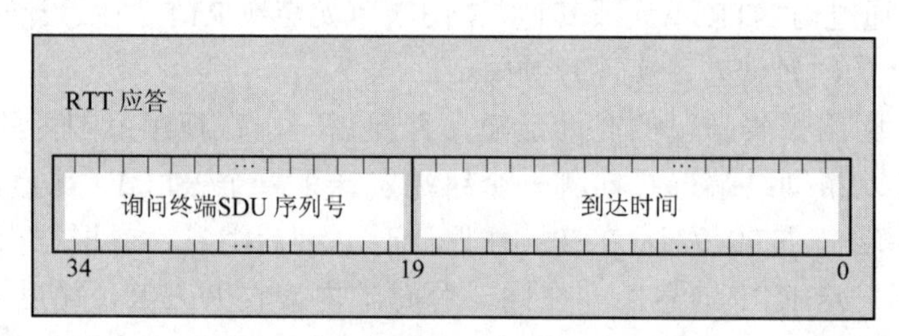

图4.14　RTT询问及应答消息格式

询问终端利用往返计时应答消息中报告的询问到达时间（TOA_I）和询问终端直接测量的应答到达时间（TOA_R）来计算得出询问终端时间与网络系统时间的校正值。假定询问终端时间与数据链网络系统时间的时间误差是E，该时钟误差E的大小可通过以下3个参量来计算得到。

① 往返计时应答消息中报告的询问到达时间TOA_I；

② 询问终端直接测量的应答到达时间TOA_R；

③ 应答终端发射应答消息时间t_d=4.275ms。

主动式精同步过程如图4.15所示。

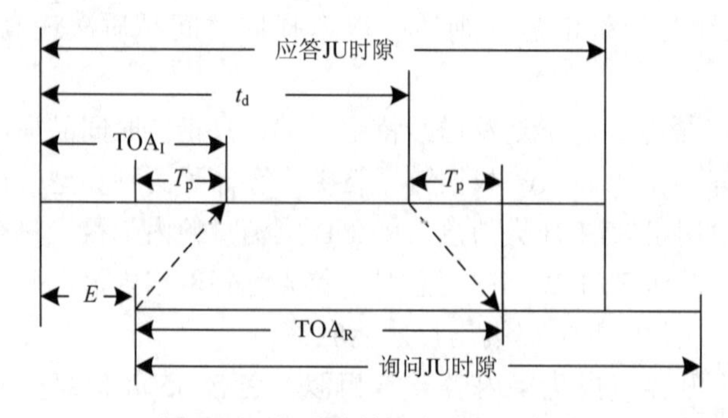

图4.15　主动式精同步过程示意图

待同步JU随机选择一个空闲时隙，主动发送RTT询问（RTT-I）消息。NTR收到后在同

一时隙的起始点后 4.275ms 发送 RTT 应答（RTT-R）消息，RTT-R 中包含有其确定的询问消息到达时间 TOA_I。待同步 JU 收到 RTT-R 后确定应答消息的到达时间为TOA_R。假设 RTT-I 和 RTT-R 的传播时间相等，忽略 JU 消息处理时间，根据图 4.15，则有

$$\mathrm{TOA_I} = T_\mathrm{p} + E \tag{4.1}$$

$$\mathrm{TOA_R} = T_\mathrm{p} + 4.275\mathrm{ms} - E \tag{4.2}$$

式中，T_p 是 RTT 询问和 RTT 应答消息传播时间，E 是 JU 消息传播时间误差。整理合并上式，则有

$$E = (\mathrm{TOA_I} - \mathrm{TOA_R} + 4.275\mathrm{ms}) / 2 \tag{4.3}$$

由此可算出待同步 JU 自身的传播时间误差 E，实现 JU 精同步。因此，只要通过与一个具有更精确系统时间的 JU（已实现精同步且具有更高的时间品质）交换往返计时消息，JU 终端就能够提高本身的系统时间精度，完成精同步。

4.5.3　被动式精同步

不通过发送消息，采用被动方式实现精同步也是可能的，这种方式称为被动式精同步。当平台单元处于 LTTI（长时间禁止）或无线电静默方式下，必须采用被动同步方式同步。不同于粗同步后通过发送 RTT 消息实现精同步，其通过接收 PPLI（Precise Participant Location and Identifications）消息实现被动同步。通过获得 PPLI 消息中其他平台的位置信息以及通过导航系统获得的自身平台的位置信息，终端可以估算出消息的传输时延。通过比较接收消息的实际到达时间以及估算到达时间，从而使终端消除消息传输时延误差，完成时间同步。

4.5.4　时间同步保持

Link-16 数据链的同步保持方式分为有源同步方式和无源同步方式。在进行有源同步时，待同步 JU 主动向 NTR 发送询问消息，NTR 则向同步保持 JU 发送含有精确时间的应答消息。在进行无源同步时，NTR 按一定周期发射含有网络时间及其坐标信息的信号，处于无线电静默状态的待同步 JU 收到信号后利用 NTR 发送的时间及其坐标计算自己的时间偏差并进行修正。

1. 有源同步保持

一个 JU 终端相对于系统时间的准确度称为它的时间质量（Q_t），Q_t值越大，时间质量越高，如表 4.3 所示。NTR 的时间质量是 15，其标准时间偏差不大于 50ns。除了 NTR，Link-16 数据链的每个 JU 中都建立有一个网络时间基准内部时钟模型，JU 利用该时钟模型估计自身时间。在网络运行过程中，由于 JU 时钟漂移，估计时间与系统时间的偏差将增大，增大到一定程度将超出时间质量偏差范围（如Q_t<10），则禁止 JU 发送消息，并启动精同步过程。同样，在用户转入另一个网时，也需要进行同步。

因此，为了在网络运行过程中维护 JU 同步，每个 JU 需要定时或不定时地进行精同步。如果时间偏差未超出同步误差范围，通常 JU 每 1 分钟发送 1 次 RTT 消息即可达到 JU 同步保持要求。但如果超出同步误差范围，则需要立即进行精同步以保持同步，同步保持过程中的精同步与入网同步方式一致。

表 4.3　Link-16 时间质量表

时间质量	标准时间偏差/ns	时间质量	标准时间偏差/ns
15	≤50	7	≤800
14	≤71	6	≤1130
13	≤100	5	≤1600
12	≤141	4	≤2260
11	≤200	3	≤4520
10	≤282	2	≤9040
9	≤400	1	≤18080
8	≤565	0	>18080

2．无源同步保持

进行无源同步需要待同步 JU 知道自身的精确位置（精确位置通常通过惯导和 GPS 定位来得到）。NTR 定期发送含有网络时间及其坐标信息的 PPLI 消息，待同步 JU 则根据收到的 PPLI 消息计算出自己与 NTR 的距离，再利用 PPLI 消息中的网络时间计算自己的时间误差并进行修正，达到与 NTR 的时间同步。无源同步保持原理示意图如图 4.16 所示。

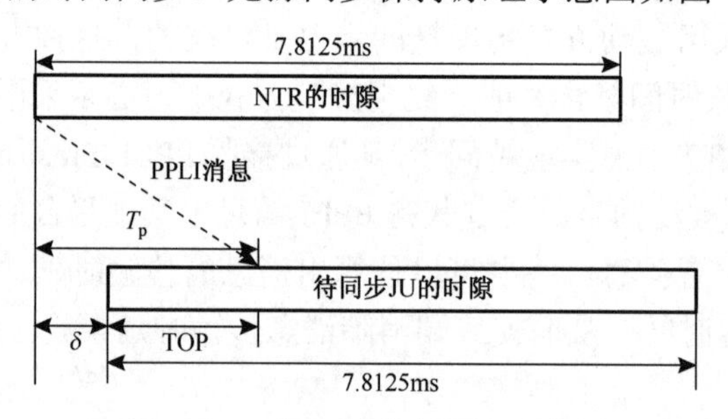

图 4.16　无源同步保持原理示意图

设 NTR 的位置坐标为 $P_0(x_0,y_0,z_0)$，待同步 JU 的位置坐标为 $P_1(x_1,y_1,z_1)$，NTR 在时隙的起始时刻发送 PPLI 消息，待同步 JU 接收到 PPLI 消息的时间为 TOA。已知电磁波的传播速度为 $c=3\times10^8$ m/s，忽略 JU 消息处理时间，根据图 4.16 可得到以下推导公式：

$$\mathrm{TOA}=T_\mathrm{p}-\delta \tag{4.4}$$

$$c\times T_\mathrm{p}=\sqrt{(x_1-x_0)^2+(y_1-y_0)^2+(z_1-z_0)^2} \tag{4.5}$$

式中，T_p 为消息传输时间，δ 是待同步 JU 的时间误差。整理合并两式可得：

$$\delta=\frac{\sqrt{(x_1-x_0)^2+(y_1-y_0)^2+(z_1-z_0)^2}}{c}-\mathrm{TOA} \tag{4.6}$$

利用该式即可算出待同步 JU 自身的时间误差，待同步 JU 根据时间误差将其时间进行调整，不断改善其时间精度，保持与 NTR 同步。

无源同步因不用发送信号便能够实现，因而可以节约系统资源，然而一般来说能达到的同步精度不如有源方式高。为此 Link-16 数据链把成员分为两类：一类叫主要用户（PRU），这种用户用有源方式实现和保持精同步；另一类叫次要用户（SU），用无源方式实现精同步，不过在某些情况下，比如刚入网时或在用户位置几何分布不好时，次要用户也可以用有源方式进行精同步。

4.6 传 输 波 形

Link-16 数据链为了能够通过无线电传输信息，必须将待传输信息调制到射频（RF）载波上。Link-16 数据链将信息调制到射频载波上主要包含两个步骤：一是循环码移位键控调制（CCSK），二是最小移频键控调制（MSK）。

4.6.1 CCSK 与码片序列

在 Link-16 数据链中，待传输的信息经纠错编码和交织后，以 5bit 二进制信息为一组作为一个字符，通过 32bit 序列进行 CCSK 调制。为了避免混淆，将这个 32bit 序列的每一位称为码片（chips）。通过对 32bit 码片序列自其任意一个初始状态循环向左移一位，就可生成一个新的码片序列。用 S_0 表示一个 32bit 码片序列的任意初始状态，如 01111100111010010000101011101100。

将一个 32bit 码片序列的某一个移位状态与一个 5bit 字符相对应，如表 4.4 所示。通过对 32bit 码片序列循环左移 *n* 次，就可生成第 *n* 个 5bit 字符所对应的 32bit 码片序列，*n* 是待传输信息 5bit 字符的状态值，*n* 的取值范围 0～31。从而实现了待传输信息 5bit 字符与 32bit 码片序列（编号从 S_0～S_{31}）的一一对应。CCSK 调制是直接序列扩频调制的一种，通过 CCSK 调制后，将信号频谱宽度进行了展宽，从而有利用于提高数据链信息传输的可靠性。

表 4.4　32bit CCSK 序列移位状态与 5bit 字符对应关系

5bit 字符	32bit 伪随机序列
00000	S_0=01111100111010010000101011101100
00001	S_1=11111001110100100001010111011000
00010	S_2=11110011101001000010101110110001
00011	S_3=11100111010010000101011101100011
00100	S_4=11001110100100001010111011000111
…	…
11111	S_{31}=00111110011101001000010101110110

数据链终端接收机生成一个相同的本地 32bit 码片序列，并使其在时间上进行循环移位。将移动到不同位置的本地序列与接收到的 CCSK 调制后编码序列进行相关处理，当两序列未对准时，相关输出很小。而当两个序列对准时，便会产生较大的相关峰。根据在出现相关峰时本地序列的循环移位时间，便能检测出 CCSK 调制信号所载的 5bit 字符信息。

4.6.2 伪随机噪声

为了提高 Link-16 数据链信息的传输保密能力，32bit 码片序列经过 5bit 字符映射后形成的 32bit CCSK 序列，要与 32bit 伪随机噪声进行"异或"（XOR）逻辑运算，运算得到的 32bit 序列常被称为 32bit 传输码序列，如图 4.17 所示。32bit 的伪随机噪声由传输加密变量（存储在保密数据单元 SDU 中）确定。

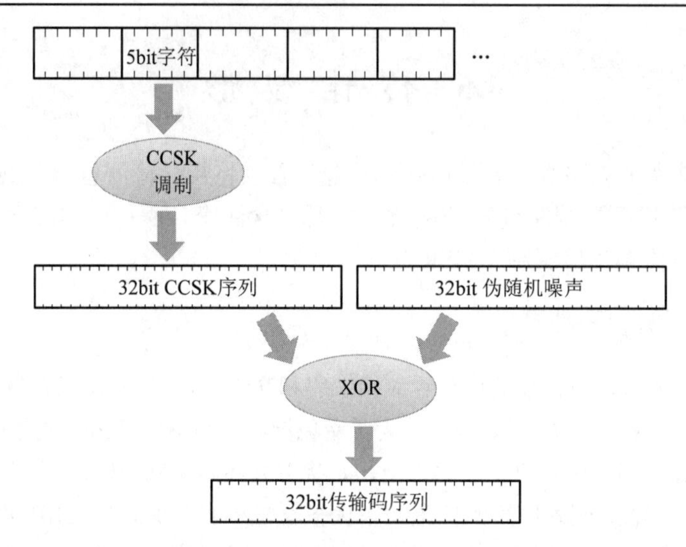

图 4.17 利用伪随机噪声对 CCSK 序列加密

对于非法窃听者而言，传输脉冲信号以随机调制序列的形式出现，无法预测。对于合法接收机而言，具有准确已知的系统时间（实现同步后）和正确的传输保密加密变量，能够实现对伪随机噪声信号的检测，恢复出 CCSK 序列，并获得 CCSK 序列所代表的 5bit 数据信息。

4.6.3 载波调制

发射脉冲信号是用 32bit 传输码序列作为调制信号，以 5Mb/s 的速率对载波进行最小移频键控调制（MSK）形成的。每个码片的持续时间是 200 ns。

MSK 调制也可视为相位相干的频移键控（FSK）调制。当被视为 FSK 调制时，MSK 调制可通过 F_1 和 F_2 两个频率之间的相位相干二进制 FSK 信号来表示，频率 F_1 和 F_2 之间的间隔为 $1/2T$，T 为码片周期。如果待调制的 32bit 传输码序列第 n 位与第 $n-1$ 位相同，则用较低的频率发射；如果第 n 位与第 $n-1$ 位不同，则用较高的频率发射。调制 32bit 传输码序列所需要的时间是 200 ns×32=6400 ns，或 6.4μs。

4.6.4 单脉冲与双脉冲

Link-16 数据链所辐射的射频信号是成串的脉冲信号，每个时隙发射的信息构成一条消息。每条消息的脉冲持续时间长度为 6.4μs，脉冲之间的间隔是 13μs，即有 6.6μs 时间不发送脉冲信号。

脉冲信号有两种形式：单脉冲字符和双脉冲字符。单脉冲字符是由 6.4μs 的载波调制信号和 6.6μs 的占空时间组成的，共 13μs 时间。双脉冲字符是由两个单脉冲字符组成的，即双脉冲时间为 26μs；双脉冲字符中的两个单脉冲字符携带相同的信息，但是载频不同。单脉冲与双脉冲字符结构如图 4.18 所示。采用双脉冲传输信息时，尽管所包含的两个单脉冲携带相同的信息，但是两者的频率是不同，从而可进一步提高抗干扰能力。

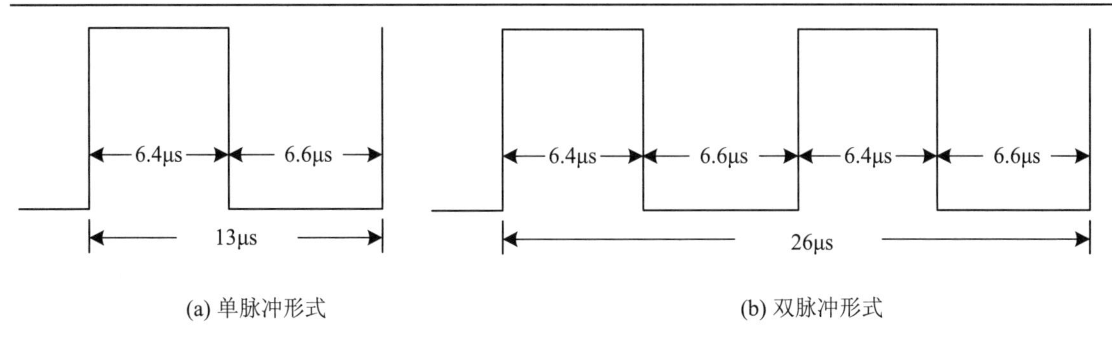

(a) 单脉冲形式　　(b) 双脉冲形式

图 4.18　单脉冲与双脉冲字符

4.7 射频信号

Link-16 数据链的信号工作在微波 L 频段，采用视距传输方式，地–空通信距离通常为 150 n mile，空–空通信距离通常为 300 n mile，然而，地–地通信距离仅为 25 n mile。因此，如要实现更远距离的信息传输，Link-16 数据链需要采用空中中继的方式。

4.7.1 通信模式

Link-16 数据链终端有以下 3 种通信模式。

（1）模式 1：是 Link-16 数据链终端的正常工作模式，可实现跳频工作，发送加密数据，也可实现多网工作。

（2）模式 2：无跳频，在 969MHz 定频工作，发送加密数据，只能在一个网内工作。

（3）模式 4：无跳频，在 969MHz 定频工作，发送非加密数据作为一个普通的数据链路，只能在一个网内工作。

模式 1 是正常工作模式，模式 2 和模式 4 在系统容量和工作性能下降时使用，模式 3 是无效模式。在北约标准协议中，将通信模式 4 称为通信模式 3。

4.7.2 工作频段

Link-16 数据链在通信模式 1 时，采用跳频技术，传输信息的载频从 960～1215MHz（宽 255MHz）频段内共 51 个频点上伪随机选取，这种伪随机的频率选取是由网络号和传输加密变量（TSEC）控制的。频点之间的最小间隔为 3MHz，相邻脉冲之间所选频点的间隔要大于等于 30MHz，跳频速率为 76923 次/s。采用跳频技术，使敌方难以跟踪捕获发射信号频率，降低了敌方检测概率，从而大大增强了抗干扰能力。

Link-16 数据链跳频点分布在三个分频段上：969～1008MHz 共设 14 个频点，1053～1065MHz 共设 5 个频点，1113～1206MHz 共设 32 个频点。Link-16 数据链跳频工作频率如表 4.5 所示。

在 960～1215MHz 频段两端各留 9MHz 未用，以免干扰频段外的系统。在 1030MHz 和 1090MHz 周围也留有较宽的频率范围未用，以免干扰在其附近工作的二次雷达和 IFF。Link-16 数据链信号跳频速率很快，相邻脉冲之间载频间隔很宽，不可能用频率跟踪的方法实施干扰。这就迫使敌对方干扰机工作在很宽的频段上，从而显著降低了干扰机效率。

表 4.5 Link-16 数据链跳频工作频率

频率序号	频率	频率序号	频率	频率序号	频率
0	969MHz	17	1062MHz	34	1158MHz
1	972MHz	18	1065MHz	35	1161MHz
2	975MHz	19	1113MHz	36	1164MHz
3	978MHz	20	1116MHz	37	1167MHz
4	981MHz	21	1119MHz	38	1170MHz
5	984MHz	22	1122MHz	39	1173MHz
6	987MHz	23	1125MHz	40	1176MHz
7	990MHz	24	1128MHz	41	1179MHz
8	993MHz	25	1131MHz	42	1182MHz
9	996MHz	26	1134MHz	43	1185MHz
10	999MHz	27	1137MHz	44	1188MHz
11	1002MHz	28	1140MHz	45	1191MHz
12	1005MHz	29	1143MHz	46	1194MHz
13	1008MHz	30	1146MHz	47	1197MHz
14	1053MHz	31	1149MHz	48	1200MHz
15	1056MHz	32	1152MHz	49	1203MHz
16	1059MHz	33	1155MHz	50	1206MHz

4.8 消息封装格式

4.8.1 时隙的构成

如前所述，Link-16 数据链的基本单元是时隙。每个时隙的时间长度是 7.8125ms。在一个时帧 12s 内，A、B、C 各时隙组分别包含 512 个时隙。每个网络成员终端都分配一定的时隙用于发射或接收信息。对于每个时隙来说，都有发送消息的时机。每个时隙都由多个成分组成，从时隙开始至时隙结束，主要包括抖动、粗同步、精同步、报头和数据、传输保护。

时隙的构成示意图如图 4.19 所示。

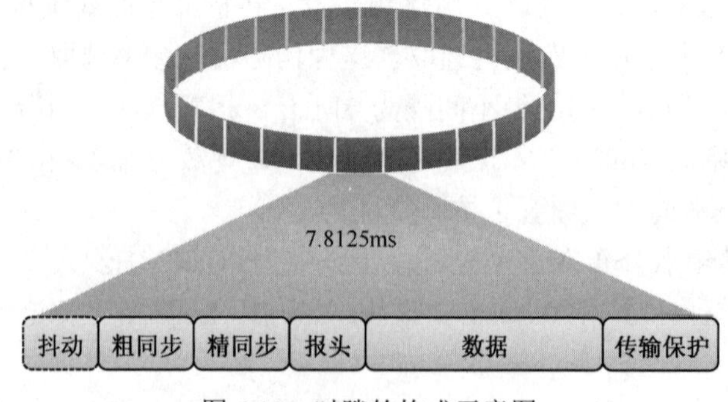

图 4.19 时隙的构成示意图

1. 抖动

在某些时隙中，时隙的开始一段时间不发送任何脉冲信号，这段时间称为抖动。抖动的大小是由传输保密加密变量（TSEC）控制的。设置信号抖动是为了提高系统的抗干扰能力，因为它使敌方由于不知道抖动是如何随时隙而变化的，因而不能准确判明时隙起始点的划分。但是，抖动对于全时段干扰机来说是无效的。

2．粗同步

同步部分紧跟抖动之后，用于接收机信号同步，包括粗同步和精同步。粗同步由 16 个双脉冲字符构成，占用时间为 16×2×13=416（μs）。粗同步有自己的跳频图案，与传输数据的跳频图案不同。不同的 NPG 有不同的加密变量，因此不属于同一 NPG 的端机不能接收其他 NPG 的信号。在同一个 NPG 内的每个端机都事先知道本时隙所有脉冲的跳频顺序和粗/精同步头各脉冲所用的伪随机序列，亦即知道本时隙的跳扩频图案，因而能接收到消息。虽然如此，对于接收端机来说，它既不知道发射端机的位置，也不知道信号的传播时间，亦即不知道信号什么时候到来，因此它在时隙开始前便产生出 32 个本地脉冲（16 个双脉冲字符），其频率和伪码的顺序即跳扩频图案与发射信号的粗同步的相同，以等待信号到来。一旦信号到来，便依次对每个信号脉冲进行相关处理，每个脉冲相关处理产生出一个宽 0.2μs 的相关峰，再将各脉冲的相关峰进行积累，从而产生出信号到达时刻标记。所以粗同步头的作用是确定信号到来，并使接收机与发射机同步起来，为以后的信息解调和到达时间测量打下基础。

3．精同步

精同步部分在粗同步脉冲之后，由 4 个双脉冲字符组成。精同步部分的传输时间是 4×2×13=104（μs）。精同步用于减小由粗同步确定的信号到达时间误差。精同步所用的传输码序列固定为 S_0，都代表固定数据 00000。

粗同步和精同步的作用就是为了产生稳定可靠的信号到达时刻标记，便于接收端机正确解调信息。由于所用的伪随机序列码片宽度只有 0.2μs，因此，为了正确可靠地解调出信息，由粗同步头产生的时间标记误差范围要求小于 0.2μs，再由精同步头进一步减小该误差，使同步误差下降至 10～15ns。

4．报头和数据

报头采用双脉冲字符，但是报头内的数据可因每个时隙的不同而不同。其中，数据的封装格式信息可在报头内说明。

数据脉冲格式以 3 个码字（每个码字含 31 个字符，每个字符含 5bit 信息）为单位，采用 3 种不同的封装密度：标准封装（STD）（一组 3 个码字）、两倍压缩（P2）（两组 3 个码字）、四倍压缩（P4）（四组 3 个码字）。标准封装（STD）的脉冲形式采用双脉冲字符；两倍压缩（P2）的脉冲形式既可采用单脉冲字符，也可采用双脉冲字符；四倍压缩（P4）的脉冲形式采用单脉冲字符。这样，Link-16 数据链的数据脉冲封装格式具体包括以下 4 种。

（1）标准双脉冲封装（Standard Double Pulse, STD-DP），包含 3 个码字共 93 个字符。

（2）两倍压缩单脉冲封装（Packed-2 Single Pulse, P2SP），包含 6 个码字共 186 个字符。

（3）两倍压缩双脉冲封装（Packed-2 Double Pulse, P2DP），包含 6 个码字共 186 个字符。

（4）四倍压缩单脉冲封装（Packed-4 Single Pulse, P2SP），包含 12 个码字共 372 个字符。

如前所述，Link-16 数据链的脉冲信号所携带的信息是一个用 32 位的伪随机序列的循环移位所代表的 5bit 二进制数据。在接收机中如何解出在报头和数据脉冲中所携带的数据呢？

虽然跳频顺序和所用伪随机序列是知道的，但循环移位情况则是不知道的。为了解调出脉冲信号所携带的数据信息，接收机首先要通过跳频图案，使所有接收到的脉冲信号变换到同一中频上；其次，还要同时生成一个相同种类的本地的伪随机序列，并使其在时间上进行循环移动，将移动到不同位置的本地序列与接收到的脉冲的序列进行相关处理；当两序列未对准时，相关输出很小；而当两序列对准时，便会出现较大的相关峰；根据出现相关峰时本地伪随机序列的循环移位时间大小，通过 CCSK 调制映射关系，便能检测出脉冲所载的数据信息。

5. 传输保护

时隙的最后部分是传输保护段，用于信号的无线电传输。Link-16 数据链的作用距离有两种，一种是常规距离 300 n mile，另一种是扩展距离 500 n mile。相应的电波传播时间是 1852μs 和 3087μs。传输保护段的作用是要在下一个时隙开始之前信号已到达作用距离内的所有接收端机，以免发生收发冲突。

4.8.2 消息封装格式

如前所述，Link-16 数据链共有 4 种消息封装格式。下面针对每种封装格式，分别介绍其详细组成和特点。

1. 标准双脉冲封装格式

标准双脉冲（STD-DP）封装格式包含 16 个双脉冲字符的粗同步头、4 个双脉冲字符的精同步头、16 个双脉冲字符的报头和 93 个双脉冲字符的数据脉冲，如图 4.20 所示。

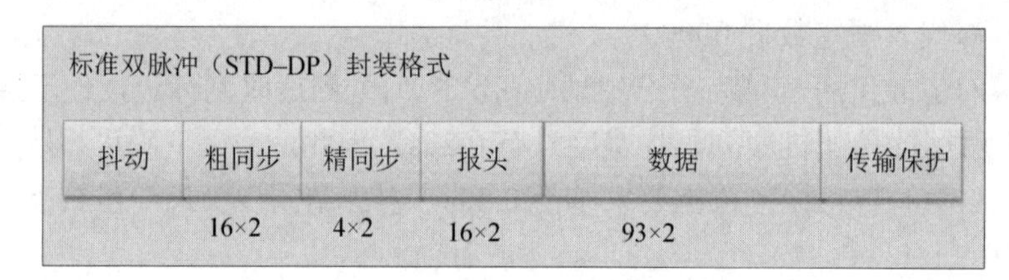

图 4.20　标准双脉冲（STD-DP）封装格式

其中，报头和数据共有 109 个双脉冲字符。标准双脉冲(STD-DP)封装格式的数据承载部分由 93 个双脉冲字符组成。这些符号可以传输 3 个（31,15）RS 码字，代表 225bit 未编码信息或 465bit 编码信息。回顾前面所述内容，可清楚 STD-DP 封装格式的数据和报头部分的产生过程。其产生的具体过程是：STD-DP 封装格式的数据和报头部分的未编码信息分别是由 3 个 75bit 消息字和 1 个 35bit 报头字组成的，通过 RS 编码，分别编码为 465bit 和 80bit。这些信息以 5bit 为一组（作为一个字符），再通过 CCSK 调制，分别产生为 93 个 32bit 传输码序列的数据和 16 个传输码序列的报头，再通过交织后发送。报头和数据部分的 109 个双脉冲字符总的传输时间是 2.834ms。

2. 两倍压缩单脉冲封装格式

两倍压缩单脉冲（P2SP）封装格式包含 16 个双脉冲字符的粗同步头、4 个双脉冲字符的精同步头、16 个双脉冲字符的报头和 186 个单脉冲字符（2 组 93 个单脉冲字符）的数据脉冲，如图 4.21 所示。

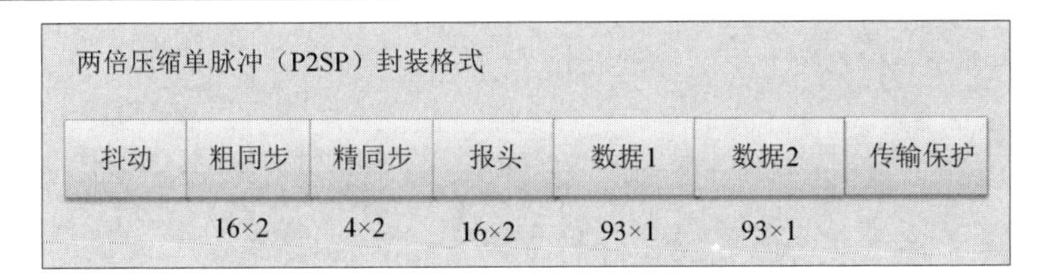

图 4.21　两倍压缩单脉冲（P2SP）封装格式

其中，16 个双脉冲字符的报头和 186 个单脉冲字符的数据，分别表示 35bit 报头信息和 450bit 未编码数据信息，其数据信息携带能力是 STD 封装格式的两倍，但 P2SP 的报头和数据部分总的消息传输时间仍是 2.834ms，与 STD 封装格式相同。尽管 P2SP 封装格式的报头字仍采用双脉冲字符进行冗余发送，但是这种封装格式的抗干扰能力下降，因为数据部分不再采用冗余发送的双脉冲字符，而是单脉冲字符。因此，这种封装格式的吞吐量加倍是以牺牲抗干扰能力为代价的。

3．两倍压缩双脉冲封装格式

两倍压缩双脉冲（P2DP）封装格式包含 16 个双脉冲字符的粗同步头、4 个双脉冲字符的精同步头、16 个双脉冲字符的报头和 186 个双脉冲字符（2 组 93 个双脉冲字符）的数据，如图 4.22 所示。

两倍压缩双脉冲（P2DP）封装格式

粗同步	精同步	报头	数据1	数据2	传输保护
16×2	4×2	16×2	93×2	93×2	

图 4.22　两倍压缩双脉冲（P2DP）封装格式

其中，P2DP 封装格式的报头和数据部分共由 202 个双脉冲字符组成，数据部分传输 6 个（31，15）RS 码字。P2DP 封装格式报头和数据部分总的消息传输时间是 5.252ms，相对于 STDP 和 P2SP 封装格式来说，增加了传输时间，这是通过去除时隙起始位置的抖动时间获得的，P2DP 封装格式是在时隙的起始位置直接发送消息。

相对于 STDP 和 P2SP 封装格式，P2DP 封装格式进一步增加了信息吞吐量，同时采用的双脉冲字符冗余传输恢复了一定的抗干扰能力，但这是以损失时间抖动为代价的。

4．四倍压缩单脉冲封装格式

四倍压缩单脉冲（P4SP）封装格式包含 16 个双脉冲字符的粗同步头、4 个双脉冲字符的精同步头、16 个双脉冲字符的报头和 372 个单脉冲字符（4 组 93 个单脉冲字符）的数据，如图 4.23 所示。

其中，16 个双脉冲字符的报头和 372 个单脉冲字符的数据，分别表示 35bit 报头信息和 900bit 编码数据信息。报头和数据部分总的消息传输时间是 5.252ms，与 P2DP 封装格式相同。P4SP 封装格式放弃了时间抖动并采用单脉冲字符传输方式，因此，降低了抗干扰性能，但获得了最大的数据容量。

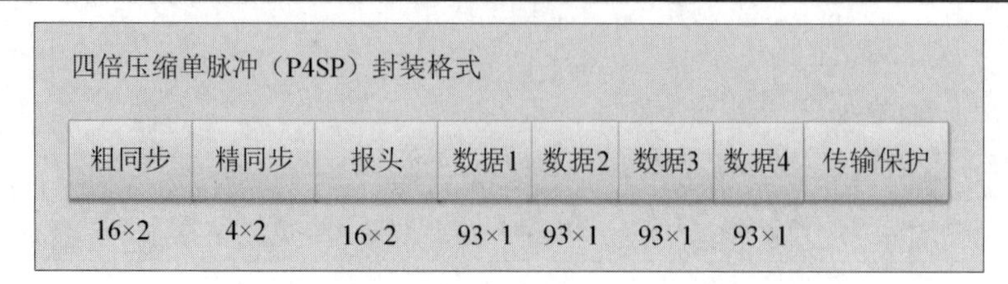

图4.23　四倍压缩单脉冲（P4SP）封装格式

5．性能比较

在Link-16数据链中，数据吞吐量、距离和抗干扰能力取决于消息的封装格式。

标准双脉冲（STD-DP）封装格式中既有时间抖动，又有信息冗余（双脉冲），抗干扰能力最强。如果不采用RS纠错编码，每个时隙可传输93×5=465bit数据信息，传输速率为59.52kb/s；如果采用RS（31,15）纠错编码，每个时隙可传输93×5×15/31=225bit数据信息，相应的传输速率为28.8kb/s。

两倍压缩单脉冲（P2SP）封装格式与STD-DP封装格式相比未采用冗余措施，而是采用单脉冲发射其他信息，抗干扰能力有所下降，但是信息容量比标准双脉冲波形增加了一倍。如果不采用RS纠错编码，每个时隙可以传送930个信息位，传输速率为119.04kb/s；如果采用RS（31,15）纠错编码，每个时隙可以传送450比特的原始信息，则传输速率为57.6kb/s。

两倍压缩双脉冲（P2DP）封装格式与STD-DP封装格式相比没有了抖动，而是增加了消息内容，将更多的时间用来传送战术数据，抗干扰能力与标准双脉冲消息结构相比也有所下降。如果不采用RS纠错编码，每个时隙可以传送930bit信息，传输速率为119.04kb/s；如果采用RS（31,15）纠错编码，每个时隙可以传送450bit的原始信息，则传输速率为57.6kb/s。

四倍压缩单脉冲（P4SP）封装格式中既没有抖动，也没有消息冗余，抗干扰能力最差。如果不采用RS纠错编码，每个时隙可以传送1860bit信息，传输速率为238.08kb/s；如果采用RS(31,15)纠错编码，一个时隙内可以传送900bit原始信息，则传输速率为115.2kb/s。

从抗干扰能力上来说，抗干扰性能还与时隙起始点时间抖动、脉冲冗余（双脉冲字符）有关。标准双脉冲（STD-DP）封装格式消息结构最好，两倍压缩单脉冲（P2SP）封装格式消息结构与两倍压缩双脉冲（P2DP）封装格式次之，四倍压缩单脉冲（P4SP）封装格式消息结构最差。如果数据链终端要求具有较高抗干扰性能，应采用STD封装格式。

从传输速率上来说，STD-DP消息结构的传输速率最低，P2SP消息结构与P2DP消息结构的传输速率为STD-DP消息结构传输速率的2倍，P4SP消息结构传输速率最高，为STD-DP消息结构传输速率的4倍。对于P4SP封装格式来说，随着其数据吞吐量的增加，其抗干扰性能下降。其实，如果想要增加数据吞吐量，通常是以放弃一定的抗干扰性能为代价的。

在Link-16数据链中，传输距离有两种：常规距离和扩展距离。所有的封装格式都能达到300 n mile的常规距离。而P2DP和P4SP封装格式不能实现扩展距离的消息传输。换句话说，只有STD-DP和P2SP封装格式才能实现扩展距离500 n mile的消息传输；P2DP和P4SP封装格式只能进行300 n mile的常规距离消息传输。

4.9　格式化消息发射信号产生过程

Link-16 数据链的格式化消息发射信号产生的过程如图 4.24 所示。

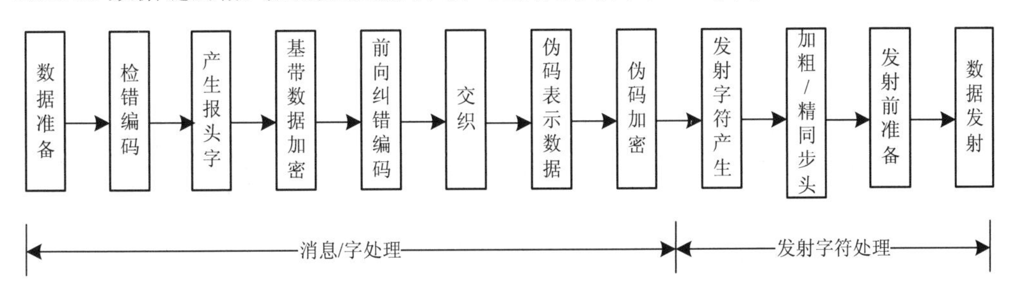

图 4.24　格式化消息发射信号的产生过程

第一步将要发射的数据区分成 210bit 的一组或几组，再加上发射平台 15bit 的航迹号。

第二步是将每组 210bit 的数据外加 15bit 航迹号，对其进行检错编码（237,225）。

第三步是加上报头的其他数据，使报头扩充到 35bit，形成图 4.6 所示的格式。

第四步是对上述这些二进制数据做基带数据加密处理。

第五步是把加密之后的基带数据以 5bit 为一组进行划分，作为一个字符，在字符基础上进行 RS（16,7）和 RS（31,15）纠错编码。

第六步是对已纠错编码的字节做交织处理。

第七步是用伪随机码不同的移位取代相应的字节，形成 CCSK 序列。

第八步是对伪随机码做加密处理。

以上八步完成了所要发射消息的码字和消息的编排，总称为消息/码字处理。下面的所有处理称为发射字符处理，这种处理改变的是发射信号波形。

第九步是发射字符产生，即双脉冲字符或单脉冲字符的产生。

第十步是在消息报头和本体之前加上粗同步头及精同步头字符。

第十一步是为各发射脉冲选择相应的载频，并完成载频调制。

第十二步是将消息发射出去，包括功放、高频滤波等。

4.10　多　　网

在 Link-16 数据链中，不同的消息封装格式决定了不同的终端吞吐量。但是，Link-16 数据链还可以通过采用多网的方式来提高系统吞吐量。多网方式包括多个网络（Multiple Networks）、重叠网（Stacked Nets）和多重网（Multiple Nets）等。

4.10.1　多个网络

Link-16 数据链的容量可以通过将用户分配在多个网络上同时工作而得到扩展。Link-16 数据链允许定义 127 个不同的网络，网络号为 0～126。网络号、TSEC 加密变量以及时隙号决定了载波的跳频图案。不同的跳频图案是实现网络隔离、区分以及允许多网并存的关键。通过给不同的网络分配不同的跳频图案，就可以构建多个网络。为了防止相互干扰，各个网络是相互独立的，各自拥有不同的时间基准，并且使密码不一样。不同网络之间没有信息传输，并且平台只能在一个网络中工作，不能在多个网络中工作。在网络之间切换需要对终端重新初始化。这项能力可使多个不同的网络在同一区域工作。通常，在一个地区可以有20个网络同时工作而不会产生明显的相互干扰。

4.10.2 重叠网

通过给具有相同TSEC加密变量但不同网号的相同NPG分配相同时隙，可建立重叠网。在重叠网中时隙必须同组，并具有相同的初始时隙数和重复率。它们可有不同的网号和相同的密钥，或不同的网号和不同的密钥。Link-16数据链重叠网示意图如图4.25所示。

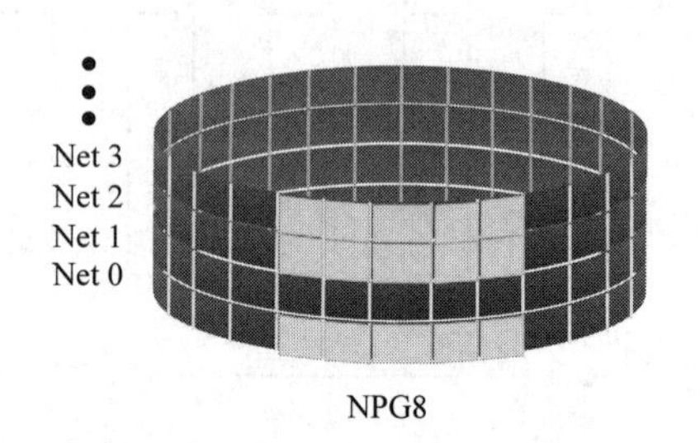

图4.25 Link-16数据链重叠网示意图

图4.25中的网络参与组NPG8的时隙块为A-8-10，采用重叠网工作时，该时隙块参数与网号、密钥的对应关系如表4.6所示。

表4.6 重叠网的时隙块参数与网号、密钥之间的关系

时 隙 块	网络参与组	网 号	TSEC
A-8-10	9	0	1
A-8-10	9	2	1
A-8-10	9	3	1

重叠网支持话音、空中控制和战斗机—战斗机功能。从重叠网功能中选取特定的网络会改变终端的跳频图案。为实现这些功能，操作员可人工选取一个从0～126的网络号来完成网络连接。

例如，对于空中控制重叠网来说，每个空中控制平台和在其控制下的战斗机选择唯一的网络编号。因为各个重叠网之间互不干扰，多个控制线路可以使用同一组时隙工作。只要改变网络编号，平台就可从一个网络切换到另一个网络，终端不必重新进行初始化。Link-16数据链话音也有重叠网功能，能使每个通道支持126个话音线路。

4.10.3 多重网

在Link-16数据链中，数据链的功能（监视、话音、电子战等）被分配至各个NPG。不是所有的用户都参与所有功能。因此，网络中的部分功能是相互排斥的，从而使这些互斥的NPG组成了“多重网”。通过“多重网”，可使不同的平台使用同样的时隙来完成不同的功能，从而提高了网络的吞吐量。这种多重网与重叠网的不同在于：参与者执行不同的功能，并且不能有选择地从一个网络切换到另一个网络。Link-16数据链多重网示意图如图4.26所示。

图4.26 Link-16数据链多重网示意图

在图4.26中，网络参与组NPG8的时隙块为A-8-10，网络参与组NPG4的时隙块为A-40-9，网络参与组NPG10的时隙块为A-0-12，采用多重网工作时，上述网络参与组的时隙块参数与网号、密钥之间的关系如表4.7所示。

表 4.7　多重网的时隙块参数与网号、密钥之间的关系

时　隙　块	网络参与组	网　　号	MSEC	TSEC
A-8-10	8	0	1	1
A-40-9	4	1	1	1
A-0-12	10	2	2	1

4.11　网 络 角 色

为了保证 Link-16 数据链网络的运行，Link-16 数据链中的每个 JU 单元都扮演特定的网络角色，在网络运行过程中，JU 单元可以根据 Link-16 数据链操作规程或网络管理员的控制，改变自己的身份。网络角色主要包括时间基准、位置基准、初始入网 JU 单元、导航控制器、辅助导航控制器、主要用户、次要用户、数据转发单元和网络管理单元等。

1. 时间基准

网络时间基准（NTR）单元是建立 Link-16 数据链网络必不可少的组成部分。对于给定的网络，NTR 这个角色可由任一指定单元担任（一个且仅仅一个）。NTR 通常分配给 C^2 单元并需要与其他单元保持视距连通性。通过 NTR 单元建立网络系统时间。NTR 通过广播初始入网消息 J0.0，将系统时间发送至所有网络单元。所有其他单元利用这个消息实现网络同步。NTR 单元是数据链网络中拥有最高时间品质的单元。所有其他单元周期性地调整它们的内部时钟以保持与 NTR 时间同步。由于所有 JU 单元内部都有一个精确的时钟，所以同步建立后，即使没有 NTR，数据链网络也能连续工作数小时，只是同步误差越来越大。

2. 位置基准

位置基准（Position Reference, PR）用于为地理栅格提供一个高稳定的基准点。位置基准（PR）单元不允许通过到达时间（Time of Arrival, TOA）测量来校正自己的初始位置。将一个单元定义为 PR 单元，事实上是关闭其自校正功能。自校正功能被称为相对导航，允许 JU 单元通过接收到的 PPLI 消息采用 TOA 到达时间测量的方式来计算它与其他网络单元的距离。关闭 PR 单元这一通过 TOA 测量纠正位置的功能，是为了保证 PR 单元的位置精度不受网络其他单元的影响。

将某个网络单元设置为 PR 角色，是一把双刃剑：关闭它的位置精度自纠正功能，可以避免其位置精度受其他单元的影响，即当网络中具有高地理位置精度的其他单元，由于某种原因使其 PPLI 消息中所报告的位置产生较大误差时，可保护 PR 单元不受其影响；但是，当网络中其他单元的位置精度高于 PR 单元且 PPLI 消息中所报告的位置也精确时，这也阻碍了 PR 单元的位置误差调整。

（1）无线电静默与 PR

当一个地面单元被指定为 PR 单元时，在无线电静默条件下它不再能够保持主动时间同步，理解这一点是非常重要的。由于被指定为 PR 角色后，基于 TOA 测量实现相对导航这一功能被关闭。因此，在无线电静默条件下，PR 单元就无法实现时间同步更新从而导致其时间品质下降。当 PR 单元置于无线电静默环境中时，它只要能够连续接收信息就可实现保持时间同步（被动时间同步）。当 PR 单元脱离无线电静默环境时，它可通过发送 RTT 消息能够快速

实现与 NTR 时间同步，从而也不会使它的位置精度继续降低。它仍然可作为网络中其他单元的位置基准单元。只有当 PR 单元参与无线电静默的时间持续几个小时以上（多于 5 个小时）时，PR 单元要考虑采用非 PR 模式。

（2）地理位置品质与 PR

PR 单元通过 PPLI 消息周期性的发送其地理位置品质（Q_{pg}），且该值选用其单元内部品质值。作为对比，非 PR 网络单元，其 PPLI 消息所发送的位置品质低于其内部品质一个等级，即若其内部品质为 15，则其 PPLI 发送的位置品质为 14。因此，非 PR 单元的 PPLI 消息所发送的位置品质永远不会高于 14。PR 单元的位置品质默认为 15。

（3）地理位置品质 Q_{pg}、发射天线电缆长度与 PR

Link-16 数据链位置品质如表 4.8 所示。定位位置是指发射天线的位置。因此，若一个地面单元被指定为 PR 单元，需要准确测量其位置，使其天线位置误差在 50ft（1ft=0.3048m）内。达不到该位置品质要求的单元不能作为 PR 单元。当一个地面单元被初始化为 PR 单元时，其天线的位置以及天线与终端之间的电缆长度必须要准确测量。

表 4.8　Link-16 数据链位置品质

位置品质	误差（ft）	位置品质	误差（ft）
15	<50	7	800
14	71	6	1130
13	100	5	1600
12	141	4	2260
11	200	3	4520
10	282	2	9040
9	400	1	18080
8	565	0	>18080

（4）担任 PR 角色的平台

如果地面单元担任 PR 角色，它可无限地保持初始位置和位置品质。然而，如果机载平台担任 PR 角色，它的地理导航精度和位置品质易受到机载导航系统的影响。

尽管具有良好的导航系统的移动平台担任 PR 是可能的，但并不推荐这样做。这是因为，如果它的导航性能下降或被干扰，在这种情况下，是不能通过采用 TOA 测量的方式来实现地理位置调整的。通常情况下，是不指定机载或移动平台担任 PR 角色的。

具有良好位置品质的地面单元被指定担任 PR 角色，用于提供稳定的地理参考点，使网内其他单元通过相对导航功能获得自己的地理位置。需要注意的是，Link-16 数据链网络在没有 PR 单元时可降级运行。

3. 初始入网 JU 单元

初始入网 JU（Initial Entry JU, IEJU）单元可帮助将系统时间传播到 NTR 视距范围之外的单元。一旦指定作为 IEJU 单元的平台处于精同步，它也发布入网消息，每隔一帧发送一次，即每 24 秒发送一次，使在 NTR 视距范围之外的那些单元能够入网。IEJU 单元每间隔一定时间接收 NTR 单元的初始入网消息。不在 NTR 视距范围内的单元通过与 IEJU 单元的时间同步实现网络时间同步。可以由操作员选择地面单元或空中单元作为 IEJU 单元。所有激活单元都可被指定为 IEJU 单元。

4．导航控制器

导航控制器（Navigation Controller, NC）不是一个必须有的角色。当需要相对栅格导航时，需要指定导航控制器（NC）。相对栅格是一个三维坐标系统。NC 作为栅格的参考点，其相对位置品质值为 15。担任 NC 角色的平台应是激活的和机动的平台，并且尽可能与大多数网络单元保持良好的视距连通性。当担任 NC 角色的平台单元变为静止单元时，应取消或关闭其导航控制器功能。

5．辅助导航控制器

当 NC 对其他栅格坐标的参与者没有足够的角度运动差时，辅助导航控制器（Secondary Navigation Controller, SNC）为相对栅格提供稳定性。在一个网络中只能有一个 SNC，它必须是一个激活单元。SNC 与 NC 两者之间必须保持相对运动，两者之间的距离必须大于 50 n mile，且满足二者速度矢量方向差别大的要求。任何移动单元或固定单元都可担任 SNC 角色。

6．主要用户

除 NTR 单元外，所有通过发送 RTT 消息实现并保持主动时间同步的 JU 单元，都被称为主要用户（Primary Users, PRU）。

7．次要用户

次要用户（Secondary User, SU）是通过接收已经达到精同步的 JU 发出的 PPLI 消息，并利用相对位置实现精同步。当一个网络单元选择了长时间禁止发射（Long Term Transmit Inhibit，LTTI）或数据静默（Data Silent，DS）模式后，它在网络中的角色将自动地转换为次要用户。当重新建立主动链路参与时，它将重新成为主要用户。在一个网络中超过 256 个单元时，才手动选择 SU 角色。

8．数据转发单元

为了便于分析数据链系统间的数据转发，通常涉及以下接口单元：

（1）JU 单元：直接在 Link-16 数据链上传输信息的单元。

（2）C^2JU 单元：直接在 Link-16 数据链上传输信息并具有指挥和控制（C^2）能力的 JU 单元。

（3）非 C^2JU 单元：直接在 Link-16 数据链上传输信息的 C^2JU 单元以外的 JU 单元。

（4）PU 单元：直接在 Link-11 数据链上传输信息的单元。

（5）RU 单元：直接在 Link-11B 数据链上传输信息的单元。

（6）数据转发单元 FJU：用于在使用 J 系列消息和 M 系列消息数据链间转发数据的 JU 单元称为数据转发单元（Forwarding JU, FJU）。

其中，数据转发单元（FJU）主要包括以下几种。

① FJUA：在 Link-11 和 Link-16 数据链上传输信息，并在这两条链路参与者之间转发信息的单元称为 FJUA 单元。FJUA 把 Link-11 和 Link-16 数据链连接起来，提供在 Link-11 和 Link-16 数据链间转发监视、PPLI、电子战和武器协调等消息的功能。

② FJUB：在 Link-11B 和 Link-16 数据链上传输信息，并在这两条链路参与者之间转发信息的单元称为 FJUB 单元。

③ FJUAB：在 Link-16、Link-11 和 Link-11B 数据链上传输信息，并在这三条链路的参与

者之间转发信息的单元。

④ 转发参与单元（FPU）：在 Link-11 数据链和一个或多个 RU 之间转发数据的 PU 单元。

通过以上接口单元，能够建立起 Link-16 数据链与 Link-11 和 Link-11B 数据链共存的数据链网络，并且能够实现不同数据链之间的信息互通，如图 4.27 所示。

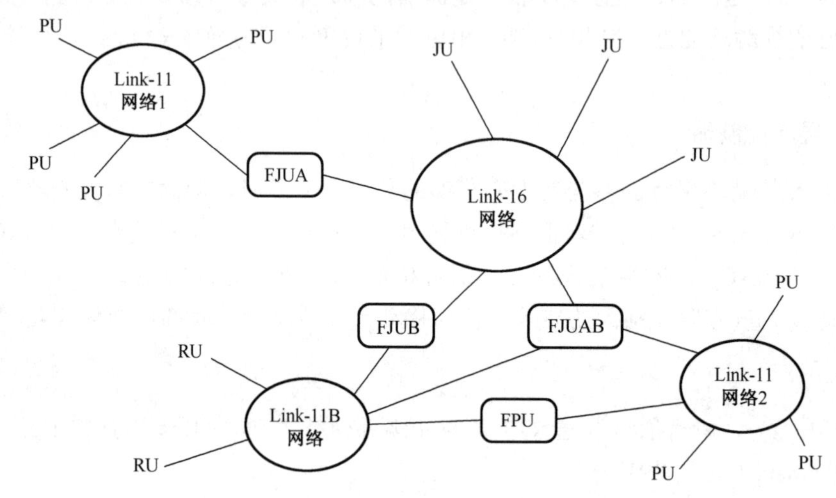

图 4.27 Link-16 数据链数据转发示意图

理想情况下，一个 FJU 单元可用于整个战场数据链路的信息转发，但需要指定一个备用 FJU 单元。这个备用单元参与 Link-16 数据链网络并监视 Link-11 数据链网络。当发现 FJU 单元停止数据转发时，备用 FJU 单元自动启动。

4.12 精确参与定位与识别

精确参与定位与识别（Precise Participant Location and Identification, PPLI）是向 Link-16 数据链网络内的 JU 单元报告消息用的。这些消息通过 Link-16 数据链网络的每个成员周期性地发送。PPLI 消息包含平台的位置信息、识别信息、状态信息、任务单元识别信息、速度、导航精度等。PPLI 消息可用来支持多种链路功能，主要包括被动同步、链路参与决定、数据转发需求和空中控制初始化。NPG-5、NPG-6 支持 PPLI 消息的发送。NPG-5 是战斗机使用的高更新率 PPLI，战斗机每 2s 报告一次。NPG-6 支持所有 Link-16 参与者（包括战斗机），更新周期为 12s。为了提高战斗部队之间的互操作能力，可通过数据转发单元生成 Link-11 数据链平台所需的 PPLI，并通过间接 PPLI 功能发送给所有的 Link-16 数据链参与平台。

1. 精确定位

位置信息用经度、纬度和高度三维表示，同时也提供了平台当前的航向、速度信息。这些信息结合其他信息，如位置品质、RTT 消息等，可用于接收终端的相对导航功能，以校正平台自身的当前位置。

2. 识别

Link-16 数据链网络内的每一个参与者都分配了一个 JU 地址号，范围$(00001\sim77777)_8$。

除此之外，JU 终端还分配了一个与 JU 地址一一对应的源航迹号（Source Track Number, STN）。

除 JU 地址外，PPLI 消息包含了 IFF（敌我识别）代码、平台类型、任务识别、数据链状态等信息。

3. 状态

PPLI 消息中还包含了平台详细的状态信息，如燃油、武器、设备状态等。空中控制单元可通过 PPLI 消息监控交战中的武器平台的状态信息，这些状态信息包括平台类型、话音网络编号、网络状态、应答状态、位置品质、时间品质、装备状态、燃油状态、武器状态等。

4. 时间品质

每一个 JU 终端都要评估它自身获得的系统时间的精度。评估基于其内部时钟以及通过 RTT 方式获得的系统同步时间。时间精度的评估用来设置终端的时间品质（Time Quality, Q_t）。时间品质的取值范围为 0～15。根据规定，只有 NTR 拥有最高的时间品质，Q_t=15。每一个网络成员通过 PPLI 消息向数据链网络报告各自的时间品质。

5. 位置品质

位置品质的取值范围是 0～15，用来表明每个平台单元的地理位置品质（Q_{pg}）和相对位置品质（Q_{pr}）。地理位置参数包括经度、纬度和高度。地理位置是由导航系统所提供的，最高的地理位置精度为 15，通常分配给静止平台单元，其地理位置误差小于 50 英尺。

有时需要采用相对栅格替代地理栅格。在这种情况下，网络需要设置导航控制器（NC），所有的平台单元都以导航控制器（NC）为参考点测量它们的相对位置。导航控制器（NC）拥有最高的相对位置品质，Q_{pr}＝15。

6. 被动时间同步

PPLI 消息是实现被动同步必不可少的信息。通过 PPLI 消息中报告的各平台位置信息，以及待同步平台自身的位置信息，计算出平台之间的距离，从而能够计算出信息的传输时延误差信息。根据计算出的传输时延误差信息，结合接收消息的实际到达时间，再综合考虑 PPLI 报告的平台位置品质、时间品质信息，从而能够使平台完成被动时间同步过程，校正自身平台的时钟。

4.13　导　　航

Link-16 数据链的导航功能，本质上是指系统能给飞机或其他类型的平台指示其在规定的坐标系中的坐标位置。Link-16 数据链的导航功能使用两种坐标系，即地理坐标系和平面相对栅格坐标系，分别用于绝对导航和相对导航，使系统同时具有地理导航和相对导航能力。地理坐标系用经纬度表示物体位置。相对栅格坐标系为平面直角坐标系，其坐标平面在其坐标系原点处与地球表面相切，*U* 坐标轴指向东，*V* 坐标轴指向北，*W* 坐标轴指向高度。

4.13.1　相对导航

Link-16 数据链的相对导航即是在相对坐标系中定出各网内成员的位置。为了实现系统的相对导航功能，并使之稳定地工作，系统对端机要安排相应的等级。时间基准NTR用以确定系统时间，规定它有最高时间质量。同时，把具有高精度绝对位置信息的端机定为位置基准PR，并规定其具有最高的绝对位置质量。同时要在网内成员中指定一个成员，产生相对定位基准，这个网内成员称为导航控制器（NC）。

在这些基准和导航控制器之下有两类用户：主要用户（PRU）和次要用户（SU）。主要用户可以相对经常地利用RTT消息进行时间同步。这些具有较好时间质量的JU单元用作主要导航基准，次要用户不经常进行往返定时，质量等级都是根据端机滤波器估算的精度确定的。Link-16数据链的相对导航功能的产生，遵循“高质量源”选择规则，即用户只能选用时间质量和位置质量较自身质量水平高的成员作为导航基准，以保证用户的位置和时间误差不致由于使用劣质源而发散。

由于Link-16数据链是一种基于时间基准的同步系统，所有成员都在规定的和已知的时间进行发射，主要用户就可以通过精确参与定位与识别PPLI消息分时获得相对各个位置基准的测距信息，并且，只要这个主要用户与其他成员都是精确同步的话，三次测距就能唯一确定用户三维位置，在精确定位与识别消息中有位置基准的位置、速度、航向和高度及其时间质量、位置质量、方位角质量，利用这些数据，通过适当的源选择准则（考虑定位成员与位置基准的相对几何位置关系），这个主要用户就可以选择出所需要的源，计算预测距离。

4.13.2 地理导航

由于网内成员都具有一定的地理导航能力，不过不够准确。要完成精确的地理导航定位，一个很容易的方法是，如果某个网内成员能够从其他来源得到其准确的地理位置经纬度时，便可利用这种数据去校正它自己的地理位置。

相对导航方案的思想是尽量不依靠精确的地理导航定位源。然而一旦网内成员在相对坐标系中精确地定出了它们之间的相对位置之后，如果有某个网内成员也能够精确地定出自己的地理位置，那么借助于相对导航能力以接力传送高精度的地理导航信息，便可以使其他的网内成员也提高地理定位精度。

4.14 话音通信

Link-16数据链除了传输固定格式消息，还可以传输自由文本消息，用以提供话音通信。因此，在Link-16数据链的一个时元或一个时帧中，一部分时隙用作数据通信，而另一部分则用作话音通信。话音通信所使用的时隙并不像数据通信时那样分配给了每个网内成员，而是公用的。典型情况下，一个话音信道需要占用14.5%的网络容量，中继话音需要占用29%的网络容量。话音采用动态分配方式即“按钮启动通话”（PTT）的时隙竞争方式。在没有被固定分配的空闲时隙中，某个成员需要话音通信就以“按钮启动”的方式来竞争当前时隙，时隙竞争成功就马上通信，不成功可以继续“按钮”，直到竞争成功为止。

每个JU终端包含2个16kb/s话音编码器。在16kb/s速度下，提供“话音识别”级的话音通信。2个话音编码器分别对应话音组A和话音组B，它们之间互不干扰。

用于传输话音的自由文本消息不采用奇偶校验检错编码方式，但可选择是否采用RS码前向纠错编码方式。以重复率 RRN=13 为例，每帧共有 128 个时隙，当采用 RS 码时，3 个字共 225bit 信息映射为 465bit 信息进行传输。当不采用 RS 码时，所有的 465bit 信息都可用于传输自由文本消息，尽管用于传输话音时只有 450bit 可用，但这样可使得与标准线路速率相兼容（2400b/s 或 4800b/s）。其中，$2400\text{b/s} = 225\text{b/s} \times 10\frac{2}{3}$，如表 4.9 所示。

表 4.9　典型的话音时隙举例

RRN（重复率）	时隙数/帧	时隙数/s	bit/时隙	（b/s）
13	128	$10\frac{2}{3}$	225（RS 编码）	2400
13	128	$10\frac{2}{3}$	450（未编码）	4800

4.15　中　　继

Link-16 数据链是采用 L 频段传输信息的数据链网络。空–空或空–地之间传输信息，其传输距离在 300 n mile 左右；对于地–地之间来说，其传输距离只有 25 n mile 左右。因此，在超过视距或有视距通信障碍的情况下，必须采用中继方式以扩展其传输距离。中继是在网络设计阶段建立的，并需要专门的时隙分配来完成中继功能。

用于中继传输信息的平台单元必须分配一定的系统容量以用于中继信息。需要中继的信息在某个时隙内接收后，需要在后续的预分配时隙内中继传输。源中继信息和再次中继传输的信息称为中继对。平台可以在某一个网内完成中继信息的接收，而在另一个网内完成中继信息的发送。

Link-16 数据链有三种中继模式：配对时隙中继（Paired Slot Relay）、再传中继（Repromulgation Relay）和寻址中继（Addressed Relay）。

4.15.1　配对时隙中继

配对时隙中继是最基本的中继模式。在该模式中，JU 单元分配的中继接收和中继发射时隙成对出现，两个时隙之间时延固定，称为中继时延。配对时隙中继的时隙配置关系如图 4.28 所示。JU 单元自动地把在中继接收时隙中接收到的消息通过中继发射时隙发射出去。对于多网中继来说，需要分配更多的时隙来完成中继功能，中继时延的取值范围在 6～31 个时隙。

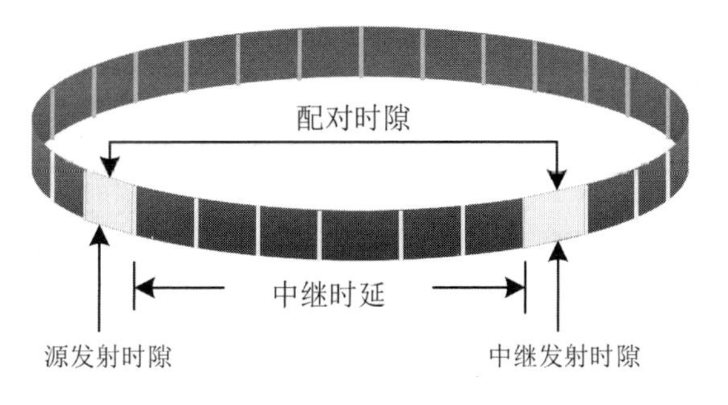

图 4.28　配对时隙中继示意图

用于中继的分配时隙块称为配对时隙块（Paired time Slot Blocks, TSBs）。时隙块的大小取决于被中继消息的容量及多网中继次数。用于中继的平台单元必须已完成精同步且处于视距范围内。中继信息重发前，终端采用RS纠错编码方式纠正消息中的差错。中继话音不进行纠错编码修正，带有错误的话音也可以重发。

配对时隙中继模式又分为无条件中继和有条件中继两种方式。

（1）无条件中继。在无条件中继方式中，中继平台按照初始化时分配的时隙进行中继传输，这种中继传输通常无条件进行，除非中继平台没有完成精同步或处于数据静默或无线电静默状态。

（2）有条件中继。在有条件中继方式中，需要根据网络平台能够提供的中继有效覆盖范围来进行有选择地激活或取消平台的中继功能。如果某个平台单元的地理覆盖范围大于当前中继单元，则该单元将被激活中继功能。地理覆盖范围可由中继单元的PPLI消息中所包含的高度和距离信息来估计。通常来说，平台单元的高度越高，越适于担任中继任务。对于重叠网（Stacked Nets）来说，如话音网或空中控制网，源数据的网络号与中继网络号必须要匹配。例如，处于11号话音网的中继平台只能够将数据中继到11号话音网。在有条件中继方式中，允许多个平台中继同一个网络参与组（NPG）。

配对时隙中继类型包括主网中继（Main Net）、变焦中继（Zoom）、宏中继（Flood）、盲中继（Blind）、话音中继（Voice）、控制中继（Control）。

（1）主网（默认网）中继。主网中继仅在主网中中继传输所有信息。对于主网中继类型，终端可采用有条件或无条件模式。主网号通常设置为0号网，但并不全是，这取决于网络设计。话音和空中控制网通常设置在重叠网并采用特殊的中继类型，这将在后述部分详细叙述。

（2）变焦中继。在变焦中继方式中允许将主网的部分消息中继传输至其他网。终端可以被指定在同一个网内接收中继消息，也可指定在不同网内。中继网号必须在中继类型中具体说明。一个终端可以指定它按主网中继类型操作也可以指定按变焦中继类型操作，但两者不能同时采用。终端在无条件模式下执行变焦中继功能。

（3）宏中继。宏中继是为了提供超视距网络的连通性所采用的一种中继方式。在该中继方式中，所有终端单元都可用于中继传输。源终端单元按照分配的时隙发送待中继消息，所有接收到该消息的终端平台都按配对时隙中继传输该中继消息。在宏中继类型中，所有终端单元都工作在无条件模式。

（4）盲中继。在盲中继类型中，用于中继的终端单元不能解读被中继的消息内容。中继终端拥有正确的传输保密变量（TSEC），它能够接收并转发该消息，但是它没有正确的消息保密变量（MSEC），它不能解读该消息的内容。当需要中继传输敏感消息，但不授权中继平台知道该消息的内容时，可采用盲中继类型。盲中继类型中终端单元不能解读中继消息内容。

（5）话音中继。对于话音NPG消息，当标记为“话音中继”的配对时隙块中的中继接收与发送时隙对应时，这些消息由话音中继终端中继传输。处于话音中继功能激活状态的终端，在其PPLI消息中置位“话音信道激活中继指示符”，同时网号也在其PPLI消息中报告。对于话音中继类型，终端可以采用有条件模式操作，也可采用无条件模式操作。

（6）控制中继。控制中继是指需要中继终端选择适合的重叠网或路径完成空中控制中继功能。

4.15.2　再传中继

再传中继主要用于地面平台单元之间超视距或有视距通信障碍的情况，采用中继方式以扩展其传输距离。再传中继方式也可看作通过多跳中继方式保持系统容量的一种中继方式。这种通过多跳实现消息中继的方式，不依赖于终端是否掌握网络的连通性、是否知道中继地址或外部路由信息。这种中继方式适用于高吞吐率数据传输或消息接收终端是多个的情况。再传中继方式采用无条件模式操作。

对于再传中继方式，消息的报头中包含了必要的中继信息，如再传指示符、原跳发（Hop Count）次数、当前跳发次数。源发送终端通过期望跳发次数来指明待中继消息在后续的中继过程中的跳发次发。不论是否存在连通性传输路径，待中继消息从源发送端，经过多次跳发，从一个终端单元中继到另一个终端单元。再传中继示意图如图 4.29 所示。

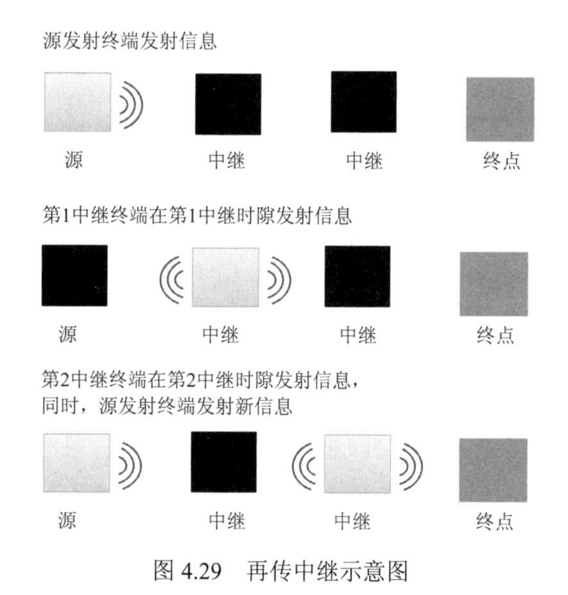

图 4.29　再传中继示意图

4.15.3　寻址中继

寻址中继通过特定的 NPG 实现在网内或网络之间中继传输数据信息，它需要寻址技术支持。在寻址中继中，在中继时隙的第一个消息具体指明中继传输的路径。寻址中继只能采用无条件中继方式。

Link-16 数据链工作在 L 频段，从而限制了其传输距离为视距传输。视距传输距离的限制是由地球的曲率造成的。平台高度越高，到地球水平线的传输距离越远。当机载平台高度为 30000ft 时，其视距传输距离将达到 300 n mile 以上。采用机载平台进行中继方式传输时，传输距离将达到 600 n mile。但是，海上平台间的消息传输距离仅为 25 n mile，由此可看出，机载平台担任中继平台的重要性。

4.16　网络参与组功能

Link-16 数据链将时隙分配到一个或多个网络参与组（NPG）。NPG 是按照传输消息的功能类型进行定义的，从而允许 JU 单元只参与本身执行功能的 NPG。这种功能架构使得网络单元根据其担任的作战任务来选择参与到必要的网络参与组中。指挥控制（Command and Control，C^2）平台要参与所有的网络参与组。

NPG 可以分为两种基本类型：一类用于交换战术数据和话音，另一类用于网络维护和管理。下面将分段描述目前已经定义的每个 NPG 的基本功能。

（1）NPG-1：初始入网。NPG-1 支持入网和精同步。指定为网络时间基准（NTR）的 JU 周期性地发送入网消息 J0.0，被网内其他 JU 用来获取系统时间。网络时间基准（NTR）每帧发送一次入网消息。除非另外指定一个入网时隙，Link-16 数据链 2H 类端机和 MIDS 端机通常在 0 号网的 A-0 时隙内发送入网消息。A-0 时隙是每个 12s 时帧的第 1 个时隙，其优先级高于初始化阶段的任何其他时隙。每个 JU 单元均参与 NPG-1。

（2）NPG-2：寻址式往返计时消息（RTT-A）。Link-16 数据链通过 NPG-2，自动交换 RTT 消息来完成精同步，该网络参与组也支持入网和相对导航的各种计算。NPG-2 的时隙是专用的，专门给特殊标识的 JU 单元使用，且 JU 单元之间交换的是寻址的 RTT 消息。当网络中不包括 NPG-2 时，RTT 消息优先占用 NPG-5 或 NPG-6 的备用时隙。在同步期间，Link-16 数据链在 12s 时帧内发送 3 次 RTT 消息；实现精同步后，约每分钟交换 1 次 RTT 消息。

（3）NPG-3：广播式往返计时消息（RTT-B），其功能与 NPG-2 相同，不同的是 NPG-3 的时隙被一组 JU 单元共享，这组 JU 单元采用竞争接入方式来发送消息。各终端入网之后，建立时间品质报告表，从而使各终端入网后能用最高的时间品质完成时间精同步功能。

（4）NPG-4：网络管理。NPG-4 允许在整个网络内通过发布指令的方式，对网络容量进行重新分配。所有的 Link-16 数据链端机都能接收和处理网络管理消息。与网络管理消息相关的 J 消息如表 4.10 所示。

（5）NPG-5：精确参与定位与识别 A（PPLI-A）。NPG-5 连同 NPG-6 一起，供非 C^2 单元使用。通过给 NPG-5 和 NPG-6 分配时隙，高速飞行的战斗机能够以高更新率发送包含位置信息的 PPLI 消息。例如，美海军和陆战队作战飞机使用 4 个 NPG-5 时隙和 2 个 NPG-6 时隙实现每 2 秒一次的高更新率。由于地面平台不需要像空中平台那样高的更新率，因此，NPG-5 没有分配给地面平台。每个 JU 单元也可在 NPG-5 的 PPLI 消息中自动发送油量和武器状态等 JU 状态消息。

表 4.10　网络管理消息

消　息	功　能	消　息	功　能
J0.1	网络测试	J1.1	连通性状态
J0.2	网络时间更新	J1.2	路由建立
J0.3	时隙分配	J1.3	回执
J0.4	无线电中继控制	J1.4	通信状态
J0.5	再传中继	J1.5	网络控制初始化

续表

消　息	功　能	消　息	功　能
J0.6	通信控制	J1.6	NPG 分配
J0.7	时隙再分配	J31.0	空中密钥管理
J1.0	连通性询问	J31.1	空中密钥重配

（6）NPG-6：精确参与定位与识别 B（PPLI-B）。所有 JU 单元均可使用 NPG-6 进行识别、同步和相对导航。除了识别信息和详细的位置信息，精确参与定位与识别消息还包括话音和每个平台正在使用的空中控制网络编号。大多数 JU 单元都能显示其他 JU 的 PPLI 消息。当没有单独定义 NPG-2 时，JU 也使用 NPG-6 交换 RTT 消息。NPG-6 的数据也可以转发到 Link-11 数据链。如 NPG-5 中的 PPLI 消息和状态消息一样，数据链端自动发送 NPG-6 消息。

（7）NPG-7：监视。监视包括搜索、探测、识别和跟踪目标。所有具有目标监视能力的空中、水面/水下和陆地 JU 通过此 NPG 报告航迹信息。所有的 C^2 单元都参与 NPG-7。

（8）NPG-8：任务管理/武器协调与管理。NPG-8 为指控单元协调武器系统提供了一种手段。NPG-8 的 J 消息如表 4.11 所示。

表 4.11　任务管理/武器协调与管理消息

消　息	功　能	消　息	功　能
J9.0	指令	J10.2	作战状态
J9.1	交战协同	J10.3	移交
J9.2	电子抗干扰（ECCM）协同	J10.5	控制单元报告

表 4.11 中，NPG-8 也可用于电子战协调、移交、控制单元报告功能。NPG-8 的数据也可以转发到 Link-11 数据链。美海军 C^2 平台可通过 NPG-8 报告交战状态；美海军陆战队 C^2 平台可通过 NPG-8 发送任务分配和武器协调消息。

（9）NPG-9：空中控制。NPG-9 网络参与组为 C^2 单元控制非 C^2 单元提供了手段。NPG-9 分为上行链路和下行链路两部分，每个部分都可设置为一个重叠网。每个重叠网都指定一个具体 C^2 单元（地面平台或空中平台）和受控飞机。控制单元在分配给上行链路的时隙内，提供任务分配、引导指令和目标报告给战斗机；战斗机通过下行链路用 NPG-9 将雷达目标、引导指令的应答和参战状态信息传输给控制单元。NPG-9 的 J 消息如表 4.12 所示。

表 4.12　空中控制消息

消　息	功　能	消　息	功　能
J12.0	任务分配	J12.5	目标/航迹相关
J12.1	引导	J12.6	目标分类
J12.2	飞机的精确指示	J12.7	目标方位
J12.3	飞行路径	J17.0	目标上空气象
J12.4	控制单元变更		

（10）NPG-10：电子战。NPG-10 支持在具有电子战能力的舰艇和 E-2C 之间传输电子战指令和参数数据。由于战斗机不参与电子战数据的这种交换，因此，NPG-10 通常和战斗机 PPLI 的 NPG 一起形成多网。NPG-10 的数据可以转发到 Link-11 数据链。

（11）NPG-12：话音A。NPG-12提供一个保密的数字话音信道供所有JU使用。NPG-12通常配置为一个具有最多127个子网的重叠网。在工作期间，终端使用操作员提供的网络编号，操作员可以根据自己的意愿改变网络编号。话音A可分配给JU端口1，也可分配给JU端口2。端口1和端口2支持16kb/s的非纠错编码话音信道。当终端设置为数据静默时，话音信道仍保持激活状态。

（12）NPG-13：话音B。NPG-13提供第2路数字话音通道，其特性与NPG-12相同。NPG-13由网络设计提供并取决于使用的网络，也可以不选。NPG-13也提供一个保密的数字话音通道供所有JU使用。

（13）NPG-14：间接精确参与定位与识别。NPG-14通过提供时隙支持多链工作，在这些时隙内，一个转发JU（FJU）将向Link-11参与单元和Link-11B报告单元发送PPLI，包括位置和识别信息。Link-11参与单元和Link-11B报告单元并不直接参与Link-16网络，其数据通过FJU转发到Link-16。

（14）NPG-18：武器协同。为避免自动状态消息和关键指令之间发生冲突，将武器协同功能从NPG-8中分离出来，组成独立的NPG-18。

（15）NPG-19：战斗机—战斗机。没有指挥控制能力的JU单元，如战斗机，通过NPG-19交换雷达传感器的目标信息和状态。NPG-19通常配置为重叠网，每个战斗机群在重叠网的一个网上分配有指定的时隙。控制单元通过“拨号入网”功能可以访问整个重叠网。每个网最多可容纳8架战斗机，但也可选择容纳2架或4架。

（16）NPG-27：联合PPLI。在联合作战期间，NPG-27和NPG-5、NPG-6一样，支持识别和位置信息的交换。JU在NPG-27上通信，处理来自未接入NPG-5和NPG-6的网络参与者的信息。

（17）NPG-28：分布式网络管理。NPG-28目前尚未使用，用于未来的作战使用需求。

（18）NPG-29：剩余消息。这是一个特殊的NPG，其作用是为没有分配给其他NPG的消息提供一个发送的机会。当使用的网络中没有包含与消息相关的那个NPG，或者消息没有正常分配到一个具体的NPG时，就可能出现剩余或残余消息的现象。

（19）NPG-30：IJMS位置和状态。NPG-30发送IJMS位置和状态消息（也称为P-消息）。

（20）NPG-31：IJMS消息。NPG-31发送除了位置消息和话音以外的所有IJMS消息，这些消息称为IJMS T消息。

4.17 距离扩展技术

Link-16数据链作为美军各军种通用的、大量部署和使用的主力数据链系统，其视距（LOS）通信能力限制了它的效能发挥。如前所述，Link-16数据链在有限数量的时隙上使用TDMA体制进行数据和话音的发送和接收，当需要进行中继和非视距单元通信时，时隙数量将翻一番。当更多使用JTIDS的系统开始运行并要求向远距离联合数据网络传送信息时，问题将更为严重。为此美军和北约投入大量精力，试图通过使用卫星信道和地面网络来有效扩展Link-16数据链使用范围，实现超视距部署。典型的卫星数据链系统包括英国海军的卫星战术数据链（STDL）、美国海军的卫星战术数据链J（S-TADIL J）等。

卫星数据链可用的卫星资源主要包括军事星（Military Strategic and Tactical Relay Satellite,

MILSTAR）、特高频后继星（UHF Follow-On, UFO）、国防通信卫星（Defense Satellite Communications System, DSCS）和舰队通信卫星（Fleet Satellite, FLTSAT）等。

4.17.1　卫星战术数据链

英国海军的卫星战术数据链（STDL），采用了单一 SHF 频段的时分多址（TDMA）方式，主要解决数据链受视距限制问题。STDL 数据链是一个近实时的战术数据链系统，采用 SHF（3～30GHz）卫星通信频段；STDL 数据链发射和接收 Link-16 数据链的战术数据和自由文本消息；每帧最大时隙数是 32（19.2kb/s），可以支持 16 个发送单元；STDL 数据链主要工作模式有网络模式、广播模式、群链路模式，如图 4.30 所示。

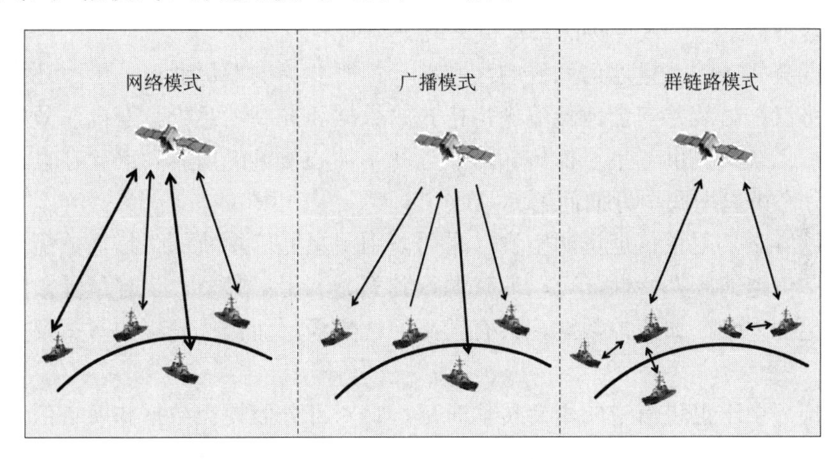

图 4.30　STDL 的 3 种工作模式

4.17.2　卫星战术数据链 J

美国海军的卫星战术数据链 J 的功能与 STDL 类似，都是由 Link-16 数据链衍生而来的，主要是为舰艇配备的指挥控制处理器（C^2P）增加一个卫星连接界面，延伸 Link-16 数据链的传输距离，提供卫星中继超视距数据链。卫星战术数据链 J 示意图如图 4.31 所示。

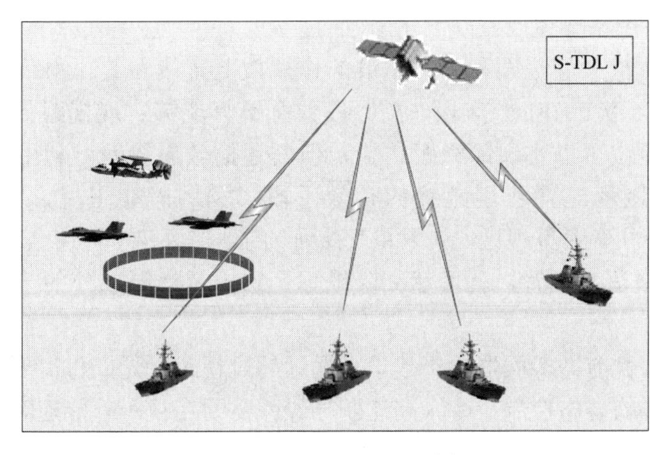

图 4.31　S-TADIL J 示意图

S-STADIL J 数据链以一个卫星 TADIL 网关控制器（STGC）作为主控链路，通常是航母战斗群内的航母或舰队内的旗舰，以改进后的令牌传递（Token Passing）协议进行区域组网。S-TADIL J数据链工作在UHF频段，采用近实时传输方法，把数据分组，按需分配多路存取（DAMA），经由UHF通信卫星工作。舰载S-TADIL J数据链以同步和半双工方式工作，传输速度为4200/4800b/s（DAMA）或9600b/s（非DAMA）。S-TADIL J的信息种类主要有PPLI消息、监视信息、电子战信息、信息管理信息、任务管理信息、状态信息等。

4.17.3 卫星数据链的作用和特点

卫星数据链是指利用卫星通信信道，采用卫星通信协议或特殊的通信协议和消息格式，实时传递经过筛选的指挥、控制、情报、战场态势等格式化战术消息，提供面向指挥所、作战部队和武器平台之间广域连接的数据链系统。

卫星数据链与一般卫星通信系统的区别在于：既要提供卫星通信信道，还要按照约定的规程和应用协议来封装并安全地传输规定格式的数据和控制消息，具有高时效性的特点。而一般卫星通信系统只提供卫星通信传输信道，并不关心传输的内容。因此在设计卫星数据链系统时要充分考虑以下两个方面问题。

（1）信道容量。卫星信道资源宝贵，采用商用卫星通信系统的“按需分配”卫星资源技术或利用卫星信道的广播特性，可以使资源得到充分利用；另外，当容量受限时，要传送的数据需要设定优先级，如监控数据应具有较高的优先级，而低优先级的数据要在发送队列中等待。

（2）时延。由于卫星信道的固有传输时延，将对部分监视类数据如航迹信息的时效性有影响，相对导航和定位等信息也不适于卫星传送等；同时在进行卫星信道的体制选择和消息格式设计时都要考虑减少时延。

卫星数据链具有一系列的优点，如超视距、高带宽、适应复杂地理环境和抗干扰、传输信道稳定可靠等。卫星链路一般不受距离和地理环境条件等因素的限制，具有动中通的特点，当有突发事件时，可以迅速、机动、灵活地按战时指挥关系建立全国或局部指挥控制数据链；卫星数据链还可以很方便地实现广播功能，迅速完成宽带情报的分发广播和战场态势信息分发，这是其他数据链无法比拟的。

卫星数据链的作用主要体现在以下几个方面。

（1）延伸距离，扩大覆盖面积。数据链的作战效能直接与其作用范围相关。大多数数据链端机工作在HF、V/UHF、L频段，高频段数据链只能够实现视距传输，并且对地形适应性差。虽然HF短波可以实现超视距传输，但其通信效果较差。利用卫星链路是扩展这些数据链的作用范围和延伸作用距离的有效手段。利用静止卫星，最大的通信距离达18100km左右。实际上，卫星视区（从卫星“看到”的地球区域）可达全球表面积的42.4%。原则上只需三颗卫星适当配置，就可建立除地球两极附近地区以外的全球不间断通信（见图4.32）。

（2）中继传送。目前许多武器的作战半径远远超过视距，无人机需要不间断地回传高带宽的信息和接受上传的姿态控制命令，高速制导导弹需要在视距外能随时加载目标参数、修正航向等，采用卫星作为中继传送节点，将大大扩展这些武器的作用范围和作战灵活性。

（3）广播分发。随着传感器类型和数量的增加，敌我态势和情报信息大量产生，并且要求及时传送给使用部队。地面网络要实现多任务的信息分发，将占用过多带宽，多节点转发引起系统研制难度增大和网络性能下降，并且只能解决陆基单位的信息分发。一个最有效的手段是构建卫星情报信息分发广播网，可以支持高速的点对多点的情报信息分发。

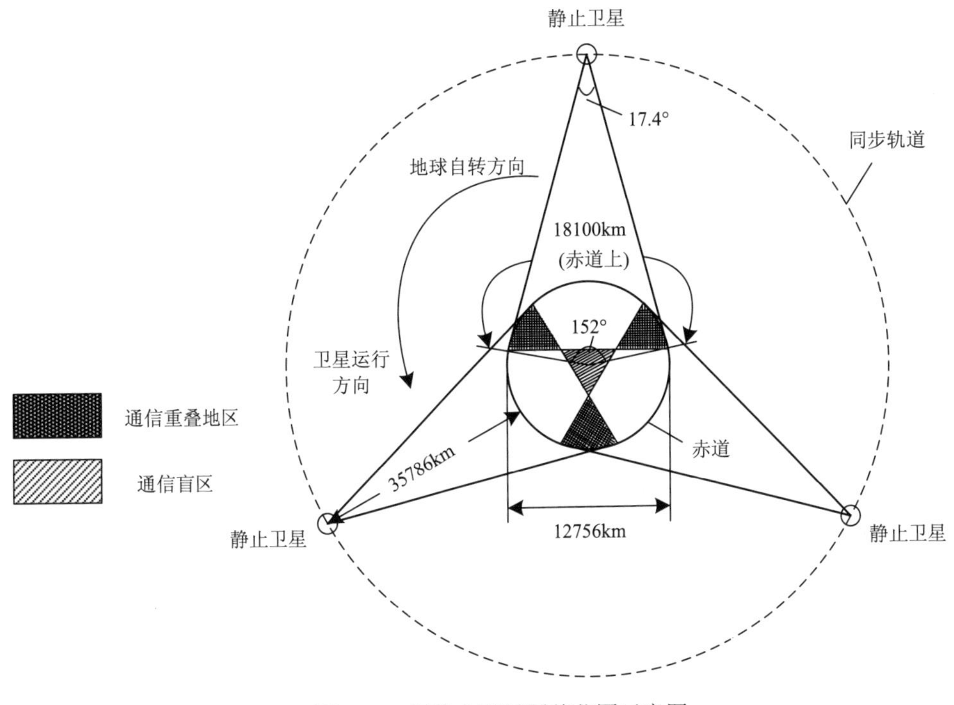

图 4.32　用静止卫星覆盖范围示意图

（4）通信线路稳定可靠，传输质量高。由于卫星链路的无线电波主要是在大气层以外的宇宙空间传播，传播特性比较稳定；同时，它不易受自然条件和干扰的影响，因而传输质量高。

然而，卫星数据链在具有上述优势的同时，在技术上也带来了一些新的问题。

（1）需要先进的空间和电子技术。由于卫星与地面相距数万千米，电磁波在自由空间传播时损耗很大，加上空间环境复杂多变，尤其是对于静止通信卫星来说，要把卫星发射到静止轨道上精确定点，并一直保持较小的漂移，难度是很高的。就通信来说，为了保证质量，需要采用高增益的天线、大功率发射机、低噪声接收设备和高灵敏度的调制解调器等一系列技术。正是这种需要，促进了微波、信号检测等理论与技术的迅速发展。近年来，随着空间与电子技术和计算机技术的进步，军事通信卫星越来越庞大复杂，地面设备越来越小型且智能化。

（2）要圆满实现多址接入。卫星链路的广播式工作，为多址接入提供了可能性。必须解决多址技术的问题，即接收平台如何识别和选出发给自己的信号。这要求发射平台发射的信号或传输手段必须具有区别于其他平台的某种特征。

（3）要保证卫星能高度稳定、可靠地工作。担任中继站的卫星处于离地球数万千米之外，作为中继站，既无人值守，更无人维修。卫星上组装有成千上万个电子和机械元器件，若其中一个发生故障或损坏，就可能引起通信卫星的失效，导致整个卫星链路系统的瘫痪。因此，在卫星上使用的都是经过精选的可靠性高的元器件。它们需要进行大量的可靠性试验。

（4）存在信号传播时延。卫星与地球站之间相距约 4 万千米左右，这样，地球站→卫星

→地球站，传播时间约为0.27s。因此，必须要考虑卫星链路时延对战术信息实时性的影响，选择合适轨道的卫星进行中继传输。

（5）存在星蚀和日凌中断现象。

① 星蚀：所有静止卫星，每年在春分和秋分前后各23天中，当星下点（即卫星与地心连线同地球表面的交点）进入当地时间午夜前后，此时，卫星、地球和太阳共处在一条直线上。地球挡住了阳光，卫星进入地球的阴影区，造成了卫星的日蚀，称为星蚀，如图4.33所示。

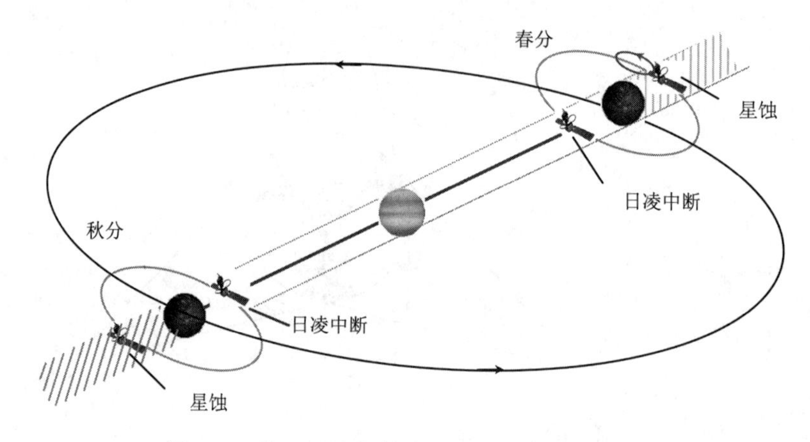

图4.33 静止卫星发生星蚀和日凌中断的示意图

星蚀期间，卫星所需的能源一般需靠星载蓄电池来供给。由于卫星重量的限制，星载蓄电池虽能维持星体正常运转的需要，但难以为各转发器提供充分的电能，从而影响中继业务量的转发。

② 日凌中断：每年春分和秋分前后，在静止卫星星下点进入当地中午前后的一段时间里，卫星处于太阳与地球之间。地球站天线在对准卫星的同时可能也会对准太阳，这时强大的太阳噪声使信息无法进行中继，这种现象称为日凌中断。这种中断每年发生两次，每次延续约6天，每天出现中断的最长时间与地球站天线口径、工作频率有关。

对静止卫星链路系统来说，日凌中断一般是难以避免的。除非用两颗不同时发生日凌中断的卫星，在日凌中断出现前将信道转接到备用卫星工作。

小　　结

首先，本章从TDMA方式、传输消息类型、时隙分配、时间同步、传输波形、射频信号、消息封装格式等方面介绍了Link-16数据链的系统特性。Link-16数据链是采用TDMA方式的无中心网络结构的战术数据链，主要传输固定格式消息和自由文本消息；各入网单元基于时隙收发信息，但时隙并不直接分配到用户，而是首先分配到NPG，然后再分配到加入NPG的用户，以增强对信息的管理能力；Link-16数据链是基于时间的网络系统，要求每个入网单元工作在同一个相对时间基准上，以NTR建立网络时间基准，采用粗、精同步方式实现时间同步；Link-16数据链通过循环码移位键控调制（CCSK）和最小移频键控调制（MSK）将信息调制到射频载波上，工作在L频段，并可采用跳频方式工作，以提高抗干扰能力，待传输的消息可采用STD-DP、P2SP、P2DP和P4SP四种封装格式进行消息封装，封闭结构不同，其数据吞吐量、传输距离和抗干扰能力也不同。

其次，本章从通信加密、多网、网络角色、精确参与定位与识别、相对导航、话音通信、中继、网络参与组功能等方面详细介绍了 Link-16 数据链的功能。Link-16 数据链采用消息保密变量（MSEC）和传输保密变量（TSEC）两层加密机制来完成通信加密；通过多个网络、多重网和重叠网等多网结构来提高系统的吞吐量；为了保证 Link-16 网络的运行，每个 JU 单元都承担一定的网络角色，在网络运行过程中，可以根据 Link-16 操作规程或网络管理员的控制，改变自己的网络角色；每个网内 JU 成员都可周期性地发送 PPLI 消息，PPLI 消息可用来支持多种链路功能；Link-16 数据链除了传输固定格式消息，还可以传输自由文本消息，用以支持话音通信功能；Link-16 数据链是采用 L 频段传输信息的数据链网络，其视距（LOS）作用距离限制了它的效能发挥，必须采用中继方式以扩展其传输距离，通常要分配专用时隙并指定具体 JU 单元完成中继功能，时隙效率明显下降；通过卫星链路来扩展 Link-16 数据链的传输距离，不仅可节约时隙，而且可大幅度提高其作用距离。

思　考　题

（1）请问 Link-16 数据链采用何种多址接入方式，时隙是如何划分的？

（2）请问 Link-16 数据链中时元、时帧和时隙的关系如何？

（3）请问描述时隙块的参数有哪几个，各参数的意义是什么？并简述时隙块 A-5-3 表示何种意义。

（4）请简述时隙互斥性与时隙块参数的关系？

（5）请问 Link-16 数据链传输消息的类型有哪几种，每种消息类型的用途是什么？

（6）请问 NTR 代表何意？NTR 的时间品质等级是多少？

（7）Link-16 数据链如何实现网络时间同步？并简述主动式精同步的过程。

（8）请问 Link-16 数据链中的 CCSK 序列共多少位？每个码片宽度是多少？CCSK 序列是如何表示信息的？

（9）请问 Link-16 数据链中的单脉冲字符与双脉冲字符有何异同，各有何优缺点？

（10）请问 Link-16 数据链的一个时隙通常主要包括哪几部分，各部分的作用是什么？

（11）请问 Link-16 数据链有哪几种封装格式？在 STD-DP 封装格式中，数据脉冲的传输时间是多少？

（12）请问 Link-16 数据链是如何实现跳频的？

（13）请简述 Link-16 数据链的格式化消息发射信号的产生过程。

（14）请问 Link-16 数据链采用何种加密措施？

（15）请问 Link-16 数据链可通过哪几种多网结构来提高其系统容量，各个多网结构有什么特点？

（16）请问 Link-16 数据链的网络时间基准单元担任何种功能？

（17）请问 Link-16 数据链的位置基准担任何种功能？

（18）请问 Link-16 数据链的初始入网 JU 单元担任何种功能？

（19）请问 Link-16 数据链的导航控制器与辅助导航控制器的功能有何区别，导航控制器的位置品质是多少？

（20）请问 Link-16 数据链的主要用户与次要用户的功能有何区别？

（21）请问 Link-16 数据链中的 PPLI 消息主要包括哪些信息，NPG-5 和 NPG-6 发送 PPLI 消息的更新率分别是多少？

（22）请问 Link-16 数据链有哪几种中继模式？

（23）请问 Link-16 数据链的有条件中继与无条件中继有何区别？

（24）请问 STDL 数据链主要有哪几种工作模式？

参 考 文 献

[1] 孙义明, 杨丽萍. 信息化战争中的战术数据链[M]. 北京：北京邮电大学出版社, 2005.

[2] 骆光明, 杨斌, 邱致和, 等. 数据链——信息系统连接武器系统的捷径[M]. 北京：国防工业出版社, 2008.

[3] 孙继银, 付光远, 车晓春, 等. 战术数据链技术与系统[M]. 北京：国防工业出版社, 2009.

[4] 吕娜, 杜思深, 张岳彤. 数据链理论与系统[M]. 北京：电子工业出版社, 2008.

[5] 梅文华, 蔡善法. JTIDS/Link16 数据链[M]. 北京：国防工业出版社, 2008.

[6] 夏林英. 战术数据链技术研究[D]. 西安：西北工业大学, 2007.

[7] 于全, 陈迎峰. JTIDS 系统抗干扰体制研究[J]. 系统工程与电子技术, 2001, 23(11):80-83.

[8] 汪波, 王可人, 郭建蓬. JTIDS 抗干扰性能仿真与分析[J]. 电子对抗技术, 2005, 20(6):33-36.

[9] 吕海寰等. 卫星通信系统[M]. 北京：人民邮电出版社, 1989.

[10] Wang H, Kuang J M, Wang Z, etc. Transmission performance evaluation of JTIDS[C]//Military Communication Conference, 2005, New Jerrsey: IEEE, 2005: 2264-2268.

[11] Kao C, Roberston C, Lin K. Performance analysis and simulation of cyclic code-shift keying[C]//Proc.of IEEE Military Communications, 2008:546-548.

[12] Dimitrios L, Robertson R C. Performance analysis of a Link-16/JTIDS compative waveform transmitted over a channel with pulsed-noise interference[C]//Military Communications Conference, MILCOM 2009, 2009:15-19.

[13] Pursley M, Royster T, IV, Tan M. High-rate direct-sequence spread spectrum [C]//Proc. of IEEE. Military Communications. Conf, 2005,4: 2264-2268.

[14] Kao C, Robertson R C, Kragh F. Performance of a JTIDS-type waveform with errors-and-erasures decoding in pulsed-noise interference[C]// Military Communications Conference, MILCOM 2009, Boston , 2009:18-21.

[15] Jegers H, Loftus M. JTIDS software training aid(JSTA)and radio network simulation[C]//Proceeding of 1998 MITRE Software Engineering ＆ Economics Conference, 1998: 411-413.

[16] Wu N, Hua Wang, Jingming Kuang. Performance analysis and simulation of JTIDS network time synchronization[C]//Proceedings of the 2005 IEEE International on Frequency Control Symposium and Exposition, 2005:836-839.

第 5 章　无人机数据链

随着航空技术以及军事装备的发展，无人机作为一种远程可操控的航空器，在现代战场中发挥着不可替代的作用。无人机技术发展的加快，使其在战场上的应用领域不断拓展。当前，各类无人机在侦察监视、毁伤评估、通信中继等方面发挥着广泛应用。本章重点介绍无人机测控系统及其关键技术、典型的无人机数据链以及无人机数据链的发展趋势。

5.1　无人机测控系统及其关键技术

无人驾驶飞机简称“无人机”，它的出现揭开了以智能化、信息化攻击型武器为主导的“非接触性战争”的新篇章，目前已被广泛应用于空中侦察、监视、电子干扰等多个领域。

无人机与载人飞机相比，它具有体积小、成本低、使用方便、战场适应能力与生存能力强的优点，同时，它准确高效的侦察、干扰、欺骗、搜索、校射以及非常规作战的能力，足以引发一场军事技术革新。甚至一些专家预言：“未来的空战，将是具有隐身特性的无人驾驶飞行器与防空武器之间的作战。”伴随科学技术的飞速发展，无人机领域将会持续引入更多更新的高科技技术，在未来的信息化战争中，无人机将占有举足轻重的地位，它将在全方位一体化作战体系中发挥更巨大的潜力。因此，近年来，世界各军事强国掀起了研究无人机的热潮。

在美国，应用无人机的发展历史最早可以追溯到 1917 年的 N-9 无人机，它自越南战争开始被大量投入使用，在此之后，美军又陆续在科索沃战争、阿富汗战争以及两次伊拉克战争中广泛使用各型无人机，其在战场上发挥的重要作用进一步推动美国更加积极地发展无人机相关技术。全球鹰作为第一个全自主飞行的无人机系统，其飞行高度可以超过 60000ft，并且能够持续飞行 32 小时，与性能相当的有人飞行器相比，全球鹰的航程是其三倍，且花费只占有人飞行器的一小部分，它是美国长航时无人机的优秀代表。美军无人侦察机“影子 200”，最大起飞重量 149.1kg，飞行速度 123km/h，留空时间 5～6 小时，最大飞行高度 4200m，同时装配红外摄像机等侦察设备。有人预言，到 2050 年，美军将不再装备有人驾驶飞机。

目前世界各国的无人机有成百上千种，各种类型的无人机差异很大，有与有人驾驶战斗机相差不大的大型无人机，如美空军的 RQ-4“全球鹰”无人机，也有可以放入军用背包的小型无人机，如美陆军的 RQ-11B“乌鸦”无人机，甚至有手掌大小的微型无人机。这些无人机平台的体积和载重量存在着巨大差异，同时与体积和载重量息息相关的工作特性也有很大差别。

一般无人机是按照飞行高度和重量来进行分类的。美国联邦航空局按飞行高度和作用范围将无人机分为 3 类，美国国防部则在此基础上进一步将其细分为 5 类，如表 5.1 所示。而北约则按飞行高度和续航时间把无人机分为 3 类：战术无人机（低空，一般低于 4572m，短航时）、中空长航时无人机（中等高度，一般在 3048～15240m 之间，长航时）和高空长航时无人机（高空，一般在 13716m 以上，长航时）。目前使用较多的分类方式是按北约分类标准分为 3 类。

表 5.1 美国国防部无人机分类

无人机类别	重量/kg	飞行高度/m	飞行速度/(n mile/h)	代表机型
1	0～9.08	<365.76	100	FCSClass I,RQ-11B/C, RQ-16A,Pointer
2	9.53～24.97	<1066.80	<250	ScanEagle, Silver FOX, Aerosonde
3	<599.28	<5486.40	<250	RQ-7B,RQ-15,STUAS,XPV-1,XPV-2
4	>599.28	<5486.40	/	MQ-5B,MQ-8B,MQ-1A/B/C,A-160
5	<1589.00	>5486.40	/	MQ-9A,RQ-4,RQ-4N,N-UCAS

5.1.1 无人机测控系统

无人机系统一般由无人机平台、任务载荷和测控系统三部分组成。其中，测控系统是无人机系统的关键组成部分之一，它承担着无人机与地面控制站之间各种信息的交互，用于实现对无人机进行遥控、遥测、跟踪与测距，以及传感器数据传输功能。

遥控是指通过向无人机发送遥控指令实现对无人机飞行状态和设备状态的控制。基于遥控指令的传输方向，遥控有时又称为“上行遥控”，遥控指令包括控制无人机飞行的飞行控制指令和控制任务设备、机载设备工作的控制指令。无人机的遥控指令按内容可分为两类：一类是飞行控制命令，如控制无人机的起飞、爬升、俯冲、平飞、回收等；另一类是任务控制命令，如控制光学传感器的开机、关机、调焦等。在地面站，操作人员把代表各种指令的电信号送到指令产生器中，再通过传输设备发送至无人机上实现对无人机的遥控。

遥测是指对无人机飞行状态和设备状态参数的测量并回传至地面，其目的是实现对无人机远距离间接式测量。基于遥测信息的传输方向，遥测有时又称为“下行遥测”。通过遥测可采集的数据有三类：一是无人机飞行状态参数；二是任务设备的状态参数；三是与机载测控设备有关的数据。对遥测数据的处理可分为实时处理和事后处理。实时处理并显示供现场监视用，事后处理的目的是为了提高遥测精度或用于进一步分析。

跟踪与测距也是无人机测控系统的重要功能。跟踪是指随着无人机在空中飞行，地面利用接收到的信息控制地面测控站的有向天线转动，保证其电轴随时指向无人机的过程。跟踪有时又称为“测角”。测距是指地面利用接收到的信息，计算、显示出地面测控站与无人机之间距离的过程。基于计算无线电波在测控站与无人机之间的传播时间实现测距。

传感器数据传输是用于无人机平台向地面站传输传感器所获取的数据信息，用于完成战场情报侦察等作战任务。

对于无人机测控系统而言，数据链包括了无人机遥控指令、遥测信息、传感器数据等数据流发射、传输、接收处理等各个过程，用于完成对无人机的遥控、遥测、跟踪与测距及传感器信息的传输。无人机数据链路分上行链路和下行链路。上行链路主要传输数字式遥控信号、任务载荷的命令信号、无人机的飞行路线控制信号。下行链路主要传送无人机状态信号和传感器数据信号。

5.1.2 关键技术

1. 信道综合技术

早期的无人机数据链大都采用分离体制，遥控、遥测、传感器数据传输和跟踪与测距分别采用各自独立的信道，独立信道的采用增加了设备的复杂性。为了简化设备和节约频谱资源，通过依托于载波综合体制与不同程度的信道综合，组建成多种形式的无人机综合数据链，使得设备得到了简化，并节省了频谱资源。无人机常用的信道综合体制是“三合一”和“四合一”信道综合体制。

所谓“三合一”信道综合体制是指跟踪与测距、遥测和遥控采用统一的载波体制，即在遥测信号的支持下来完成跟踪测角任务，并依托于遥控、遥测来完成测距任务，而利用另外的单独下行信道进行传感器信息的传输。

所谓“四合一”信道综合体制是指跟踪与测距、遥测、遥控和传感器信息传输采用统一的载波体制，即传感器信等息传输与遥测共用一个信道传输。传感器信息与遥测共用信道的方式包括两种，一种是传感器信息与遥测数据副载波频分传输，另一种是数字化的传感器信息与遥测复合数据传输。通过采用这种“四合一”信道综合体制，可以彻底解决直接接收的问题，通过宽带的有效信号就可以发出相应的高精度追踪信号。

“四合一”信道综合体制的信道综合化程度高，在现代无人机数据链路中得到广泛的应用，但“三合一”信道综合体制将宽带信号与窄带信号分开，从某种角度来说也具有一定的灵活性。

2. 压缩编码技术

传感器信息数字化压缩传输技术也是无人机数据链的一项关键技术。无人机作战平台的使命任务之一就是侦察、传输战场情报信息，装载于无人机上的成像仪器获得的侦察信息必须实时地传输给地面控制终端，才能让指挥人员对战场指挥做出正确决策。随着无人机作战需求的提升，对大容量的侦察信息的传输也提出了更高的要求。有效的处理方法是对侦察信息数字化，利用数字压缩算法压缩信息容量，再进行侦察信息的数字化传输。

美国国家地理情报局发布的 MISP/STANAG4609 标准定义了高清晰图像标准，要提供达到该级别的实时彩色或热图像，要求数据链的传输速率达到 1.48Gb/s，远高于美军 TCDL 无人机数据链的最高传输速率。如果仍然采用现有数据链以较低传输速率传输该图像信息，必然无法达到实时性传输要求。因此，通过无线方式发送高清图像，需要采用压缩技术。MPEG-2 压缩技术要求传输速率达到 25Mb/s，MPEG-4 压缩标准支持用 10Mb/s 链路发送高清图像。随着无人机侦察设备越来越先进，图像分辨率将会越来越高，除数据链路的传输能力以外，对高分辨率的图像压缩编码技术也提出了更高的要求。

将侦察信息进行数字压缩编码有利于减小传输带宽，节约频率资源，也有利于采用数字加密和抗干扰措施。需要根据无人机的使用特点，研究存储开销低、实时性强、恢复质量好的高倍压缩编码技术。

3. 通信安全技术

无线信道的开放性不可避免地带来了脆弱性问题，使其容易受到攻击、窃取和利用。提高无人机数据链的通信安全能力，也是无人机数据链的重要指标。无人机在编组飞行过程中，不仅受到来自敌方的干扰而影响信息传输，还可能会遭受到敌方窃取指控指令、遥测信息等情报的威胁。为了保证无人机遥控、遥测数据信息的安全，必须采用相应的加密技术。

军事通信强调对抗环境下的可靠通信。干扰方人为施放多种干扰，扰乱或中断对方的通信，而被干扰方采用抗干扰技术来确保通信的畅通。采用多重组合抗干扰措施，是提高数据链系统通信畅通的关键。因此，深入广泛地研究通信对抗技术以提高数据链信息传输的可靠性和安全性，具有重要的意义。从外军典型数据链抗干扰传输技术的研究现状来看，目前无人机数据链抗干扰技术已从单一的抗干扰技术，发展到扩频和非扩频多种抗干扰技术组合运用。

4．超视距中继传输技术

当无人机超出了地面测控站的视距范围时，数据链必须采用中继方式。根据中继设备所处的空间位置，可分为地面中继、空中中继和卫星中继等。

地面中继方式的中继转发设备置于地面，一般架设在地面测控站与无人机之间的制高点。由于地面中继转发设备与地面测控站的高度差有限，所以这种中继方式主要用于克服地形遮挡，适用于近程无人机系统。

空中中继方式的中继转发设备置于某种合适的空中中继平台上。空中中继平台和任务无人机采用定向天线，并通过数字引导或自跟踪方式确保天线波束彼此对准。这种中继方式的作用距离比地面中继有大幅度提升，但受到中继航空平台的限制，适用于中程无人机平台。采用无人机实现空中中继，由地面站、中继无人机、任务平台构成超视距通信链路，具有移动速度快、机动性高、电波受空间限制少、成本低等特点。无人机中继一般采用定向通信方式，也可采用全向天线中继的方式。以色列 IAI 公司的 EL/K-1850 数据链，经过空中无人中继机，使无人机飞行可控距离从 200km 扩展到 370km。美国的“先锋”式无人机装有抗干扰扩频通信设备、大功率固态放大器、全向甚高频和超高频无线电台中继设备等，在 C 频段中继通信距离为 185km。

卫星中继方式的中继转发设备是通信卫星上的转发器。无人机上要安装一定尺寸的跟踪天线，采用自跟踪方式实现对卫星的跟踪。卫星中继传输方式与其他无中继方式相比，具有不受地理位置限制、覆盖面广、频带宽、机动灵活等优点，适合无人机的多种任务需求。这种中继方式可以实现远距离的中继测控，适用于大型的中程和远程无人机系统。卫星中继方式由地面控制站、中继卫星和任务无人平台构成。相比空中无人机中继方式，卫星中继覆盖范围更广，如美国“全球鹰”和“捕食者”长航时无人机采用 Ku 和 UHF 两种频段的卫星中继，上行数据速率可达 200kb/s，下行数据速率分别为 1.544Mb/s 和 50Mb/s，作用距离 3000km 以上。

5．无人机组网技术

无人机数据链通常采用标准的点对点方式实现侦察情报数据传输，其根本原因在于其数据链系统不具备多址访问能力，即使采用一站多机技术实现一个测控站与多架无人机之间的数据传输，在网单元数量也非常有限，无人机平台所具有的信息优势难以分享给更多的作战平台，从而限制了无人机侦察平台的信息优势。

随着无人机在战场中应用的领域不断拓展，参战无人机数量不断增加，尤其是无人机集群控制技术日益成熟，多无人机编队集群作战，有人机和无人机混合编组作战将成为未来作战的重要样式。因此，地面控制站的控制能力急需大幅提高，实现“一站多机”控制。无人机多机编队执行任务或与其他平台协同作战需求越来越强，势必要求无人机平台的信息通过组网共享至其他平台，因此，必须加强无人机组网模式的应用。

另外，无人机与有人系机、人工智能与人类智能的深度融合协同也将成为未来无人机集群技术发展的重要方向。

6. 电磁兼容技术

无人机数据链有上/下行链路，又要考虑多机多系统兼容工作和必要时的中继转发，再加上安装空间的限制，因此多信道多频点收发设备的电磁兼容问题十分突出。需要根据这些特点，在频段选取和信道设计上周密考虑，并采取必要的滤波和隔离措施。

5.2　典型无人机数据链

无人机的优势使基于无人机的侦察平台得到迅速发展。为了满足无人机平台的信息传输需求，外军专门研制了适用于无人机的数据链。典型无人机数据链包括 TCDL 数据链、HIDL 数据链、QNT 数据链等。

5.2.1　TCDL 数据链

美国国防部于 1991 年指定通用数据链（CDL）作为宽带数据链的标准。然而，由于 CDL 宽带数据链终端的重量、体积等因素限制了其在无人机上的应用，于是，美国国防部提出了为战术无人机开发战术通用数据链（TCDL）的研究计划，该计划于 1997 年正式启动。

TCDL 数据链是专门针对类似无人机等小型平台的宽带数据链。TCDL 为了在适应无人机平台的同时，还能够保持与 CDL 系列的通用宽带数据链互操作，采用了简化的 CDL 规范（即 TCDL 是 CDL 的简化版）。TCDL 是一种与 CDL 数据链兼容的低成本、轻型数据链，用于在有人和无人驾驶的飞机之间及它们与地（海）面之间提供安全、可互操作的宽带数据传输，广泛支持各种情报、监视和识别应用，可支持 200km 以内的雷达、图像、视频和其他传感器信息的空地传输。由于 TCDL 衍生自 CDL，因而两者可以无缝地互操作，从而避免了在该领域出现“烟囱”系统，这也促使 TCDL 系统不仅在无人机上广泛应用，而且也被应用于直升机和固定翼飞机，并发展出了单兵便携式等各型终端。

TCDL 数据链工作于 Ku 频段，前向链路的频率范围为 15.15~15.35GHz，返向链路的频率范围为 14.4~14.83GHz。可在 200kb/s 上行链路和 10.71Mb/s 下行链路数据速率上与现有的 CDL 数据链实现互操作，采用全双工、点对点的工作方式。在 4600m 平台高度时，最大传输距离为 200km。TCDL 数据链的天线可以从全向变为定向，以进行广播和定向传送。TCDL 地面终端设备远距离操作时采用高增益天线，采用全向天线进行近距离操作。随着技术的发展，TCDL 有望工作在更高的工作频段并进一步提高其上行和下行链路数据速率。

最初设计的 TCDL 数据链针对无人机平台，如“全球鹰”“捕食者”“猎人”“先锋”等无人机，随后，TCDL 数据链扩展到了其他有人平台，如 RC-135、E-8、“海鹰”直升机、P-3C 反潜机、S-3 舰载反潜机等。

5.2.2　HIDL 数据链

HIDL 数据链（高完整性数据链）是英国海军根据北约的通用宽带数据链标准为其无人机

研制的一种宽带数据链，用于辅助操作员控制无人机起飞与着陆以及将舰载无人机传感器获得的侦察数据发送给海军舰船以及其他海（地）面配备 HIDL 终端的单元。该数据链是一种全双工抗干扰数据链，由机载终端和舰载终端组成，是为海上无人机设计的一种低成本的模块化数据链，它以广播方式工作，可同时控制两架以上的无人机。

HIDL 数据链是由 CDS 公司和 Ultra Electronics 公司研制的，该数据链是为无人机与舰艇间进行数据传输而设计的，符合北约通用宽带数据链标准，具有全双工、窄带、抗干扰、保密等特点。HIDL 数据链工作在 UHF 频段（225～400MHz），传输速率为 3kb/s～20Mb/s，一般约为 100kb/s，采用广播方式工作，其带宽可容许地面控制站同时控制至少 2 架无人机，作用距离最远可达到 200km，可与频段更高的 TCDL 和 CDL 兼容使用。HIDL 数据链的上/下行链路都具备抗干扰能力，具有低探测概率。主要包括以下几个特点：

① 在设定频段内，可使用任何可用的信道，即使这些信道不连续也可以使用；

② 支持多个用户组网；

③ 使用时间分集和频率分集增加抗干扰能力；

④ 数据传输速率可变，范围为 3kb/s～20Mb/s；

⑤ 具有与空中交通管制指挥官进行通信的话音信道；

⑥ 具有中继能力，可进行超视距通信；

⑦ 可与 CDL 系列数据链进行互操作。

HIDL 数据链的功能虽然与 CDL 数据链相类似，但二者之间也存在很多不同点。HIDL 数据链是一条高度完整的数据链，不仅仅是一条宽带数据链，而且其上/下行链路都具备抗干扰能力。HIDL 数据链的一对多工作模式也不同于 TCDL 的点对点模式，而且 HIDL 数据链所采用的频段也比 TCDL 数据链更低，因此通信距离也更远，以适应海上通信的需要。

5.2.3 QNT 数据链

在网络中心战场上，美军需要利用分布式的传感器平台来实时、快速和精确地发现、锁定、跟踪和攻击静止和活动目标。尤其是打击时敏目标，必须要利用多平台的高效协同才能实施有效的打击。但要实现这种协同必须要有高效的通信系统为其提供支持，美军设想的作战方案之一是利用数据链将战术无人机、单个地面作战单元和武器控制系统综合到网络中心作战环境中，以网络中心的作战方式实现上述打击目标。为此，美国国防高级研究计划局（DARPA）提出了研究小型网络数据链技术的研究计划，即 QNT（Quint Networking Technology）数据链。

QNT 数据链是一种模块化的微型网络数据链，用于实现战术作战飞机、联合无人战斗空中系统（J-UCAS）、武器弹药、战术无人机（UAV）和地面单兵之间的通信和无缝链接。QNT 数据链中的 Quint（五倍）即是指这五种网络节点，如图 5.1 所示。QNT 数据链用以支持打击时敏和移动目标所需的精确打击和高效率的机器到机器的瞄准定位，并支持目标战斗识别、分发战术无人机和单个地面传感器数据以及战斗毁伤评估。

QNT 数据链与 TTNT 数据链有非常大的关系，都是由 Rockwell Collins 公司为主研制的，QNT 数据链是在 TTNT 数据链的基础上发展而来的，有着很多的共性技术。QNT 数据链和 TTNT 数据链从诞生之初就是一个波形体系，QNT 的波形体系和 TTNT 波形相互兼容，并以 TTNT 数据链的波形作为主要的组网波形，只是在体积上变得更小，发射功率更小。

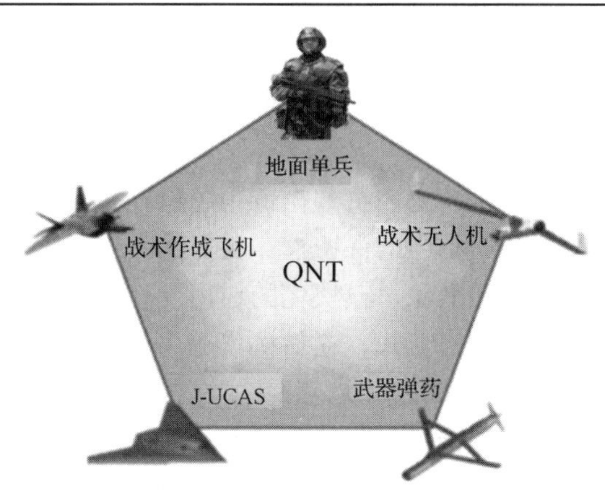

图 5.1　QNT 系统示意图

5.3　无人机数据链发展趋势

随着信息技术的不断发展以及无人机应用范围的不断扩大，要求无人机能够在更加广阔的区域内协同完成任务、实时传输更大数据量的情报信息，并有能力进行信息处理以及向更广范围的快速分发。美军认为，随着军方不断寻求无人机数据链具有“网络中心战”的特征，具备点对点交互操作的能力，网络化和通用化将是无人机数据链发展的热点；同时，安全化、小型化、高速化仍是无人机数据链发展的基本要求。

1. 安全化

美国空军情报主管拉里·詹姆斯少将曾认为，在高冲突环境下保持对无人机的控制和数据链接是很困难的问题。的确，随着战场电子技术的不断发展，无人机数据链面临的电子对抗形势日趋严峻，其抗干扰和抗截获能力显得尤为重要，不仅要保护无人机收集到的数据和情报，还要防止敌人通过数据链定位打击地面控制站，甚至发出干扰信号篡夺无人机的控制权。无人机系统对数据链的依赖性使其成为敌对分子最可能攻击的目标。尤其是在无人机实施集群作战时，战场环境复杂恶劣，数据链通信面临着敌方远程精确火力打击、电子干扰压制和战场电磁兼容互扰等多重威胁。因此，保证无人机数据链的安全性是无人机数据链发展的基本前提。

美军在无人机数据链规划层面非常重视安全性问题，早在 2003 年美国国防部就提出投资约 1.5 亿美元用于无人机数据链的抗干扰和保密技术研究。除此之外，美国国防部还在大力推广工作在 Ku 频段的无人机数据链，虽然此频段数据链受物理特性限制存在一些局限性，但由于可以提供更高的安全性，仍受美军的青睐。当然，无人机数据链的安全与性能的权衡也很重要。为此，美军还在利用新型、高效的调制解调技术、纠错编码技术、高速跳频和宽带扩频及相关技术，研制具有电磁兼容性好、截获概率低、抗干扰能力强的高性能无人机数据链。

2. 小型化

无人机体积的小型化始终是无人机的发展趋势，但这也为无人机数据链的设计增加了难度，数据链设计人员不仅需要减小数据链设备的物理尺寸，而且还要增加信息传输容量，同时保证信息传输的可靠性。传统的无人机数据链由编解码、加密、调制解调、上下变频等模块组成，每个模块都由相应的硬件构成。因此，质量和体积都会较大，而且软件升级和扩展的适用性也差。

美军认为采用软件无线电技术的无人机数据链则可以在技术上实现小型化，减少原有的体积和质量，具备更大的灵活性、更强的保密性、更好的适应性。其具体原理就是把无人机数据链构造成一个具有开放性、标准化、模块化的通用硬件平台，将其各种功能，如工作频段、调制解调类型、数据格式、加密模式、通信协议等用软件来完成，同时尽可能地简化射频模拟前端，使 A/D 转换尽可能地靠近天线，以完成模拟信号的数字化，而数字信号则尽可能用软件进行处理，以实现各种功能和指标。发展符合联合战术无线电系统(JTRS)和软件兼容体系结构(SCA)的软件化数据链，不仅可以在技术上实现小型化，而且其波形和软件都具有更强的可移植性和互连互通能力。

3．高速化

随着高空长航时无人机的快速发展，无人机平台的持续侦察时间不断增加，所搭载的侦察传感器性能不断提升，且数量也相应增加，所获取的图像视频等信息数据量也越来越大，同时现代战场环境对侦察情报信息实时回传要求也不断提高。因此，无人机数据链系统的信息传输能力呈现高速化趋势。

以美军全球鹰为例，其装备了合成孔径雷达、机载侧视雷达、动目标指示雷达、红外或光电传感器等多种传感器设备，在连续侦察时所获取的信息数据量极大。为进一步提高对无人机所获取情报进行分析的可靠性，美国相关机构已经计划制定更高清晰度图像标准来替代美国国家地理情报局发布的标准 MISP/STANG4609 定义的高清图像标准，即图像分辨率必须由原来的 1280×720 像素提高到 1920×1080 像素。要根据这一新标准提供实时彩色或热成像图像，则要求无人机数据链必须提供 3～6Gb/s 的传输速率。为实现这一目标，美军除采用 MPEG-4 编码压缩技术外，还在着力研究 UWB（超宽带）技术在无人机数据链中的应用。UWB 技术不需要载波，而是通过对具有很陡上升和下降时间的冲击脉冲进行直接调制，可获得 GHz 量级的带宽，不仅可以大幅度提高数据传输率，而且比常规扩频高出近 20dB 的抗干扰余量。除此之外，美国国防部、空军和 NASA 还合作进行了“转型卫星通信系统”（TSAT）项目，其目的是用激光通信来代替现有的微波通信。由 8 颗卫星组成的 TSAT 星座一旦发射完成，无人机与情报分析人员之间就可以以大于 10Gb/s 的传输速率进行安全可靠的数据交换。

4．网络化

无人机数据链具有宽带高速的特点，如果能充分发挥其高速数据传输的作用，可使无人机在巡航期间成为网络路由器或中继站节点，将无人机由目前的点到点通信逐渐发展为多无人机网络，并最终融入全球信息栅格（GIG）中，使其成为网络中心战的节点。

美军现役无人机数据链大都是点对点数据链，只能在传感器和处理中心之间分发未经处理的情报数据，无法交换经过处理的指挥控制信息，不符合美军提出的“网络中心战”和“全球信息栅格”的设想，而现代战场上无人机数量越来越多，对数据链路的需求也不断增加，急需提高无人机数据链的组网能力，以支持大规模协同作战的需要。

网络中心战要求将军队的所有侦察探测系统、通信联络系统、指挥控制系统和武器系统，组成一个以计算机为中心的信息网络体系，使各级作战人员通过该网络体系了解战场态势、交流作战信息、指挥与实施作战行动。因此，美各军种都在加紧研制新型通用数据链，使其能够将现有点对点数据链扩展到多点连通，不断提升数据分发能力，从战术数据终端向联合信息分发系统演变，在与各种指挥控制系统及武器系统链接的同时，实现与其他作战网络的互通。如美空军开发的多平台战术通用数据链（MP-CDL）、美海军开发的海军通用数据链（CDL-N）。MP-CDL 是一个高速、保密、抗干扰网络数据链，能够连接情报、监视和侦察（ISR）、指挥和控制（C2）、战场管理（BM）和地面/海面平台，从而推动网络中心战的实施。CDL-N 已逐步代替以模块化互操作地（海）面终端为基础的系统，成为美海军网络中心战的 ISR 网络的重要组成部分，为战斗群、两栖戒备大队或联合特遣部队提供 ISR 传感器下行链路。另外，美军还提出了运用多址联网技术研发下一代增强型通用数据链。多址联网指的是数据链的波形使用了频率、空间和时间的三维多址联网方式，既适用于高速情报侦察数据的传输，也适用于宽带通信系统。

5．通用化

无人机数据链的通用化或标准化是未来发展的大势所趋。尽可能早地考虑数据链标准化问题，及早制定相关标准并逐步完善，是各国发展无人机数据链采取的策略。由于不同类型的无人机装备的数据链差别很大，实施标准化会受到各种因素的限制，需要逐步推进。

未来信息化战场上将有大量的无人机系统被同时运用，如果不能实现无人机数据链的通用化，这不仅增加了无人机的研制成本，也不利于无人机的统一协调操作。无人机数据链的通用化主要是指频段、传输波形、数据格式等通信体制的统一。美军为达成这一目标，一方面通过统一各数据链标准、采用单一系列终端来整合原来各军种独立研发的无人机数据链系统，如早些年发展起来的宽带数据链都已统一到了通用数据链（CDL）标准上；另一方面强调采用商用现成产品、模块化结构和软件可编程方法来降低成本、缩短研制周期、提高无人机数据链终端的通用性和可扩展性，如美军研制的卫星通用数据链（SE-CDL）已实现了全球鹰无人机与联合部署智能支援系统（JDISS）和全球指挥控制系统（GCCS）的链接。事实上，进入美军服役的下一代无人机数据链不仅要关注无人机系统之间的互操作性，还要同时关注无人机与其他有人或无人武器装备之间的信息共享。

小　结

由于无人机具有体积小、成本低、使用方便、战场适应能力与生存能力强等优点，在现代战场中发挥着不可替代的作用。无人机测控系统的关键技术主要包括信道综合技术、压缩编码技术、通信安全技术、超视距中继技术、组网技术、电磁兼容技术等。典型的无人机数据链系统包括 TCDL 数据链、HIDL 数据链、QNT 数据链等。无人机数据链的发展趋势主要体现在安全化、小型化、高速化、网络化和通用化。

思　考　题

（1）请问无人机测控系统的关键技术有哪些？

（2）请分析 TCDL 数据链的技术特点？

（3）请分析 HIDL 数据链的技术特点？

（4）简述 QNT 数据链的作用？

（5）简述无人机数据链的发展趋势？

参 考 文 献

[1] 骆光明, 杨斌, 邱致和, 等. 数据链－信息系统连接武器系统的捷径[M]. 北京：国防工业出版社, 2008.

[2] 吕娜, 杜思深, 张岳彤. 数据链理论与系统（第二版）[M]. 北京：电子工业出版社, 2018.

[3] 赵文栋, 张磊. 战术数据链[M]. 北京：清华大学出版社, 2019.

[4] 王毓龙, 周阳升, 李从云. 美军无人机数据链发展研究[J]. 飞航导弹, 2013, 4:73-76.

[5] 曹凯. 无人机数据链组网技术的研究[D]. 西安：西安电子科技大学, 2014.

[6] 李桂花. 外军无人机数据链的发展现状与趋势[J]. 电讯技术, 2014, 54(6): 851-856.

[7] 周定宇. 无人机测控新体制的关键技术研究[J]. 南京：南京航空航天大学, 2012.

[8] 徐朝晖. 美军 UAV 战术通用数据链[J]. 舰船电子工程, 2012, 29(3): 21-24.

第 6 章　数据链的消息格式

格式化消息是数据链三个基本要素之一，是数据链信息实现“机器到机器”传输、共享战场态势的关键。就典型的战术数据链来说，每一种数据链都有相应的消息格式，如 Link-4A 数据链采用了 V/R 系列消息格式、Link-11 数据链采用了 M 系列消息格式、Link-16 数据链采用了 J 系列消息格式、Link-22 数据链采用了 F、FJ 系列消息格式。采用不同消息格式的数据链系统之间，不能直接进行数据交换。本章重点介绍 Link-16 和 Link-22 数据链的消息格式，并分析消息格式的描述方法。

6.1　数据链的消息标准

数据链的消息格式都是由相应的消息标准所规定的。经过多年的演变和完善，美军的战术数据链的消息格式已逐步统一到 J、FJ、VMF 系列上。为了提高数据链系统的互操作性，在美国国防部的《联合技术体系结构（JTA）》中，明确规定了 MIL-STD-6016（相当于北约的 STANAG5516）《战术数字信息链 J 消息标准》、STANAG5522《战术数据交换-22 号链》和《可变消息格式》（VMF）是美国国防部信息系统强制执行的标准。

数据链标准具有一般标准所共有的特征和作用，即作为数据链的技术基础，是数据链装备研制、采购和应用的重要依据，是检验数据链产品质量的准绳，是联系研制、生产、使用的纽带和桥梁。数据链的重要特点是满足实时和近实时的战术信息的交换要求，而且要实现无缝通信，从传感器到指控系统或武器系统都需要进行自动的数据传送和处理，标准在这一过程中起着十分重要的保障作用。

数据链标准经历了从单个标准制定到建立标准体系的发展过程。以美国海军为例，从 20 世纪 60 年代开始为解决舰艇之间的数据交换问题，研制了 Link-14 数据链，同时制定了战术数据广播标准；为解决舰艇与舰载飞机之间的数据交换，制定了 MIL-STD-6004《战术数字信息链（TADIL）V/R 消息标准》，研制了 Link-4 数据链；为解决舰载飞机和舰艇与海军陆战队之间的数据交换问题，制定了 MIL-STD-6011《战术数字信息链（TADIL）A/B 消息标准》，研制了 Link-11 数据链。为了实现各个作战单元之间、作战群体之间的战术数据实时交换，实现多军种联合作战，美国国防部颁布了 MIL-STD-6016《战术数字信息链 J 消息标准》，研制了 Link-16 数据链。

表 6.1 给出了美军和北约主要战术数据链标准的概况。在各数据链系统的标准中，除消息标准外，还包括相应的配套标准，如接口标准、通信标准、操作规程标准等。

表 6.1　美军和北约主要战术数据链标准的概况

标准分类	TADIL-A (Link-11)	TADIL-B (Link-11B)	TADIL-C (Link-4A/4C)	TADIL-J (Link-16)	Link-22	Army Tactical Data Link-1 (ATDL-1)	NATO Link-1
消息标准	MIL-STD-6011B (STANAG 5511)	MIL-STD-6011B (STANAG 5511)	MIL-STD-6004 (STANAG 5504)	MIL-STD-6016B (STANAG 5516)	STANAG 5522	MIL-STD-6013	STANAG 5501

续表

标准分类	TADIL-A (Link-11)	TADIL-B (Link-11B)	TADIL-C (Link-4A/4C)	TADIL-J (Link-16)	Link-22	Army Tactical Data Link-1 (ATDL-1)	NATO Link-1
消息类别	M 系列	M 系列	V 系列、R 系列	J 系列	F 系列、FJ 系列	B 系列	S 系列
接口标准				STANAG 5616			STANAG 5601
通信标准	MIL-STD-188-203-1A	MIL-STD-188-212/110/114/200/203-2	MIL-STD-188-203-3	JTIDS、MIDS (STANAG 4175)	STANAG 44XX (HF/UHF)	MIL-STD-188-212	
操作规程标准	CJCSM 6120.01 (ADatP-11)	CJCSM 6120.01 (ADatP-11)	CJCSM 6120.01 (ADatP-4)	CJCSM 6120.01 (ADatP-16B)	ADatP-22	CJCSM 6120.01	ADatP-31

6.2 Link-16 数据链的消息格式

在 Link-16 数据链中，系统间信息的交换、网络的建立和维护都是通过 J 系列消息实现的。J 系列消息分为固定格式和可变格式，实际应用中，可变格式的 J 系列消息已经定义新的消息：VMF。所以通常所说的 J 系列消息指的是固定格式。

6.2.1 字类型

北约的 STANAG5516 标准规定了北约战术数据系统中使用的 Link-16 数据链规范，其目的主要是确定 J 系列消息的规则和协议，同时也确定了与 Link-11 数据链的 M 系列消息转换所需的规则和协议。“J”是美国国防部为 Link-16 数据链给出的系列消息的代号。消息标准中的信息交换要求详细规定了 J 系列固定字格式消息的结构，包括报头字、消息字的结构、编号约定、消息长度指示、编码约定、消息描述文件、收发规则和消息优先顺序等内容。

J 消息由初始字、扩展字、继续字等消息组成。初始字包含消息最基本的数据信息；扩展字用于传输与基本数据逻辑上关系密切的信息，同一类消息的扩展字格式唯一；继续字则传输相应的附加信息，同一类消息可有多种不同格式的继续字。

J 系列消息是固定格式的消息，字的长度和 3 种字的顺序是固定的，而消息长度并不是固定的。一条 J 系列消息最多由 8 个字组成。一条消息必须以一个初始字开始，之后可根据信息交换要求，选择多个扩展字和（或）多个继续字。扩展字必须直接在初始字之后发送。继续字也可直接跟在初始字之后发送，但是，当一条消息既包括扩展字也包括继续字时，则继续字须跟在与其对应的扩展字之后发送。是否发送某个继续字取决于信息交换要求，例如，根据信息内容需要发送继续字 2，但不需要发送继续字 1，则可以只发送继续字 2 而不发送继续字 1。

对初始字、扩展字、继续字的区分是靠每个字中的字格式字段中的 2bit 字头（0～1bit）来识别的。00 表示初始字，10 表示扩展字，01 表示继续字，11 表示可变消息格式字。每个 75bit 字段有一个 5bit 奇偶校验段（70～74bit）。在这 3 种字结构中，每种字所传信息位的多少及信息位的分布略有区别。

6.2.2　初始字

在有的文献中，初始字也被称为起始字。初始字的字格式如图 6.1 所示，图中，00 为最高有效位，74 为最低有效位。字格式 00 表示初始字。5bit 的 Link-16 标识和 3bit 的 Link-16 子标识共同决定了本条消息的功能。

00 01	02 03 04 05 06	07 08 09	10 11 12	13 14 15 16 17 18 19 20 21 22 23 24
字格式	Link-16 标识	Link-16 子标识	消息长度指示符	⟹
2	5	3	3	

25 26 27 28 29 30 31 32 33 34 35 36 37 38 39 40 41 42 43 44 45 46 47 48 49
信息字段
57

50 51 52 53 54 55 56 57 58 59 60 61 62 63 64 65 66 67 68 69	70 71 72 73 74
⟹	奇偶校验
	5

图 6.1　J 系列消息初始字格式

假设用十进制表示，Link-16 标识的值为 *n*（0～31），Link-16 子标识的值为 *m*（0～7），则本条 J 系列消息就表示为 J*n*.*m*。*n* 和 *m* 进行组合共可定义 256 种消息。实际定义的 J 系列消息类型如表 6.2 所示（其中 RTT 消息没有 J*n*.*m* 编号）。消息长度指示符表示初始字后面的扩展字和（或）继续字的总数。因为消息长度指示符共有 3bit，所以后面可以跟随 7 个消息字。奇偶校验用来检验本消息字传输的正确性。

表 6.2　J 系列消息

J*n*.*m*（*n* \ *m*）	0	1	2	3	4	5	6	7
0-网络管理	初始登录	测试	网络时间更新	时隙分配	无线电中继控制	重传中继	通信控制	时隙再分配
1-网络管理	连通性询问	连通性状态	路由建立	确认	消息传播者状态	网控制初始化	需求线 PG 分配	
2-PPLI	间接接口单元		空中	水面（海上）	水下（海上）	地面（陆地）点	地面（陆地）轨迹	
3-监视	参考点	紧急点	轨迹	水面（海上）轨迹	海下轨迹	地面（陆地）轨迹点		电子战产品信息
4-未使用的								
5-ASW					声学方位/距离			
6-情报	情报信息							
7-信息管理	航迹管理	数据更新申请	相关	指示器	航迹标识符	IFF/SIF 管理	过滤器	关联
8-情报管理	单元指示器	任务相关器变更						

续表

Jn.m（m \ n）	0	1	2	3	4	5	6	7
9-武器协调和管理	指令	交战协同	电子抗干扰协同					
10-武器协调和管理			作战状态	移交		控制单元报告	配对	
11-未用								
12-控制	任务分配	引导	飞机的精确指示	飞行路径	控制单元变更	目标/航迹相关	目标分类	目标方位
13-平台和系统状态	机场状态		机载平台和系统状态	水平平台和系统状态	水下平台和系统状态	陆地平台和系统状态		
14-控制	参数信息		电子战控制/协调					
15-威胁告警	威胁告警							
16-保留								
17-其他	目标上空气象							
18-27 未用								
28-使用国家	美国陆军	美国海军	美国空军	美国海军陆战队	法国	法国	美国陆军	英国
29-使用国家	话音报告	英国		西班牙	西班牙	加拿大		澳大利亚
30-使用国家	德国	德国	意大利	意大利	意大利	法国陆军	法国空军	法国海军
31-其他	空中密钥管理	空中密钥重配						
	RTT 往返计时	RTT 寻址	RTT 广播	RTT 应答				

6.2.3 扩展字

在有的文献中，扩展字也被称为延续字。扩展字的格式如图 6.2 所示，字格式 10 表示扩展字，当要发送的数据字段组的长度超过初始字的有效位长度时，就会为该初始字增加扩展字。每个扩展字的格式为：除了 2bit 字头格式（第 0 位、第 1 位）和 5bit 奇偶校验（第 70 位～第 74 位）外，其余 68 位都为信息字段（第 2 位～第 69 位）。

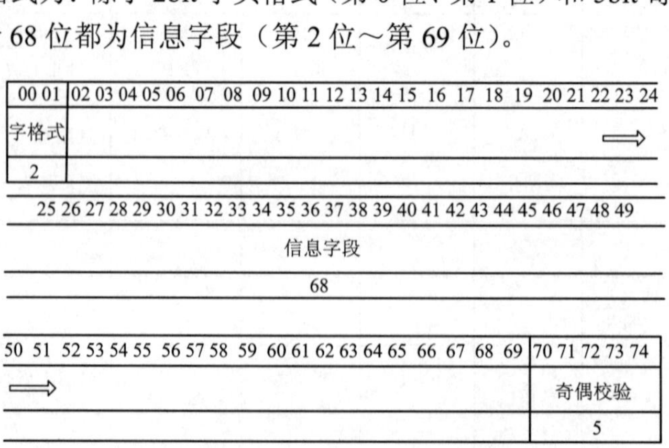

00 01	02 03 04 05 06 07 08 09 10 11 12 13 14 15 16 17 18 19 20 21 22 23 24
字格式	⟹
2	

25 26 27 28 29 30 31 32 33 34 35 36 37 38 39 40 41 42 43 44 45 46 47 48 49
信息字段
68

50 51 52 53 54 55 56 57 58 59 60 61 62 63 64 65 66 67 68 69	70 71 72 73 74
⟹	奇偶校验
	5

图 6.2 J 系列消息扩展字格式

由于扩展字中的数据字段是根据初始字中的标识与子标识的组合来确定和解释的，所以它们必须按顺序发送。例如，为一个给定的初始字而确定的 n 个扩展字中的第 j 个扩展字要发送，在 $i<j$ 时，所有 i 个扩展字都必须在第 j 个扩展字之前发送。如果任何一个扩展字需要重发，它必须是这条消息的最后一个扩展字。

6.2.4　继续字

在有的文献中，继续字也被称为连续字。继续字提供消息的补充信息，字格式 01 表示继续字。根据补充信息的可用性，消息中可能含有多个继续字。继续字的格式如图 6.3 所示。

00 01	02 03 04 05 06	07 08 09 10 11 12 13 14 15 16 17 18 19 20 21 22 23 24
字格式	继续字标识	⟹
2	5	

25 26 27 28 29 30 31 32 33 34 35 36 37 38 39 40 41 42 43 44 45 46 47 48 49
信息字段
63

50 51 52 53 54 55 56 57 58 59 60 61 62 63 64 65 66 67 68 69	70 71 72 73 74
⟹	奇偶校验
	5

图 6.3　J 系列消息继续字格式

继续字在扩展字之后发送，在没有扩展字发送时紧接在初始字之后发送。每个继续字含有 1 个 5bit 的继续字标识字段（第 2 位～第 6 位），用来唯一地识别继续字。继续字标识字段的值为 0～31，可见，对于任何一个 J 系列消息，其继续字最多为 32 个。一个继续字除了 2bit 字头（第 0 位、第 1 位）、5bit 连续字标识（第 2 位～第 6 位）和 5bit 奇偶校验（第 70 位～第 74 位）外，其余 63 位（第 7 位同第 69 位）是信息字段。与扩展字不同，继续字可以按任意顺序发送，除非在特殊消息收/发规则里另有规定。

6.3　Link-22 数据链的消息格式

北约的 STANAG 5522 规定了 Link-22 数据链的消息规范。Link-22 数据链的消息，是一种面向战术功能的、固定格式的可变长度字符串。消息长度是 72bit 的整数倍。每 72bit 构成一个消息字，或简称字。每个消息最小长度是一个字，最多是 8 个字。在一个时隙里可能有多个消息，但每个消息通常在一个时隙里传输，偶尔可能要在附加时隙里传输消息的附加信息。

Link-22 数据链使用 F 系列和 FJ 系列两类消息格式。F 系列消息是 Link-22 数据链专用消息格式。FJ 系列消息是继承 Link-16 数据链的 J 系列消息格式，因而也称为 J 系列包消息。

6.3.1　F 系列字结构

F 系列消息的字结构如表 6.3 所示。Link-22 数据链使用字结构的系列指示符来标识（系列指示符=0）F 系列消息字。

表 6.3 F 系列消息的字结构

71 70 … 14 13 12 11	10 09	08 07 06	05 04	03 02 01	00
	字号	F 子系列标识	F 系列标识	标识指示符	系列指示符
					0

F 系列字结构有三种类型：F0*n*.*m*-*p*、F*n*-*p* 和 F*n*。如表 6.4 所示，F0*n*.*m*-*p* 使用标识指示=0 识别，其中：n 为 F 系列标识（$0 \leqslant n \leqslant 3$），$m$ 为 F 系列子标识（$0 \leqslant m \leqslant 7$），$p$ 为字号（$0 \leqslant p \leqslant 3$）。11～71bit 字段的数据编码随消息字而变。

表 6.4 F 系列字结构–F0*n*.*m*-*p* 型

71 70 … 14 13 12 11	10 09	08 07 06	05 04	03	02	01	00
	字号	F 系列子标识	F 系列标识	标识指示符			系列指示符
				0	0	0	0

F*n*-*p* 和 F*n* 消息的字结构分别如表 6.5 和表 6.6 所示。

表 6.5 F 系列消息字结构–F*n*-*p* 型

71 70 … l4 13 12 11 10 09 08 07 06 05	04	03	02	01	00
字段数据编码随报文字而变	字号	标识指示符			系列指示符
F 系列报文字结构–F*n*-*p* 型 其中：*n*=（标识指示符=l，4，5，），*p*=（字号=0，1）		0	0	1	0
		1	0	0	0
			0	1	0

表 6.6 F 系列消息字结构–F*n* 型

71 70 … 14 13 12 11 10 09 08 07 06 05 04	03	02	01	00
字段数据编码随报文字而变	标识指示符			系列指示符
F 系列报文字结构–F*n* 型 其中：*n*=（标识指示符=2，3，6）	0	0	0	0
	1	0	1	0
	1	0	0	0

6.3.2 FJ 系列字结构

FJ 系列消息的字结构如表 6.7 所示。Link-22 数据链使用字结构的最低比特位（系列指示符=1 和 PMI=0）来标识 FJ 系列消息字。

表 6.7 FJ 系列消息字结构

71 70 .… l4 l3 12	11 10 09	08 07 06 05 04	03 02	01	00
	J 系列子标识	J 系列标识	字格式	PMI	系列指示符
				0	1

FJ 系列字是在 J 系列字结构的基础上封装组成，例如 J10.3 包装成 FJ10.3。J 系列消息约定的三种字结构，即初始字、扩展字和连续字也完全适用于 FJ 系列字。它们的编号形式如表 6.8 所示。

表 6.9、表 6.10 和表 6.11 分别描述了 FJ 系列的三种字结构。初始字是 FJ 系列消息的基本字。每个 FJ 消息必须有一个初始字，在初始字后面，根据需要，可以作为附加字发送扩展字和/或连续字。消息长度指示符指定附加字总数（最多为 7）。

表 6.8　FJ 系列消息字编号形式

类　别	通　用　字	初始字（I）	扩展字（E）	连续字（C）
Link-16	J$n.m$	J$n.m$ I	J$n.m$ Ex	J$n.m$ Cp
Link-22	FJ$n.m$	FJ$n.m$ I	FJ$n.m$ Ex	FJ$n.m$ Cp
标记	$0 \leqslant n \leqslant 31$，　$0 \leqslant m \leqslant 7$，　$0 \leqslant x \leqslant 7$，　$0 \leqslant p \leqslant 31$			

表 6.9　FJ 系列初始字结构

71　70　…　15	14　13　12	11　10　09	08　07　06　05　04	03　02	01	00
数据	报文长度指示符	J 系列子标识	J 系列标识	字格式	PMI	系列指示符
				00	0	1

表 6.10　FJ 系列扩展字结构

71　70　…　I5　14　13　12　11　10　09　08　07　06　05　04	03　02	01	00
数据	字格式	PMI	系列指示符
	10	0	1

表 6.11　FJ 系列连续字结构

71　70　…　I5　I4　13　12　11　10　09	08　07　06　05　04	03　02	01	00
数据	连续字标识	字格式	PMI	系列指示符
		01	0	1

扩展字在逻辑上与初始字是一个整体。之所以要发送扩展字，是由于初始字要发送的数据量超出一个初始字的有效范围。扩展字在初始字之后发送，它们按顺序系列号传输。

连续字是初始字和扩展字的附加扩展信息。连续字跟在最后一个扩展字发送，如果没有扩展字，它跟在初始字后发送。每个连续字包含 5bit 连续字标识符，最多能定义 32 个连续字。连续字不需按顺序系列号传输，除非它按特定的传输规则发送。

6.4　消 息 描 述

对战术消息格式的描述主要包括消息摘要、消息字表达形式和发送/接收规则等。大家知道，J 系列消息以 J$n.m$ 形式表示，并按照 J0、J1、…、J31 和 RTT 的顺序详细规定了 18 类 75 种消息。图 6.4 给出了 J9 消息，即“武器协调和管理”类消息的消息描述框图示例，它包括“指挥”（J9.0）和“电子反干扰措施”（J9.2）。

6.4.1　消息摘要

消息摘要（Message Summary）由消息用途（Purpose）和数据元素摘要（Data Element Summary）两部分组成。数据元素摘要以消息字为基本单元，分别列出各个数据元素和比特数。

例如，J0.0（初始入网）消息是由 J0.0I 初始字、J0.0E 扩展字和 J0.0C1 继续字组成的。其中，J0.0I 初始字的数据元素及比特数依次排列为字格式（2）、Link-16 标识（5）、Link-16 子标识（3）、消息长度指示符（3）、备用（3）、网号（7）、RTT 应答状态指示符（1）、时隙分配索引号（4）、时间质量（4）、话音 A 重复率（4）、话音 A 时隙组（2）、话音 A 时隙号（4）、话音B补偿（5）、RTT-B重复率（4）、RTT-B时隙组（2）、RTT-B时隙号（5）、RTT-B访问率（4）、PPLI-B访问率（4）、备用（4）。

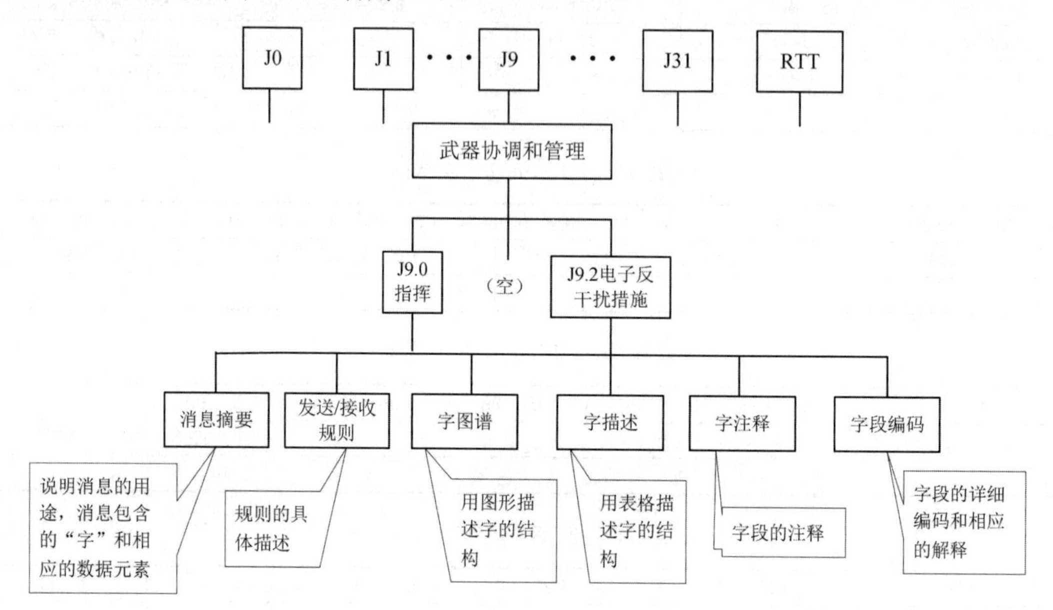

图6.4 J系列消息描述的框图示例

J0.0消息用途：在已知的时隙中提供网络入网所要求的数据元素。J0.0I初始字、J0.0E扩展字和J0.0C1继续字的数据元素分别如表6.12、表6.13和表6.14所示。

表6.12 J0.0I初始字数据元素

数据元素	比特数	数据元素	比特数
字格式	2	话音A时隙组	2
Link-16标识	5	话音A时隙号	4
Link-16子标识	3	话音B补偿	5
消息长度指示符	3	RTT-B重复率	4
备用	3	RTT-B时隙组	2
网号	7	RTT-B时隙号	5
RTT应答状态指示符	1	RTT-B访问率	4
时隙分配索引号	4	PPLI-B访问率	4
时间质量	4	备用	4
话音A重复率	4		

表6.13 J0.0E扩展字数据元素

数据元素	比特数	数据元素	比特数
字格式	2	PPLI-B 2时隙组	2
PPLI-A重复率	4	PPLI-B 2时隙号	7
PPLI-A时隙组	2	控制 重复率	4
PPLI-A时隙号	7	控制 时隙组	2
PPLI-A中继延迟	5	控制 时隙号	7
PPLI-B 1重复率	4	控制 中继延迟	5
PPLI-B 1时隙组	2	PPLI-A访问率	4
PPLI-B 1时隙号	7	备用	2
PPLI-B 2重复率	4		

表 6.14　J0.0C1 继续字数据元素

数据元素	比特数	数据元素	比特数
字格式	2	当前时隙号	15
继续字标记	5	当前时元计数	7
备用	10	备用	29
当前时隙组	2		

6.4.2　发送/接收规则

1. 发送规则

（1）当在通信模式 1 中使用 J0.0“初始入网”消息发送 PPLI 和/或控制时隙时，J0.0 消息由 J0.0I“初始入网”初始字和 J0.0E 扩展字组成。当在通信模式 2 中使用 J0.0“初始入网”消息时隙时，J0.0 消息只由 J0.0I 初始字组成。当在通信模式 4 中使用 J0.0“初始入网”消息时，J0.0 消息由 J0.0I 初始字和 J0.0C1 继续字组成。

下面列出的发送规则对任何模式都适用。

① 应该由网络时间基准 NTR 使用以时隙 A0 为参考的重复率（RRN）6 发送 J0.0 消息。

② 当使用通信模式 1 时，还应该由所有激活中继点和“初始入网参与组”中其他那些被指定的、使用竞争访问模式每 24 秒访问一次的终端发送 J0.0 消息。

③ 当负责网络管理的 JU 还不是 NTR 并且希望更改 J0.0 消息中指出的竞争时隙分配时，这个负责的 JU 应该置位时隙字段，加大“时隙分配索引号”，并且在适当的时隙组以尽可能接近重复率值为 6 发送 J0.0 消息，直到新的网络管理 JU 分配时隙为止。

（2）终端应该在“默认网号”字段发送“无陈述值”。

2. 接收规则

（1）当在某个初始入网时隙里收到 J0.0 消息时，把最新的经过更新的“时隙分配索引号”和时隙分配用于终端自己的发送/接收操作，并且必要时在它的 J0.0 消息中发送。

（2）当 NTR 在除初始入网时隙以外的其他某个时隙里收到 J0.0 消息时，该 NTR 应该按接收规则（1）中的规定进行更新，并且应该开始在这个初始入网时隙组里用 J0.0 消息发送新的值。

6.4.3　字表达形式

消息字格式和内容可由字图谱、字描述和字段编码等来描述。字图谱描绘字的每个字段结构。字描述为字内的每个数据元素提供数据字段标识符（DFI）/数据用途标识符（DUI）参考号、字段描述符、数据元素的比特位置及其比特长度、适用的分辨率和编码。字段编码提供每个数据元素的值定义。

图 6.5 给出了 J0.0I 初始字的字图谱。70bit 消息字从 00～69 全部依次排列，每个数据元素所占据的比特位置和比特数逐一排列在比特位序的下方。与消息摘要中列举的数据元素摘要相比，字图谱更加明了地显示各个数据元素的位置关系，便于开发者使用。

24	23	22 21 20 19 18 17 16	15 14 13	12 11 10	09 08 07	06 05 04 03 02	01 00
←	RRS	网号，默认	备用	消息长度指示符	Link-16 子标识	Link-16 标识	字格式
	1	7	3	3	3	5	2

49 48 47	46 45 44 43 42	41 40 39 38	37 36	35 34 33 32	31 30 29 28	27 26 25
重复率，RTT-B	补偿，话音B	话音A时隙号	话音A时隙号	话音A重现率	时间质量	时隙分配索引号
4	5	4	2	4	4	4

69 68 67 66	65 64 63 62	61 60 59 58	57 56 55 54 53	52 51	50
备用	访问率，PPLI-B	访问率，RTT-B	时隙号，RTT-B	时隙组 RTT-B	←
4	4	4	5	2	

图 6.5 J0.0I 字图谱

J0.0I 初始字的字描述如表 6.15 所示，字描述使用表格形式描述消息字的数据元素，它引用 DFI/DUI 参考号识别每个数据元素。DFI（数据字段标识符）是数据类，它至少包含一个或多个 DUI（数据使用标识符）。更形象地讲，DUI 在 Link-16 数据链中等同于数据元素。由于 DFI/DUI 的唯一性，它支持在《数据元素字典》查找数据元素。

表 6.15 J0.0I 初始字字描述

DFI/DUI	数据字段描述	比特位置	比特数	分辨率、编码、注释等
1550/001	字格式	0～1	2	00
270/004	Link-16 标识	2～6	5	00000
271/005	Link-16 子标识	7～9	3	000
800/001	消息长度指示符	10～12	3	0 无补充字，1～7 是补充字的数量
756/003	备用	13～15	3	
348/010	网号，默认	16～22	7	
274/001	RTT 中继状态指示符	23	1	
1552/001	时隙分配索引号	24～27	4	
279/001	时间质量	28～31	4	
444/015	重复率，话音 A	32～35	4	
847/017	时隙组，话音 A	36～37	2	
441/032	时隙号，话音 A	38～41	4	
843/005	补偿，话音 B	42～46	5	
444/014	重复率，RTT-B	47～50	4	与 32～35bit 的编码相同
847/016	时隙组，RTT-B	51～52	2	与 36～37bit 的编码相同
441/031	时隙号，RTT-B	53～57	5	
1772/002	访问率，RTT-B	58～61	4	
1772/004	访问率，PPLI-B	62～65	4	与 58～61bit 的编码相同
756/004	备用	66～69	4	

字段编码实际上是对数据元素的编码。J0.0I 初始字的字段编码如表 6.16 所示。

表 6.16　J0.0I 初始字的字段编码

DFI/DUI	DUI/DI 名称	DI 比特码	DUI/DI 解释
348/010	网号，默认 分配的网 无陈述	 0～126 127	指出监控没有实现某个特定的接收、发送或中继分配的终端的网号
274/001	RTT 应答状态指示符 RTT 应答功能正常 RTT 应答功能不正常	 0 1	传递某个终端的 RTT 应答功能的状态
1552/001	时隙分配索引号	0～15	当前的分配索引号按 1 递增
279/001	时间质量		用从 0 到 15 的数值指出质量，数值越大，质量越高。质量 0 不使用于同步或相对导航功能
	>18 080 ns	0	
	≤18 080 ns	1	
	≤9040 ns	2	
	≤4520 ns	3	
	≤2260 ns	4	
	≤1600 ns	5	
	≤1130 ns	6	
	≤800 ns	7	
	≤565 ns	8	
	≤400 ns	9	
	≤282 ns	10	
	≤200 ns	11	
	≤141 ns	12	
	≤100 ns	13	
	≤71 ns	14	
	≤50 ns	15	
444/015	重现率，话音 A 1 每个时元的时隙 2 直到每个时元的 32 768 个时隙	 0 1～15	表达数字“*N*”，它是时隙分配的组成部分，确定所分配的在每个时元均匀分布的时隙序号 以 2 的幂表达，即比特代码 1 是 2 的一次幂，比特代码 2 是 2 的二次幂
847/017	时隙组，话音 A 无陈述 A 组 B 组 C 组	0 1 2 3	按照 A、B、C 组时隙规定时隙组，这些时隙组都由每个时元的 32 768 个时隙中的时隙组成 如果某个时隙块分配的时隙组字段被设置为“无陈述”，整个这个时隙块分配将被解释为无陈述
441/032	时隙号，话音 A 数字	 0～15	规定话音 A 时隙分配的索引号，该次分配必须把该时元的前 48 个时隙中的一个安排在时隙块中 序号按 1 递增
843/005	补偿 无陈述 1 到 31 个时隙	 0 1～31	规定话音 A 网络参与组时隙与它的对应的话音 B 网络参与组时隙之间的时隙延迟 时隙按 1 递增

续表

DFI/DUI	DUI/DI 名称	DI 比特码	DUI/DI 解释
441/031	时隙号，RTT-B		规定 RTT-B 时隙分配的索引号，该次分配必须把该时元的前 96 个时隙中的一个安排在时隙块中
	数字	0 到 31	序号按 1 递增
1772/002	访问率，RTT-B		
	竞争访问模式/率，1	0	每 48 秒发送 1 次
	竞争访问模式/率，2	1	每 48 秒发送 2 次
	竞争访问模式/率，3	2	每 48 秒发送 3 次
	竞争访问模式/率，4	3	每 24 秒发送 2 次
	竞争访问模式/率，5	4	每 24 秒发送 3 次
	竞争访问模式/率，6	5	每 12 秒发送 2 次
	竞争访问模式/率，7	6	每 12 秒发送 3 次
	竞争访问模式/率，8	7	每 12 秒发送 4 次
	竞争访问模式/率，9	8	每 12 秒发送 6 次
	竞争访问模式/率，10	9	每 12 秒发送 8 次
	竞争访问模式/率，11	10	每 12 秒发送 12 次
	竞争访问模式/率，12	11	每 12 秒发送 16 次
	竞争访问模式/率，13	12	每 12 秒发送 20 次
	竞争访问模式/率，14	13	每 12 秒发送 26 次
	竞争访问模式/率，15	14	每 12 秒发送 32 次
	竞争访问模式/率，16	15	每 12 秒发送 64 次

图 6.6 给出了 J0.0E 扩展字的字图谱。

00 01	02 03 04 05	06 07	08 09 10 11 12 13 14	15 16 17 18 19	20 21 22 23	24 25
字格式	重复率，PPLI-A	PPLI-A 时隙组	PPLI-A时隙号	中继延迟，PPLI-A	PPLI-B 1重复率	PPLI-B 1 时隙组
2	4	2	7	5	4	2

26 27 28 29 30 31 32	33 34 35 36	37 38	39 40 41 42 43 44 45	46 47 48 49
PPLI-B 1，时隙号	重复率，PPLI-B 2	PPLI-B 2 时隙组	PPLI-B 2，时隙号	重复率，控制
7	4	2	7	4

50 51	52 53 54 55 56 57 58	59 60 61 62 63	64 65 66 67	68 69
时隙组控制	时隙号，控制	中继延迟，控制	PPLI-A访问率	备用
2	7	5	4	2

图 6.6　J0.0E 扩展字的字图谱

J0.0E 扩展字的字描述如表 6.17 所示。

J0.0E 扩展字的字段编码如表 6.18 所示。

表 6.17　J0.0E 扩展字的字描述

DFI/DUI	数据字段描述	比特位置	比特数	分辨率、编码、注释等
1550/001	字格式	0～1	2	10
444/016	重复率，PPLI-A	2～5	4	
847/018	时隙组，PPLI-A	6～7	2	
441/033	时隙号，PPLI-A	8～14	7	
843/006	中继延迟，PPLI-A	15～19	5	
444/017	重复率，PPLI-B 1	20～23	4	与 2～5bit 的编码相同
847/019	时隙组，PPLI-B 1	24～25	2	与 6～7bit 的编码相同
441/034	时隙号，PPLI-B 1	26～32	7	与 8～14bit 的编码相同
441/018	重复率，PPLI-B 2	33～36	4	与 2～5bit 的编码相同
847/020	时隙组，PPLI-B 2	37～38	2	与 6～7bit 的编码相同
441/035	时隙号，PPLI-B 2	39～45	7	与 8～14bit 的编码相同
444/019	重复率，控制	46～49	4	与 2～5bit 的编码相同
847/021	时隙组，控制	50～51	2	与 6～7bit 的编码相同
441/036	时隙号，控制	52～58	7	与 8～14bit 的编码相同
843/007	中继延迟，控制	59～63	5	与 15～19bit 的编码相同
1772/003	访问率，PPLI-A	64～67	4	
756/002	备用	68～69	2	

表 6.18　J0.0E 扩展字的字段编码

DFI/DUI	DUI 名/DI 名	DI 代码	DUI /DI 解释
444/016	重复率，PPLI-A		表达数字“N”，它是时隙分配的组成部分，确定所分配的在每个时元均匀分布的时隙序号
	1 每个时元的时隙	0	以 2 的幂表达，即比特代码 1 是 2 的一次幂，比特代码 2 是 2 的二次幂
	2 直到每个时元的 32768 个时隙	1～15	
847/018	时隙组，PPLI-A		按照 A、B、C 组时隙规定时隙组，这些时隙组都由每个时元的 32 768 个时隙中的时隙组成
	无陈述	0	
	A 组	1	如果某个时隙块分配的时隙组字段被设置为“无陈述”，整个这个时隙块分配将被解释为无陈述
	B 组	2	
	C 组	3	
441/033	时隙号，PPLI-A		
	数字	0～127	序号按 1 递增
843/006	中继延迟，PPLI-A		规定收到原发消息的时隙与中转该消息的时隙之间的时隙延迟
	无陈述	0	
	非法	1～5	
	6～31 个时隙	6～31	时隙按 1 递增
1772/003	访问率，PPLI-A		
	竞争访问模式/率，1	0	每 48 秒发送 1 次
	竞争访问模式/率，2	1	每 48 秒发送 2 次
	竞争访问模式/率，3	2	每 48 秒发送 3 次
	竞争访问模式/率，4	3	每 24 秒发送 2 次
	竞争访问模式/率，5	4	每 24 秒发送 3 次
	竞争访问模式/率，6	5	每 12 秒发送 2 次
	竞争访问模式/率，7	6	每 12 秒发送 3 次
	竞争访问模式/率，8	7	每 12 秒发送 4 次
	竞争访问模式/率，9	8	每 12 秒发送 6 次
	竞争访问模式/率，10	9	每 12 秒发送 8 次

续表

DFI/DUI	DUI 名/DI 名	DI 代码	DUI /DI 解释
	竞争访问模式/率，11	10	每12秒发送12次
	竞争访问模式/率，12	11	每12秒发送16次
	竞争访问模式/率，13	12	每12秒发送20次
	竞争访问模式/率，14	13	每12秒发送26次
	竞争访问模式/率，15	14	每12秒发送32次
	竞争访问模式/率，16	15	每12秒发送64次

图6.7给出了J0.0C1扩展字的字图谱。

00 01	02 03 04 05 06	07 08 09 10 11 12 13 14 15 16	17 18	19 20 21 22 23 24
字格式	继续字标识	备用	当前时隙组	→
2	5	10	2	

25 26 27 28 29 30 31 32	33 34 35 36 37 38 39 40	41 42 43 44 45 46 47 48 49
时隙号，当前	信号时元当前计数	→
15	7	

50 51 52 53 54 55 56 57 58 59 60 61 62 63 64 65 66 67 68 69
备用
29

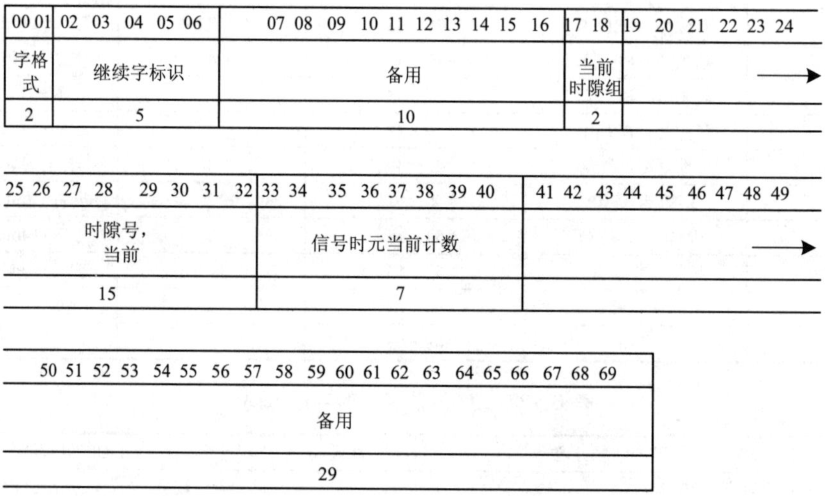

图6.7 J0.0C1扩展字的字图谱

J0.0C1扩展字的字描述如表6.19所示。

表6.19 J0.0C1扩展字的字描述

DFI/DUI	数据字段描述	比特位置	比特数	分辨率、编码、注释等
1550/001	字格式	0～1	2	01
1551/001	继续字标识	2～6	5	00001
756/010	备用	7～16	10	
847/012	时隙组，当前	17～18	2	
441/010	时隙号，当前	19～33	15	
448/002	时元当前计数	34～40	7	
756/029	备用	41～69	29	

J0.0C1扩展字的字段编码如表6.20所示。

表6.20 J0.0C1扩展字的字段编码

DFI/DUI	DUI 名/DI 名	DI 代码	DUI /DI 解释
847/012	时隙组，当前 无陈述 A组 B组 C组	 0 1 2 3	按照A、B、C组时隙规定时隙组，这些时隙组都由每个时元的32 768个时隙中的时隙组成 如果某个时隙块分配的时隙组字段被设置为“无陈述”，这个时隙块分配将全部被解释为无陈述

续表

DFI/DUI	DUI 名/DI 名	DI 代码	DUI /DI 解释
441/010	时隙号，PPLI-A 数字	 0～32767	 序号按 1 递增
448/002	时元当前计数 时元号 非法 无陈述	 0～111 112～126 127	规定一天 24 小时的时元，每个时元是 12.8 分钟，每天 112.5 个时元 时元按 1 递增

6.5　数据元素字典

数据链是一种利用格式化消息进行信息交换的信息系统。格式化消息是相对于自由消息而言的。人们对自由消息的理解是基于对所使用的自然语言（包括句法和词汇）的约定，如果发信人用法语给不懂法语的人写信（普通信件或电子邮件），则无法实现信息的有效传递。同样，格式化消息的发送方与接收方（双方既可以是人也可以是系统，但格式化消息主要是面向系统）必须事先对消息的句法和语义进行严格的约定，才能保证接收方正确地理解消息中所传达的信息。

6.5.1　格式化消息的句法与语义

格式化消息的句法是指消息的结构和规则。对于 Link-16 数据链，消息格式标准规定了其消息结构为：每条消息由一个或多个字组成，包括初始字、扩展字和继续字，每个字的长度通常为 70 位（最大不得超过 75 位）。消息的命名规则为：每条消息的命名为 J*n*.*m* 的形式，其中“*n*”表示大类（0～31），用于区分消息的不同用途，例如网络管理、威胁预警、武器协调与管理等；“*m*”表示小类（0～7），例如在 J13“平台与系统状态”中，J13.0 表示机场状态，J13.2 表示空中状态，而 J13.3 表示水面状态。对于每一种消息，Link-16 数据链消息格式标准还详尽地规定了每个字的格式，即所包含的数据元素、数据元素长度及其在该字中所处的位置。

例如，STANAG5516 标准规定 J13.0（机场状态）由初始字 J13.0I、扩展字 J13.0E、继续字 J13.0C1 和继续字 J13.0C2 组成，而 J13.0C1（机场天气）又由风向、风速、能见度等数据元素组成，如图 6.8 所示。即 J13.0C1 的（自低位起）第 14 位至第 20 位（7 位）表示风速，第 49 位至第 55 位（7 位）表示能见度等，以此类推。

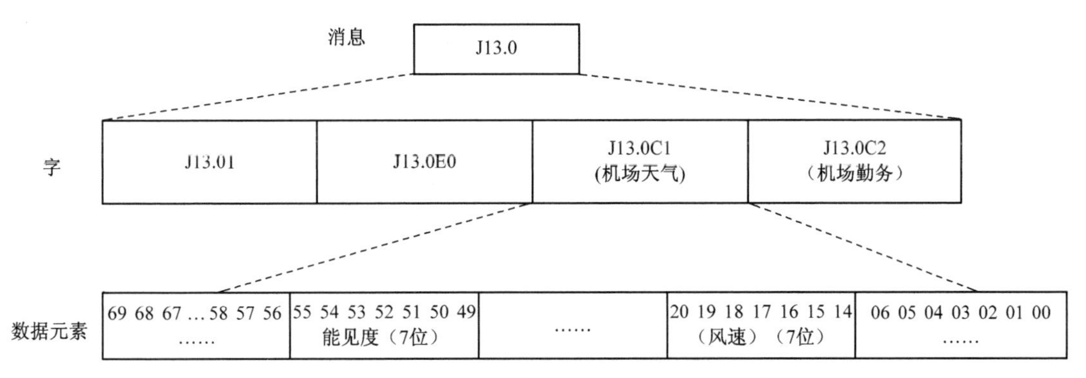

图 6.8　消息、字与数据元素之间的层次关系

格式化消息的语义是指消息的各组成单元（即数据元素）的含义。在图6.8中给出的继续字J13.0Cl（机场天气）的例子中，虽然根据消息的结构可以知道J13.0Cl的第8位至第14位这7位表示风向，但是仅凭二进制代码从高位到低位分别是“0001101”，仍然无法解读其中所包含的信息，无法了解机场的风向。

然而，假如给出表6.21中的信息，情况会如何呢?

表6.21 数据元素示例

名称：风向
定义：沿顺时针方向与真北之间的夹角
取值：0～73为合法取值范围，其中0表示未报告风向，1～72表示5°～360°（按5°递增），73表示风向是变化的：74～127为非法，没有意义

从表6.21可知，0001101对应于十进制数13，表示风向为北偏东65°。数据元素由它的名称、定义、取值等属性进行描述。数据元素字典是数据元素的集合，它给出了所有数据元素的语义和表示形式。

6.5.2 数据链数据元素字典

数据元素字典是列出并定义所有相关数据元素集合的一种信息资源。数据元素字典确保各数据链消息标准协调一致，它是数据链系统数据共享的核心。数据元素是构成数据链消息的数据基本单位。数据项是数据元素的实例，它描述信息或数值的子单元，是一类数据元素中的一个指定数据，用于描述某一属性。一个数据元素可包含一个或多个数据项，每个数据项具有区别于其他数据项的唯一特性。数据链的每条消息都可以看成是一系列数据元素的有序组合，因此统一定义数据链的数据元素及其包括的数据项，并形成相关数据标准，是建立统一的数据链消息标准的基础。在数据链消息格式中，数据标准的表现形式就是数据链数据元素字典。

数据链数据元素字典主要描述数据链系统使用的标准数据，包括数据元素名称、数据元素说明、位数、数据项含义、数据元素与消息字的关系等各项数据内容。数据元素字典包含在各个数据链的消息标准中，每个数据链都有一个数据元素字典，包括综述、数据字段标识符（DFI）和数据用途标识符（DUI）的索引、消息元素等各个部分。综述部分规定了数据元素的标识、建立了规则和约定、描述DFI信息的格式。DFI和DUI索引部分提供各数据链的数据字段标识符和数据用途标识符的数字顺序和字母顺序。

为了简化对数目繁多的数据元素的描述，Link-16数据链数据元素字典根据数据元素之间的相似性将1000多个数据元素归并为300多个小类，并将每类数据元素称为“数据字段标识符”（DFI）。同一DFI中所有的DUI的概念通常比较相近，但具体含义、适用的消息、比特位数、取值情况和精度等可能并不相同。

例如，DFI757（距离）中包括4个数据元素，它们分别是DUI001［传感器与探测目标之间的距离（精确到15ft）］、DUI013（能见度）、DUI015（目标与导航灯塔之间的距离）和DUI016［传感器与探测目标之间的距离（精确到750ft）］，如表6.22所示。

表 6.22 数据元素示例

DFI 编号：757。 DFI 名称：距离。 DFI 定义：两个物体、单元或地理位置之间的距离
DUI 编号：001。 DUI 名称：距离 1。 DUI 定义：传感器与探测目标之间的距离。 适用消息：J12.7Cl。 位数：16 位。 取值：0～65535 为合法取值范围，其中 65535 表示未报告传感器与探测目标之间的距离，0～65534 表示 0～294903m（按 4.8m 递增）
DUI 编号：013。 DUI 名称：能见度。 DUI 定义：（无） 适用消息：J13.0C1，J17.0I。 位数：7 位。 取值：0～127 为合法取值范围，其中 127 表示未报告能见度，0～125 表示 0～12500m（按 100m 递增），126 表示能见度大于 12500m
DUI 编号：015。 DUI 名称：目标距离。 DUI 定义：目标与导航灯塔之间的距离。 适用消息：J12.06。 位数：15 位。 取值：0～32767 为合法取值范围，其中 32767 表示未报告目标与灯塔之间的距离，0～32766 表示 0～9830m（按 0.3m 递增）
DUI 编号：016。 DUI 名称：距离。 DUI 定义：传感器与探测目标之间的距离。 适用消息：J5.4C1。 位数：11 位。 取值：0～2047 为合法取值范围，其中 0 表示未报告或未知传感器与探测目标之间的距离，1～2047 表示 23m～460575m（按 228.6m 递增）

小　　结

数据链的消息格式都是由相应的消息标准所规定的。Link-16 数据链 J 消息格式是由北约的 STANAG5516 标准规定的，固定格式的 J 消息字类型包括初始字、扩展字、继续字，每个字包含 75bit。Link-22 数据链的消息格式是由北约的 STANAG 5522 标准规定的，采用 F 系列和 FJ 系列两类消息，其中，FJ 系列消息也称为 J 系列包消息，每个字包含 72bit。对战术消息格式的描述形式主要包括消息摘要、消息字表达形式和发送/接收规则等，其中，消息字表达形式包括字图谱、字描述和字段编码等。数据元素是构成数据链消息的数据基本单位，数据元素字典是列出并定义所有相关数据元素集合的一种信息资源，是数据链系统数据共享的核心。

思　考　题

（1）美国国防部强制要求执行的战术数据链消息格式有哪些？

（2）请问 Link-4A、Link-11、Link-16 和 Link-22 数据链分别采用了哪种消息格式？

（3）请问 Link-16 数据链字的类型有哪几种，其所对应的字格式是如何区分的？

（4）请问 Link-22 数据链字的类型有哪几种，每个字的长度是多少位？

（5）请问对战术消息格式的描述形式有哪几种？

（6）请问数据链消息格式的消息摘要是什么？

（7）请问数据链消息格式的字表达形式有哪几种？

（8）请问 DFI 和 DUI 的全称分别是什么，两者有何不同？

参 考 文 献

[1] 骆光明, 杨斌, 邱致和, 等. 数据链——信息系统连接武器系统的捷径[M]. 北京：国防工业出版社, 2008.

[2] 孙义明, 杨丽萍. 信息化战争中的战术数据链[M]. 北京：北京邮电大学出版社, 2005.

[3] 孙继银, 付光远, 车晓春, 等. 战术数据链技术与系统[M]. 北京：国防工业出版社, 2009.

[4] 吕娜, 杜思深, 张岳彤. 数据链理论与系统[M]. 北京：电子工业出版社, 2008.

[5] 梅文华, 蔡善法. JTIDS/Link16 数据链[M]. 北京：国防工业出版社, 2007.

[6] 吴德伟, 高晓光, 陈军. 战术数据链的建设和发展[J]. 火力指挥与控制, 2004, 29(1):10-13.

[7] 张军, 方新, 张其善. VHF 空地数据链信道访问参数研究[J]. 北京航空航天大学学报, 2000, 26(3): 267-269.

[8] Wang H, Kuang J M, Wang Z, etc. Transmission performance evaluation of JTIDS[C]. Military Communication Conference, New Jerrsey, 2005: 2264-2268.

[9] Ernie Franke. Instantiation of the TADIL-A waveform into a software programmable tactical intelligence terminal[C]. Military Communications Conference Proceedings, 1999, 2:974-978.

[10] Dimitrios L, Robertson R C. Performance analysis of a Link-16/JTIDS compative waveform transmitted over a channel with pulsed-noise interference[C]. Military Communications Conference, 2009. MILCOM 2009, 2009:1-19.

第 7 章　数据链的信息传输

数据链系统是一种包含格式化消息、通信协议和传输信道的数据通信链路，该系统需要以不同的数据速率并结合不同信道特性来传输战术信息，信道特性不同，数据链系统的性能也不同。由于空间信道的开放性和有限性，数据链系统所传输的信息必然会受到各信道环境和干扰的影响，从而降低系统的可靠性，因此必须采用高效的调制技术和有效的差错控制技术。在本章中，分别从信道特性、调制技术和编码技术三个方面，详细分析数据链系统所采用的信息传输技术。

7.1　数据链的传输信道

根据数据链的应用情况，数据链通常以无线电传输信道为主。在无线电信道中，信号都是以电磁波的形式传输的，不同频段的传输信道具有不同的信道特征，对电磁波的传输性能有不同的影响，要实现信息的有效传输，数据链应选择适当的信道以满足战术信息传输的需求。本节主要介绍数据链无线电传输信道的相关知识，并详细分析典型数据链传输信道的特点。

7.1.1　电磁波的空间传输

1. 电磁波的频段

按照无线电频段划分，无线电波可分为超长波、长波、中波、短波、超短波、分米波、厘米波等。不同波长的无线电波传输特性也不同。表 7.1 给出了无线电波频段划分情况。

表 7.1　无线电波频段划分

频段名称	频率范围	单　位	波段名称
甚低频（VLF）	3～30	kHz	超长波
低频（LF）	30～300	kHz	长波
中频（MF）	300～3000	kHz	中波
高频（HF）	3～30	MHz	短波
甚高频（VHF）	30～300	MHz	超短波
特高频（UHF）	300～3000	MHz	分米波
超高频（SHF）	3～30	GHz	厘米波
极高频（EHF）	30～300	GHz	毫米波

实际应用中，300MHz 以上的电磁波常称为微波，微波频段在雷达和卫星通信中依照表 7.2 划分为更详细的频段。

表7.2 微波频段表

微波频段	频率范围/GHz	微波频段	频率范围/GHz	微波频段	频率范围/GHz
L	1～2	K	18～26	E	60～90
S	2～4	Ka	26～40	W	75～100
C	4～8	Q	33～50	D	110～170
X	8～12	U	40～60	G	140～220
Ku	12～18	V	50～75	Y	220～325

2. 电磁波传输方式

无线电波从发射点到接收点的传输路径决定了无线电波的传输方式。由于电波传输中直射波、反射波和散射波并存，同时电磁波还会发生折射与绕射，电磁波传输方式较为复杂。通常将无线电波传输方式分为视距传输、天波传输、地波传输、散射传输和波导传输。不同频率的电磁波传输方式不同。

（1）视距传输。发射天线和接收天线处于视距范围内的电波传输为视距传输。如果传输路径上没有障碍物阻挡，无线电波将沿直线方向形成视距传输。超短波和微波以视距传输为主。视距传输受地球曲率影响较大。显然，将天线架高将有效延伸视距传输距离。

（2）天波传输。由于太阳和各种宇宙射线的辐射，大气分子大量电离为带电粒子，形成大气最外层的电离层。电磁波在地平面上向天空直线传输，进入电离层后，由于电离层带电粒子密度不均匀而产生折射和反射回到地面，因此有时也称为电离层传输。

天波传输方式适合频率为 3～30MHz。频率过低，会受到很大的吸收损耗；频率过高，将穿越电离层不再反射。天波传输的优点是损耗小，从而可以利用较小的功率进行远距离通信。对于距离很短的链路，也可以利用地波来建立。但在遇到地面的电气特性极差（如干砂或多石地面）或者受到山体阻挡时，传输损耗太大，在这种情况下往往还得利用天波。天波经电离层一次反射（一跳）可达数千千米。如再经地面反射，则多跳传输可以到达地球上的任何地点。天波传输受电离层变化和多径传输的较大影响而极不稳定，其信道参数随时间而急剧变化，因此常称为时变信道或变参信道。尽管天波传输不稳定，但由于可以实现远距离通信，因此仍然远比地波重要。天波不仅可用于远距离通信，而且还可以用于近距离通信。

（3）地波传输。无线电波沿地球表面传输方式为地波传输。地波适于垂直极化波传输，大地对水平极化波吸收衰减大。地球表面的集肤效应对地波传输造成衰减，并且衰减随电波频率的增加而迅速增大，因此地波传输频率小于 2MHz，主要用于长、中波传输。1.5～2MHz 的电磁波也采用地波传输方式，但传输距离只有几千米至几十千米。由于海水的电导率高于陆地，地波在海面上的传输衰减小，传输距离远大于在陆地上的传输距离，因此长波传输多用于海上通信。由于地表面的电性能及地貌、地物等并不随时间很快变化，并且基本不受气候条件的影响，因此地波信号稳定。

（4）散射传输。利用大气对流层中的散射体、流星陨落过程中在大气层中所形成的短暂电离余迹对电波的再辐射传输方式为散射传输。由于传输损耗大，散射波信号微弱。散射传输单跳跨距达几百至几千千米。主要用于陆岛、岛岛间通信，边、远、散部队通信、应急通信，沙漠、湖泊、海湾、山丘地域的通信。散射传输主要用于军事通信，民用很少。

（5）波导传输。波导传输就是指电波在电离层下边缘和地面所组成的同心球壳形成的波导内的传输。长波、超长波或极长波利用这种传输方式能以极小的衰减进行远距离通信。

7.1.2　典型数据链的传输信道

根据前面章节对典型数据链的分析可知，当前数据链系统信息传输的信道主要有短波信道、超短波信道和微波信道。表 7.3 给出了几种典型数据链的传输信道。

表 7.3　几种典型数据链系统的传输信道

典型数据链	信 道 类 型
Link-4A 数据链	UHF
Link-11（海基）数据链	HF UHF
Link-16 数据链	微波（L 频段）
Link-22 数据链	HF UHF
通用数据链（CDL）	微波（X 频段和 Ku 频段）

通过分析表 7.3 可以看出，数据链信息传输所使用的无线信道主要包括 HF（短波）频段、UHF 频段和微波频段。

1．短波信道

短波频段的波长为 100～10m（频率为 3～30MHz），实际上，往往也把中波的高频段（1.5～3MHz）归到短波频段。Link-11 数据链和 Link-22 数据链都采用了短波频段，以实现超视距传输。

1）电磁波传输方式

短波频段的信息传输主要有两种电磁波传输方式：地波传输方式和天波传输方式。

（1）地波传输方式。地波主要由地表面波、直接波和地面反射波三种分量构成。短波频段的地波衰减快，受地面吸收而衰减的程度，比长波和中波都大，并且随着频率的升高而增大，利用地波进行通信时，工作频率一般选在 5MHz 以下，所以这种传输方式不宜用作无线电广播或远距离通信。此外，传输距离还和传输路径上媒介的电参数密切相关。由于地表上的地貌、地物以及土壤的电气参数都不会随时间很快地发生变化，而且基本上不受气象影响，地波传输几乎不存在日变化和季变化，因此，利用地波通信，不需要像天波那样，为了维持链路通畅而经常改变工作频率。短波频段的地波传输大多用于海上舰船之间或舰岸之间的通信链路；陆地上的短距离链路，也常常使用地波。

（2）天波传输方式。天波传输是短波信号的主要传输方式。一般情况下，对于短波通信线路来讲，天波传输比地波传输具有更重要的意义，天波可以进行远距离传输，可以超越丘陵地带。电离层是地球高空大气层的一部分，它从 60km 一直延伸到 1000km 的高度。由于大气气压急剧下降以及太阳的紫外辐射和高能微粒辐射等，使得该区域的大气分子部分电离，形成了由自由电子、正负离子、中性分子和原子等组成的等离子体。而各层的电子浓度对可用的工作频率起着重要的作用。高电子浓度可以反射较高的频率，而较低的电子浓度只能反射较低的工作频率。由于电离层的形成主要是由太阳辐射造成的，因此各区的电子浓度、电离层高度等参数就和各地点的地理位置、季节时间以及太阳活动等有密切的关系。短波传输具有通信距离远、机动灵活、成本低廉等优点，特别是短波的天波传输以电离层为“中继系统”，使其抗毁性为其他通信手段无法比拟，因此短波频段的信息传输在军事通信领域发挥着极为重要的作用，是战略、战役、战术指挥通信和协同通信的主要手段之一。

2）短波信道信息传输的特点

（1）传输距离远。利用天波传输，短波单跳的最大地面距离可达4000km，多次反射可达上万千米，甚至可环球传输。特别在低纬度地区，短波频段的可用频段变宽，最高可用频率较高，受离子沉降事件和磁暴影响较小。

（2）存在盲区。短波传输还有一个重要的特点就是所谓盲区的存在。对于短波地波传输来说，由于地波衰减很快，在离开发射机不太远的地点，就无法接收到地波；而对于短波天波传输来说，电离层对一定频率的电波反射只能在一定距离以外才能收到；从而就形成了既收不到地波又收不到天波的所谓短波通信盲区。当采用无方向天线时，盲区是围绕发射点的一个环形地域。

（3）信道拥挤。可供短波频段信息传输的频率带宽比较窄，通信容量小。在通信领域，短波电台很多，特别是10MHz以下的频段十分拥挤。邻近电台之间干扰严重，这一问题大大限制了短波通信的发展。因此要采用特殊的调制方式，如单边带（SSB）调制。这种体制比调幅（AM）节省一半带宽，由于抑制了不携带信息的载波，因而节省了发射功率，目前HF通信装备均为单边带调制。

（4）信道不稳定。短波频段的远距离信息传输主要采用天波传输，而电离层受昼夜季节的变化、太阳黑子活动等影响，其传输参数并不稳定；另外，天波信道还存在着严重的多径效应，多径效应使接收信号在时间上扩散，严重限制了短波高速数据传输。除此之外，较强的低频率的大气和工业干扰，也会导致短波频段的信息传输中断。

（5）抗毁性强。短波频段的信息传输设备目标小，架设容易，机动性强，不易被摧毁，即使遭到破坏也容易恢复更换，又由于造价低，可以大量安装，所以顽存性强。

3）短波信道的传输特性

（1）传输损耗。短波信道的传输总损耗包括自由空间传输损耗、电离层的偏移、非偏移吸收以及极化耦合损耗、多跳地面反射损耗、极区吸收损耗、E层附加损耗等。但目前实际能计算的损耗只有3项，即自由空间传输损耗、电离层非偏移吸收和多跳地面反射损耗。而其他各项损耗以及为以上各项损耗的逐日变化所留的余量，统一称为“额外系统损耗”。

（2）多径效应。由于电离层特性，短波信道的电磁波可通过一次反射或多次反射到达接收端。一条通信线路中存在着多种传输路径，不同的通信距离可能有不同的传输模式，而相同的距离也可能有多种传输模式存在，这造成了短波通信存在多径的特点。由于各路径具有不同的传输距离，到达接收端的各路径所经历的传输时延也不同。多径时延的大小和通信距离、工作频率等因素有关。最大多径时延是指当发端发送某一单位脉冲时，接收端收到的最后一个脉冲相对于收到的第一个脉冲的延迟时间。短波信道的最大多径时延通常在10ms以下。多径时延还具有时变性，电离层的电子密度变化越大，多径时延的变化也越严重。多径效应导致接收到的信号是发射信号的不同幅度、不同相位和不同时延的信号叠加，相当于发送信号在时间上被扩展（时延扩展）了，从而造成码间干扰。

在短波信道中比较常用的抗多径效应方法有：①采用不易受衰落影响的调制技术；②采用分集接收技术；③增大等效发射功率；④选用接近最高可用频率的频率；⑤采用自适应天线阵。

（3）衰落。衰落现象是指接收端信号强度随机变化的一种现象。在短波信道中，即使在电离层的平静时期，也不可能获得稳定的信号。在接收端信号振幅总是呈现忽大忽小的随机变化，这种现象称为衰落。在短波传输中，衰落又有快衰落和慢衰落之分。快衰落的周期从十分之几秒到几十秒不等，而慢衰落周期从几分钟到几小时，甚至更长时间。

（4）多普勒频移。利用短波信道传输信号时，不仅存在由于衰落所造成的信号振幅的起伏，而且传输中还存在多普勒效应所造成的发射信号频率漂移，这种漂移称为多普勒频移。多普勒频移产生的原因是电离层经常性的快速运动，以及反射层高度的快速变化，使传输路径的长度不断变化，信号的相位也随之产生变化，可以看成电离层不规则运动引起的高频段载波的多普勒频移。多普勒频移在日出和日落期间呈现出较大的数值，此时有可能影响采用小频移的窄带信号传输。当电离层处于平静的夜间，不存在多普勒效应，而在其他时间，多普勒频移大约为 1～2Hz。

（5）相位起伏与频谱扩散。相位起伏是指信号随时间的不规则变化。在短波频段的信息传输过程中，引起相位起伏的主要原因是多径传输。此外，电离层折射率的随机变化及电离层不均匀体的快速运动，都会使信号的传输路径长度不断变化，而出现相位的随机起伏。其所表现的客观事实也反映在频率起伏上。

2. UHF 信道

Link-4A 和 Link-11 数据链的对空通信采用了 UHF 频段。

1）UHF 频段信息传输的特点

（1）以视距传输方式为主。电离层对电波的反射频率存在理论上限值，即天波通信中的最大可用频率。频率在 30MHz 以上的超短波频段（包括微波频段）无线电波已超出电离层反射的最大可用频率。与短波、中波和长波相比，UHF 频段频率较高，在大地中所感应的电流远大于短波、中波和长波的感应电流，信号能量由于被地表面大量吸收而沿地面传输路径迅速衰减，传输距离非常有限，不宜采用地波传输。因此，超短波频段的电波主要采用视距传输方式。Link-4A 和 Link-11 数据链的对空通信频段均采用了 UHF 频段，视距传输是其主要的电波传输方式。

（2）通信距离与平台高度密切相关。发送平台在地面/海面时，接收平台飞行高度越高，视线范围越大，因而通信距离越远；地面天线高度越高，通信距离越远。将天线架高（高山或高大建筑物）将有效延伸视距传输距离。在相同条件下，发送平台在空中时，与接收平台的通信距离增加。

2）UHF 频段的信道特性

（1）信道稳定、误码率低。UHF 频段主要是靠电磁波视距传输的，与短波频段相比，其不受电离层变化的影响。如无有意的干扰，基本上属于恒参信道，信号传输比较稳定，因而误码率低，传输速率高。另外，与短波信道相比，UHF 的工作频段和信道间隔宽，可选择的信道数目多，信道间隔大、干扰小，进一步提高了通信质量。

（2）信号传输易受遮挡。根据电波传输理论，频率越高，传输路径上遇到障碍物时的绕射能力越弱。因此，UHF 频段的收发节点视距间如果存在障碍物阻挡，通信效果将显著变差，甚至无法通信。Link-4A、Link-11、Link-16 数据链的通信平台多为空中飞行平台，要求通信过程中保证收发天线间无遮挡物。如果飞机进行机动，机身可能遮挡视距传输路径。因此，数据链 UHF 频段的天线多采用全向天线，并且通常在机背和机腹各安装一副天线。

(3) 存在多普勒频移。在 UHF 信道中，由于接收方处于高速移动中，比如飞行平台在通信时传输频率的扩散而引起的多普勒频移，其扩散程度与接收用户的运动速度成正比，要比地面移动通信中产生的多普勒频移大得多。

(4) 存在多径效应。对于 UHF 频段视距传输，不仅存在发送节点到接收节点的直射波，还有被地面反射后的发射波，从而在接收节点形成多径，接收节点的场强是直射波与发射波场强的叠加。

3. 卫星信道

随着美军全球战略的推进，网络中心战的概念正在逐步实施，现有的数据链已经无法满足远距离、高动态、大容量、低延时的信息传输要求，为此，美军正在研究和发展各种新型数据链技术。针对数据链通信传输距离需求问题，目前正在研究或推广使用卫星数据链，期望通过卫星信道来扩展数据链的信息传输距离，典型的卫星数据链系统包括英国海军的卫星战术数据链（STDL）、美国海军的卫星战术数据链 J（S–TADIL J）和美国空军的联合距离扩展（JRE）。

1）卫星信道特性

基于卫星链路的信息传输系统是在空间技术和地面微波中继通信技术的基础上发展起来的，靠大气层外卫星的中继实现远程信息传输。携带载荷信息的无线电波要穿越大气层，经过很长的距离在平台和卫星之间传输，因此它受到多种因素的影响。传输问题会影响到信号质量和系统性能，这也是造成系统运转中断的一个原因，因此电波传输特性是基于卫星链路信息传输系统设计时必须考虑的基本问题。

卫星信道的空间环境与地面通信的环境完全不同。在地面通信中，无线电波只受贴近地面的低层大气和当地地形地物的影响。对于空间站与地球站之间的卫星链路信息传输系统而言，无线电波要同时穿越电离层、同温层和对流层，地面与整个大气层的影响同时存在。对于卫星数据链系统，除了要为通信提供卫星通信信道，还要按照约定的规程和应用协议来封装并安全地传输规定格式的数据和控制信息。

(1) 传输损耗。卫星链路的电波在传输过程中要受到损耗，其中最主要的是自由空间传输损耗，它占总损耗的大部分。其他损耗还有大气、雨、云、雪、雾等造成的吸收和散射损耗等。基于卫星链路的移动平台还会因为受到阴影遮蔽（如树林、建筑物的遮挡等）而增加额外的损耗。

① 自由空间损耗。自由空间损耗是传输损耗中最基本的损耗，接收天线接收的信号功率仅仅是发射天线辐射功率的一小部分，大部分能量都向其他方向扩散了。自由空间损耗 L_p 与传输距离 d、电磁波频率 f 满足关系式：

$$L_p=92.45+20\lg d+20\lg f \quad (\text{dB}) \tag{7.1}$$

式中，L_p 用 dB 表示，d 用 km 表示，f 用 GHz 表示。

由式（7.1）可看出，传输距离越远，接收点的功率越小，即传输损耗越大；电磁波的频率越高，在传输过程中信号功率的传输损耗越大；另外，担任中继任务的卫星轨道高度越低，自由空间的传输损耗越小，显然，低轨道卫星在传输损耗上更具有优势。

② 大气、降雨、云、雾损耗。电波在往返大气层时，要受到大气气体、云、雾、雪、降雨等的衰减损耗，这些损耗附加在自由空间传输损耗上，随天气的变化比较明显。

在大气各种气体中，氧气、水蒸气对电波的吸收衰减起主要作用，水蒸气的第一吸收峰在 22.3GHz，氧气在 60GHz。

降雨衰减是电波在雨中传输时由于雨滴吸收和散射而产生的衰减，在 1～50GHz 的频带内，降雨衰减量与降雨强度成正比。当电波的波长远大于雨滴的直径时，衰减主要由雨滴吸收引起，当电波的波长变小或雨滴的直径增大时，散射衰减的作用就增大。

（2）传输噪声。数据链终端接收机输入端的噪声功率分别由内部（接收机）和外部（天线引入）噪声源引入。外部噪声源可分为两类：地面噪声和太空噪声。地面噪声对于天线总噪声影响最大，来源于大气、降雨、地面、工业活动（人为噪声）等；太空噪声来源于宇宙、太阳系等。

① 太阳系噪声。它是指太阳系中太阳、各行星及月亮辐射的电磁干扰被天线接收而形成的噪声，其中太阳是最大热辐射源。当太阳和卫星汇合在一起时，即太阳接近地球站指向卫星的延伸方向时，地球站就会受到干扰，甚至造成通信中断。

② 宇宙噪声。外空间星体的热气体及分布在星际空间的物质所形成的噪声，在银河系中心的指向上达到最大值（通常称为指向热空），在天空其他某些部分的指向上是很低的（称为冷空）。宇宙噪声是频率的函数，在 1GHz 以下时，它是天线噪声的主要成分。

③ 大气噪声与降雨噪声。电离层、对流层不但吸收电波的能量，也产生电磁辐射而形成噪声，其中主要是氧气和水蒸气构成的大气噪声，大气噪声是频率和仰角的函数。当电磁波的频率在 10GHz 以上时，大气噪声会显著增加；当天线仰角越低时，由于电磁波穿越大气层的路径长度增加，大气噪声作用也相应加大。

降雨及云、雾在产生电磁波吸收衰减的同时，也产生噪声，称为降雨噪声。对天线噪声温度的作用与雨量、频率、天线仰角有关。

（3）大气折射与闪烁。

① 大气折射。大气折射率随着高度增加，并随大气密度减小而减小，电磁波射线因传输路径上的折射率随高度变化而产生弯曲，波束上翘一个角度增量。而且这一偏移角还因传输途中大气折射率的变化而随时变化。大气折射率的变动对穿越大气的电磁波起到一个凹透镜的作用，使电波产生微小的散焦衰减，衰减量与频率无关。在仰角大于 5° 时，散焦衰减小于 0.2dB。此外，因大气湍流引起的大气指数的变化，使电磁波各个方向上散射，导致波前到达大口面天线时振幅和相位不均匀分布，引起散射衰减，这类损耗较小。

② 大气闪烁。大气折射率的不规则变化，引起信号电磁波强度的变化，称为大气闪烁。这种闪烁的衰落周期为数十秒。2～10GHz 的大气闪烁是由于大气折射率的不规则性使电磁波聚焦与散焦，与频率无关。系统低仰角工作时，应考虑大气折射和大气闪烁引起的信号强度的起伏。

（4）多径、阴影。电磁波在移动环境中传输时，会遇到各种物体，经反射、散射、绕射，到达接收天线时，已成为通过各个路径到达的合成波，即多径传输模式。各传输路径分量的幅度和相位各不相同，因此合成信号起伏很大，称为多径衰落。电磁波途经建筑物、树木等时受到阻挡被衰减，这种阴影遮蔽对陆地卫星信息传输系统的电磁波传输影响很大。

（5）多普勒频移。多普勒频移对采用相关解调的数字通信危害较大。对于地面移动通信，载波频率900MHz时，移动台速度为50km/h，最大多普勒频移约为41.7Hz。非静止轨道卫星通信系统的最大多普勒频移远大于地面移动通信情况，可达几十千赫兹，系统必须考虑对其进行补偿。

（6）电波传输时延。固定卫星业务系统的总传输路径时延，在很大程度上取决于卫星的高度以及采用单跳还是多跳构成的卫星链路。当卫星处在用户正上方时，时延最小，当卫星处在地球站可看见的地平线上时，时延最大。在非地球静止卫星通信系统中，由于地球站和卫星间的距离随时间变化，因此这种情况下的传输时延也随时间变化。

2）卫星信道的工作频段

卫星信道的频率使用微波频段（300MHz～300GHz），这样做除获得通信容量大的优点之外，主要是考虑到卫星处于外层空间（即在电离层之外），地面上发射的电磁波必须能穿透电离层才能到达卫星；同样，从卫星到地面上的电磁波也必须穿透电离层，而微波频段恰好具备这一条件。

整个微波频段并不都适用于卫星通信，选择工作频段时应考虑哪些因素呢？

选择工作频段时，首先要求电磁波传输衰减及其他衰减要小。当电磁波在地球站与卫星之间传输时，要穿过地球周围的大气层，会受到电离层中自由电子和离子的吸收，还会受到对流层中的氧、水蒸气和雨、雪、雾的吸收和散射，并产生一定的衰减。这种衰减的大小与工作频率、天线仰角以及气候条件有密切的关系。人们通过测量，得出了晴朗天气条件下，大气吸收损耗与频率的关系，如图7.1所示。

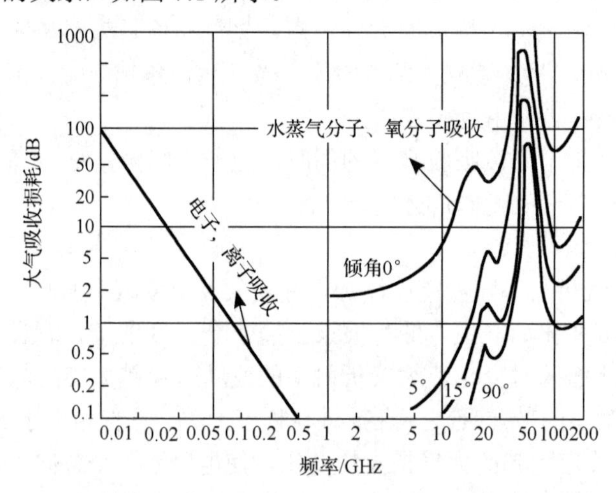

图7.1 大气中电子、离子、氧分子、水蒸气分子对电磁波的吸收

从图7.1中曲线可以看出，在0.5GHz以下，电离层中的自由电子或离子的吸收在信号的大气损耗中起主要作用，频率越低，损耗越严重，0.01GHz时损耗达100dB；而工作频率高于0.3GHz时，其影响小到可以忽略。

从图7.1中还可以看出，在0.5～10GHz频段，大气吸收衰减最小，称为“无线电窗口”。由水蒸气和氧分子吸收损耗衰减曲线可以看出，在15～35GHz频段，水蒸气分子吸收占主要地位。与此同时，衰减还与地球站天线仰角有关。天线仰角越大，无线电磁波通过大气层的路径越短，则吸收产生的衰减越小，并且当频率高于10GHz后，仰角大于5°时，其影响基本上可以忽略。

另外，在 30GHz 附近也存在一个衰减低谷，称为“半透明无线电窗口”。

其次，天线接收的外界噪声要小。宇宙及大气噪声与频率的关系曲线如图 7.2 所示。

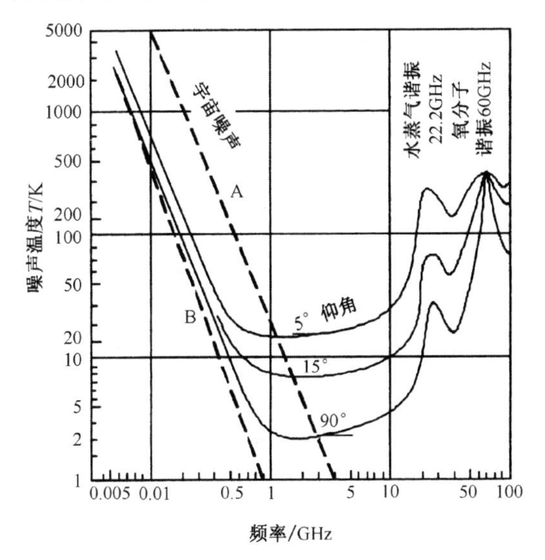

图 7.2　宇宙及大气噪声与频率的关系

如图 7.2 所示，曲线 A、B 分别代表指向热空和冷空时的宇宙噪声与频率的关系。从图中可以看出，工作频率如果在 0.1GHz 以下，宇宙噪声会迅速增加。通常都希望它工作在 1GHz 以上，这时宇宙噪声和人为干扰对通信的影响都很小。

由前面分析可知，水蒸气分子和氧分子吸收衰减在 10GHz 以上时逐渐增大。因此，从降低接收系统噪声和大气衰减的角度来考虑，工作频段最好选在 1～10GHz。

还应指出，在进行卫星链路系统设计时，大气层中雨、雾、云的影响也是应该考虑的。图 7.3 给出了雨、雾、云对电磁波的吸收损耗的关系曲线。

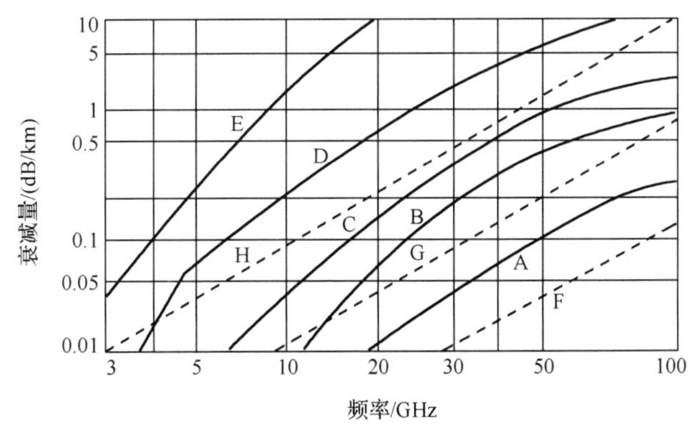

图 7.3　雨、云、雾对电磁波的损耗

图中，实线为雨引起的衰减，虚线为云、雾引起的衰减。

A：0.25mm/h（细雨）；B：1mm/h（小雨）；

C：4mm/h（中雨）；D：16mm/h（大雨）；

E：100mm/h（暴雨）；F：0.032g/m^3（视界 600m 以下）；

G：0.32g/m^3（视界 120m 以下）；H：2.3g/m^3（视界 30m 以下）。

由图 7.3 可知，当工作频率高于 30GHz 时，即使是小雨，引起的衰减也不能忽略。当工作频率在 10GHz 以下时，则必须考虑中雨以上的影响。

除上述两个方面以外，还应考虑如下要求。

① 有较宽的可用频带，以满足信息传输的要求；

② 与地面微波通信、雷达等其他无线系统间的干扰要小；

③ 能充分利用现有的通信技术，并便于与现有地面设备配合使用；

④ 设备尺寸要求。

综合上述要求，目前，卫星信道所用的工作频段主要集中在 C 频段、X 频段和 Ku 频段。然而，随着对数据链更大容量和更高数据速率传输要求的提高以及星上器件工艺水平的不断发展，将促使卫星数据链系统采用更高的传输频段，如 Ka(26～40GHz)、V(50～70GHz)，甚至 W(75～110GHz)频段。

7.2 数据链的调制技术

调制是为了使所传输信号特性与信道特性相匹配，通过调制，将其转变为适合信道有效传输的信号形式。各数据链系统所采用调制方式对数据链性能有重要影响。下面重点介绍典型战术数据链系统所采用的调制技术，主要包括 Link-11 数据链的 π/4–DQPSK 调制、Link-16 数据链的 MSK 调制和 Link-22 数据链的 8PSK 调制。

7.2.1 Link-11 数据链的π/4–DQPSK 调制

Link-11 数据链采用常规 Link-11 波形（Conventional Link Eleven Waveform, CLEW）进行副载波多音调制，使用并行传输体制，每个单音采用 π/4–DQPSK 调制。经多音调制后的信号，再通过 HF 频段的单边带（SSB）调制技术或 UHF 频段的调频（FM）技术进行高频调制。π/4–DQPSK 调制是 Link-11 数据链实现信息加载的关键。π/4–DQPSK 调制是一种正交差分相移键控技术，它的最大相位跳变值介于 QPSK 调制和 OQPSK 调制之间。

1. QPSK 调制

QPSK 调制利用载波的 4 种不同相位来表征数字信息。QPSK 可以用 4 种相位来表示 2bit 码元的 4 种状态，即每种相位可以表示数字信息 01、00、10、11。

由于 4 种不同的相位可以代表 4 种不同的数字信息，因此，对于输入的二进制数字序列应该先进行分组，将每 2bit 编为一组，然后用 4 种不同的载波相位去表征它们。例如，若输入二进制数字信息序列为 10110100…，则可将它们分成 10、11、01、00 等，然后用 4 种不同的相位来分别代表它们。

由于每一种载波相位代表 2bit 信息，又称为双比特码元信息。把组成双比特码元的前一信息比特用 a 表示，后一信息比特用 b 表示。双比特码元中两个信息 bit ab 与载波相位的关系如表 7.4 所示。

表 7.4　双比特码元与载波相位的关系

双比特码元		载波相位（φ_k）	
a	b	A 方式	B 方式
0	0	0°	225°
1	0	90°	315°
1	1	180°	45°
0	1	270°	135°

QPSK 信号的矢量图如图 7.4 所示。

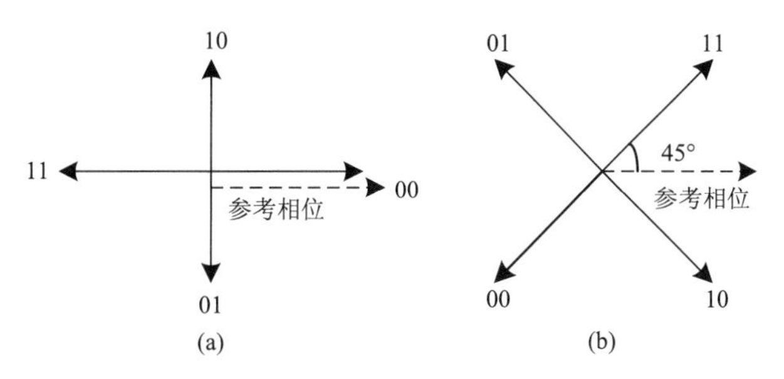

图 7.4　QPSK 信号的矢量图

图 7.4(a)表示 A 方式时 QPSK 信号的矢量图，图 7.4(b)对应于 B 方式时 QPSK 信号的矢量图。四相调制信号相位在 φ_k（0,2π）内等间隔地取四种可能相位。由于正弦和余弦函数的互补特性，对应于 φ_k 的 4 种取值，如 45°、135°、225°、315°，其幅度 a_k 与 b_k 只有两种取值，即 $\pm\dfrac{\sqrt{2}}{2}$。此时，恰好表示两个正交的二相调制信号的合成。

（1）QPSK 信号的产生

QPSK 信号的调相法原理框图如图 7.5 所示。QPSK 调制可以看作两个正交的二相绝对移相调制的合成。输入的串行二进制信息序列经串/并转换，分成两路速率减半的序列，电平产生器分别产生双极性二电平信号 $I(t)$和 $Q(t)$，然后对 $\cos\omega_c t$ 和 $\sin\omega_c t$ 进行调制，相加后即得到 QPSK 信号。

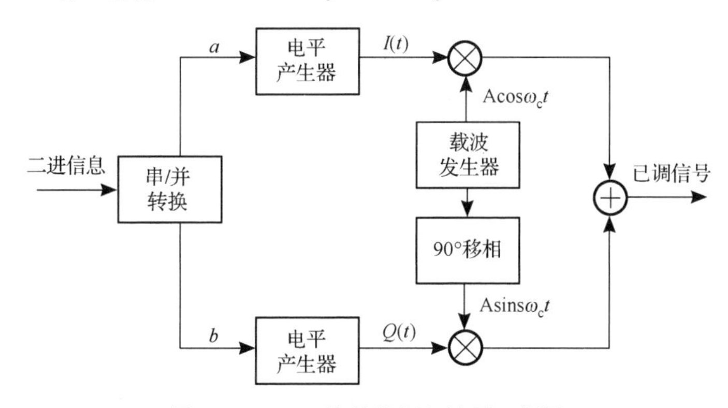

图 7.5　QPSK 信号的调相法原理框图

设两个序列中的二进制数字分别为 a 和 b，每一对 ab 称为一个双比特码元。双极性的 a 和 b 脉冲通过两个平衡调制器分别对同相载波和正交载波进行二相调制，得到图 7.6 所示的虚线矢量。将两路输出叠加，即得如图 7.6 中实线所示的四相移相信号，其相位编码逻辑关系如表 7.5 所示。

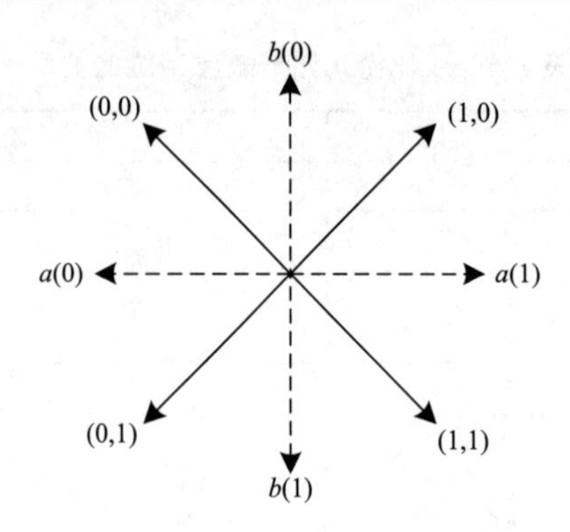

图 7.6 QPSK 信号矢量示意图

表 7.5 QPSK 信号相位编码逻辑关系

a	1	0	0	1
b	1	1	0	0
a 路平衡调制器输出 b 路平衡调制器输出 合成相位	0° 270° 315°	180° 270° 225°	180° 90° 135°	0° 90° 45°

（2）QPSK 信号的解调

由于 QPSK 信号可以看作是两个正交 2PSK 信号的合成，故它可以采用与 2PSK 信号类似的解调方法进行解调，即由两个 2PSK 信号相干解调器构成，其组成方框图如图 7.7 所示。

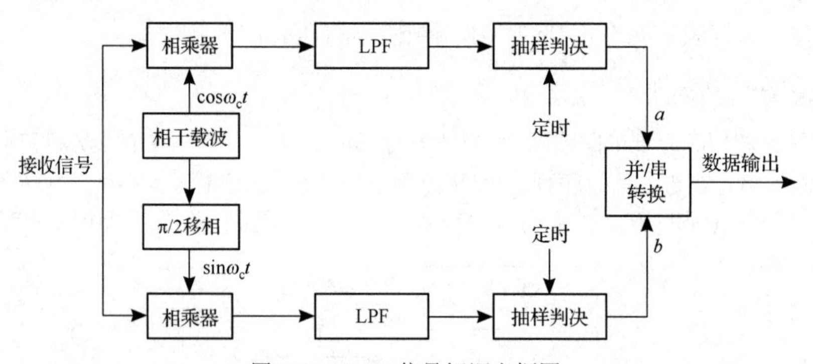

图 7.7 QPSK 信号解调方框图

图 7.7 中并/串转换的作用与调制器中的串/并转换器相反，它用来将上、下支路所得的并行数据恢复成串行数据。

2．OQPSK 调制

OQPSK 是在 QPSK 基础上发展起来的一种恒包络数字调制技术，称为偏移四相相移键控（Offset–QPSK），或称为参差四相相移键控（SQPSK）等。它与 QPSK 有同样的相位关系，把输入码流分成两路，然后进行正交调制。不同点在于它将同相和正交两支路的码流在时间上错开了半个码元周期。由于两支路码元半周期的偏移，每次只有一路可能发生极性翻转，不会发生两支路码元极性同时翻转的现象。因此，OQPSK 信号相位只能跳变 0°、±90°，不会出现 180° 的相位跳变。

OQPSK 调制方式相干解调的误码性能与 QPSK 相同，其信号产生原理框图如图 7.8 所示。

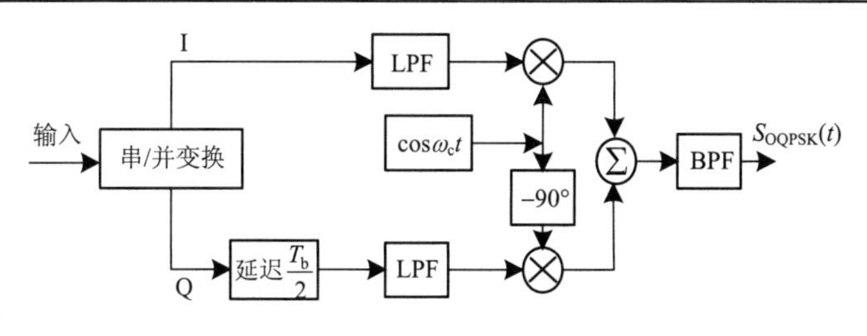

图 7.8　OQPSK 调制原理框图

从图 7.8 中可见，它与 QPSK 调制的不同点是下支路（又称为正交支路，Q 支路）经过 $T_b/2$ 的延迟。

OQPSK 解调原理框图如图 7.9 所示。

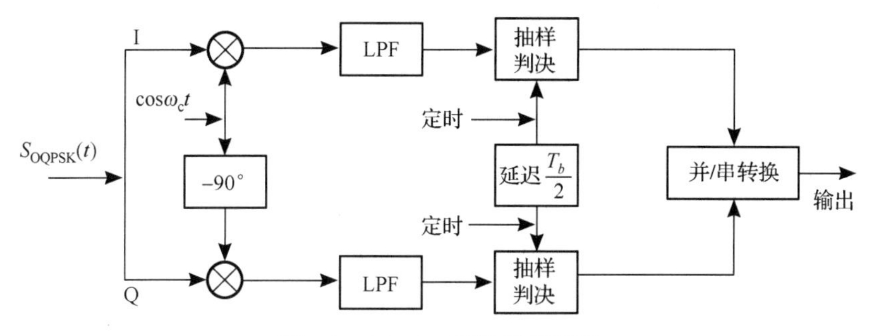

图 7.9　OQPSK 解调原理框图

3．π/4–DQPSK 调制

OQPSK 由于在正交支路引入 $T_b/2$ 的偏移，消除了 QPSK 中 180°的相位突跳现象。π/4–DQPSK 是 QPSK 和 OQPSK 的折中，其最大相位跳变为±135°。因此，通过带通滤波的π/4–DQPSK 信号比经过同样处理的 QPSK 信号有较小的包络起伏，但比 OQPSK 通过带通的信号包络起伏大。π/4–DQPSK 可采用相干解调，也可采用非相干解调，特别是它的非相干解调使得接收机大大简化，因此受到人们的青睐。

与 OQPSK 只有 4 个相位点不同，π/4–DQPSK 已调信号的相位被均匀地分配在相距π/4 的 8 个相位点，如图 7.10(a)所示。

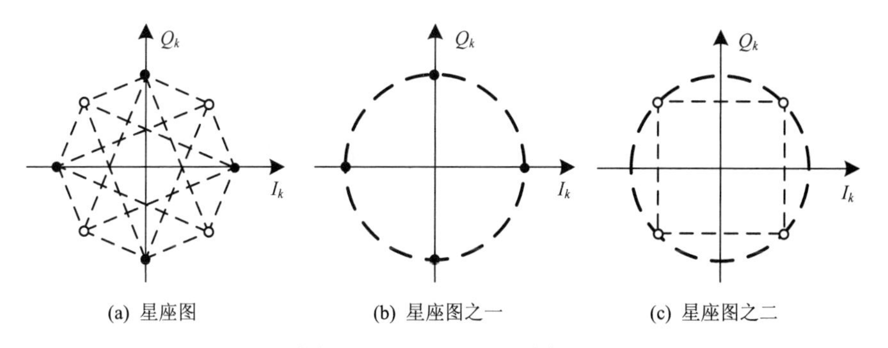

图 7.10　π/4–DQPSK 星座图

实际实现时 8 个相位点被分为两组，分别用“•”和“○”表示，如图 7.10(b)和图 7.10(c)所示。π/4–DQPSK 信号调制时信号的相位在两组之间交替跳变，则相位跳变值就只能是π/4

和 3π/4，从而避免了 QPSK 信号相位突变的现象。而且相邻码元间至少有π/4 的相位变化，从而使接收机容易进行时钟恢复和同步。

π/4–DQPSK 信号调制解调原理框图如图 7.11 所示。

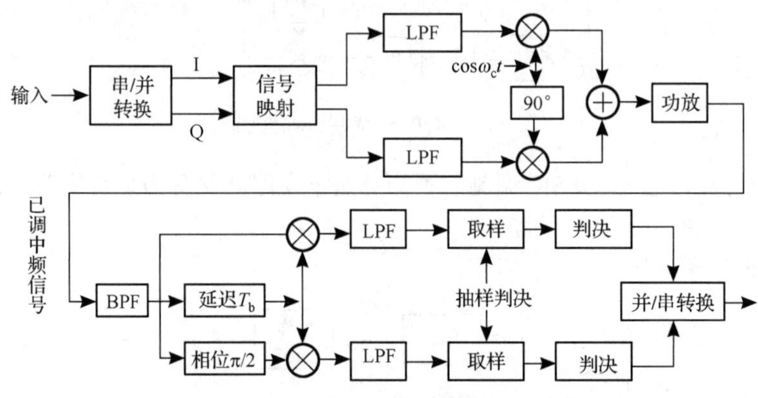

图 7.11　π/4–DQPSK 调制解调原理框图

表 7.6 给出了双比特信息 I_k、Q_k 和相邻码元间相位跳变$\Delta\theta_k$之间的对应关系。

表 7.6　I_k、Q_k 与$\Delta\theta_k$的对应关系

双比特码元		相邻码元间相位跳变$\Delta\theta_k$
I_k	Q_k	
1	1	π/4
–1	1	3π/4
–1	–1	–3π/4
1	–1	–π/4

由表 7.6 可以看出，π/4–DQPSK 调制的信号码元转换时刻的相位跳变量只有±π/4 和±3π/4 四种取值，而不可能产生如 QPSK 信号的±π 的相位跳变。信号的频谱特性得到较大改善。

需要指出的是，π/4–DQPSK 的优势还在于它可以采用相干解调，同时还可以差分检测。这是因为π/4–DQPSK 信号内的信息完全包含在载波的两个相邻码元之间的相位差中。差分检测是一种非相干解调，这大大简化了接收机的设计。而且，通过研究还发现，存在多径和衰落时，π/4–DQPSK 的性能优于 OQPSK。

在 Link-11 数据链中，编码后的数据 30bit，按顺序分为 15 组，每 2bit 为一组分别用 15 个数据单音进行π/4–DQPSK 调制。从这个意义上说，Link-11 数据链也可以看成是一种多载波π/4–DQPSK 传输系统，这样可以将发送的串行数据流分散到多个子载波上，降低了各子载波的码元速率，从而提高了抗衰落和抗多径的能力。

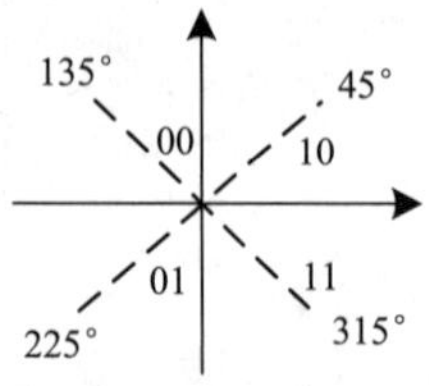

在 Link-11 数据链中，一帧中的每一个数据单音都有其特定的相位，在一帧内该相位保持不变，在帧边界每一个数据单音的相位根据前一帧的相位进行相移，相移的大小决定了 2bit 的数值。2bit 可以表示 4 种不同的状态：10、00、01、11，分别对应与前一帧的相位差为 45°、135°、225°和 315°。如图 7.12 所示，每一个矢量角度都位于一个象限的中心，也就是说当相位差小于 45°时，不影响判决结果，当大于 45°时，相位就会落入相邻的象限，从而产生误码。实际中，Link-11 数据链通过

135° 00　45° 10　225° 01　315° 11

图 7.12　相位差分布图

无线电台发送的音频信号是包含 605Hz 在内的 16 个单音频率的组合波形，其中 605Hz 作为多普勒单音不进行调制，15 个数据单音进行π/4–DQPSK 调制。

7.2.2　Link-16 数据链的 MSK 调制

在 Link-16 数据链中，待传输的消息经纠错编码和交织后，以 5bit 二进制信息为一组，通过 32bit 序列进行 CCSK 调制，然后再与 32bit 的伪随机噪声按“异或（XOR）”逻辑运算，形成传输码序列；Link-16 数据链发射的脉冲信号就是以 32bit 的传输码序列作为调制信号，以 5Mb/s 的速率对载波进行最小移频键控调制（MSK）形成的。MSK 信号是一种包络恒定、相位连续、带宽最小并且严格正交的 2FSK 信号，且具有带外旁瓣衰减快的特点。

1. MSK 调制的基本原理

（1）MSK 信号的频率间隔。MSK 信号的第 k 个码元可以表示为

$$s_k(t)=\cos\left(\omega_s t+\frac{a_k\pi}{2T_s}t+\varphi_k\right)\qquad (k-1)T_s<t\leqslant kT_s \tag{7.2}$$

式中，ω_s 为载波角载频；$a_k=\pm1$（当输入码元为“1”时，$a_k=+1$；当输入码元为“0”时，$a_k=-1$）；T_s 为码元宽度；φ_k 为第 k 个码元的初始相位。

由上式可以看出，当输入码元为“1”时，$a_k=+1$，故码元频率 f_1 等于 $f_s+1/(4T_s)$；当输入码元为“0”时，$a_k=-1$，故码元频率 f_0 等于 $f_s-1/(4T_s)$。所以，MSK 信号的频率间隔为 $f_1-f_0=1/(2T_s)$。

（2）MSK 信号的相位连续性。相位连续的一般条件是前一码元末尾时刻的总相位等于后一码元开始时的总相位，即

$$\omega_s kT_s+\frac{a_{k-1}\pi}{2T_s}\cdot kT_s+\varphi_{k-1}=\omega_s kT_s+\frac{a_k\pi}{2T_s}\cdot kT_s+\varphi_k \tag{7.3}$$

这就是要求

$$\frac{a_{k-1}\pi}{2T_s}\cdot kT_s+\varphi_{k-1}=\frac{a_k\pi}{2T_s}\cdot kT_s+\varphi_k \tag{7.4}$$

由式（7.4）可以容易地写出下列递归条件

$$\varphi_k=\varphi_{k-1}+\frac{k\pi}{2}(a_{k-1}-a_k)=\begin{cases}\varphi_{k-1}, & a_k=a_{k-1}\\ \varphi_{k-1}\pm k\pi, & a_k\neq a_{k-1}\end{cases} \tag{7.5}$$

由式（7.5）可以看出，第 k 个码元的相位不仅和当前的输入有关，而且和前一码元的相位有关。这就是说，要求 MSK 信号的前后码元之间存在相关性。

在用相干法接收时，可以假设 φ_{k-1} 的初始参考值等于 0。这时，由式（7.5）可知

$$\varphi_k=0\text{或}\pi,\qquad (\text{mod}\ \ 2\pi) \tag{7.6}$$

式 $s_k(t)=\cos\left(\omega_s t+\dfrac{a_k\pi}{2T_s}t+\varphi_k\right)$ 可以改写为

$$s_k(t)=\cos[\omega_s t+\theta_k(t)]\qquad (k-1)T_s<t\leqslant kT_s \tag{7.7}$$

式中，$\theta_k(t)=\dfrac{a_k\pi}{2T_s}t+\varphi_k$，$\theta_k(t)$称为第 k 个码元的附加相位。

由式（7.7）可见，在此码元持续时间内它是 t 的直线方程。并且，在一个码元持续时间 T_s 内，它变化 $a_k\pi/2$，即变化±π/2。按照相位连续性的要求，在第 k–1 个码元的末尾，即当 $t=(k-1)T_s$ 时，其附加相位 $\theta_{k-1}(kT_s)$ 就应该是第 k 个码元的初始附加相位 $\theta_k(kT_s)$。所以，每经过一个码元的持续时间，MSK 码元的附加相位就改变±π/2；若 $a_k=+1$，则第 k 个码元的附加相位增加 π/2；若 $a_k=-1$，则第 k 个码元的附加相位减小 π/2。按照这一规律，可以画出 MSK 信号附加相位 $\theta_k(t)$ 的轨迹，如图 7.13 所示。图中给出的曲线所对应的输入数据序列是：$a_k=+1,+1,+1,-1,-1,+1,+1,+1,-1,-1,-1,-1,-1$。

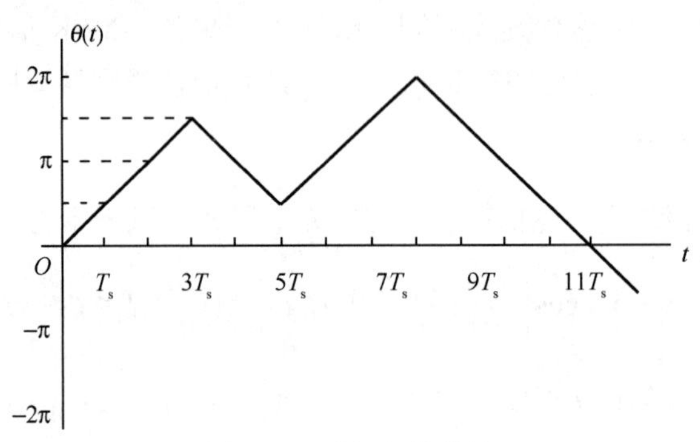

图 7.13 附加相位轨迹

2. MSK 信号的产生和解调

（1）MSK 信号的产生方法。MSK 信号可以用两个正交的分量表示：

$$s_k(t) = p_k \cos\frac{\pi t}{2T_s}\cos\omega_s t - q_k \sin\frac{\pi t}{2T_s}\sin\omega_s t \qquad (k-1)T_s < t \leqslant kT_s \tag{7.8}$$

式中，$p_k = \cos\varphi_k = \pm 1$，$q_k = a_k\cos\varphi_k = a_k p_k = \pm 1$。该式表明，此信号可以分解为同相（I）和正交（Q）分量两部分。同相（I）分量的载波为 $\cos\omega_s t$，p_k 中包含输入码元信息，$\cos(\pi t/2T_s)$ 是其正弦形加权函数；正交（Q）分量的载波为 $\sin\omega_s t$，q_k 中包含输入码元信息，$\sin(\pi t/2T_s)$ 是其正弦形加权函数。

通过分析 MSK 信号的正交表达式，MSK 信号的产生原理框图如图 7.14 所示。

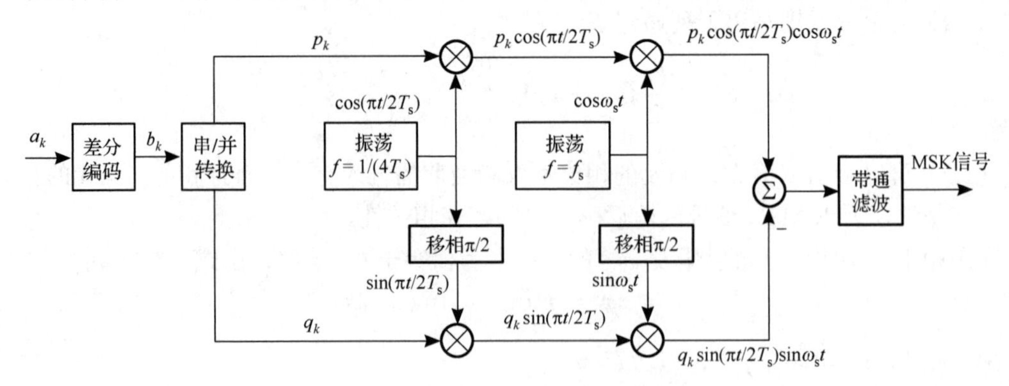

图 7.14 MSK 信号的产生原理框图

（2）MSK 信号的解调方法。MSK 信号是一种 2FSK 信号，所以和 2FSK 信号一样，有相干解调和非相干解调，这里介绍延时判决相干解调法。

下面举例说明在（0,2T_s）时间内判决出一个码元信息的基本原理。

先考察 k=1 和 k=2 的两个码元。设$\theta_1(t)$=0，则由 MSK 的相位变化规律可知，在 $t=2T$ 时，$\theta_k(t)$的相位可能为 0 或±π，其附加相位的变化曲线如图 7.15 所示。

把接收信号 $\cos(\omega_s t+\theta(t))$与相干载波 $\cos(\omega_s t+\pi/2)$相乘，则得到

$$\cos[\omega_s t+\theta_k(t)]\cos(\omega_s t+\pi/2)=\frac{1}{2}\cos\left[\theta_k(t)-\frac{\pi}{2}\right]+\frac{1}{2}\cos\left[2\omega_s t+\theta_k(t)+\frac{\pi}{2}\right] \tag{7.9}$$

式中，右端第二项的频率为 $2\omega_s$，将它用低通滤波器滤除，并省略掉常数（1/2）后，得到输出信号

$$v_o=\cos\left[\theta_k(t)-\frac{\pi}{2}\right]=\sin\theta_k(t) \tag{7.10}$$

按照输入码元 a_k 的取值不同，输出信号电压 v_o 的轨迹如图 7.16 所示。

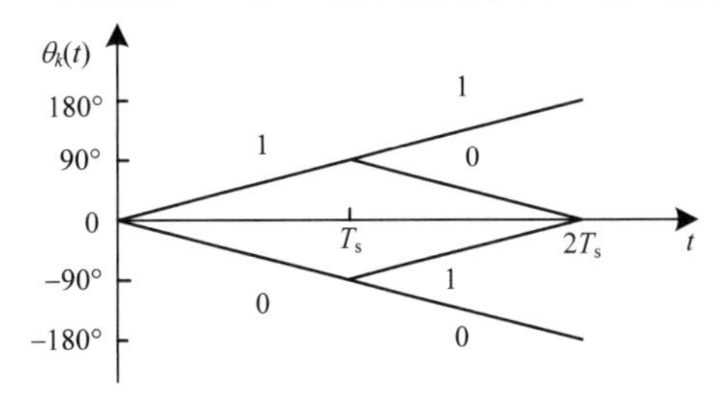

图 7.15　附加相位变化

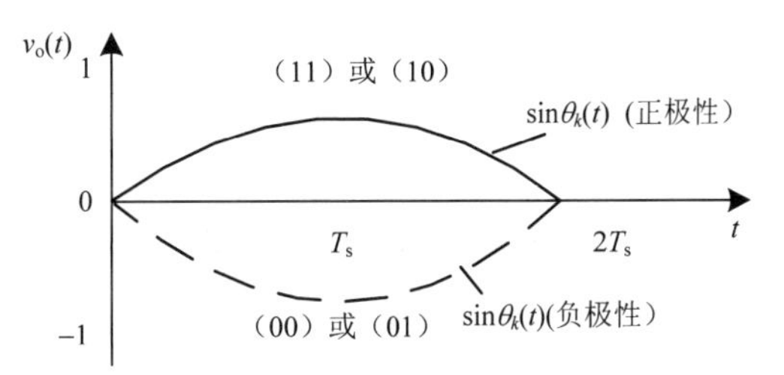

图 7.16　输出信号电压的变化

若输入的两个码元为“+1,+1”或“+1,−1”，则 $\theta_k(t)$的值在 $0<t\leqslant 2T_s$ 期间始终为正。若输入的一对码元为“−1,+1”或“−1,−1”，则 $\theta_k(t)$的值始终为负。

因此，若在此 $2T_s$ 期间对上式积分，则积分结果为正值时，说明第一个接收码元为“+1”；若积分结果为负值，则说明第 1 个接收码元为“−1”。故在 $T_s<t\leqslant 3T_s$ 期间积分，就能判断第 2 个接收码元的值，以此类推。延时判决相干解调法的原理框图如图 7.17 所示。

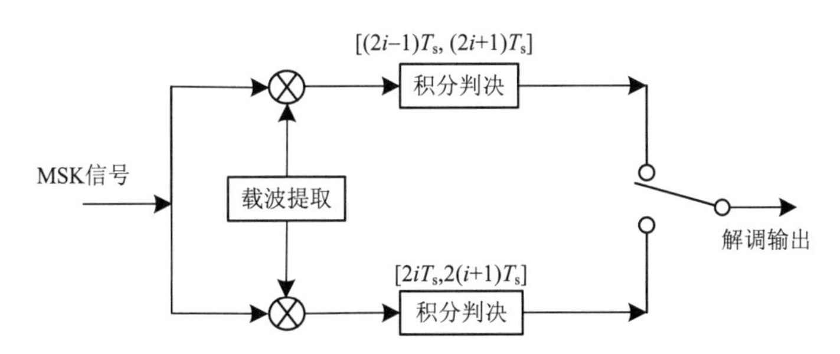

图 7.17　MSK 信号延迟解调法方框图

用这种方法解调，由于利用了前后两个码元的信息对于前一个码元作判决，故可以提高数据接收的可靠性。图中两个积分判决器的积分时间长度均为 $2T_s$，但是错开时间 T_s。上支路的积分判决器先给出第 $2i$ 个码元输出，然后下支路给出第（$2i$+1）个码元输出。

由以上讨论可知，MSK 信号具有如下特点。

① 已调信号的振幅是恒定的；

② 信号的频率偏移严格地等于$\pm\frac{1}{4T_s}$；

③ 以载波相位为基准的信号相位在一个码元期间内准确地线性变化$\pm\frac{\pi}{2}$；

④ 一个码元持续时间是1/4载波周期的整数倍；

⑤ 在码元转换时刻信号的相位是连续的，或者说信号的波形没有突跳。

在Link-16数据链中，系统所发射的是成串的脉冲信号，每个时隙发射的信息构成一条消息。每个脉冲的宽度为6.4μs，是以一个码片宽度200ns的32位伪随机序列作为调制信号对载频做MSK调制而形成的，脉冲之间的间隔是13μs。产生的脉冲有两种形式：单脉冲字符和双脉冲字符。在载波调制过程中，如果第n个数字信息与第n–1个数字信息相同，则用较低的频率发射；如果第n个数字与第n–1个数字不同，则用较高的频率发射；两个频率周期每200ns相差半个波长，如图7.18所示。

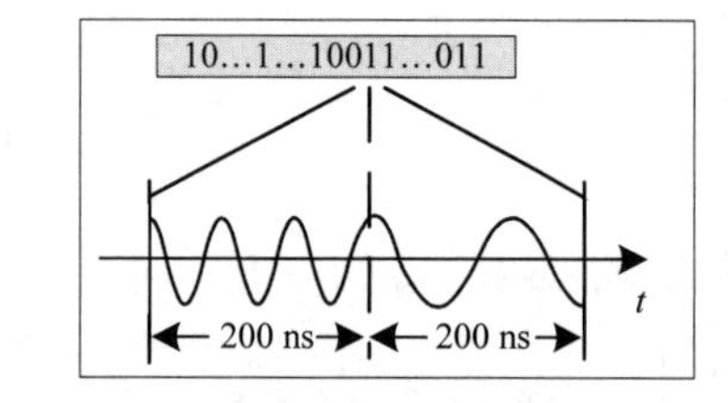

图7.18 Link-16数据链中的MSK信号波形

7.2.3 Link-22数据链的8PSK调制

在Link-22数据链系统中，载波调制方式采用8PSK，以进一步提高信息传输效率，并可根据所采用的调制方式和编码方式的不同组合，形成不同的信息传输波形。在本小节，重点介绍8PSK调制方式的调制解调原理。

1. MPSK调制

8PSK调制方式属于多进制数字相位调制（MPSK）的一种，它是利用载波的多种不同相位（或相位差）来表征数字信息的调制方式。

在第k个码元的持续时间内，一个MPSK信号码元可以表示为

$$s_k(t) = A\cos(\omega_0 t + \varphi_k) \qquad k = 1,2,\cdots,M \tag{7.11}$$

其中，A为常数，φ_k为一组间隔均匀的受调制相位，它可以写为

$$\varphi_k = \frac{2\pi}{M}(k-1), \qquad k = 1,2,\cdots,M \tag{7.12}$$

通常M取2的某次幂：M=2^k，k=正整数。故M种相位可以用来表示$k$bit码元的2^k种状态。

可以将MPSK信号码元表示式展开写成

$$s_k(t) = A\cos(\omega_0 t + \varphi_k) = a_k\cos\omega_0 t - b_k\sin\omega_0 t \tag{7.13}$$

其中，$a_k = A\cos\varphi_k$，$b_k = A\sin\varphi_k$。式（7.13）表明，MPSK信号码元$s_k(t)$可以看作是由正弦和余弦两个正交分量合成的信号。

2. 8PSK调制

对于8PSK调制来说，φ_k有8种可能取值。图7.19给出了8PSK信号的矢量图，8种相位分别为π/8、3π/8、5π/8、7π/8、9π/8、11π/8、13π/8、15π/8，分别对应于数字信息111、110、010、011、001、000、100、101。

8PSK 调制信号的产生原理框图如图 7.20 所示。输入的二进制信息序列经串/并转换每次产生一个 3 位码组 $b_1b_2b_3$，因此，符号速率为比特率的 1/3。在 $b_1b_2b_3$ 控制下，同相支路和正交支路分别产生两个四电平基带信号 $I(t)$和 $Q(t)$。b_1 用于决定同相路信号的极性，b_2 决定正交路信号的极性，b_3 则用于确定同相路和正交路信号的幅度。

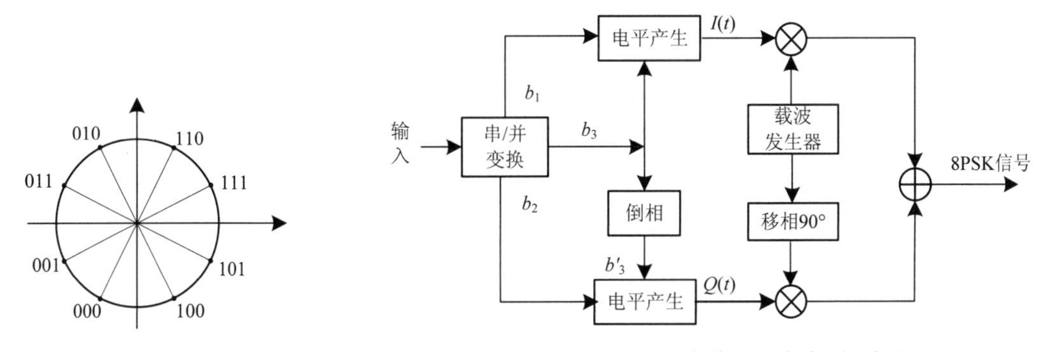

图 7.19　8PSK 信号的矢量图　　　图 7.20　8PSK 调制信号的产生原理框图

由式（7.13）可以看出，MPSK 信号可以用两个正交的载波信号实现相干解调，因此，8PSK 信号也可采用相干解调，其解调原理框图与 QPSK 调制类似，区别在于电平判决由二电平判决改为四电平判决，判决结果经逻辑运算后得到比特码组，再进行并—串变换。

7.3　数据链的编码技术

对于数据链系统来说，通常是采用无线电信道传输信息，由于空间信道的开放性，所传输的信息必然会受到各信道环境和干扰因素的影响，从而产生差错，降低了信息传输的可靠性。由乘性干扰引起的码间串扰，可以采用均衡的办法纠正；而加性干扰的影响则需要用其他办法解决。在设计数据链系统时，应该首先从合理选择调制方式、解调方法以及发送功率等方面来考虑，使加性干扰不足以影响所要求误码率要求。若仍不能满足要求，就需要考虑采用差错控制编码技术了。本节首先介绍差错控制技术的原理，然后分别介绍 Link-11 数据链的检错编码、Link-16 数据链的 RS 码和 Link-22 数据链的卷积码的原理和应用方法。

7.3.1　差错控制技术原理

从差错控制角度看，按加性干扰引起的错码分布规律的不同，信道可以分为三类，即随机信道、突发信道和混合信道。在随机信道中，错码的出现是随机的，而且错码之间是统计独立的。例如，由正态分布白噪声引起的错码就具有这种性质。在突发信道中，错码是成串集中出现的，即在一些短促的时间段内会出现大量错码，而在这短促的时间段之间存在较长的无错码区间。这种成串出现的错码称为突发错码。产生突发错码的主要原因之一是脉冲干扰，例如电火花产生的干扰。信道中的衰落现象也是产生突发错码的另一个主要原因。既存在随机错码又存在突发错码，且哪一种都不能忽略不计的信道，称为混合信道。

根据不同信道类型应采用不同的差错控制技术，差错控制技术主要有以下4种。

（1）检错重发。在发送码元序列中加入差错控制码元，接收端利用这些码元检测到有错码时，利用反向信道通知发送端，要求发送端重发，直到正确接收为止。所谓检测到有错码，是指在一组接收码元中知道有一个或一些错码，但是不知道该错码应该如何纠正。采用检错重发技术时，数据链系统需要有双向信道传送重发指令。

（2）前向纠错。前向纠错一般简称为FEC（Forward Error Correction）。这时接收端利用发送端在发送码元序列中加入的差错控制码元，不但能够发现错码，还能纠正错误码元取值。在二进制码元的情况下，能够确定错码的位置，就相当于能够纠正错码。采用FEC时，不需要反向信道传送重发指令，也没有因反复重发而产生时延，故实时性好。但是为了能够纠正错误，而不是仅仅检测到有错码，与检错重发方法相比，需要加入更多的差错控制码元，故前向纠错设备要比检测重发设备复杂。

（3）反馈校验。这时不需要在发送序列中加入差错控制码元。接收端将接收到的码元原封不动地转发回发送端。在发送端将它和原发送码元逐一比较。若发现有不同，就认为接收端收到的序列中有错码，发送端立即重发。这种技术的原理和设备都很简单。但是需要双向信道，传输效率也很低，因为每个码元都需要占用两次传输时间。

（4）检错删除。它和检错重发的区别在于，在接收端发现错码后，立即将其删除，不要求重发。这种方法只适用在少数特定系统中，在那里发送码中有大量多余度，删除部分接收码元不影响应用。例如，用于多次重发仍然存在错码时，这时为了提高传输效率不再重发，而采取删除方法。这样做在接收端当然会有少许损失，但是却能够及时接收后续的信息。

上述4种技术中除第3种外，其共同点是在接收端识别有无错误。由于信息码元序列是一种随机序列，接收端无法预知码元的取值，也无法识别其中有无错误。所以在发送端需要在信息码元序列中增加一些差错控制码元，它们称为监督码元。这些监督码元和信息码元之间有确定的关系。比如某种函数关系，使接收端有可能利用这种关系发现或纠正存在的错码。

差错控制编码常称为纠错编码。不同的编码方法，有不同的检错或纠错能力。有的编码方法只能检错，不能纠错。一般来说，付出的代价越大，检（纠）错能力越强。这里所说的代价，就是增加的监督码元多少，它通常用多余度来衡量。例如，若编码序列中平均每两个信息码元就添加一个监督码元，则这种编码的多余度为1/3。或者说，这种码的编码效率为2/3。设编码序列中信息码元数量为k，总码元数量为n，则比值k/n就是码率。监督码元数（$n-k$）和信息码元数 k 之比称为冗余度。理论上，差错控制以降低信息传输速率为代价换取高传输可靠性。

7.3.2 Link-11数据链的汉明码

Link-11数据链采用的检错编码方式是汉明码，通过在信息比特后面添加一些监督位以达到检错纠错的目的。加密后的M系列战术信息以24位的二进制信息为一组，经过（30,24）汉明编码后，产生6bit监督位，放在24bit信息位后面，组成30bit的一帧数据。

1. 汉明码

汉明码是能够纠正1位错码且编码效率较高的一种线性分组码。它通过构造一组相互关联的奇偶监督码来建立监督关系式，以达到检错纠错的目的。

奇偶监督码是汉明码的理论基础。奇偶监督码分为奇数监督码和偶数监督码两种，两者的原理相同。在偶数监督码中，无论信息位多少，监督位只有 1 位，它使码组中“1”的数目为偶数，即满足下式条件：

$$a_{n-1} \oplus a_{n-2} \oplus \cdots \oplus a_0 = 0 \tag{7.14}$$

式中，a_0 为监督位，其他位为信息位。

这种编码能够检测奇数个错码。在接收端，按照上式求“模 2 和”，若计算结果为“1”就说明存在错码，结果为“0”就认为无错码。奇数监督码与偶数监督码相似，只不过其码组中“1”的数目为奇数：

$$a_{n-1} \oplus a_{n-2} \oplus \cdots \oplus a_0 = 1 \tag{7.15}$$

通过上述分析，在偶数监督码中，由于使用了一位监督位 a_0，它和信息位 a_{n-1} … a_1 一起构成一个代数式：

$$a_{n-1} \oplus a_{n-2} \oplus \cdots \oplus a_0 = 0 \tag{7.16}$$

在接收端解码时，实际上就是在计算：

$$S = a_{n-1} \oplus a_{n-2} \oplus \cdots \oplus a_0 \tag{7.17}$$

若 S=0，就认为无错码；若 S=1，就认为有错码。现将上式称为监督关系式，S 称为校正子。由于校正子 S 只有两种取值，故它只能代表有错和无错这两种信息，而不能指出错码的位置。

若监督位增加一位，即变成两位，则能增加一个类似的监督关系式。由于两个校正子的可能值有 4 种组合：00，01，10，11，故能表示 4 种不同的信息。若用其中 1 种组合表示无错，则其余 3 种组合就有可能用来指示一个错码的 3 种不同位置。同理，r 个监督关系式能指示 1 位错码的（2^r-1）个可能位置。

一般来说，若码长为 n，信息位数为 k，则监督位数 $r=n-k$。如果希望用 r 个监督位构造出 r 个监督关系式来指示 1 位错码的 n 种可能位置，则要求：

$$2^r - 1 \geqslant n \quad 或 \quad 2^r \geqslant k + r + 1 \tag{7.18}$$

下面通过一个例子来说明如何具体构造这些监督关系式。

例：设分组码(n, k)中 k=4，为了纠正 1 位错码，要求监督位数 $r \geqslant 3$。若取 r=3，则 n=k+r=7。我们用 $a_6a_5 \ldots a_0$ 表示这 7 个码元，用 S_1、S_2 和 S_3 表示 3 个监督关系式中的校正子，则 S_1、S_2 和 S_3 的值与错码位置的对应关系可以规定如表 7.7 所示。

表 7.7　校正子与错码位置的对应关系

S_1 S_2 S_3	错码位置	S_1 S_2 S_3	错码位置
0 0 1	a_0	1 0 1	a_4
0 1 0	a_1	1 1 0	a_5
1 0 0	a_2	1 1 1	a_6
0 1 1	a_3	0 0 0	无错码

由表 7.7 中规定可见，仅当一位错码的位置在 a_2、a_4、a_5 或 a_6 时，校正子 S_1 为 1；否则

S_1为零。这就意味着a_2、a_4、a_5和a_6 4个码元构成偶数监督关系式：

$$S_1 = a_6 \oplus a_5 \oplus a_4 \oplus a_2 \tag{7.19}$$

同理，a_1、a_3、a_5和a_6构成偶数监督关系式：

$$S_2 = a_6 \oplus a_5 \oplus a_3 \oplus a_1 \tag{7.20}$$

以及a_0、a_3、a_4和a_6构成偶数监督关系式：

$$S_3 = a_6 \oplus a_4 \oplus a_3 \oplus a_0 \tag{7.21}$$

在发送端编码时，信息位a_6、a_5、a_4和a_3的值决定于输入信号，因此它们是随机的。监督位a_2、a_1和a_0应根据信息位的取值按监督关系来确定，即监督位应使式（7.19）～式（7.21）中S_1、S_2和S_3的值为0（表示编成的码组中应无错码）：

$$\begin{cases} a_6 \oplus a_5 \oplus a_4 \oplus a_2 = 0 \\ a_6 \oplus a_5 \oplus a_3 \oplus a_1 = 0 \\ a_6 \oplus a_4 \oplus a_3 \oplus a_0 = 0 \end{cases} \tag{7.22}$$

经过移项运算，解出监督位

$$\begin{cases} a_2 = a_6 \oplus a_5 \oplus a_4 \\ a_1 = a_6 \oplus a_5 \oplus a_3 \\ a_0 = a_6 \oplus a_4 \oplus a_3 \end{cases} \tag{7.23}$$

给定信息位后，可以直接按式（7.23）算出监督位，结果如表7.8所示。

表7.8 信息位与监督位对应关系

信息位 $a_6\ a_5\ a_4\ a_3$	监督位 $a_2\ a_1\ a_0$	信息位 $a_6\ a_5\ a_4\ a_3$	监督位 $a_2\ a_1\ a_0$
0 0 0 0	0 0 0	1 0 0 0	1 1 1
0 0 0 1	0 1 1	1 0 0 1	1 0 0
0 0 1 0	1 0 1	1 0 1 0	0 1 0
0 0 1 1	1 1 0	1 0 1 1	0 0 1
0 1 0 0	1 1 0	1 1 0 0	0 0 1
0 1 0 1	1 0 1	1 1 0 1	0 1 0
0 1 1 0	0 1 1	1 1 1 0	1 0 0
0 1 1 1	0 0 0	1 1 1 1	1 1 1

接收端收到每个码组后，先计算出S_1、S_2和S_3，再查表判断错码情况。例如，若接收码组为0000011，按上述公式计算可得：S_1=0，S_2=1，S_3=1。由于$S_1S_2S_3$等于011，故查表可知在a_3位有1错码。

按照上述方法构造的码组称为汉明码。表7.8中所列的（7,4）汉明码的最小码距d_0=3。因此，这种码能够纠正1个错码或检测2个错码。由于码率k/n=（$n-r$）$/n$=$1-r/n$，故当n很大和r很小时，码率接近1。可见，汉明码是一种高效码。

2．汉明码在Link-11数据链中的应用

在Link-11数据链中，24位的M系列战术信息，经过（30,24）汉明编码产生6bit监督位，

放在 24bit 信息位后面，组成 30bit 的一帧数据。6bit 监督位又称为校验码，位于一帧中的第 24～29bit 位置，Link-11 数据链的消息结构如表 7.9 所示。

表 7.9　Link-11 数据链的消息结构

Link-11 数据链消息	第一帧		第二帧	
	信息位	检错码	信息位	检错码
占用 bit 位置	0～23	24～29	0～23	24～29
占用 bit 数	24	6	24	6

6bit 监督位的生成规则参照北约标准 STANAG 5511，每一校验位的设置依据如下。

（1）第 29bit 位：若第 11～23（包括 11 和 23）bit 中值为 1 的个数是偶数，则第 29bit 位置 1，否则置 0。

（2）第 28bit 位：若第 4～10（包括 4 和 10）以及第 18～23（包括 18 和 23）bit 中值为 1 的个数是偶数，则第 28bit 位置 1，否则置 0。

（3）第 27bit 位：若第 1，2，3，7，8，9，10，14，15，16，17，22，23bit 中值为 1 的个数是偶数，则第 27bit 位置 1，否则置 0。

（4）第 26bit 位：若第 0，2，3，5，6，9，10，12，13，16，17，20，21bit 中值为 1 的个数是偶数，则第 26bit 位置 1，否则置 0。

（5）第 25bit 位：若第 0，1，3，4，6，8，10，11，13，15，17，19，21，23bit 中值为 1 的个数是偶数，则第 25bit 位置 1，否则置 0。

（6）第 24bit 位：若除第 24bit 外，其余 29 个 bit 中，值为 1 的个数是偶数，则第 24bit 位置 1，否则置 0。

上述 6bit 监督位的编码设置规则也可以用表 7.10 表示。

表 7.10　监督位编码设置规则

	29	28	27	26	25	24	23	22	21	20	19	18	17	16	15	14	13	12	11	10	9	8	7	6	5	4	3	2	1	0
24	X	X	X	X	X	X	X	X	X	X	X	X	X	X	X	X	X	X	X	X	X	X	X	X	X	X	X	X	X	X
25					X		X		X		X		X		X		X		X	X		X		X		X	X		X	X
26				X					X	X			X	X			X	X		X	X			X	X		X	X		X
27			X				X	X					X	X	X	X				X	X	X	X				X	X	X	
28		X					X	X	X	X	X	X								X	X	X	X	X	X	X				
29	X						X	X	X	X	X	X	X	X	X	X	X	X	X											

由表 7.10 可以得到该（30,24）汉明码的校验矩阵 $\boldsymbol{H}$，如式（7.24）所示。

$$\boldsymbol{H}=\begin{bmatrix}1&1&1&1&1&1&1&1&1&1&1&1&1&1&1&1&1&1&1&1&1&1&1&1&1&1&1&1&1&1\\1&1&0&1&1&0&1&0&1&0&1&1&0&1&0&1&0&1&0&1&0&1&0&1&0&1&0&0&0&0\\1&0&1&1&0&1&1&0&0&1&1&0&1&1&0&0&1&1&0&0&1&1&0&0&0&0&1&0&0&0\\0&1&1&1&0&0&0&1&1&1&1&0&0&0&1&1&1&1&0&0&0&0&1&1&0&0&0&1&0&0\\0&0&0&0&1&1&1&1&1&1&1&0&0&0&0&0&0&0&1&1&1&1&1&1&0&0&0&0&1&0\\0&0&0&0&0&0&0&0&0&0&0&1&1&1&1&1&1&1&1&1&1&1&1&1&0&0&0&0&0&1\end{bmatrix} \tag{7.24}$$

通过对 $\boldsymbol{H}$ 进行变换使其成为典型矩阵 $\boldsymbol{H}$，可求出生成矩阵 $\boldsymbol{G}$。根据以上得到生成矩阵和校验矩阵，就可以设计汉明码的编码器和译码器。例如，当输入信息为 $2^{20}-1$（即 000011111111111111111111）时，编码后得到的码组为 000011111111111111111111110011，码组中前 24 为信息位，后 6 位为监督位。

表 7.11 给出了校正子与错码位置的对应关系。接收端收到每个码组后，先计算其对应的校正子，再根据表 7.11 就可以判断错码位置。例如，接收码组为 $\boldsymbol{B}$=00001111111111111*0*11111110011，斜体的“0”表示错码，由校正子公式 $\boldsymbol{S}=\boldsymbol{B}\times\boldsymbol{H}^{\mathrm{T}}$ 可以得到 $\boldsymbol{S}$=100011，对照表 7.11 可以发现第 18 位传输错误，斜体的“0”正好是第 18 位，知道了错码的位置就可以实现纠错。

表 7.11 校正子与错码位置对应关系

$S_1\ S_2\ S_3 S_4\ S_5\ S_6$	错码位置	$S_1\ S_2 S_3\ S_4 S_5 S_6$	错码位置
1 1 1 0 0 0	0	1 1 0 1 0 1	15
1 1 0 1 0 0	1	1 0 1 1 0 1	16
1 0 1 1 0 0	2	1 1 1 1 0 1	17
1 1 1 1 0 0	3	1 0 0 0 1 1	18
1 1 0 0 1 0	4	1 1 0 0 1 1	19
1 0 1 0 1 0	5	1 0 1 0 1 1	20
1 1 1 0 1 0	6	1 1 1 0 1 1	21
1 0 0 1 1 0	7	1 0 0 1 1 1	22
1 1 0 1 1 0	8	1 1 0 1 1 1	23
1 0 1 1 1 0	9	1 0 0 0 0 0	24
1 1 1 1 1 0	10	1 1 0 0 0 0	25
1 1 0 0 0 1	11	1 0 1 0 0 0	26
1 0 1 0 0 1	12	1 0 0 1 0 0	27
1 1 1 0 0 1	13	1 0 0 0 1 0	28
1 0 0 1 0 1	14	1 0 0 0 0 1	29

由最小码距与检错纠错能力的关系可知，在 Link-11 数据链中所采用汉明码的最小码距是 3，所以该码可以检测 2 个错码，纠正 1 个错码；当错码数量大于该值时，就超出了该汉明码的检错范围。

7.3.3 Link-16 数据链的 RS 码

1. RS 码

RS（Reed–Solomon）码是一类具有很强纠错能力的多进制 BCH 码。它首先由里德和索洛蒙提出，故称为 RS 码。RS 码对于纠突发错误特别有效，因为它具有最大的汉明距离，与其他类型的纠错码相比，在冗余符号相同的情况下，RS 码的纠错能力最强。

RS 码有时域编码和频域编码两种，其中信息多项式 $m(x)$和生成多项式 $g(x)$分别表示如下：

$$m(x)=m_0+m_1x+m_2x^2+\cdots+m_{k-1}x^{k-1} \tag{7.25}$$

$$g(x)=Q_0+Q_1x+\ldots+Q_{n-k-1}x^{n-k-1} \tag{7.26}$$

RS 码的编码过程是首先由生成多项式 $g(x)$得到系统生成矩阵 $\boldsymbol{G}(x)$，然后时域编码可由基本的编码公式 $\boldsymbol{C}(x)=m(x)\boldsymbol{G}(x)$得到码字。图 7.21 为 RS 码时域编码原理框图。

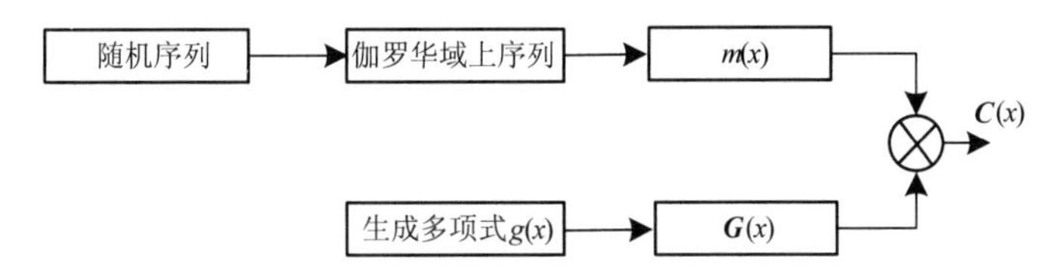

图 7.21　RS 码时域编码原理框图

而频域编码相对较复杂，码字多项式 $\boldsymbol{C}(x)$的 x^{n-1} 至 x^{n-k} 项的系数对应于序列的信息位，而其余位则代表校验位。

2. RS 码在 Link-16 数据链中的应用

在 Link-16 数据链中，为了提高信息传输的可靠性，采用了 RS 纠错编码方式。其编码方式如图 7.22 所示。

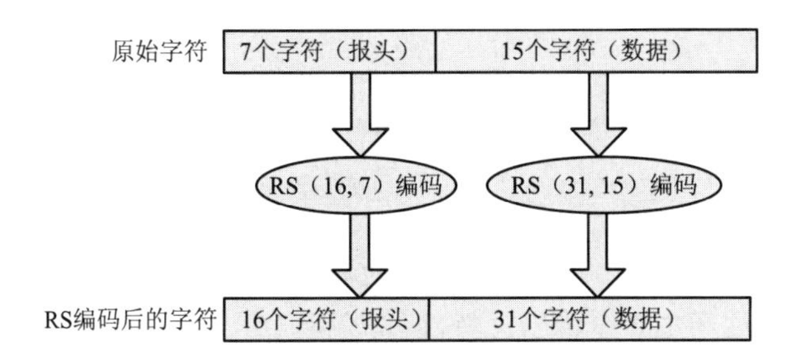

图 7.22　Link-16 数据链 RS 编码示意图

Link-16 数据链中的报头共 35bit 信息，被分为 7 组，每 5bit 为一组形成一个字符，即报头共包含 7 个字符。为了提高报头信息传输的可靠性，报头采用了 RS 编码方式，经过 RS（16,7）编码后，原有的 7 个字符信息扩展为 16 个字符，即将原有的 35bit 信息位扩展为 80bit 信息位。因此，这 16 个字符中包含了 7 个字符的报头信息（35bit）和 9 个字符的纠错编码信息（45bit）。通过 RS（16,7）编码后，即使报头中的字符中出现了 4 个字符错误，仍可以得到纠正。

在 Link-16 数据链的固定格式消息封装结构中，数据由 1 组、2 组或 4 组 93 个字符构成。这 93 个字符又可分组为 3 个码字（Code Word），每个码字有 31 个字符。然而这并不说明每个字符都载有信息。为了提高信息传输的可靠性，固定格式消息采用了 RS 纠错编码方式，这 31 个字符是由 RS（31,15）前向纠错编码后形成的，这就意味着每个码字只有 15 个字符载有信息，其余 16 个字符是纠错编码字符。通过 RS（31,15）编码后，即使消息字的字符中出现了 8 个字符的错误，也可以得到纠正。

7.3.4　Link-22 数据链的卷积码

Link-22 数据链采用现代差错控制技术，根据信道质量选择编码形式，可采用 RS 码或卷积纠错编码，以提高信息传输可靠性。7.3.3 节内容已对 RS 纠错编码进行了详细介绍，本小节重点介绍卷积码的原理。

卷积码，或称连环码，是由伊莱亚斯（P.Elis）于1955年提出来的一种非分组码。卷积编码不同于分组码，卷积码编码器把 $k$bit 信息段编成 $n$bit 的码组，但所编的 n 长码组不仅同当前的 $k$bit 信息段有关联，而且还同前面的（$N-1$）个（$N>1$，整数）信息段有关联。常称这 N 个信息段中的码元数目 nN 为卷积约束长度。常常人们还称 N 为码的约束长度，不同的是 nN 是以比特为单位的约束长度，而后者是以码组个数为单位的长度。一般来说，对于卷积码，k 和 n 是较小的整数。常把卷积码记做（n、k、N）卷积码，它的编码效率为 $R_c=k/n$。

下面以（3,l,3）卷积码编码器为例说明卷积码编码器的工作过程，如图7.23所示。

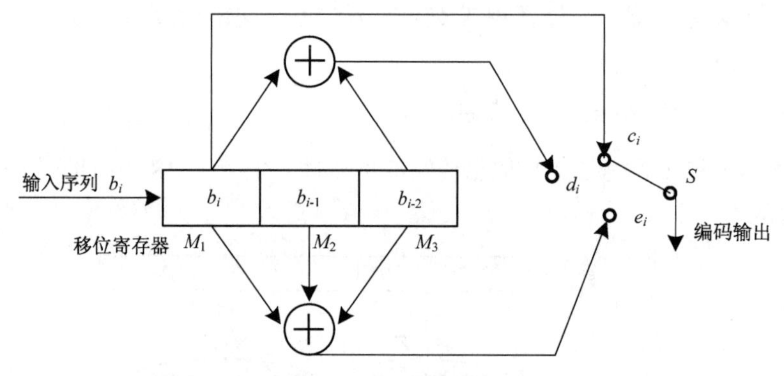

图7.23　（3,l,3）卷积码编码器

图7.23中，它由3触点转换开关和一组3位移位寄存器及模2加法器组成。每输入一个信息比特，经该编码器后产生3个输出比特，码率等于1/3。设输入信息位序列是 $\cdots b_{i-2},b_{i-1},b_i\cdots$，则当输入 b_i 时，此编码器输出 $c_i\,d_i\,e_i$，输入和输出关系如下：

$$\begin{cases} c_i = b_i \\ d_i = b_i \oplus b_{i-2} \\ e_i = b_i \oplus b_{i-1} \oplus b_{i-2} \end{cases} \tag{7.27}$$

式中，b_i 为当前输入信息位，b_{i-1}、b_{i-2} 为移位寄存器的前两个信息位。

在输出中信息位在前，监督位在后，如图7.24所示。图7.24中用虚线示出了信息位 b_i 的监督位和各信息位之间的约束关系。

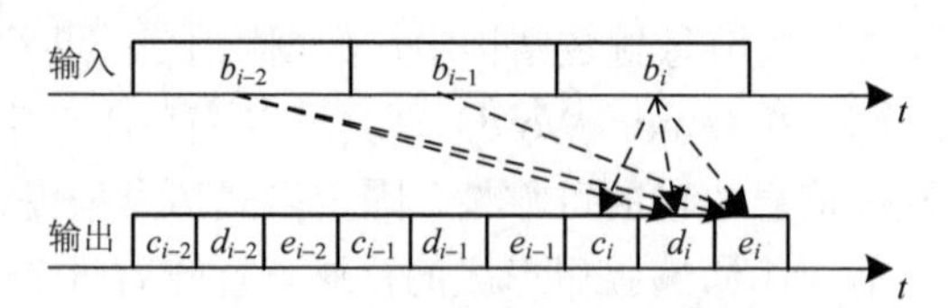

图7.24　编码器输入/输出关系

现在仍以图7.23中的（3,1,3）卷积码为例，介绍卷积码的码树图。图7.25给出了（3,1,3）卷积码的树状图。将图7.23中移位寄存器 M_1、M_2 和 M_3 的初始状态000作为码树的起点。现在规定：输入信息位为“0”，则状态向上支路移动；输入信息位为“1”，则状态向下支路移动。于是，就可以得出图7.25中所示的码树图。设现在的输入码元序列为1101，则当第1个信息位 $b_1=1$ 输入后，各移位寄存器存储的信息分别为 $M_1=1$，$M_2=M_3=0$。由式（7.27）

可知，此时的输出为 $c_1d_1e_1$=111，码树的状态将从起点 a 向下到达状态 b；此后，第二个输入信息位 b_2=1，故码树状态将从状态 b 向下到达状态 d。这时 M_2=1，M_3=0，由式（7.27）可知，$c_2d_2e_2$=110。第三位和后继各位输入时，编码器将按照图中粗线所示的路径前进，得到输出序列 111 110 010 000…。由此码树图还可看到，从第 4 级支路开始，码树的上半部和下半部相同。这意味着，从第 4 个输入信息位开始，输出码元已经与第 1 位输入信息位无关，即此编码器的约束度 N=3。

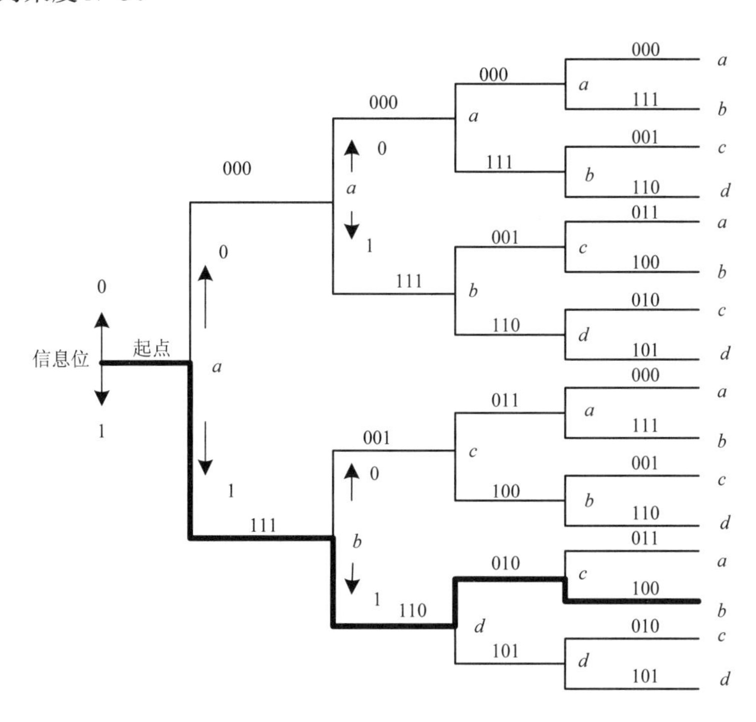

图 7.25　（3,1,3）卷积码的树状图

由树状图看到，对于第 j 个输入信息位，相应出现有 2^j 条支路，且在 $j \geqslant N = 3$ 时树状图出现节点，自上而下重复取 4 种状态。又看到，当 j 变大时，图的纵向尺寸越来越大。于是提出一种网格图，注意到码树状态的重复性，使图形变得紧凑。上例（3,1,3）码的网格图如图 7.26 所示。

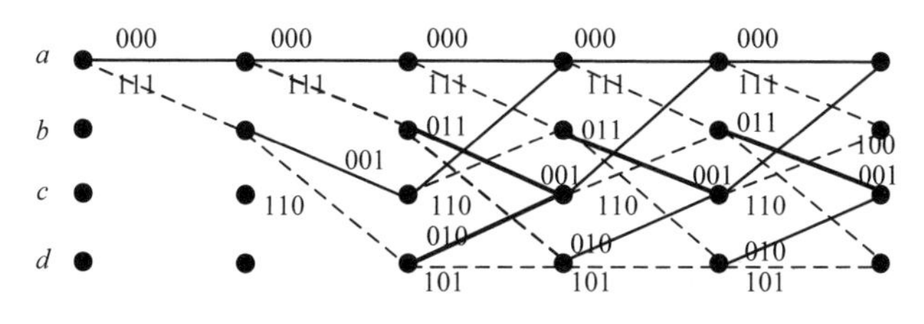

图 7.26　（3,1,3）卷积码网格图

网格图中，把码树中具有相同状态的节点合并在一起；码树中的上支路用实线表示，下支路用虚线表示；支路上标注的码元为输出比特；自上而下的 4 行节点分别表示 a、b、c、d 的 4 种状态。网格图中的状态，通常有 2^{N-1} 种状态。从第 N 个节点开始，图形开始重复，且完全相同。当网格图达到稳定状态后，取出两个节点间的一段网格图，即可得到图 7.27(a)的

状态转移图。此后，再把目前状态与下一节拍状态合并起来，即可得到图 7.27(b)所示的最简状态转移图，称为卷积码状态图。

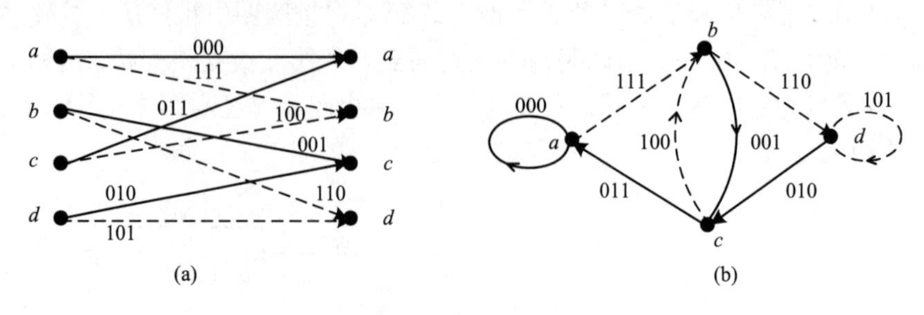

图 7.27 （3,1,3）卷积码状态图

虽然卷积码没有像分组码那样有完善严密的数学分析工具，但可以通过计算机搜索来得到性能较好的卷积码。由于在满足一定性能要求的前提下，卷积码的码组长度要比分组码的码组长度小一些，因此卷积码的译码要相对容易一些。自 Viterbi 译码算法提出以后，卷积码在信息传输系统中得到了极为广泛的应用。

小 结

本章分别从传输信道、调制技术和编码技术三个角度介绍了数据链信息传输的相关理论知识。从传输信道角度来看，外军典型战术数据链所使用的无线信道主要包括短波信道、超短波信道和微波信道，工作在短波信道的数据链可实现超视距传输，工作在超短波信道和微波信道的数据链只能实现视距传输。从调制技术角度来看，Link-11 数据链、Link-16 数据链、Link-22 数据链分别采用了 π/4–DQPSK 调制、MSK 调制、8PSK 调制。从编码技术角度来看，为了提高数据链信息传输的可靠性，Link-11 数据链、Link-16 数据链、Link-22 数据链分别采用了汉明码、RS 码和卷积码。

思 考 题

（1）请问目前外军常用的战术数据链所采用的工作频段有哪些？

（2）请简述数据链所采用的短波信道特点。

（3）请简述数据链所采用的超短信道特点。

（4）请简述数据链所采用的卫星信道特点。

（5）请简述 Link-11 数据链 π/4–DQPSK 调制信号的特点。

（6）请简述 Link-16 数据链 MSK 调制信号的特点。

（7）请简述 Link-12 数据链 8PSK 调制信号的特点。

（8）什么是随机信道？什么是突发信道？什么是混合信道？

（9）常用的差错控制方式有哪些？试比较其优缺点？

（10）请问汉明码有何特点及其在 Link-11 数据链中是如何应用的？

（11）请问 RS 码有何特点及其在 Link-16 数据链中是如何应用的？

参 考 文 献

[1] 孙义明, 杨丽萍. 信息化战争中的战术数据链[M]. 北京：北京邮电大学出版社,2005.
[2] 骆光明, 杨斌, 邱致和, 等. 数据链——信息系统连接武器系统的捷径[M]. 北京：国防工业出版社, 2008.
[3] 孙继银, 付光远, 车晓春, 等. 战术数据链技术与系统[M]. 北京：国防工业出版社, 2009.
[4] 吕娜, 杜思深, 张岳彤. 数据链理论与系统[M]. 北京：电子工业出版社, 2008.
[5] 梅文华, 蔡善法. JTIDS/Link16 数据链[M]. 北京：国防工业出版社, 2008.
[6] 董文娟. 短波信道的盲均衡算法研究[D]. 南昌：南昌大学, 2009.
[7] 张乃通, 张中兆, 李英涛, 等.卫星移动通信系统[M]. 北京:电子工业出版社, 2000.
[8] 李华辉. 航空数据链数据传输的可靠性研究[D]. 武汉：武汉理工大学, 2007.
[9] 王波. 基于 FPGA 的战术数据链中高速 RS 码的实现[D]. 合肥：中国科技大学, 2009.
[10] 郝莉. 数据链系统中的信道编译码仿真与 FPGA 实现[D]. 成都：西南交通大学, 2009.
[11] 季健忠. 战术数据链的分析与仿真研究[D]. 西安：西安电子科技大学, 2003.
[12] 崔玉英. 战术数据链中的纠错编码[D]. 哈尔滨：哈尔滨工程大学, 2004.
[13] Wang H, Kuang J M, Wang Z, etc. Transmission performance evaluation of JTIDS[C]. IEEE Military Communication Conference, New Jerrsey, 2005: 2264-2268.
[14] Kao C, Roberston C, Lin K. Performance analysis and simulation of cyclic code-shift keying[C]. IEEE Military Communication Conference, 2008:645-647.
[15] Dimitrios L, Robertson R C. Performance analysis of a Link-16/JTIDS compative waveform transmitted over a channel with pulsed-noise interference[C]. Military Communications Conference 2009, 2009:1-19.
[16] Pursley M, Royster T, IV, Tan M. High-rate direct-sequence spread spectrum [C]. IEEE Military Communication Conference,, 2005,4: 2264-2268.
[17] Hanho Lee. A High-speed low-complexity parallel Reed-Solomon decoder for optical communications[J]. IEEE Transactions on Circuits Systems, 2006,52(8):461-465.
[18] D. V. Sarwate, N. R. Shanbhag. High-speed architectures for Reed-Solomon decoders[J]. IEEE Trans. On VLSI Syst, 2001, 9:641-655.

第 8 章　数据链的网络协议

数据链本质上是具有一定拓扑结构的军事数据通信网络，实时、自动、保密地传输和交换战术信息，实现战场态势共享，构建合适的网络结构是基础。采用何种网络协议构建数据链作战网络，对数据链系统的网络拓扑结构、网络容量、系统抗毁性、组网灵活性等具有重要影响。本章首先介绍网络互联的基本概念；然后分析数据链网络的拓扑结构和网络协议栈，并以 Link-16 数据链为对象，深入剖析数据链网络协议体系结构；最后分析无线网络的 MAC 协议类型及其在典型战术数据链中的应用。

8.1　网络互联的基本概念

自 20 世纪 70 年代以来，计算机通信已从深奥的研究专题演变为社会基础设施的基本组成部分，网络已应用于各行各业。因为网络是一个非常活跃而且快速发展的新兴领域，所以这个主题似乎显得有点复杂，其中存在很多技术问题，并且每种技术都有各自的特点。许多公司陆续推出了各种新的、非常规技术的商用联网产品和服务。最终，由于这些技术可以用许多方法进行组合和嫁接，从而使得联网的问题变得复杂起来。

8.1.1　基础知识

为了把握联网的复杂性，可从 4 个方面入手：网络应用和网络编程、数据通信、分组交换和联网技术和使用 TCP/IP 的网络互联。

1．网络应用和网络编程

用户接触的网络服务和设施都是由应用软件提供的。某一计算机上的应用程序通过网络与另一计算机上的应用程序进行通信。网络应用服务的范围很宽，包括电子邮件、文件传输、分布数据库、音频和视频等。尽管每个应用以其各自的用户界面提供特定的服务，但所有应用都可以在一个共享网络上通信。由于支撑所有应用网络的可用性，使得程序员的工作变得更加容易。程序员只需要掌握一种网络接口和一个基本的函数集，即可使通过网络通信的所有应用程序都使用相同的函数集。

即使用户不清楚应用程序通过网络传送数据的硬件和软件有关的技术，但他同样可能理解网络应用，甚至有可能编写出实现网络通信的程序代码。这似乎表明程序员一旦掌握了接口技术，其他的网络知识都不需掌握了。然而，网络编程与传统的编程方法是相似的。虽然一名传统的程序员开发应用程序可以不懂编译、操作系统或计算机体系结构，但这些基础知识能帮助程序员开发更可靠、更正确和更高效的程序。类似地，有了关于底层网络系统方面的知识，则可以使程序员编写出更好的程序代码。

2. 数据通信

“数据通信”（Data Communication）是指对通过物理媒介（如导线、电波和光束）实现信息传送。由于涉及许多物理概念，数据通信似乎对我们理解联网有些不相关。特别是，由于涉及有关物理现象的许多术语和概念，这个主题也似乎只对设计低层传输功能的工程师有用。例如，利用物理能量形式（如电磁辐射）携带信息的调制技术，就与设计和使用协议无关。可是我们会看到，来自数据通信的几个关键概念将影响许多协议层的设计。在调制技术中，带宽概念就直接跟网络吞吐量有关。

数据通信中引入的多路复用技术可作为特例，它是指来自多个源的信息经过组合通过共享媒介传输，然后再拆分传递到多个目的地。我们将看到，多路复用并不局限于物理传输，大多数协议也都吸取了多路复用的某种形式。因此，尽管数据通信涉及许多底层的细节，但却为构建网络的其他方面提供了概念基础。

3. 分组交换和联网技术

在 20 世纪 60 年代，一个新的概念使得数据通信发生了一场革命：分组交换。早期的通信网络从电话和电报通信系统中演变而来，这两种原始的系统只是利用一对物理导线将通信双方连接起来形成一条通信线路。虽然这种导线的机械连接已经被电子交换所替代，但是底层的结构模式仍然维持原样，即形成一条通信线路，然后通过该线路传送信息。分组交换从根本上改变了联网方法，并奠定了现代因特网的基础。分组交换使得多个通信方通过一个共享的网络传送数据，而不是形成一条条专用的通信线路。尽管分组交换建立在与电话系统相同的最基本的通信原理上，但它却是以一种崭新的方式来利用底层的通信机制。分组交换把数据划分成许多小的数据块（称为“分组”），并在每个分组中加上信宿的标识信息。遍布网络的所有交换设备都保存有分组如何抵达所有可能目的地的有关信息。当一个分组到达任一个交换设备时，该设备就会选择一条路径，分组沿着这条路径被最终传送到正确的目的地。

表面上看，分组交换原理是简单而直观的，但却可能存在很多设计上的考虑，这取决于对一些基本问题的解决。目的地址如何标识，发送方又怎样发现目的地址？分组长度是多大？网络如何辨认一个分组的尾部和另一个分组的头部？如果多台计算机同时发送数据分组，它们如何进行协调以确保它们得到公平的发送机会？分组交换如何适应于无线网络？如何设计联网技术以便满足在速率、传输距离和经济性等不同方面的要求？为此，人们提出过许多解决方案，并研发了许多种分组交换技术。因为开发每一种网络技术都是为了满足在速率、距离、安全和经济成本等方面的不同要求，因而就存在着多种分组交换技术。各种技术在细节（如分组长度、寻址方法）上是有差别的。

4. 使用 TCP/IP 的网络互联

20 世纪 70 年代，计算机网络发生了一场革命——因特网的设想。研究分组交换的许多专家一直努力寻求一种能满足所有需求的分组交换技术。1973 年，Vinton Cerf 和 Robert Kahn 注意到：没有任何一种分组交换技术可以完全满足所有的需求，尤其是要以极低的成本为家庭或办公室建造小容量网络方面的需求。他们建议：停止寻求单一的最佳解决方案的尝试，转而去探索把多种分组交换网络互联成一个有机整体的方法。经他们建议，出现了一套专门为这种互联而研发的标准，并最终产生了被大家所熟知的 TCP/IP 互联网协议簇（通常简称 TCP/IP）。现在称为网络互联（Internet Working）的这个构思具有极其强大的影响力，它奠定了全球因特网（Internet）的基础，而且已成为计算机网络研究领域的重要组成部分。

TCP/IP 标准获得成功的主要原因之一，就在于解决了异构兼容问题。TCP/IP 不是试图去强制规定分组交换技术的细节（如分组长度、寻址方法等），而是采取一种虚拟化的手法，即定义一种与网络无关的分组格式和一种与网络无关的寻址方案，然后规定虚拟分组如何映射到每一种可能的网络上。

8.1.2 网络协议

通信至少要涉及两个实体，即发送信息的一方与接收信息的另一方。我们将看到，其实大多数分组交换通信系统还包含有中间实体（如分组转发设备）。为保证通信成功，其中重要的一点是网络中所有参与通信的实体，必须在信息如何表示与沟通方面达成一致。通信协定包括许多细节，例如，当两个实体通过有线网络进行通信时，双方必须就所用的电压、使用电信号表示数据的方法、用于初始化与连接通信的规程以及消息的格式等达成一致。

使用术语互操作性（Interoperability）来表达两个实体进行通信的能力，并且认为如果两个实体能够相互通信而不产生任何误解，那么它们就能正确地互操作。为了确保通信各方在通信细节上一致并遵从一组相同的规则，就必须制定一套精确的通信规范。

对网络通信的规范通常使用通信协议、网络协议或协议（Protocol）等。一个具体协议要规定低层通信的细节（如无线网络中使用的无线电传输类型）或者要描述高层机制（如两个应用程序所交换的消息细节），并定义在消息交换期间要遵从的规程。协议中最重要的方面之一就是对差错或意外情况的处理，因此协议通常都要对处理每个异常情况所采取的对应措施做出解释。

为确保所形成的通信系统是完整而有效的，必须认真构建一整套协议。为了避免重复，每个协议只描述其他协议不涉及的那部分通信功能。如何保证所有的协议都能很好地协调工作呢？这就需要有一个总体的设计规划。每个协议的设计不能是孤立的，而是应该整体协调地设计所有协议，称为协议组或协议簇。协议组中的每个协议只处理通信功能的一部分，而所有协议联合起来完成所有的通信功能，包括硬件故障和其他意外情况的处理。而且，还要使一个完整的协议组能高效协调地工作。

把各种协议集成为一个统一整体的分类抽象结构，被称为分层模型（Layering Model）。本质上，分层模型所描述的就是如何把通信问题的所有方面划分成一个个协调工作的分块结构，每个分块就称为一个层（Layer）。因为协议组的这些协议被组织成一个线性序列，所以就产生了“层”这个术语。把协议划分到不同的层中，使它们各自在给定任务范围内专注于处理通信的某部分功能，有助于减少协议设计和实现的复杂性。

图 8.1(a)是 TCP/IP 协议的分层模型示意图。通常，人们把用来直观展现分层模型的图形说成是栈（Stack），而协议组或协议簇也就被称为协议栈。

在互联网协议发展的同时，国际两大标准化组织联合推出了另一个参考模型，也创建了一套网络互联协议。这两大标准组织是：国际标准化组织（ISO）和国际电信联盟电信标准化组（ITU-T）。该模型就是后来为人熟知的开放系统互联七层参考模型（OSI），如图 8.1(b)所示。

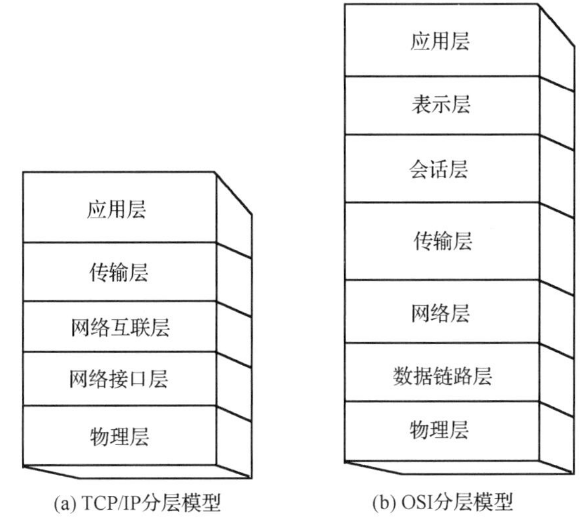

图 8.1　TCP/IP 和 OSI 分层模型

不要把分层简单地看成帮助人们理解协议这一抽象概念这么简单，其实协议的实现也将遵循分层模型，将某层协议的输出传递到下一层协议的输入。而且，为了提高效率，相邻层上只是传递数据分组的指针，而不是去复制完整的分组，这样在层之间就可以更加高效地传递数据。

为了更好地理解协议是如何操作的，假定有两台联网的计算机，每台计算机上都含有一套分层协议，当一个应用进程要发送数据时，首先将数据放置到一个分组中，然后使该分组向下传递通过协议的每个层次。一旦该数据分组穿过了发送计算机的所有协议层，分组就离开计算机并通过底层物理网络进行传输。当数据分组到达接收计算机时，该分组将向上传递通过各协议层。如果接收计算机上的应用进程收到数据后发出一个响应，则整个过程逆向进行。也就是说，这个响应以同样的方式向下传递通过各个层次，然后到达接收该响应的计算机，再向上传递通过各个层次。

8.2　数据链的网络拓扑结构

网络拓扑是指网络形状或者是它在物理上的连通性，网络拓扑结构则是指用传输媒介互联各种设备的物理布局，即用何种方式将网络中的设备连接起来。构成网络的拓扑结构有很多种，一般而言，对于有线网络，主要有星形结构、环形结构、树形结构、总线形结构、网状结构等，如图 8.2 所示。

对于无线网络，主要有两种拓扑结构：有中心的集中控制方式和无中心的分布平等方式。

在有中心拓扑结构中，一个节点作为网控站，其他节点作为从属站，如图 8.3 所示。网控站控制网络中的从属站对网络的连接。由于控制节点的存在，因此网络中节点数量的增加对网络吞吐量和时延性能并不会有太大影响，扩展性能较好。但是一旦网控站遭到破坏，整个网络将陷入瘫痪，因而抗毁能力不强。Link-11 数据链即采用了这种有中心的网络拓扑结构。

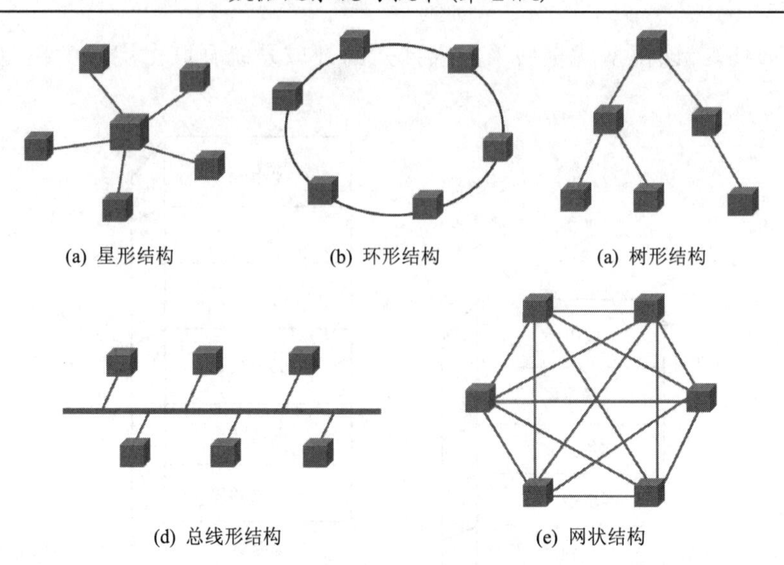

图8.2　常见网络拓扑结构

在无中心拓扑结构中，各个节点地位平等，如图8.4所示，任意两个站点之间均可以直接通信。只需指定一个节点担任网络时间基准，网络建立之后，如担任网络时间参考的节点失去功能，网络可以指定其他节点担任。这种网络结构灵活性高，抗毁能力强，Link-16数据链的网络拓扑结构就是基于这种无中心的分布对等方式的网状结构。

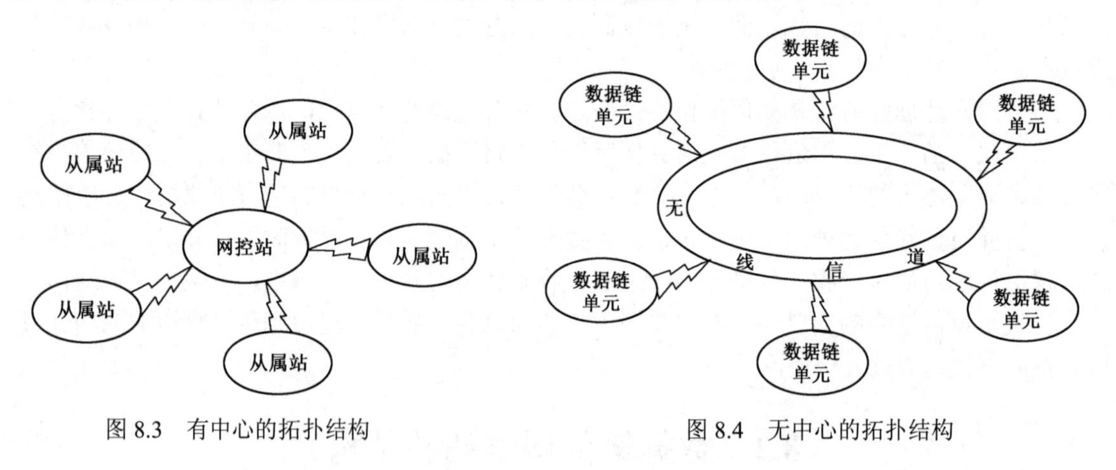

图8.3　有中心的拓扑结构　　　　图8.4　无中心的拓扑结构

8.3　数据链的网络协议体系结构

网络的设计和研究采用多层的体系结构，如OSI和TCP/IP体系结构，如图8.1所示，不同层有不同的功能，采用不同的通信协议，彼此分工并相互协调，实现整个网络的功能和性能指标要求。需要指出的是，由于现有的数据链系统是在分层原则（尤其是OSI）被广泛使用之前设计出来的，其一些重要功能突破了层的界线，而且OSI体系结构也并不完全适合Link-16数据链网络。OSI主要面向连接的、有线的信息通信，它规定的各层之间的联系规则，并不完全适合数据链以广播特性为主的、无线的通信系统。

8.3.1　数据链网络协议栈

根据数据链的特点及其所需要的技术体制，在 OSI 和 TCP/IP 分层模型的基础上，数据链网络协议体系结构可表述如图 8.5 所示的形式，从低到高依次为物理层、数据链路层、网络层、传输层和应用层。

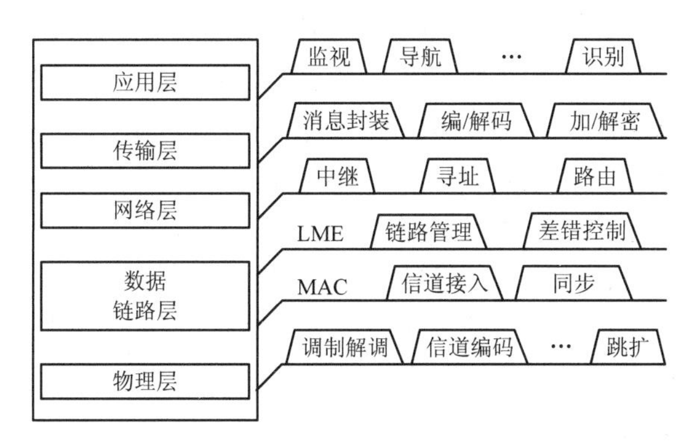

图 8.5　数据链网络协议体系结构

应用层支持各种战术任务需求，对信息的及时性、完整性和抗干扰性提出一定的要求。信息标准位于传输层，它的功能是统一标准和方法对数据编码，确保应用层所产生的报文可以被较低层接受，同时对报文进行加密和解密。网络层确定信息分组从源端到目的端的路由，保证报文到达正确的目的地。链路层完成数据链信息的汇编，根据优先方案来传输待发报文，并实现报文加密。媒体接入控制（Medium Access Control, MAC）子层使得每个网络参与组的报文在特定的时间段里进行发送。传输信道位于系统的物理层，信息在这里进行调制和变频后，通过放大、滤波和天线发送，同时实现传输加密。

（1）应用层

应用层产生各种消息如图像消息、控制指令等到传输层处理，同时接收来自传输层的解封数据之后的消息。各种战术数据的应用，如监视、识别、任务管理、武器协同以及保密话音、参与者精确定位等在应用层产生。指令消息在发布时已按照所使用的消息标准进行了定义。

（2）传输层

传输层将应用层来的消息封装或将来自下层的格式化消息解封装后送往应用层。对格式化消息添加/去除加密数据段，同时对消息进行 CRC 编/解码。

（3）网络层

将传输层产生的报文进行分组或打包，或将接收到的数据重新组装成报文，以便进行网络间数据的传递。网络层确定信息分组从源端到目的端的路由，保证报文到达正确的目的地。当需要超视距传输时，网络层为中继节点实现路由选择功能。

（4）数据链路层

数据链路层是数据链网络分层协议模型中最重要的一层。该层负责信道访问控制协议以及数据链路层功能（如数据成帧、链路管理和差错控制等）的实现。在数据链网络中，一般采用时分多址（TDMA）或动态时分多址（DTDMA）网络协议，以提高网络传输效率和抗毁能力，减少网络附加操作。

数据链路层分为链路管理实体（Layer Management Entity, LME）子层与媒体接入控制（Medium Access Control, MAC）子层两个子层。

① 链路管理实体（LME）子层。LME 的主要功能包括链路管理、差错控制等。链路管理包括在参与单元之间建立、维护和终止数据链通信所需要的各种活动。除了正常的出入网，系统运行期间还会造成终端中断，这就需要制定各种管理策略，保证链路的正常运行。数据链路层的差错控制用于数据传输的检错，各种错误的恢复则靠反馈重发来完成。

② 媒体接入控制（MAC）子层。MAC 子层规定了不同的用户如何共享可用的信道资源，即控制移动节点对共享无线信道的访问。其包括两部分，一是信道划分，即如何把频谱划分成不同的信道；二是信道分配，即如何把信道分配给不同的用户。信道划分的方法包括频分、时分、码分或这些方法的组合。MAC 子层同时还实现信道监测及网络同步功能。在时分多址协议中，通常指定一个用户终端为系统时间参考（NTR）。NTR 周期性地发送同步信号，其他终端利用这个同步信号校准自己的网络时间，以实现网络同步。MAC 子层同时规定网络参与单元在特定的相应的时隙内发送报文。

（5）物理层

物理层是数据链网络分层协议模型中的最底层，主要完成包括调制解调、信道编码、多天线、自适应功率控制、自适应干扰抵消、自适应速率控制等。物理层还负责扩频、跳频等抗干扰技术的实现，以保证通信的安全性。同时，物理层对接收机接收到的报文解调后交给数据链路层处理。为了对接收信号解调，接收机须知道每个时隙中信号达到的准确时间，实现帧同步。因此，在数据的发送过程中，从数据链路层接收到的待发送报文需要加入同步和定时脉冲，然后再变频到可用载波频率发送出去。

8.3.2 Link-16 数据链的网络协议

根据上述的 5 层协议网络体系结构，下面分析一下 Link-16 数据链的网络协议。

（1）应用层

Link-16 数据链的应用层中，平台任务系统（包括指控系统、武器系统、传感器系统、显示系统等）产生各种雷达跟踪数据、往返计时消息、参与者精确定位与识别消息、数据话音以及自由文本信息等原始数据，发送给战术数据系统（TDS），按照规定的 J 消息格式进行处理后，送至传输层；同时接收来自传输层的解封数据之后的消息。

（2）传输层

传输层主要完成对格式化检错编码/解码、格式化封装/去封装、消息加密/解密。

① 检错编码。传输层将应用层接收到的格式化数据进行分组，分组包含 210bit 信息，根据 Link-16 数据链 J 消息格式规定，每个码字有 70bit 信息，因此每组 210bit 信息可包括 3 个码字。每组 210bit 的格式化数字信息，再加上发射平台的航迹号 15bit 信息，共 225bit 信息，采用（237,225）生成多项式 $G(x)=1+x^{12}$ 对其检错编码，生成 12bit 监督码。这 12bit 监督码，是对整个 225bit 数字信息的差错监督，不管哪一种消息封装，都是每 3 个字一组，再加上报头的 15bit 航迹号而形成（237,225）检错编码的。然后，按照 J 消息格式中的报头字规定，为每次消息传输生成一个 35bit 的报头字（传送 RTT 报文的时隙除外）。

② 格式化封装。正如前方所述，访问 Link-16 数据链的基本单元是时隙。每个网络成员终端都分配一定的时隙用于发送或接收信息。对于每个时隙来说，都有发送消息的时机。每个时隙由抖动、粗同步、精同步、报头、传输数据等多个部分组成，从时隙开始至时隙结束。在 Link-16 数据链中，针对不同的传输需求，如信息传输速率、传输可靠性、传输距离等，共有 4 种封装格式，它们分别以 3 个码字、6 个码字和 12 个码字为一组的形式传输消息。如果组中没有足够的字来填充，则终端用“无陈述”字填充。以 3 个码字为一组的消息封装格式称为标准双脉冲封装格式 STD–DP；以 6 个码字为一组的消息封装格式称为两倍压缩（P2）格式，具体包括两倍压缩单脉冲封装格式 P2SP 和两倍压缩双脉冲封装格式 P2DP 两种；以 12 个码字为一组的消息封装格式称为四倍压缩单脉冲封装格式 P4SP。

③ 消息加密。Link-16 数据链端机采用两层加密机制来保证信息传输的安全性。加密是由 Link-16 数据链的端机来完成的，并用一个 SDU（保密数据单元）来操作，用来产生消息保密变量（MSEC）和传输保密变量（TSEC）。在传输层，将格式化数据封装后，要对基带数据进行加密处理，随报头发送出去；还有在加密过程产生的保密数据单元变量，用于接收端的解密处理。

（3）网络层

网络层确定战术信息分组从源端到目的端的路由，保证报文正确到达，其功能主要包括将传输层产生的数据信息进行编址打包，以便实现在网络中传输，并可提供中继和路由功能。对于 Link-16 数据链来说，网络层功能主要体现在以下几个方面。

① 网络参与组。对于 Link-16 数据链来说，网络容量并不直接分配到用户，而是首先分配到网络参与组 NPG，然后再分配到加入 NPG 的用户。每一个 NPG 都是由一组 J 系列消息所构成的，用于完成某类功能的消息。网络对 NPG 及网络参与单元进行唯一地址标识。之所以要加一个 NPG 层而不直接将系统容量分到用户，目的是使 Link-16 数据链能够对网上传输的数据不仅对发射，而且对接收数据都要进行选择管理，就是说只有需要这些数据的用户才能接入这个 NPG，从而才能接收相应的消息，再将信息送到需要的地方。

② 多网。在 Link-16 数据链中，不同的消息封装格式决定了不同的终端吞吐量。但是，Link-16 数据链可以通过采用多网的方式来提高系统吞吐量。

③ 中继。Link-16 数据链的射频信号工作在 L 频段，电磁波信号采用视距传输方式。因此，当需要超过视距传输或有视距通信障碍的情况，必须采用中继方式以扩展其传输距离。中继是在网络设计阶段建立的，必须在地面提前规划好，并需要专门的时隙分配来完成中继功能。因此，未规划的作战单元不能担任中继单元，无法根据战场的动态需要适时调整，组网灵活性较差。Link-16 数据链设计采用网络层的路由技术。

（4）数据链路层

数据链路层负责信道访问控制协议以及数据链路层功能（如数据成帧、链路管理和差错控制等）的实现。该层划分为 MAC 与 LME 两个子层。其中，LME 子层的主要功能包括链路管理、差错控制等，其差错控制功能通常结合反馈重传技术来完成各种错误信息的纠正，其协议内容同常用的无线网络协议基本相同，这里不再赘述。MAC 子层的主要功能是规定用户如何共享可用的信道资源。

对于 Link-16 数据链来说，MAC 子层协议采用时分多址（TDMA）接入方式，以实现作战平台无线信道的共享。在 Link-16 数据链中，每个成员根据网络管理规定，轮流占用一定的时隙广播自身平台所产生的信息；在不广播时，则根据网络管理规定，接收其他成员广播的信息。时隙是访问 Link-16 数据链网络的基本单元，每个时隙为 7.8125ms，这些时隙被分配到参与 Link-16 数据链网络的所有 JU 单元。在每个时隙时间内，JU 单元发射或者接收消息。

作为一个基于时间的系统，为了使 Link-16 数据链网络内的消息有序地发送，Link-16 数据链要求每个 JU 终端工作在同一个相对时间基准上，指定一个网络成员担任网络时间基准（Network Time Reference, NTR），定义时隙的开始和结束。NTR 单元周期性地发送入网消息，采用主从同步方式进行同步，使其他成员的时钟与之同步，建立统一的系统时间。

（5）物理层

物理层是数据链网络分层协议模型中的最底层，主要完成与射频信号产生相关的信道编码、调制解调、功率控制等，另外，物理层还负责扩频、跳频等抗干扰技术的实现，以保证通信的安全性。

为了提高信息传输的抗干扰能力，Link-16 数据链在物理层采用了如下技术：纠错编码、交织、扩频、跳频、MSK 调制等技术。

① 纠错编码。为了提高战术信息传输的可靠性，Link-16 数据链采用了 RS 信道编码技术。对于战术数据来说，进行 RS 纠错编码时，先将 75bit 的消息字分为 15 组，每组 5bit。每组的 5bit 作为一个码元，因此 75bit 的消息字共分为 15 个码元，将这 15 个码元进行（31,15）RS 编码，得到 31 个码元。通过 RS 编码后在信道中传输时，即使出现了 8 个码元的错误，也可以得到纠正，恢复出原始发送的数据信息。

对于报头字来说，将 35bit 的报头字分为 7 组，每个 5bit 组作为一个码元，因此，报头共分为 7 个码元。对这 7 个码元进行（16,7）RS 编码，得到 16 个码元，这 16 个码元（80bit）当中包含 7 个码元的信息（35bit 报头）数据和 9 个码元的监督字节（45bit）。通过 RS 编码后在信道中传输时，即使出现了 4 个码元的错误，也可以恢复出原始的发送信息。

② 交织。在数据链系统中，一类常见的有效干扰手段为突发干扰，这种干扰方式能够使信号在传输过程中产生连续的错误，因此给解码带来很大的困难。为了提高系统的抗突发干扰能力，Link-16 数据链采用了交织/解交织编码技术。交织编码就是改变输入信号序列的原有编码次序，通过打乱 bit 次序来减少突发错误发生的概率，也就是使突发错误随机化。解交织编码就是恢复输入信号序列的原来次序。交织的跨度越大，抵抗大尺寸突发干扰的能力越强，但是相应的译码时延也会越大。

在 Link-16 数据链中，对于不同的消息封装，交织方法也略有不同。消息数据封装格式中的码字数量决定了交织符号的数量，STDP 格式包含 93 个码元，P2SP 与 P2DP 格式都包含 186 个码元，P4SP 包含 372 个码元。采用交织编码技术后大大提高了消息的保密性，增强了 Link-16 数据链系统的抗突发干扰能力。

③ 扩频。Link-16 数据链系统采用了扩频技术来进一步提高战术信息传输的可靠性，该扩频技术又称为 CCSK（Cyclic Code Shift Keying）调制。CCSK 调制本质上是一种（N，K）编码，即将长为 N 的伪随机序列码与 Kbit 数据编码信息一一对应起来。由于 Kbit 信息共有 2^K 个不同的状态，因此需要 2^K 条长为 N 的伪随机序列码来对应 Kbit 信息的状态。CCSK 调制的扩频增益为 $G_p=N/K$，与一般直接序列扩频系统相比，G_p 一般不为整数，且通常比较小。

在 Link-16 数据链中，待传输的消息经纠错编码和交织后，以 5 位二进制信息，即 5bit 为一组作为一个字符，通过对长度为 32 位的 CCSK 码字序列进行 n 次循环左移位得到第 n 个码元的 CCSK 码字，n 为被编码码元的值（0～31），完成 CCSK 调制。

④ MSK 调制技术。在 Link-16 数据链中，发射脉冲信号是用 32bit 序列作为调制信号，以 5Mb/s 的速率对载波进行 MSK 调制形成的。MSK 调制是根据数据信息序列的相对变换序列来进行的，即如果待传输的 CCSK 码字序列中相邻两 bit 数据相同，就用较低频率的载频进行发射；如果不相同，则用较高的载频进行发射。采用 MSK 调制的主要原因是其调制后的信号具有功率谱密度高、频谱利用率高、旁瓣较小和误码率较低等优点，非常适合频带受限的战场环境中。

Link-16 数据链的脉冲信号有两种形式：单脉冲字符和双脉冲字符。采用双脉冲传输信息时，尽管所包含的两个单脉冲携带相同的信息，但是两者的频率是不同的，从而可进一步提高抗干扰能力，同时也有利于提高抗多径干扰能力。

⑤ 跳频技术。跳频通信系统是载波频率按照一定的跳频图案在很宽的频率范围内随机跳变的通信收发系统。伪随机跳频序列控制可变频率发生器，使它输出在很宽的频带范围内分布的跳变频率，这种伪随机的频率分配称为跳频图案。与直接序列扩频系统相比较，跳频系统中的伪随机码序列是用来选择信道的，而不用来直接传输。在跳频通信系统的发射端，伪随机序列通过控制可变频率合成器来产生不同的载波频率，然后对经过波形变换的信息数据进行载波调制来产生不同的射频信号。

对于 Link-16 数据链来说，在通信模式 1 时，采用跳频技术，传输信息的载频是从 960～1215MHz 频段内一共 51 个频点上伪随机选取的，且要求相邻脉冲载频频率之间的间隔要大于 30MHz。其跳频图案由网络编号、指定的传输保密加密变量（TSEC）和网络参与组共同决定。如果网络编号、网络参与组或传输保密加密变量中的任意一个参数不相同，则跳频图案就不相同。因此，即使在视距范围内多个发射设备同时发射，相互之间也不会造成干扰。与目前其他军事跳频通信系统不同，Link-16 数据链不仅在发射数据脉冲时进行跳变，而且在发射同步脉冲时也进行跳频，因此具有很强的抗干扰能力。

⑥ 跳时技术。与采用伪随机码序列控制频率跳变的跳频通信系统不同，跳时通信系统是采用伪随机码序列来控制信号的发送时刻以及发送时间的长短，使发射信号在时间轴上随机跳变。在跳时系统中，通常将一个信号划分为许多个时隙，在一帧内那个时隙发射信号、时隙中发射信号的开始时刻、发射信号的时间长短等时间参数由扩频序列码进行控制。因此，可以把跳时理解为用一定的码序列进行选择的多时隙时移键控。

在 Link-16 数据链中，固定格式消息采用标准双脉冲封装格式 STD–DP 和两倍压缩单脉冲封装格式 P2SP 时，时隙的开始一段时间不发送任何脉冲信号，这段时延称为抖动。抖动的大小是由传输保密加密变量（TSEC）控制的。设置信号发射抖动是为了提高系统的抗干扰能力，因为它使敌方由于不知道抖动延迟是如何随时隙而变化，因而不能准确判明时隙起点。

8.4　无线 MAC 协议及其在数据链中的应用

由第 1 章对数据链基本概念的论述可知，数据链本质是一种高效传输、实时分发、保密、抗干扰、消息格式化的数据通信网络。因此，数据链的网络协议分层体系结构与无线通信网络基本一致，不同之处在于具体各层协议的实现方式不同，尤其是数据链路层的 MAC 子层和物理层。对于物理层来说，其主要功能是实现与射频信号产生相关的信道编码、调制解调、功率控制等技术，不同的数据链系统，其物理层技术实现方式也不同。对于典型的战术数据链系统，如 Link-4 数据链、Link-11 数据链、Link-16 数据链和 Link-22 数据链，有关物理层技术的实现方式已在前述章节中有所论述，这里不再赘述。数据链路层的 MAC 子层是数据链系统实现信道共享的关键，典型的战术数据链系统，如 Link-16 数据链，采用 TDMA 多址方式实现了无线信道资源的共享。事实上，TDMA 多址方式并不是性能最佳的信道共享方式，它仅是通信网络无线 MAC 协议的一种。本节重点介绍无线 MAC 协议的类型及其算法，并分析典型战术数据链系统的 MAC 协议。

8.4.1 无线通信网络的 MAC 协议

无线信道是多个网络用户的共享媒介，当多个用户同时传输，即同时尝试接入信道时，将造成数据帧冲突（在物理信道上相互重叠）并影响接收，带来通信性能的下降。因而信道带宽是无线通信网中的宝贵资源，需要通信协议（MAC 协议）提供信道共享的调度机制，安排大量用户以相互协调和有效的方式接入信道，高效、合理地共享有限的无线带宽资源，实现用户之间的有效通信。

MAC 协议的研究目的，就是确保多个通信节点间公平、高效地共享相同的无线信道资源，它决定节点业务量以及网络吞吐量。MAC 协议的好坏直接影响无线网络吞吐量、时延以及网络规模等性能指标的优劣，一直是无线网络的关键技术和研究热点。在数据链的研究中，MAC 协议强调在一定应用场景下，将多个作战平台组成一定拓扑结构的网络，确保网络节点按需使用信道资源，实时可靠地传输作战信息，最终完成作战任务。

无线网络 MAC 协议主要按照节点获取信道的方式，分为固定分配协议、随机接入协议、受控接入协议，如图 8.6 所示。

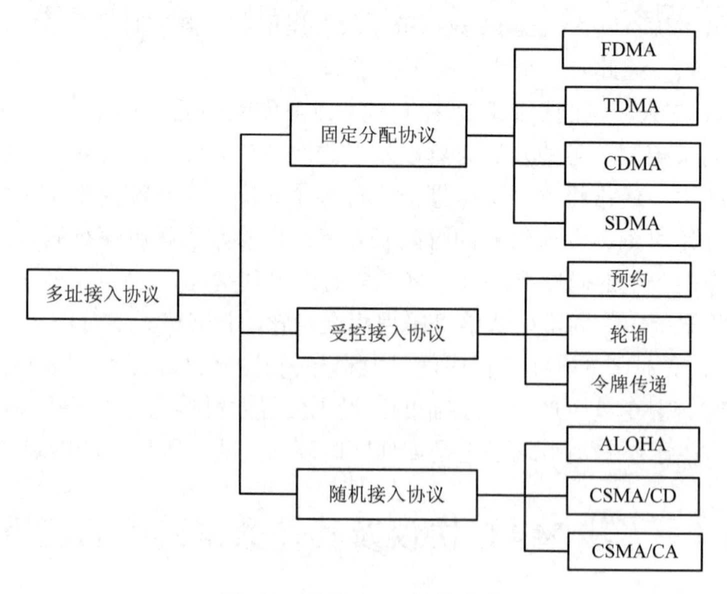

图 8.6 无线 MAC 协议分类

1. 固定分配协议

该类协议是静态分配协议，为网络节点固定分配专用的信道资源（如频率、时间、伪随机码或空间），在整个通信过程中节点独享分配的频率/时间/码字/空间资源，从而使网络节点无冲突地通信。

网络运行前，根据一定的分配算法，预先将信道资源分配给网络中的各节点。网络运行中，各节点固定接入信道。

按照分配的资源，有时分多址（Time Division Multiple Access，TDMA）、频分多址（Frequency Division Multiple Access，FDMA）、码分多址（Code Division Multiple Access，CDMA）、空分多址（Space Division Multiple Access，SDMA）以及以上多址方式的混合。

（1）TDMA 协议

TDMA 协议将时间分割为周期性的时帧，每一时帧再分割为若干个时隙，然后根据一定的时隙分配原则，给每个用户分配一个或多个时隙。用户在指定时隙内发送数据，如果用户在指定时隙中没有数据传输，相应时隙被浪费。

（2）FDMA 协议

FDMA 协议将通信系统的总频段划分为若干个等间隔、互不重叠的频带，并将这些频带分配给不同用户使用。FDMA 协议使用户之间的干扰很小。但是，当网络中用户数较多且数量经常变化，或者通信业务量具有突发性特点时，明显存在如下的两个问题：

① 网络实际用户数少于已划分信道数时，大量信道资源被浪费；

② 信道分配后，未分配到信道的用户无法再获得信道资源，即使已分配信道的用户没有通信需求。

（3）CDMA 协议

CDMA 协议将正交或者准正交的码字分配给不同用户，允许用户在同一频带和同一时间段同时发送数据，通过不同码字区分各用户信号。正交码字的选择对 CDMA 协议性能有很大影响。此外，CDMA 协议存在多址接入干扰（Multiple Access Interfere, MAI）和远近效应问题，CDMA 协议的用户数量受限。

（4）SDMA 协议

SDMA 协议的主要思想是通过利用数字信号处理技术，采用先进的波束转换技术和自适应空间信号处理技术，产生空间定向波束，使阵列天线形成的主波束对准信号的到达方向，从空域上对不同方向的信号进行分离。

固定分配协议的核心机制/算法是资源分配机制/算法，如 Link-16 数据链 TDMA 协议的时隙分配算法。

2. 受控接入协议

固定 MAC 协议对网络拓扑结构的变化缺乏适应性，带来资源的空闲，导致信道利用率的降低。因此，根据节点业务需求、网络拓扑变化，灵活合理地分配信道资源，是受控接入协议的主要目的。

受控接入协议属于动态分配的 MAC 协议。受控接入协议根据网络节点各自业务量的多少，先采用竞争的方式，用一些短的预约分组提前预约信道，一旦预约成功则后续分组将无冲突发送。预约方式要求在网络节点之间进行带内或带外预约控制信息的交换，基于这些信息节点运行预约控制算法来预约资源。预约信息属于 MAC 协议的管理信息，传输必然占用信道资源。网络负载较轻时有效载荷的有限，以及节点数变化时预约控制信息的增多，均会造成大的开销，因此预约信息对信道利用率的影响是该类协议需要考虑的问题之一。

（1）轮询

采用轮询（Polling）技术的网络要用到一个中心控制器。中心控制器会循环扫描网络上的站点，给每个站点一次发送分组的机会。通过轮询来控制接入的算法如下。

```
目的：
    通过轮询来控制分组的发送
方法：
    控制器不断重复{
        选择站点S，发送一个查询报文给S；
        等候S发送一个分组来进行响应或跳过；
    }
```

其中的选择步骤很重要，因为它意味着在某一指定时刻控制器可以选择查询哪个站点。这里有两种通用的轮询策略：按循环顺序；按优先级顺序。

按循环顺序意味着每个站点有均等的机会发送分组；按优先级顺序则意味着某些站点将有更多的发送机会。

（2）预约

预约（Reservation）过程主要有两个步骤，第一步，每个潜在的发送者都会指出在下一轮的发送过程中，它们是否有分组要发送，然后控制器发送一个将要发送分组的站点的列表。第二步，站点利用这个列表即可知道它们应该在什么时候发送分组。

典型地，预约系统都有一个中心控制器，通过预约来控制接入的算法如下。

```
目的：
    通过预约来控制分组的发送
方法：
    控制器不断重复{
        形成一个需要发送分组的站点列表；
        允许列表中的站点发送分组；
    }
```

（3）令牌传递

令牌传递（Token Passing）已经在好几种局域网技术中使用，并且与环形拓扑紧密相关。为了了解令牌传递，可以想象一些计算机连接成一个环，并设想在任意时刻，恰好仅有一台计算机接到一种称为令牌的特殊控制报文。通过令牌传递来控制接入的算法如下。

```
目的：
    通过令牌传递来控制分组的发送
方法：
    网络上的每台计算机重复执行{
        等待令牌的到达；
        如果本计算机有分组正在等待发送，则发送一个分组；
```

```
        将令牌发送到下一个站;
    }
```

在令牌传递系统中，当不再有站点发送分组的时候，令牌在所有的站点间不断地循环传递。对于环形拓扑，循环的顺序由环来规定。也就是说，如果环按顺时针方式发送报文，那么上述算法中的下一个站指的就是按顺时针顺序的下一个物理站点。当令牌传递方式应用到其他拓扑结构的时候，每个站点按逻辑顺序分配一个位置，令牌根据站点分配的顺序来传递。

3．随机接入协议

很多网络，特别是局域网，都没有采用受控接入机制。相反，连接到共享媒介上的一些端机却试图不经过协调就去接入媒介。这里用到了随机这个术语，因为当一个指定的站点有分组需要发送的时候接入才会出现，并且它会采用随机选择方式，以防止局域网中所有端机试图同时使用媒介。

该类协议使用随机接入策略，网络节点功能对等，各节点以竞争方式获取信道的接入。节点有数据需要传输时，以竞争方式获取信道，立即或侦听信道空闲后以一定传输概率随机地接入信道。如果发生信号碰撞，传输失败，节点按照退避算法退避并修改传输概率，进行下一次传输。传输失败次数越多，分组传输概率越小。如果发送成功，则接着发送下一个分组。典型的有以下 3 种随机接入协议。

- ALOHA 协议：历史上著名的一种协议，在夏威夷的早期无线网络中使用过；它在教科书中比较流行并且容易分析，但是现在没有在实际网络中使用。
- CSMA/CD 协议：带冲突检测的载波侦听多址接入，它是以太网的基础，并且也是最为广泛使用的随机接入协议。
- CSMA/CA 协议：冲突避免的载波侦听多址接入，它是 Wi-Fi 无线网络的基础。

（1）ALOHA 协议

夏威夷有一种早期网络叫作 ALOHA 网，它开辟了随机接入概念的先河。虽然这种网络已不再使用，但它的思想却得到了发展。网络由单台位于中心地理位置的功能强大的发射机，以及围绕其周围的一组站点组成。每个站点也都有一个发射机，其辐射范围能到达中心发射机，但不足以到达所有其他的站点。ALOHA 网络使用两种载波频率：一种工作在 413.475MHz，它用于向下传递，即由中心发射机发送给所有站点的广播业务；另一种工作在 407.305MHz，它用于向上传递，即由各站点向中心发射机发送的业务。

ALOHA 协议的原理很简单：当一个站点有分组要发送的时候，它在上行频率上发送这个分组。中心发射机在下行频率上重发这个分组，因而所有站点都能接收到。为了确保发送的成功，该发送站点会侦听下行信道。如果下行信道上有分组的一个副本到达，发送站点会转移到下一个分组的发送阶段；如果没有副本到达，发送站点会等待一小段时间然后重新尝试。

为什么会有分组不能到达呢？答案就是干扰。如果两个站点试图同时在上行频率上发送分组，那么信号就会相互干扰而这两个传输也会出现混乱。我们使用术语冲突（Collision）来描述它，并说这两个被发送的分组在媒介上出现冲突。协议通过请求发送方重新发送每个损坏的分组来处理冲突问题。这种思想很普遍，并且出现在很多网络协议中。

重传之间等待的时间长度必须进行仔细地选择。否则，两个站点会在重发之前又正好等待相同的时间，从而再一次相互干扰。因此，如果加入随机选择的话，即每个站点选择一个随机时延，那么干扰的概率就会很低。分析表明，当 ALOHA 网变得繁忙时，它会发生很多冲突。即使采用了随机选择方式，这种冲突现象也会使得 ALOHA 网数据传输的成功率降低到信道容量的18%左右。

（2）CSMA/CD 协议

1973 年，施乐 PARC 中心的研究人员开发了一种极其成功的网络技术，它采用随机接入协议。1978 年数字设备公司、英特尔公司和施乐公司共同制定了一种标准（正式叫法为 DIX 标准），它就是以太网（Ethernet）。原始的以太网由一根很长的同轴电缆以及连接在电缆上的计算机组成。电缆充当共享媒介，以太网并不借助无线电波来传输信息，而是在电缆上传输信息。此外，以太网并不使用两种频率和中心发射机，而是允许所有通信都在共享电缆上进行。虽然以太网和 ALOHA 网有一些差异，但是它们都必须解决同样的基本问题，即如果两个站点试图同时发送，那么信号就会干扰并且出现冲突。

以太网提供了 3 种新方法来处理冲突问题：载波侦听（Carrier Sense）、冲突检测（Collision Detection）、二进制指数退避（Binary Exponential Backoff）算法。

① 载波侦听。以太网并不允许一个站点只要有分组做好了准备就可以发送，而是要求每个站点监视电缆，检测是否有另一个传输正在处理之中。这种机制就叫作载波侦听，它阻止了最明显的冲突问题，并且能充分提高网络的利用率。

② 冲突检测。尽管采用载波侦听技术，但是如果两个站点正在等待某一传输的结束，发现电缆空闲后同时启动发送过程的话，还是可能发生冲突。另外，信号即使以光速传输，它沿整条电缆传递还是需要一些时间，电缆一端的站点无法立刻知道另一端的站点什么时候开始发送。

为了处理冲突问题，每个站点在发送过程中都会监视电缆。如果发现电缆上的信号与本站发出的信号不符，那就意味着出现了冲突。这种技术称为冲突检测。只要检测到冲突，发送站点就会立即终止发送。

许多技术细节使得以太网的传输变得更加复杂。例如，在出现冲突后，传输过程不会马上终止，直到已经发送了足够多的位，这样做可以保证冲突信号到达所有的站点。另外，在一次传输之后，站点必须等待一个分组间间隙，以确保所有站点都感觉到网络已经空闲并且有信道可用于传输。

③ 二进制指数退避算法。以太网不仅要检测冲突，还要从冲突中恢复过程。在一个冲突发生之后，计算机必须等待电缆再次空闲后才能发送帧。与 ALOHA 网的做法类似，以太网使用随机选择的办法来避免电缆一出现空闲就会有多个站点同时进行发送。做法是：设定一个最大延迟值 d，要求每个站点在冲突发生后选择一个小于 d 的随机时延。在大多数情况下，当两个站点每个都选择一个随机值时，选择了较小时延值的站点将先开始发送帧，于是网络就恢复正常运行了。

如果有两台或多台计算机恰好选择了几乎相同的延迟，那么它们将几乎同时开始发送，导致第二次冲突。为了防止一连串的冲突，以太网要求每台计算机在每次冲突后把选择时延的范围加倍。这样的话，计算机在第一次冲突后在 $0 \sim d$ 之间选择一个随机延迟，第二次冲突后在 $0 \sim 2d$ 之间选择，第三次冲突后在 $0 \sim 4d$ 之间选择，以此类推。在几次冲突后，就可大大降低再次发生冲突的可能。

每次冲突后随机延迟的范围加倍就是所谓的二进制指数退避算法。本质上，指数退避算法意味着以太网能在冲突后迅速恢复，因为当电缆繁忙时每台计算机都同意在两次尝试之间等待更长时间。即使两台或多台计算机选择几乎相等的延迟（这只是极少数的偶发事件），这时指数退避算法也能保证几次冲突后对电缆的竞争性将大大降低。

以上描述的这几种技术组合到一起，就产生所谓的带冲突检测的载波侦听多址接入（Carrier Sense Multiple Access with Collision Detect, CSMA/CD）协议。CSMA/CD 协议算法如下。

```
目的：
    使用 CSMA/CD 发送一个分组
方法：
    等待分组做好发送准备；
    等待媒介出现空闲（载波侦听）；
    延迟一个分组间间隙；
    将变量 x 设置为标准的退避范围 d；
    尝试发送分组（冲突检测）；
    当（在前一次传输中发生冲突）{
            在 0 与 x 之间选择一个随机延迟 q；
            延迟 q ms；
            将 x 加倍以防下一轮之需；
            尝试重传分组（冲突检测）；
        }
```

（3）CSMA/CA 协议

虽然 CSMA/CD 协议在电缆媒介上工作得很好，但是它在无线 LAN 中却不会工作得如此出色，这是因为无线 LAN 中所用的发射机有一个受限的发射范围 R。也就是说，离发射机的距离超过 R 的接收方将无法收到信号，因而无法检测载波。为了理解距离限制为什么会造成 CSMA/CD 协议出现这种问题的原因，不妨考虑一下安装有无线 LAN 硬件的 3 台计算机，它们的位置如图 8.7 所示。

图 8.7 以最大距离 R 配置的 3 台无线 LAN 计算机

在图 8.7 中，计算机 1 能与计算机 2 通信，但不能接收计算机 3 的信号。因此，如果计算机 3 向计算机 2 发送一个分组，计算机 1 的载波侦听机制将无法检测到这个传输过程。类似地，如果计算机 1 和计算机 3 同时发送分组，只有计算机 2 才能检测到冲突。这种问题有时称为站点隐藏问题（Hidden Station Problem），是指有些站点对其他站点来说是不可见的。

为了保证所有站点能正确地共享媒介，无线 LAN 使用一种改进的接入协议，叫作避免冲突的载波侦听多址接入（Carrier Sense Multiple Access with Collision Avoidance, CSMA/CA）协议。无线 LAN 中使用的 CSMA/CA 并不以所有计算机都能接收（全部传输）为前提，而是在发送一个分组之前先向预期的接收方触发一个很短的传输过程。其思想是，如果发送方和接收方都发送一个报文，那么处在这两台计算机任何一台范围内的所有其他计算机都将知道一个组的传输即将开始。图 8.8 说明了这个顺序过程。

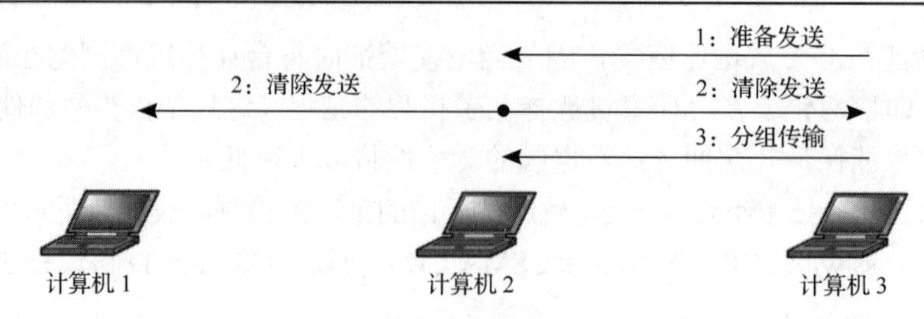

图 8.8　计算机 3 向计算机 2 发送分组时发出的一连串报文

在图 8.8 中，计算机 3 发送一个短的报文宣告它准备向计算机 2 发送一个分组，而计算机 2 也发送一个短的报文作为响应，宣告它已经做好接收分组的准备。在计算机 3 范围内的所有计算机将收到初始宣告，而计算机 2 范围内的所有计算机会接收响应报文。这样，即使计算机 1 不能收到计算机 2 的信号或侦听到载波，它也知道一个分组传输过程即将发生。

使用 CSMA/CA 的时候控制报文间也会发生冲突，但却很容易处理这种问题。举例来说，在图 8.8 中，如果计算机 1 和计算机 3 试图同时向计算机 2 发送一个分组，它们的控制报文将会出现冲突。计算机 2 将检测到这种冲突，并不做出回应。当这种冲突发生时，发送站点应用随机退避算法，然后重发控制报文。因为控制报文比分组要短得多，所以发生第二次冲突的机会也小了很多。最终，两个控制报文中总有一个能正确到达，接着计算机 2 发送一个响应报文。

8.4.2　战术数据链的 MAC 协议

战术数据链应用于战场数字化空地/空空通信，虽然都要求可靠、及时、准确地通信，但侦察、突袭、拦截、格斗、精确打击等不同的作战任务，对网络的吞吐量、通信时延、传输速率、网络容量、业务类型及信息精度等具体指标是不同的，其中通信时延是战术数据链的关键指标之一。在节点处理信息时间、信息发送时间以及信息传输时间一定的情况下，MAC 协议对信息的通信时延影响较大。

1. Link-4A 的“命令–响应”协议

Link-4A 数据链采用“命令–响应”式协议支持单向链路和双向链路两种工作模式。作为单向链路工作时，控制站采用广播方式向受控飞机发送控制消息，而受控飞机则只接收，不发送响应消息。Link-4A 数据链作为双向链路工作时，要求控制站和受控飞机都具备发送和接收能力。控制平台根据需要向受控飞机发送控制消息，而受控飞机则用应答消息作为响应。Link-4A 数据链的双向链路采用的是半双工模式，它利用在一条信道上时间分割实现双向通信（即在单一射频载波上按串行时分复用的方式进行传输），其工作原理如图 8.9 所示。

如图 8.9 所示，在消息发送周期内，控制站在为其分配的发送时间内首先发送含有飞机地址的控制消息，而受控飞机也要在为其分配的发送时间内发送相应的应答消息，并且受控飞机只在收到控制消息之后才发送应答消息。相反，如果没有收到控制消息，则不发送应答消息。这样，控制站就可以通过控制分配给每架受控飞机的传输时间来实现网内的时分复用通信。

Link-4A 数据链双向链路工作模式时，控制站和受控飞机的信道占用时间固定，即每次点名呼叫/应答的周期相同，均为 32ms，包括 14ms 的控制站发射期和 18ms 的受控飞机发射期，如图 8.10 所示。因此，Link-4A 数据链的“命令–响应”式 MAC 协议是一种固定分配协议。

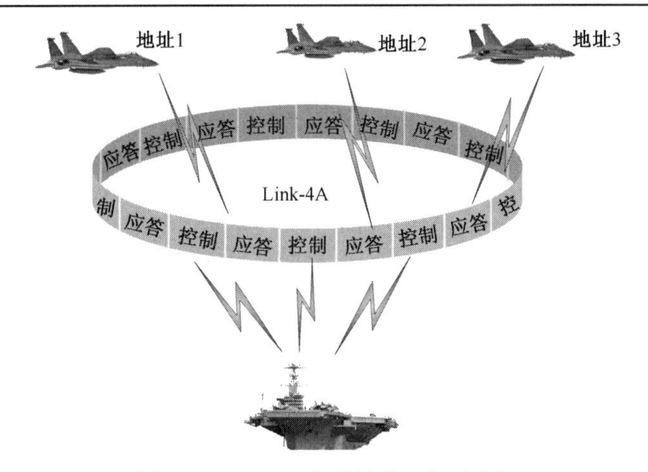

图 8.9 Link-4A 数据链的工作示意图

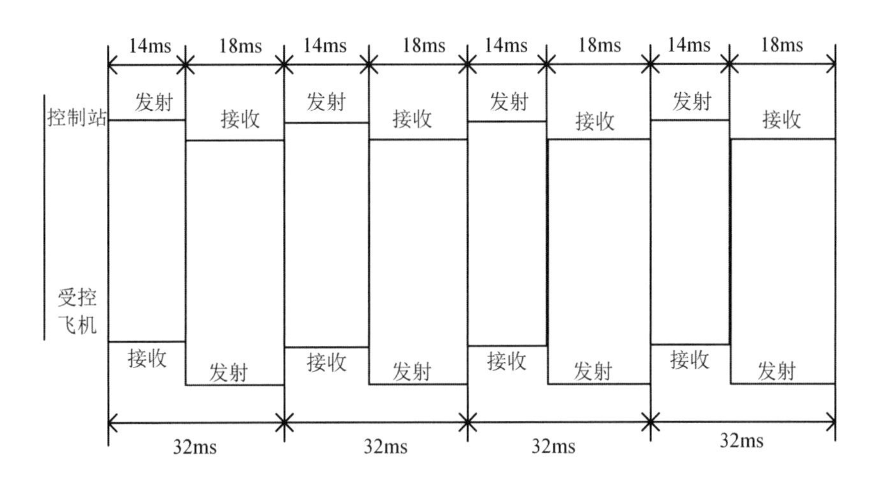

图 8.10 Link-4A 双向链路的时间分配示意图

2. Link-11 的轮询协议

Link-11 数据链采用受控接入协议中的轮询协议，由网控站统一调度，其他节点依据轮询顺序无竞争地使用信道。

在 Link-11 数据链中，有一个网控站设在航母、预警飞机或地面上，其他网络成员（如舰艇、飞机、车辆等）为前哨站。Link-11 数据链在网控站的集中管理控制下，采用半双工、询问/应答方式，使用同一频率进行组网通信，构成星形网络。站点无信息发送时则监测信道，接收其他站的传输，从而掌握网络通信状态。美军标 MIL–STD–188–203–1A 定义了 Link-11 的通信标准等技术细节。

轮询协议流程如图 8.11 所示。网控站向前哨站发送下行信息启动每次传输。下行信息起点名询问的作用，以态势信息和指挥控制信息为主要内容。轮询顺序由网控站依据一定原则确定。所有前哨站均接收并存储这些信息。通过比较接收地址码与自己的地址码，被询问的前哨站发送上行信息（有战术数据时）或应答信息（无战术数据时），以空中平台参数和目标参数为主要内容。前哨站信息传输结束后，网控站按顺序询问下一前哨站，继续发送下行信息。这一过程不断重复，直到所有前哨站都被询问为止，完成一次网络循环。网络循环自动重复。

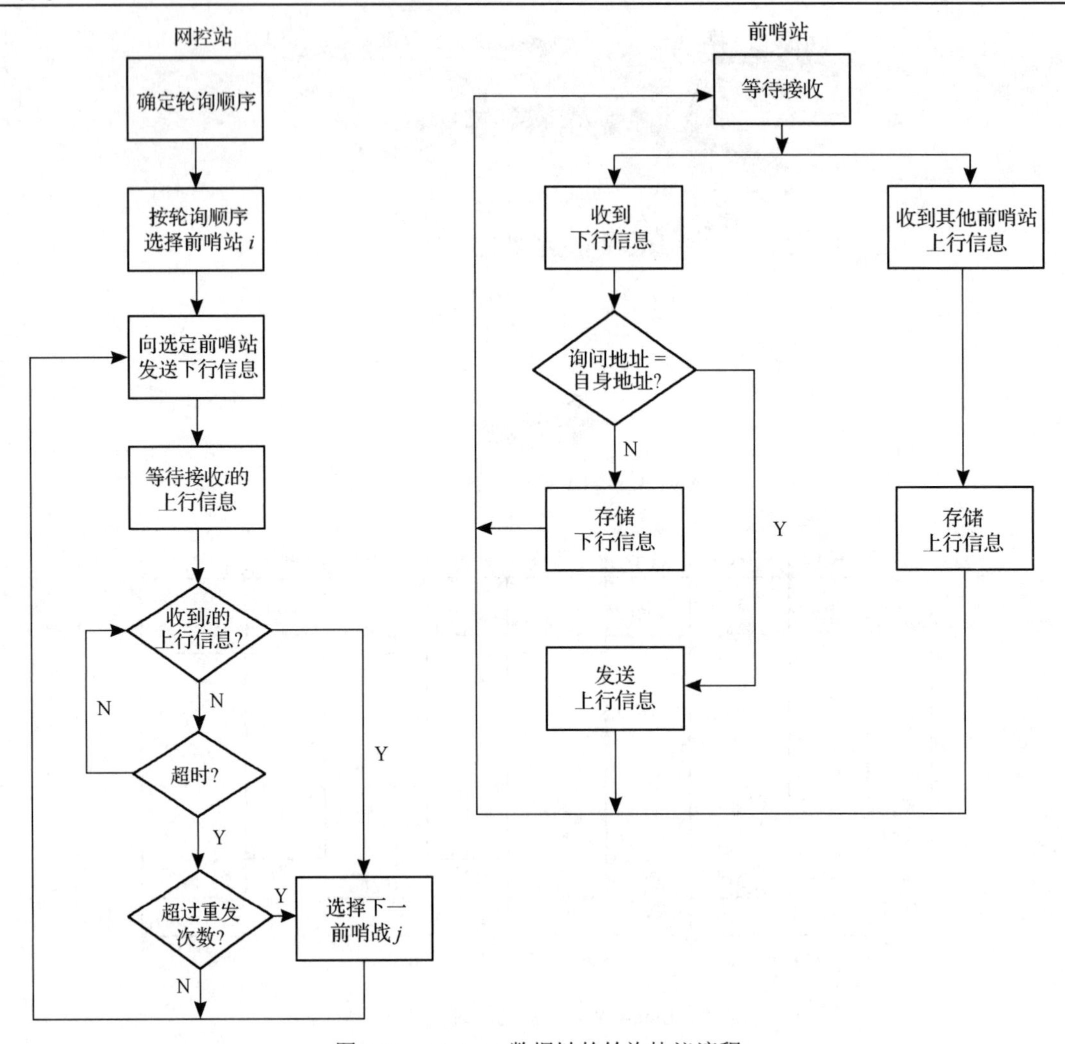

图 8.11 Link-11 数据链的轮询协议流程

在 Link-11 数据链中，网控站询问所有前哨站所需的时间不定，取决于网内前哨站的数目、每次发送的数据量以及轮询原则。如果考虑战术信息的优先级，则轮询原则较复杂，网控站每个轮询周期的轮询顺序可变，并且每周期中前哨站被询问的次数可能不止一次。

Link-4A 数据链的 MAC 协议与 Link-11 数据链类似，同样由中心节点统一调度，其他节点依据呼叫顺序无竞争地使用信道；但与 Link-11 数据链 MAC 协议不同的是，Link-4A 数据链每次点名呼叫/应答的周期时间是固定的。

3. Link-22 的 DTDMA 协议

Link-22 除了采用 TDMA 协议外，也支持动态时分多址（DTDMA）模式操作，在不太影响网络运行的情况下，动态修改网络循环结构（NCS）。网络管理单元（NMU）使用通用算法集中生成 NCS 初始化配置，但它也可由各个 NU 单元使用相同算法分别配置。动态分配使用一种通用的自主自治算法，各个 NU 单元将其富余的微时隙移交给需要更多传输容量的单元使用。动态分配算法优化 NCS，减少信道访问时延，增强信道容量及其操作。

为了使节点的数据传输具有按帧动态时隙分配的能力，该协议设计如图 8.12 所示的帧结构。每帧由 3 类时隙构成：1 个请求时隙、1 个导言时隙和 $m+n$ 个数据时隙（根据实际需求选择 m 的大小，具有一定的灵活性）。

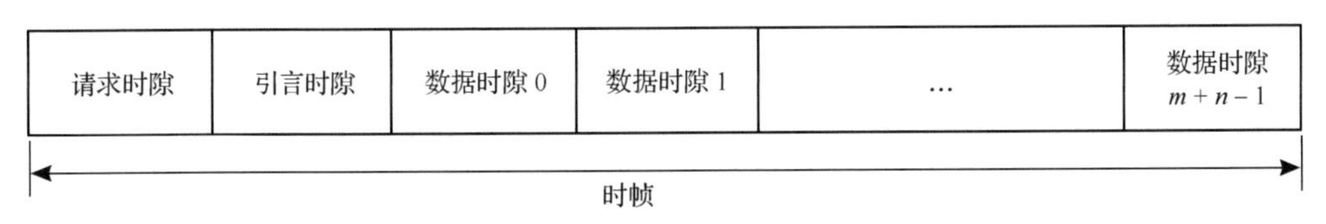

图 8.12 动态 TDMA 的帧格式

（1）请求时隙（Request Time Slot）。由 n 个微时隙（mini–slots）组成，固定分配给 n 个节点。每个节点在其微时隙发送自身的节点请求信息，广播队列状态反映该节点对时隙资源的需求。其他节点接收后更新请求列表。当请求时隙结束时，每个节点获得相同的请求列表。此时隙为时隙的请求阶段。

（2）引言时隙（Preamble Time Slot）。由 n 个微时隙组成，固定分配给 n 个节点。请求时隙结束后，各节点基于最新的请求列表，运行时隙分配算法，得到本帧的时隙分配方案。然后，在相应的导言微时隙中广播节点时隙分配数组。其他节点接收后更新时隙分配列表。引言时隙后，网络中的每个节点均获得了哪个数据时隙将向该节点传输分组的信息。此时隙为协议的分配阶段。

（3）数据时隙（Data Time Slot）。按照时隙分配方案，在分配时隙相应节点发送相应优先级的数据分组。数据时隙的使用依据协议的优先级处理规定。数据时隙 0 对应高优先级，数据时隙 1 对应中优先级，数据时隙 2 对应低优先级，…，下一个同等优先级的数据时隙数等于当前时隙数加优先级数。

时隙分配算法在各节点分布式执行。

①节点首先查询请求列表，各优先级请求队列总数为请求时隙数；

②然后，判断请求时隙数是否小于全部数据时隙数。如果请求时隙数超过可用时隙数，基于队列中的等待分组长度，节点采用截短请求列表，即将请求列表中的请求时隙数截短，超出的队列长度留待下次分配。如果请求时隙数少于可用时隙，将有一些为空闲时隙，请求列表不会被截短。

小　结

网络协议就是网络通信的规范，它规定低层通信的细节或者描述高层机制，并定义在消息交换期间要遵从的规程。根据数据链的特点及其所需要的技术体制，参考 OSI 和 TCP/IP 分层模型，数据链的网络协议从低到高依次可分为物理层、数据链路层、网络层、传输层和应用层，其中数据链路层又分为 MAC 子层与链路管理实体子层，MAC 子层是数据链系统实现信道共享的关键，对信息的通信时延影响较大。无线网络 MAC 协议按照节点获取信道的方式可分为固定分配协议、随机接入协议和受控接入协议。Link-4A 数据链采用的“命令–响应”协议、Link-16 数据链采用的 TDMA 协议属于无线网络 MAC 协议中的固定分配协议，Link-11 数据链的轮询协议及 Link-22 的 DTDMA 协议属于无线网络 MAC 协议中的受控接入协议。

思 考 题

(1）无线网络MAC协议分为哪几类？

(2）数据链的网络协议从低到高依次分为哪几层，各层主要完成什么功能？

(3）什么是固定分配协议，主要有哪几种多址方式？

(4）什么是受控接入协议，主要有哪几种多址方式？

(5）什么是随机接入协议，主要有哪几种多址方式？

(6)请简述Link-4A的“命令-响应”协议和Link-11的轮询协议，并分析两者有何异同点？

(7)与Link-16数据链的TDMA协议相比，Link-22数据链的DTDMA协议有何不同之处，该协议是如何实现的？

参 考 文 献

[1] 孙义明, 杨丽萍. 信息化战争中的战术数据链[M]. 北京：北京邮电大学出版社, 2005.

[2] 骆光明, 杨斌, 邱致和, 等. 数据链——信息系统连接武器系统的捷径[M]. 北京：国防工业出版社, 2008.

[3] 孙继银, 付光远, 车晓春, 等. 战术数据链技术与系统[M]. 北京：国防工业出版社,2009.

[4] 吕娜, 杜思深, 张岳彤. 数据链理论与系统[M].北京：电子工业出版社, 2008.

[5] 梅文华, 蔡善法. JTIDS/Link16数据链[M]. 北京：国防工业出版社, 2008.

[6] 林生, 范冰冰, 张奇支, 等. 计算机网络与因特网[M]. 北京：机械工业出版社, 2009.

[7] 李建中, 高宏. 无线传感器网络的研究进展[J]. 计算机研究与发展, 2008, 48(1):1-15.

[8] 于继明, 卢先领, 杨余旺, 等. 无线传感器网络多路径路由协议研究进展[J]. 计算机应用研究, 2007, 24(6):1-3.

[9] 王雪伟. 无线移动自组织网络路由算法的研究 [D].天津：天津大学, 2007.

[10] 徐盛. 战术数据链网络协议体系结构及MAC协议研究 [D]. 长沙：国防科技大学,2009.

[11] D.GJeong, W.S.Jeon. Performance of all exponential backoff scheme for slotted-ALOHA protocol in local wireless environment[J]. IEEE Transactions on Vehicular Technology, 1995 ,44(3): 470-479.

[12] F.A.Tobagi. Multiaccess Protocols in packet Communication Systems[J] . IEEE Transactions on Communications, 1980,28(4):136-138.

[13] Steven Okamoto, Katia Sycara. Augmenting Ad Hoc networks for data aggregation and dissemination[C]. Military Communication Conference, 2009, 2009:1-7.

[14] Juha Huovinen, Teemu Vanninen, and Jari Iinatti. Demonstration of synchronization method for frequency hopping Ad Hoc network[C]. Military Communication Conference, 2008:1-7.

第 9 章　数据链的通信安全

无线信道的开放性不可避免地带来了脆弱性问题，使其容易受到攻击、窃取和利用。因此，深入广泛地研究通信对抗及保密技术以提高数据链信息传输的安全性，具有重要的意义。从外军典型数据链抗干扰传输技术的研究现状来看，目前数据链抗干扰技术已从单一技术的抗干扰，发展到多种技术相结合。所采用的抗干扰体制主要以扩展频谱（直扩、跳频、跳时）技术为主，结合各种非扩展频谱技术，包括信道编码、交织、智能天线等。

9.1　通 信 对 抗

由于无线电通信始终在开放的空间进行传输，因而干扰与通信一直相伴而行。自从无线电通信诞生以来，军事部门一直都依赖通信来实施对部队的指挥和控制，利用通信干扰设备在通信信道上向通信系统的接收方辐射其不需要的噪声或其他干扰信号，破坏其正常沟通，阻断其信息传递，最终使其作战指挥控制失灵自然就成为作战行动的重要组成部分。在信息化战争的今天，由于军事信息在现代战争中的作用越来越大，所以，以破坏和攻击敌方信息传输为目的的通信干扰在信息化战争中的作用和地位更是举足轻重。

9.1.1　通信干扰

所谓通信干扰，就是采用一切手段来阻止敌方的电子通信、降低或破坏敌方通信电子设备的作战使用效能。

对于无线电通信中存在的干扰，人们在日常生活中并不陌生。冲击钻旋转时会引起电视接收机出现雪花，放在计算机旁的手机会时不时地导致显示器闪动，这些就是无线电干扰的现象，只不过这些干扰是无目的的且时有时无的。和自然界中的上述干扰有本质区别的是，电子战中的无线电通信干扰特指一种有目的的人为破坏。这种人为破坏之所以能够实现，主要原因是无线电信道的开放性和无线电波传播的透明性。

通信干扰的基本方法是将干扰信号随同敌方所期望的通信信号一起送到敌方接收机中。当敌方接收机中的干扰信号强度达到足以使敌方无法从接收到的信号中提取有用信息时，干扰就是有效的。因此，通信干扰主要是干扰敌方的接收机，而不是发射机。要达到干扰有效的目的，干扰机必须在天线发射方向、发射信号强度、干扰距离以及传输条件等方面进行精心考虑。

1．通信干扰的特点

军事通信干扰从其诞生之日起就具有十分明显的特点，这些特点可归纳如下。

（1）对抗性。通信干扰是指破坏或扰乱敌方的无线通信系统。干扰信号的发射，目的不在于传送某种信息，而在于用信号中携带的干扰信息去压制和破坏敌方的通信。通信干扰是以敌方的通信系统为目标，干扰的目的就是使敌方的收发信传输无法达到预期的效果。

（2）进攻性。通信干扰是有源的、积极的、主动的，它千方百计地“杀入”敌方的通信系统内部去，所以通信干扰是进攻性的。即使是在防御作战中使用的通信干扰，也是进攻性的。

（3）灵活性和预见性。作为对抗性武器，通信干扰系统必须具备敌变我变的能力，现代战场情况瞬息万变，为了长期立于不败之地，通信干扰系统的开发和研究必须注重功能的灵活性和发展的预见性。

（4）技战结合性。通信干扰系统有如其他武器一样，其作用不仅取决于其技术性能的优良，在很大程度上还取决于其战术使用方法。如使用时机、使用程序以及在作战系统中与其他作战力量的协同等。

（5）综合性。通信系统随着现代化战争的发展，已经从过去单独的、分散的、局部的发展成为联合的、一体的、全局的通信指挥系统。因此通信对抗已经不能再是局部的、个别的、一时的行动，它是协同作战的一员，它是综合电子战系统中不可缺少的组成部分。

（6）工作频带宽。通信干扰设备随着现代军用无线通信技术的发展，需要覆盖的频率范围相当宽，甚至可以达到十几千赫兹到几十千兆赫兹。在这样宽的工作频率范围内的不同频段上，电子技术和电磁波的辐射与接收都有不同的特点和要求。

（7）反应速度快。跳频通信、猝发通信的飞速发展，目标信号在每一个频点上的驻留时间已经非常短促。在这样短的时间里要在整个工作频率范围内完成对目标信号的搜索、截获、识别、分选、处理、干扰引导和干扰发射，可见通信干扰系统的反应必须十分迅速。

2．通信干扰的类型

通信干扰可以分为压制式干扰和欺骗式干扰。其中压制式干扰是用强大的干扰功率压制敌方收信机的正常接收，使敌方电子设备收到的有用信号模糊不清或完全“淹没”在干扰之中，以致不能正常工作；欺骗式干扰发出和敌方通信十分相似的干扰信号，使敌方通信人员真假难分。

（1）宽带噪声干扰

宽带噪声干扰至少覆盖整个扩频系统频带，因此宽带阻塞式干扰的效果相当于提高了接收机的热噪声电平。直接序列扩频系统是一种干扰平均系统，接收机通过相关解扩处理，将输入的宽带有用信号的频谱压缩成窄带，而宽带干扰不仅没有得到压缩，其带宽还可能被扩展得更宽，从而通过相关解扩后的窄带滤波器将大部分宽带干扰滤除，可见直接序列扩频通信系统可以有效地对抗各种宽带干扰，其抗干扰能力与处理增益成正比。但是当宽带干扰功率过强或直扩系统处理增益不够时，宽带干扰未能得到有效抑制，就会对直扩系统产生严重干扰。

跳频通信系统很难躲避分布于整个带宽内的宽带噪声干扰，特别是人为产生的梳状谱宽带阻塞干扰是对跳频通信的有效干扰方式。梳状谱干扰是在欲干扰的频带内施放多个窄带干扰信号，其实际干扰带宽为所有窄带干扰信号带宽的总和。当窄带干扰个数很多时，就相当于宽带干扰。当然，实现对跳频系统全频带阻塞式干扰要有足够大的干扰功率。相对而言，宽带干扰对跳频系统的影响要比对直扩系统大。

（2）部分频带干扰

由于全频带干扰要求很大的干扰功率，在干扰的战术运用上经常把整个频带分为几个频段，采用部分频带干扰。与宽带噪声干扰不同的是部分频带干扰的干扰频带只占传输带宽的一部分。

由于部分频带干扰的能量相对集中，在总干扰功率一定的情况下，部分频带干扰噪声对直接序列扩频系统的影响比全频带干扰严重。部分频带干扰对跳频系统的影响与干扰带宽占整个跳频带宽的百分比有关。跳频系统可以通过交织与纠错编码措施抗部分频带干扰，但当系统受干扰的频道数达到一定比例时，系统抗干扰能力大为下降，甚至可使通信完全中断。为了提高跳频系统抗部分频带干扰的能力，可以采用自适应跳频技术。因此，部分频带干扰对直接序列和跳频系统均有一定的攻击效果。

多频干扰也可以看作是部分频带干扰的一种形式，多频干扰是由多个单频干扰信号组成的。对于多频干扰，直接序列扩频系统可采用梳状滤波器或自适应横向滤波器进行抑制，提高其抗干扰能力。

扩频系统对单频干扰具有较强的抑制能力，单频干扰进入直扩系统时，其频谱被扩展，通过窄带滤波器使干扰得到抑制，其抑制程度与扩频因子有关。但如果功率足够大的窄带信号距离直接序列扩频目标接收机足够近，超过接收机的干扰极限，接收机就会产生不可靠的结果，此时可在直接序列扩频接收机中采用陷波滤波器或自适应调零天线对单频干扰进行抑制。

跳频系统是一种干扰躲避式系统，其信号载频在不断地进行跳变，当信号载频不等于单频或窄带干扰的频率时，干扰功率再大，对跳频系统也起不了作用，所以跳频通信系统可有效地抗单频干扰。

（3）脉冲干扰

脉冲干扰实质上是时域上间断发射的带限高斯白噪声信号。脉冲干扰与部分频带干扰在干扰策略上是类似的，所以在一般情况下脉冲干扰可引用部分频带干扰的某些结果进行分析。

（4）跟踪干扰

频率跟踪干扰是在对通信信号进行快速截获、分选、分析的基础上，确定干扰对象，引导干扰机瞄准通信信号频率发射干扰的一种干扰方式。跟踪干扰主要针对跳频通信系统，采用这种干扰方式，必须使干扰信号在跳频信号驻留期间到达敌方接收机，并且干扰信号应该具有最佳干扰形式。这就要求电子对抗设备能够快速获取跳频信号的时频特性，且干扰机能够快速反应，产生出相应的干扰信号。因此，跟踪干扰对慢速跳频系统会构成严重的威胁。若通信方通过增加跳频带宽、变速跳频或增加跳频组网数目，增加跟踪干扰机分选信号的难度，即使跳频速率低于干扰机的跟踪速率，也能有效地对抗跟踪干扰，跟踪干扰的产生模型如图 9.1 所示。

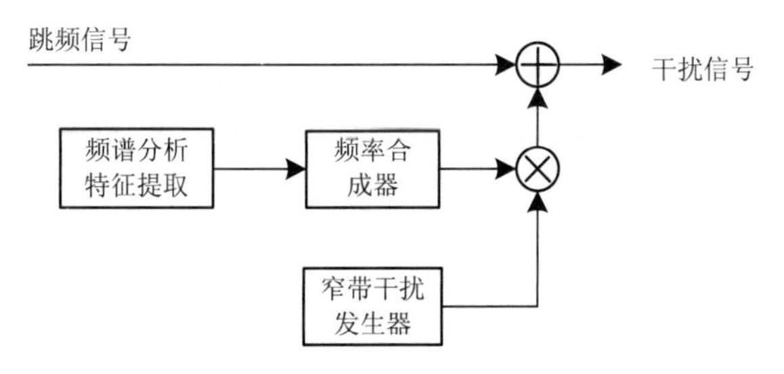

图 9.1　跟踪干扰产生模型示意图

3. 通信干扰的基本准则

无线通信信号存在于由时间域、频率域和功率域所组成的三维空间内，因此无线通信信号可由 TFP（时间、频率、功率）三维空间中的矢量确定。由于干扰信号也是一种无线通信信号，存在于 TFP 空间内，如果干扰信号与有用的通信信号在 TFP 空间内部分重叠或完全重叠，则通信过程受到干扰。

可见，无线信道的抗干扰问题就是要使通信信号尽可能避免与干扰信号重叠，即使重叠，也要通过各种信号处理技术，使通信接收机输出端有较高的信号干扰功率比。例如，跳频是利用频率跳变（频率域）避开干扰；直接序列扩频是利用信号带宽的扩展与压缩抑制干扰，提高接收机输出信干比（功率域）；自适应调零、空分多址等智能天线技术是利用空间的冗余避开干扰，从而提高有效传输方向的信干比。通信信号利用时间域、频率域和功率域进行各种变换，能提高接收机输出端的信干比，就是有效的抗干扰技术。从这个意义上讲，各种干扰技术可以按照时域、频域和功率域的标准分为三大类。

（1）干扰准则 1：时域准则

在无线通信系统中，消息的传输是无先验的或极少先验的，这里包括两方面的含义：一方面，通信接收终端无论是人还是机器对消息的内容都应该是无先验的，因为被传送的信息中所包含的信息量与消息发生的概率有关，概率越低，消息中的信息量也就越大；另一方面，消息的发生时间一般来讲也是无先验的或极少先验的，特别是对干扰方来讲。正因为如此，为了获得有效干扰就必须采取尽可能有效的措施保证干扰与信号在时域上的一致性，即时域上的瞄准（这里指的是压制式干扰，欺骗式干扰则另当别论）。如果时域上不能瞄准就可能出现在敌方通信时干扰并未发出，通信受不到干扰；而在敌方通信结束或并未通信时发射了干扰，不但白白浪费了干扰能量反而暴露了自己[见图 9.2(a)]。如果在很长时间里都发干扰，虽然可以使敌方的通信受到干扰，但也同样会暴露自己，浪费能量[见图 9.2(b)]，这是不希望的。

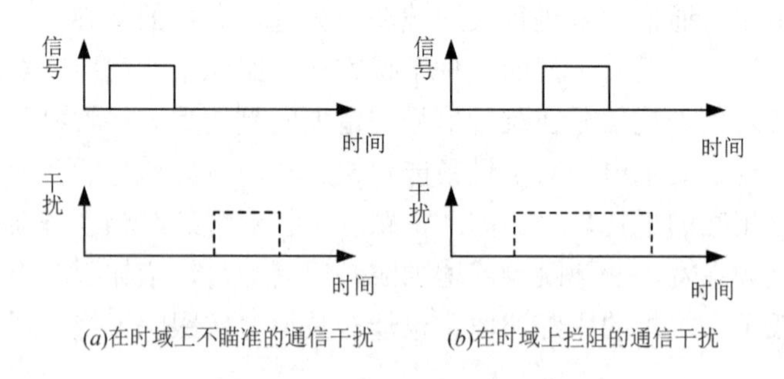

图 9.2 干扰时域准则示意图

干扰对信号在时域上的瞄准可以是连续的也可以是间断的，时域上的连续瞄准式干扰，即在信号存在期间一直发射干扰，信号始终为干扰所覆盖；间断瞄准式干扰是当信号存在时干扰并不连续覆盖，而是断续地覆盖，如图 9.3 所示。

干扰段的持续时间及其间隔可以是均匀的，也可以是随机的。这样的干扰由于在干扰的间歇期间，通信接收终端仍能接收到通信系统传送的信息，可能获得部分信息，因此，这种间断干扰的效果要稍差些。但是在总的干扰能量足够大时，可以利用这种干扰方式，在对一个目标信号干扰的间断期内，系统转而干扰另一个目标信号，即当两个或多个重要的通信目标同时出现时，使用这种时域间断瞄准方式可以实现准同时的多目标干扰。这在通信干扰系统实战应用中是十分有意义的。

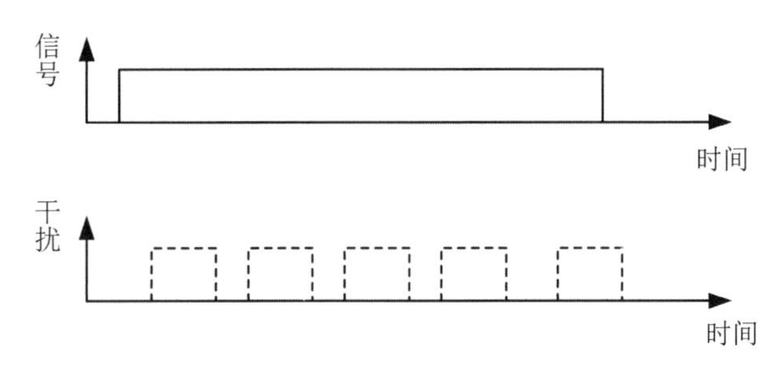

图 9.3　在时域上间断瞄准式干扰示意图

通信干扰时域准则的另一个意思是指通信干扰与信号时域特征的一致性。运行于通信系统内部的无线信号总是一种时间的函数，无线干扰也是一种时间的函数，无线通信接收系统总是希望抑制干扰而接收信号，也就是说通信接收系统要从干扰背景下提取有用信号。若想做到这一点唯一可依据的就是干扰与信号的不同点，利用这种差别分离干扰与信号。但是从力争通信干扰有效的角度讲，就希望通信接收机无法分离干扰与信号。这也就是说要减少干扰与信号的不同点，减少干扰与信号的差别，所以，最佳干扰样式应该是与通信信号时域特性相近似的干扰样式。

（2）干扰准则 2：频域准则

携带信息的信号是由消息信号在通信发射机中对载频进行调制而产生的。单纯的载频，带宽等于零，一般来讲它是不能传递信息的。调制之后，已调波的带宽展宽了，信息便存在于一定带宽的信号中。无线通信信号在频域内是以功率谱的形式存在的。

无线通信接收系统为了保证通信的可靠性，必须保证信号频谱能无失真地通过接收机选择系统，而对带外的干扰则应无条件地抑制掉。因此，通信干扰要想有效，就必须像信号一样能通过接收机选择系统进入接收机。接收机选择系统是频域选择系统，所以通信干扰必须有与信号相近似的频域特性，也就是说只有与通信信号频域特性相一致的干扰才有可能成为最佳干扰。频域特性一致，就是指在频域中干扰频谱与信号频谱应该重合，这里包含两方面含义：一是干扰载频与信号载频要重合，二是干扰带宽与信号频谱带宽要一致，如图 9.4(a)所示。当然频率特性的绝对一致实际上是做不到的，只能做到“近似”一致。

当干扰带宽小于信号频谱带宽时，干扰频谱只能覆盖信号频谱的一部分。成功的通信接收系统从未被覆盖的那一部分信号频谱中仍可恢复部分消息，获取一定信息，因此这样的干扰是不可取的，如图 9.4(b)所示。当干扰带宽大于信号频谱带宽时，信号被干扰完全覆盖，但是由于干扰带宽较宽，一部分干扰能量会被通信接收选择系统滤除掉，而使进入接收机能起到干扰作用的那一部分干扰能量减弱。另外，由于干扰带宽较大，带内功率分散，致使与信号重合的那部分干扰电平降低，接收系统终端有效干扰分量减少，频谱分布分散，如图 9.4(c)所示。

（3）干扰准则 3：功率域准则

随着干扰功率的增加，信道的传输速率降低，信息损失增加。当信息损失增加到规定的量值（这个量值通常是根据战术运用准则预先确定的）时，就认为这时通信系统已无法正常工作了，或者说通信接收系统被压制了。在确保无线干扰对无线通信接收机系统完全压制的情况下，接收系统输入端所必需的干扰功率与信号功率之比称为压制系数 K，即：

$$K=P_J/P_S$$

式中，P_J 为在保证完全压制的情况下，通信接收机输入端所必需的干扰功率；P_S 为通信接收机输入端的信号功率。

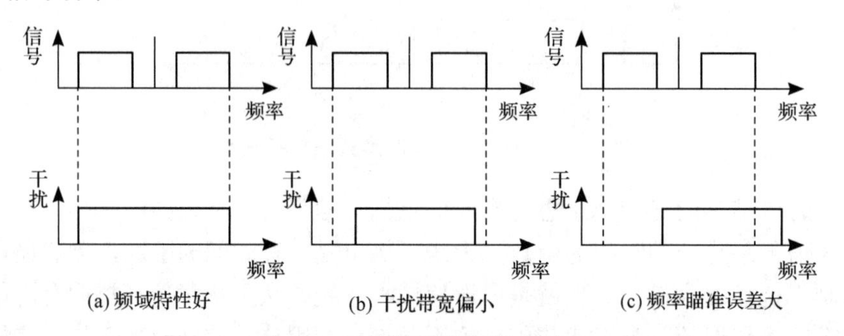

图 9.4 干扰的频域准则示意图

压制系数 K 是针对特定的通信信号、通信接收设备和特定的干扰样式而言的，其中任何一项的变化都将导致其值的改变。

对于给定的信号形式、通信接收机特性和干扰样式，所得到的压制系数只是一个近似值，近似的程度与所采用的关于“有效干扰”的决策准则有关。这些准则在实践中有其客观的真实性，但是运用这些准则在具体事件的判决中也有其主观的随意性。虽然如此，仍然可以把压制系数作为有效干扰功率准则的重要特征参数。只有在通信接收机输入端干扰功率与信号功率之比达到较大时，信道传输能力降低所造成的信息损失才能增加到“干扰有效”的地步。这就是干扰的功率域准则。

9.1.2 抗干扰通信

所谓抗干扰通信，就是在各种干扰条件或复杂电磁环境中保证通信正常进行的各种技术和战术措施的总称。

无线信道的抗干扰问题是要使通信信号尽可能避免与干扰信号重叠，即使重叠，也要通过各种信号处理技术，使通信接收机输出端有较高的信号干扰功率比，简称信干比。通信信号利用时间域、频率域和功率域进行各种变换，能提高接收机输出端的信干比，就是有效的抗干扰技术。从这个意义上讲，各种抗干扰技术可以按照时域、频域和功率域的标准分为三大类。

1. 抗干扰时域准则

为了有效地对抗干扰，通信方必须尽量避免通信信号与干扰信号有近似的时域特性，即确保信号作用时间上的不重合，时域准则示意图如图 9.5 所示。

根据这种时域上的躲避策略，采取的典型抗干扰技术如下。

（1）猝发通信技术。这种通信方式在通信的时间上有很大的随机性，在非常短的时间内，将要求的信号发送出去，其他时间则处于静默状态，使对方干扰机很难捕捉到这种猝发信号，因此具有很强的抗干扰能力。卫星空隙频带的瞬时利用、短波高速率瞬时通信、流星余迹通信等都是猝发通信的典型应用。

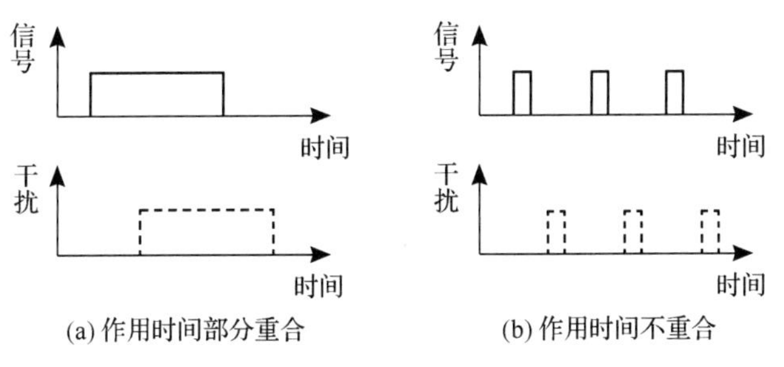

图 9.5　抗干扰时域准则示意图

（2）跳时通信技术。把时间轴分成许多时间片，由扩频码序列控制发射信号在时间轴上跳变，时间片很短，在时域上可躲避敌方干扰。

（3）自适应差错控制技术。自适应差错控制技术又称为自适应信道编码技术，是通过对信道环境的实时监测，自适应地改变通信的差错控制技术，是利用通信时间的冗余，即降低通信有效性的方法，来保证通信的可靠性，达到通信抗干扰的目。

2．抗干扰频域准则

抗干扰频域准则示意图如图 9.6 所示。为了有效地对抗通信干扰，通信信号应尽量避免与干扰信号有近似的频谱特性，在这里特性近似包含两方面含义：一是信号频谱带宽与干扰频谱带宽一致，二是信号载频与干扰载频一致。

根据这个准则，通信抗干扰技术在频域的体现如下。

① 通信信号作用于干扰信号无法涉及的频段范围，可向更高频或更低频发展。如美军军事星（MILSTAR）卫星通信系统工作在极高频（Extremely High Frequency，EHF）频段，到目前为止，尚未有工作在此频段的干扰机产生。

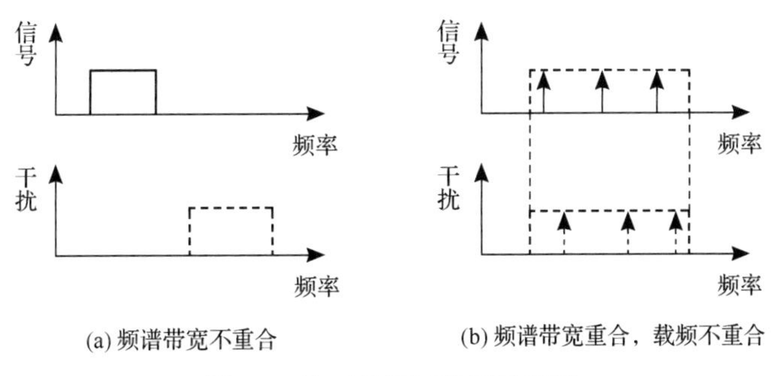

图 9.6　抗干扰频域准则示意图

② 若信号频谱带宽与干扰频谱带宽发生重合或部分重合，保证干扰载频与信号载频不重合，即在频谱带宽内，使信号载频随机跳变，干扰跟不上载频变化，典型的示例是跳频系统。

（1）跳频通信技术

跳频通信技术是目前军事通信中应用最广泛的抗干扰通信体制之一。跳频通信是指利用伪码控制频率合成器，使通信频率随机跳变，即使敌方干扰的频谱带宽与通信信号的频谱带宽重合，但由于敌方的侦察和干扰跟不上通信载频变化的速度，也无法有效地实施干扰，即跳频通信具有抗干扰能力的实质在于干扰载频与信号载频不重合。

（2）自适应频率控制技术

自适应频率控制技术是通过战场实时监控系统，针对敌方的干扰频率，自动改变己方的通信频率，选择最佳频率传输信号来躲避敌方干扰。

（3）频率分集技术

频率分集技术即将要传输的信号同时在若干个频道内传输，只要某一信道无干扰，就可完成通信。采用多种传输手段进行通信也可以看作频率分集技术的一种应用。如在跳频通信中采用的同跳分集和异跳分集，也是利用频率分集的技术。

3. 抗干扰功率域准则

干扰方总是想尽一切办法，来增加干扰功率，从而迫使通信接收机的信干比下降，而通信方可采用：①在保持信号功率不变或增加条件下，抑制干扰功率；②在无法改变干扰功率的情况下，增加信号功率这两种方法来达到抗干扰的目的。从这种意义上来说，直接序列扩频技术和自适应天线技术是典型的采用功率域准则的抗干扰技术。

（1）直接序列扩频技术

直接序列扩频技术同跳频技术一样，是目前抗干扰通信体制的主流技术。直接序列扩频是以高速的伪随机序列和低速的信息序列直接相乘（或相加），进行逻辑运算，再对载波进行调制和传输。这种信号的特点在时域上表现为窄脉冲调制载波，在频域上表现为信号带宽被展宽。但是它不被认为是采用时域或频域准则，原因在于直接序列扩频通信的抗干扰机理是扩展频谱使信号功率较低，不易被敌方探测截获，即使被探测截获，敌方施放的干扰虽然能使接收机输入的信干比下降，但是通过解扩（与伪随机序列相乘），落在接收滤波器内的干扰功率被削弱了许多倍，又使信干比升高，从而收到抗干扰的效果。因此，直接序列扩频虽然在频域上表现为频谱展宽，但实际上是使信号功率提高，干扰功率降低，从而达到抗干扰的目的。

（2）自适应天线技术

自适应天线技术又称为智能天线技术。自适应天线就是根据信号与干扰来向的不同，自动地调整其内部参数使主波束对准信号方向，旁瓣对准干扰方向，从而使灵敏度方向图可以在窄频带内形成很深的零陷。作为自适应天线应用的核心，当信号和干扰传来的方向随时间变化时，这种技术能动态地在空间强化信号，抑制干扰。并且自适应阵还能在没有信号和干扰环境的先验知识的情况下，自动地感知存在的干扰源并加以遏制，以提高信干比。

（3）自适应功率控制技术

根据敌方干扰电平的高低自动调节发射机输出功率的大小。当敌方干扰信号强时，发射机输出功率随之增大；当敌方干扰信号弱时，发射机输出功率随之减少。这样，可始终保持足够的信干比，对敌方干扰能有效地予以抑制。

9.2　抗干扰理论基础

从频域角度来看，常用的抗干扰通信技术有两大类，一类是基于扩展频谱的抗干扰通信技术，另一类是基于非扩展频谱的抗干扰通信技术。

所谓扩展频谱（Spread Spectrum，SS，简称扩谱），就是将信息带宽进行扩展传输的一种抗干扰通信手段。根据频谱扩展的方式不同，扩谱又可以分为直接序列扩谱（Direct Sequence Spread Spectrum，DSSS，简称直扩或 DS），跳频扩谱（Frequency Hopping Spread Spectrum，FHSS，简称跳频或 FH），跳时扩谱（Time Hopping Spread Spectrum，THSS，简称跳时或 TH），调频扩谱（Chirp）和混合扩谱（Hybrid Spread Spectrum）等。

基于非扩展频谱的抗干扰通信体制主要是指不通过对信号进行频谱扩展而实现抗干扰的技术方法总称。目前常用的方法主要有自适应滤波、干扰抵消、自适应频率选择、捷变频、功率自动调整、自适应天线调零、智能天线、信号冗余、分集接收、信号交织和信号猝发等，同样属于抗干扰通信的研究范畴，且近年来该领域的研究逐渐升温，成为抗干扰通信的研究热点。

和基于扩展频谱的抗干扰通信体制相比，基于非扩展频谱的抗干扰方法所涵盖的范围更广，所涉及的知识也更多。通过两者比较不难发现，前者主要是在频率域、时间域上来考虑信号的抗干扰问题，而后者除涉及上述领域外，还将在功率域、空间域、变换域以及网络域等方面下功夫。

虽然抗干扰通信的方法很多，但从本质上来讲，所有技术方法的最终目的只有一个，就是提高通信系统接收端的有效信干比（Signal to Noise and Interference Ratio，SNIR），从而保证接收机能够实现对有用信号的正确接收。

扩频信息传输系统是指待传输信息信号的频谱用某个特定的扩频函数（与待传输的信息信号无关）扩展频谱后成为宽频带信号，然后送入信道中传输；在接收端再利用相应的技术或手段将扩展了的频谱进行压缩，恢复为原来待传输信息信号的带宽，从而达到传输信息的目的的通信系统。也就是说，在传输同样信息信号时所需要的传输带宽，远远超过常规通信系统中各种调制方式所要求的带宽。扩展频谱后传输信号的带宽至少是信号带宽的几百倍、几千倍甚至几万倍。信息已不再是决定传输信号带宽的重要因素，传输信号的带宽主要由扩频函数来决定。

由此可见，扩频信息传输系统有以下两个特点：

① 传输信号的带宽远远大于被传输的原始信息信号的带宽；

② 传输信号的带宽主要由扩频函数决定，此扩频函数通常是伪随机（伪噪声）编码信号。

9.2.1　理论公式

扩频信息传输系统最大的特点是其具有很强的抗人为干扰、抗窄带干扰、抗多径干扰的能力。扩频技术的理论依据是信息论中香农的信道容量公式：

$$C=B\log_2(1+S/N) \tag{9.1}$$

式中，C 为信道容量（b/s）；B 为信道带宽（Hz）；S 为信号功率（W）；N 为噪声功率（W）。

香农公式表明了一个信道无差错传输信息的能力与存在于信道中的信噪比及用于传输信息的信道带宽之间的关系。

令 C 是希望具有的信道容量，即要求的信息速率，对式（9.1）进行变换得

$$C/B=1.44\ln(1+S/N) \tag{9.2}$$

对于干扰环境中的典型情况，当 $S/N<<1$ 时，用幂级数展开式（9.2），并略去高次项得

$$C/B\approx1.44\ln(S/N) \tag{9.3}$$

或

$$B\approx0.7C\times N/S \tag{9.4}$$

由式（9.3）和式（9.4）可看出，对于任意给定的噪声信号功率比 N/S，只要增加用于传输信息的带宽 B，就可以增加在信道中无差错地传输信息的速率 C。或者说在信道中当传输系统的信号噪声功率比 S/N 下降时，可以用增加系统传输带宽 B 的办法来保持信道容量 C 不变，而 C 是系统无差错传输信息的速率。

这就说明了增加信道带宽后，在低的信噪比情况下，信道仍可在相同的容量下传送信息。甚至在信号被噪声淹没的情况下，只要相应地增加传输信号的带宽，也能保持可靠的通信。扩频技术正是利用这一原理，用高速率的扩频码来扩展待传输信息信号带宽的手段，达到提高系统抗干扰能力的目的。扩频信息传输系统的传输带宽比常规通信系统的传输带宽大几百倍乃至几万倍，所以在相同信息传输速率和相同信号功率的条件下，具有较强的抗干扰能力。

9.2.2 处理增益和干扰容限

处理增益是衡量扩频系统性能的一个重要参数，指接收机相关处理器的输出信噪比与输入信噪比的比值，即

$$G_{\mathrm{p}}=\frac{(S/N)_{\mathrm{o}}}{(S/N)_{\mathrm{i}}}=\frac{S_{\mathrm{o}}/n_0B_{\mathrm{o}}}{S_{\mathrm{i}}/n_0B_{\mathrm{i}}}=\frac{B_{\mathrm{i}}}{B_{\mathrm{o}}} \tag{9.5}$$

以分贝形式表示为

$$G_{\mathrm{p}}(\mathrm{dB})=10\lg(B_i/B_o) \tag{9.6}$$

式中，$(S/N)_{\mathrm{o}}$ 即为系统输出信噪比，$(S/N)_{\mathrm{i}}$ 为系统输入信噪比，n_0 为高斯噪声功率谱密度，B_{i} 为系统的输入信号带宽，B_{o} 为系统的输出信号带宽。一般来说，输入信号功率 S_{i} 若在处理过程中没有损失，它应该和输出信号功率 S_{o} 相等。G_{p} 表明（扩谱）系统前后信噪比改善程度，体现（扩谱）系统增强有用信号、抑制干扰的能力。G_{p} 值越大，（扩谱）系统的抗干扰能力越强。

处理增益表示了系统解扩前后信噪比改善的程度和敌方干扰扩谱系统所要付出的理论上的代价，是系统抗干扰能力的重要指标，但仅是理论上的抗干扰能力，还不能充分说明扩频通信系统在干扰环境下的工作性能。由于通信系统要正常工作，还需要保证输出端有一定的信噪比，并需扣除系统内部信噪比的损耗，因此，需要引入干扰容限的概念。

所谓干扰容限，是指在保证系统正常工作的条件下，接收机能够承受的干扰信号比有用信号高出的分贝数，干扰容限 M_{J} 表达式为

$$M_{\mathrm{J}} = G_{\mathrm{P}} - \left[L_{\mathrm{S}} + \left(S/N \right)_{\mathrm{out}} \right] \tag{9.7}$$

式（9.7）的推导过程与调制类型和其他信道参数无关。但对于实际系统，式（9.7）中各参量值与系统的调制类型和相应的信道参数有关。在式（9.7）中，$(S/N)_{\mathrm{out}}$为接收机解调器输出端所需的最小信噪比；L_{S}为扩谱系统解扩解调的固有处理损耗，它是由扩谱信号处理以及工程实现中的误差对信号造成的损伤而引起的。可见，实际中希望L_{S}和$(S/N)_{\mathrm{out}}$越小越好，干扰容限一般小于处理增益。根据工程经验，L_{S}一般为 1～2.5dB 数量级，最大不超过 3dB，$[L_{\mathrm{S}}+(S/N)_{\mathrm{out}}]$（即干扰容限与处理增益的差值）一般为 5dB 数量级，对于不同的技术方案和工程实现水平，L_{S}和$(S/N)_{\mathrm{out}}$的具体值有所不同，在设备研制和验收中应对此进行界定和考核。对于一个实际的扩谱系统，式（9.7）右边的各参数都是确定的值，即干扰容限也是一个确定的值，无论是干扰来自何方都将消耗干扰容限，所以在实际使用中应尽可能减少或避免各种干扰，以发挥扩谱系统抗敌方干扰的潜力。

基于干扰容限的物理意义，在技术方案制定和信道机设计中，要着力提高扩谱系统的干扰容限。式（9.7）表明，干扰容限与扩谱处理增益、系统的固有处理损耗和输出端所需的最小信噪比三个因素有关，扩谱处理增益越大，系统的固有处理损耗和解调所需的最小信噪比越小，干扰容限就越大。所以，应尽量提高处理增益，降低系统的固有处理损耗和解调所需的最小信噪比。系统的处理增益主要与信息速率、频率资源、扩谱解扩方式等因素有关，系统的固有处理损耗和解调所需最小信噪比主要与扩谱解扩方式、交织与纠错方式、调制解调性能、自适应处理、信号损伤、同步性能、时钟精度、器件稳定性、弱信号检测能力、接收机灵敏度等指标有关。这些都是提高干扰容限和系统基本性能的切入点。同时式（9.7）也说明，尽管处理增益与系统抗干扰能力有直接的关系，但不能完全表明系统的抗干扰能力，还与其他因素有关。

9.3　扩频抗干扰技术

扩展频谱技术是围绕提高信息传输的可靠性而提出的有别于常规通信系统的一种调制理论和技术，简称扩频技术或扩谱技术，出现于第二次世界大战前，主要用于加密和测距。第二次世界大战后，抗干扰通信系统的需求推动了扩频技术的研究，一直为军事领域所独占，广泛应用于军事通信、电子对抗以及导航、测量等各个领域。20 世纪 80 年代初扩频技术开始应用于民用通信领域。为了满足日益增长的民用通信容量的需求和有效地利用频谱资源，各国都纷纷提出在数字蜂窝移动通信、卫星移动通信和未来的个人通信中采用扩频技术，扩频技术已广泛应用于蜂窝电话、无绳电话、微波通信、无线数据通信、遥测、监控、报警等系统中。

9.3.1　扩频技术的特点

扩频信号是不可预测的伪随机的宽带信号，其带宽远大于欲传输数据（信息）的带宽，同时，接收机中必须有与宽带载波同步的参考信号。由于扩频信号的上述特性，扩频系统具有以下特点。

（1）抗干扰性强

扩频技术将信号扩展到很宽的频带上，在接收端对扩频信号进行相关处理，恢复出原信号。对干扰信号而言，由于与扩频信号不相关，则被扩展到一个很宽的频带上，使之进入信号通频带内的干扰功率大大降低，相应地增加了相关器输出端的信干比，因此具有很强的抗干扰能力。由于扩频通信系统在传输过程中扩展了信号带宽，所以，即使信噪比很低，甚至是在有用信号功率远低于干扰信号功率的情况下，仍能够高质量地、不受干扰地进行通信，扩展的频谱越宽，其抗干扰性越强。

（2）低截获性

扩频信号的功率相当于被均匀地分布在很宽的频带上，以至于被传输信号的功率谱密度很低，使侦察接收机难以监测到。因此，扩频通信系统具有低截获性。

（3）抗多径干扰性能好

由于在扩频通信系统中增加了扩频调制与解扩过程，这样可以利用扩频码序列间的相关特性，在接收端解扩时用相关技术从多径信号中分离出最强的有用信号，或将多径信号中的相同码序列信号叠加，这样就可以有效地消除无线通信中多径干涉造成的衰落现象。

（4）安全保密

在一定的发射功率下，由于扩频信号分布在很宽的频带内，无线信道中有用信号功率谱密度极低。这样，信号可以在强噪声背景下，甚至是在有用信号被噪声淹没的情况下进行可靠通信，使外界很难截获传送的信息。同时，对不同用户使用不同的扩频码，其他人无法窃听他们的通信，所以扩频系统的保密性很高。

（5）可进行码分多址通信

在通信系统中，可充分利用扩频调制中所使用的扩频码序列之间良好的自相关特性和互相关特性，在接收端利用相关检测技术进行解扩。分配给不同用户不同的码型，系统可以区分不同用户的信号。这样在同一频带上，许多用户可以同时通信而互不干扰。

9.3.2 直接序列扩频技术

1. DSSS 原理

直接序列扩频（DSSS）简称直扩，是直接利用具有高码率的伪随机序列采用各种调制方式在发射端扩展信号的频谱，而在接收端，用与发射端相同的伪随机序列对接收到的扩频信号进行解扩处理，恢复出原始的信息，图 9.7 给出了一种典型的直扩系统原理方框图。

如图 9.7 所示，发送的数据经过编码器后，首先用产生的伪随机序列对数据进行扩频调制，然后对扩频信号进行 BPSK 调制，经功放后由天线发射出去。接收端接收到的信号经过前端射频放大后，用本地伪随机序列对直扩信号完成“解扩谱调制”，然后信号通过窄带带通滤波器后与本地载波相乘去载波，再经过低通滤波、积分抽样后，送至数据判决器，恢复出数据。

直扩系统的接收一般采用相关接收，它分成两步，即解扩和解调。在接收端，接收信号经过放大混频后，用与发射端相同且同步的伪随机码对中频信号进行相关解扩，把扩频信号恢复成窄带信号，然后再解调，恢复原始信息序列。对于干扰和噪声，由于与伪随机码不相关，接收机的相关解扩相当于一次扩频，对干扰和噪声进行频谱扩展，降低了进入频带内的干扰功率，同时提高了解调器的输入信噪比和载干比，也提高了系统的抗干扰能力。另外，由于采用不同的伪随机序列，不相关的接收机很难发现和解出扩频序列中的信息。

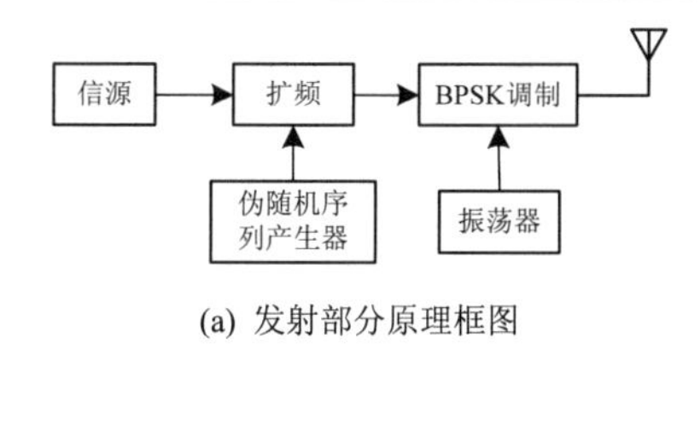

(a) 发射部分原理框图

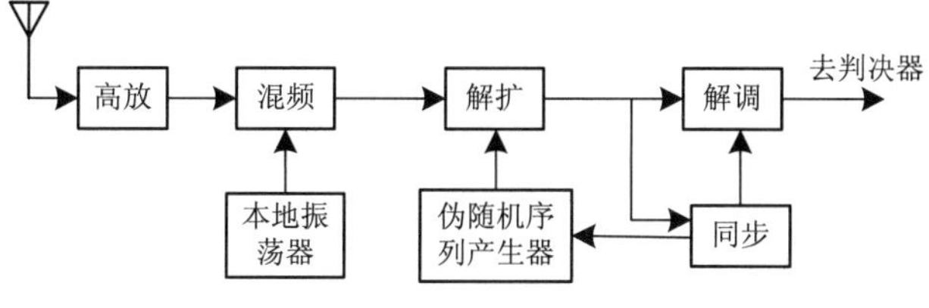

(b) 接收部分原理框图

图 9.7　直扩系统原理方框图

从频谱上看则表现为宽带信号被解扩压缩还原成窄带信号。这一窄带信号经中频窄带滤波器后至解调器再恢复成原始信息。但是对于进入接收机的窄带干扰信号，同样也受到伪随机码的双相相移键控调制，它反而使窄带干扰变成宽带干扰信号。由于干扰信号频谱的扩展，经过中频窄带滤波，只允许通带内的干扰通过，使干扰功率大为减少。由此可见，接收机输入端的信号与噪声经过解扩处理，使信号功率集中起来通过滤波器，同时使干扰功率扩散后被滤波器大量滤除，结果便大大提高了输出端的信号噪声功率比。

图 9.7 所示的直扩信号可以用下式来表示。

$$s(t)=\sqrt{2P}d(t)c(t)\cos(\omega_0 t+\varphi_0) \tag{9.8}$$

式中，P 为直扩信号的平均功率；$d(t)$是双极性单位功率的基带数据信号，取值为±1；$c(t)$是双极性单位功率的伪随机序列；ω_0 是载波角频率；φ_0 是载频的初相。

由式（9.8）可见，$d(t)$完成的是信息的调制，而 $c(t)$完成了直扩调制。在信号格式不变的情况下，显然扩谱调制和信息调制的顺序是可以改变的；并且，双极性序列的相乘对应二元序列的异或运算。当扩谱伪随机序列与信息序列的时钟同步时，经过数字处理后输出的高速基带序列的速率与伪随机序列的速率相同，故调制后带宽主要取决于伪随机序列的速率。

对于直扩系统，干扰信号在解扩过程中被分散到很宽的频带上，进入解调器输入端的干扰功率相对解扩器输入端下降很大，即干扰功率在解扩前后发生较大变化。而解扩器的输出信号功率不变。因此，直扩系统的处理增益即为干扰功率减小的倍数。

直扩系统的处理增益可表示为

$$G_{\mathrm{P}}=\frac{\mathrm{BW}_{射频}}{\mathrm{BW}_{信息}}=\frac{W}{\Delta F} \tag{9.9}$$

式（9.9）表明，直扩系统的处理增益为频带扩展后的扩频信号带宽 W 与频谱扩展前的原始信号带宽 ΔF 之比。

2．直扩系统的改进

由于直接序列扩频通信的信号频谱宽，使它容易受到各种干扰信号的干扰。如果干扰的强度超过了DS系统处理增益所能补偿的范围，系统即为干扰所阻塞。因此，必须采用适当的信号处理技术，自适应地滤除这些强干扰；DS 系统本身也需要采用诸如多进制直扩、变码直扩、多电平直扩、自编码直扩等方法，增强信号的动态可变性，在同样的带宽内，增加信号的隐蔽性。

（1）变码直扩技术

近几年来，外军在对直扩信号的检测、识别和干扰方面取得了新进展。特别是采用了谱平均检测法，不仅能检测出直扩信号的存在，还能估计出信号的载频和码元宽度等参数。因此对固定码型的直扩系统已经有了行之有效的对抗手段。利用伪随机码码型自动变换，能增加干扰方识别码型的难度，增强系统的反侦察、抗干扰能力，解决变码直扩的关键技术是解决变码同步问题。

（2）多进制扩频技术

多进制扩频方式是将基带信号的 $k$bit 构成一个地址信号，并对应一个伪随机序列，这样共需要 2^k 个伪随机序列，它们组成了一个伪随机序列组。发送端每次发送的伪随机序列是由 $k$bit 基带信号决定的，是未知的，所以发送的伪随机序列历经了码组中 2^k 个伪随机序列的所有组合。这样，采用多进制扩频方式，使用的伪随机码的数目比DS系统方式增加了 2^k-1 个，信息码长增加了 k 倍。因此，该技术具有在扩频序列长度一定、速率一定时，可传输更多的信息；而信息量一定、伪码序列速度一定时，扩频处理增益更高、抗干扰能力越强的优点。美国三军联合战术信息分发系统（Joint Tactical Information Distribution System，JTIDS），采用多进制直扩、跳频、跳时相结合的通信体制，码长为32bit伪随机序列对5bit数据信息进行扩频调制，提高了数据链信息传输的可靠性。但多进制直接扩频系统不仅需要伪随机序列的数量多，而且对伪随机序列的性能要求也比一般DS系统更为苛刻。

（3）采用多电平直扩技术

多电平直扩的基本原理就是以比需要高得多的速率产生原始的二元扩展码，以便获得一定的处理增益，然后通过一个低截获概率（Low Probability of Detection，LPD）的低通滤波器输出（以达到预定的系统带宽），产生一种多电平幅值的扩频码。分析表明：所提出的扩频码能消除易使常规DS/BPSK信号泄露的有害谱线，同时它也易于产生码周期很长，并且有良好自相关和互相关特性的多种不同的码序列。

（4）采用混沌序列作为扩频序列

混沌序列作为直扩系统中的扩频序列有许多重要的优点：混沌序列不是二进制序列，但其相关特性非常类似于随机二进制的相关特性；与m序列和Gold码序列相比，有大量给定长度的不同序列可用；生成和再生混沌序列比较简单；混沌直扩系统难以被截获。因此混沌序列在直接序列扩频系统中具有广阔的开发应用前景。

早在1966年，美国的第一颗军事通信卫星DSCS Ⅰ就使用了扩频多址技术。美军使用的MILSTAR、租赁卫星LEASAT和舰队通信卫星FLTSATCOM系统也采用了直序扩频和星上解扩技术。近年来利用混沌理论产生直接序列扩频码已取得了许多成果，为超宽带DS扩谱的实现创造了条件。

9.3.3 跳频技术

跳频（Frequency Hopping，FH）技术也是扩频技术中的一种重要方式，其载波频率在伪随机序列的控制下跳变。

1. 跳频原理

跳频技术是指收发双方在 PN 码的控制下按设定的序列在不同的频点上跳变进行信息传输。由于系统的频率在不断地跳变，在每个频点上的停留时间仅为毫秒或微秒级，因而在一个时间段内，就可以看作在一个宽频段内分布了传输信号。

跳频技术与直接序列扩频技术不一样，它是另一种意义上的扩频技术。跳频的载频受一个伪随机码的控制，在其工作带宽范围内，其频率合成器按 PN 码的随机规律不断改变频率。在接收端，接收机的频率合成器受 PN 码控制，并保持与发射端的变化规律一致，它是载波频率在一定范围内的不断跳变，而不是对被传送信息进行扩频，所以不会得到直接序列扩频的处理增益。

跳频信息传输系统的核心部分是跳频序列发生器、频率合成器和跳频同步器。跳频序列发生器用于产生伪随机序列，控制频率合成器使之生成所需的频率。频率合成器受跳频序列发生器的控制产生跳变的载频信号去对信号进行调制或解调。跳频同步器用于同步接收机的本振频率与发射机的载波频率。跳频信息传输系统原理方框图如图 9.8 所示。

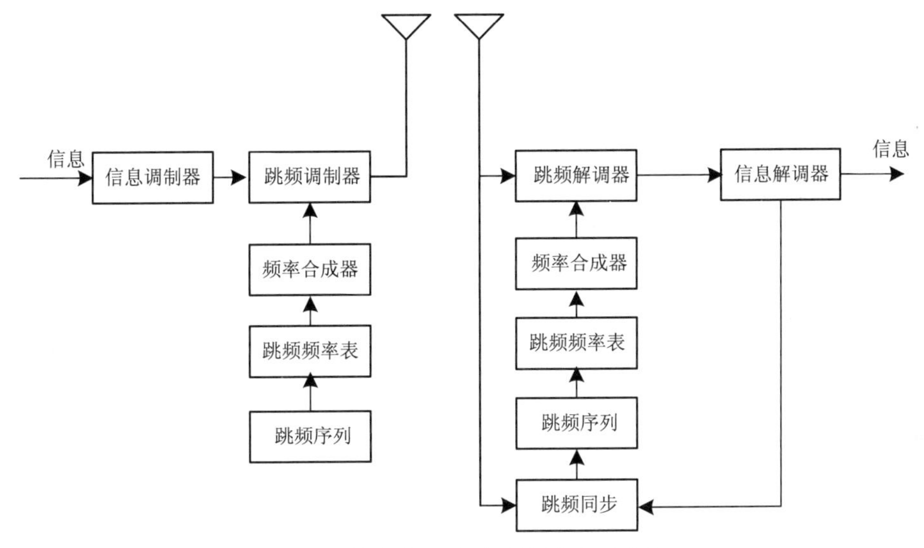

图 9.8　跳频信息传输系统原理方框图

跳频信息传输系统的基本工作原理是：在发射机中，输入的信息对载波进行调制，跳频序列从跳频频率表中取出频率控制码，控制频率合成器在不同的时隙内输出频率跳变的本振信号。用它对调制信号进行变频，使变频后的射频信号频率按照跳频序列跳变，产生跳频信号。在接收端，与发射机跳频序列一致的本地跳频序列从跳频频率表中取出频率控制码控制频率合成器，使输出的本振信号频率按照跳频序列相应地跳变。跳变的本振信号，对接收到的跳频信号进行变频，将载波频率搬回到确定频率实现解跳。解跳后的调制信号再经过经解调后，恢复出原始信息。

跳频系统分为快跳频和慢跳频两种。如果跳频系统的跳变速率高于信息调制器输出的符号速率，一个信息符号需要占据多个跳频时隙，则称为快跳频（一般情况下每秒跳变次数大于 500）；如果跳频系统的跳频速率低于信息调制器输出的符号速率，一个跳频时隙里可以传输多个信息符号，则称为慢跳频（一般情况下秒跳变次数小于 100）。跳频通信系统的频率跳频速度反映了系统的性能，好的跳频系统每秒的跳频次数可以达到上万跳。一般在短波跳频电台中，其跳速目前不超过100跳/秒，如美军短波Scimitar–H战术电台为5～30跳/秒。在甚高频电台中，一般跳速在500跳/秒以下，如美军HaveQuick战术电台为50～100跳/秒。对某些更高频段的跳频系统可工作在每秒几万跳的水平，如美军的数据链端机JTIDS为76923跳/秒。

在跳频通信过程中，某一时刻只能出现一个瞬时频谱，该瞬时频谱即为原始信息经跳频处理和中频调制后的频谱，其带宽稍大于原信息速率在定频通信时的带宽，并且该瞬时频谱的射频是跳变的。设W为跳频扩频覆盖的总带宽，R为跳频瞬时带宽，则跳频处理增益为：

$$G_p=W/R \tag{9.10}$$

跳频系统中，频谱的扩展基本上与跳频速率无关，而是取决于最小频率间隔Δf_{min}和实际使用的频率数目q。在计算处理增益时，应考虑相邻瞬时频率是否交叠的影响。

当跳频最小频率间隔Δf_{min}大于跳频瞬时带宽R时，相邻频率不邻接。此时，跳频处理增益G_p大于全部可用频率数，即$G_p=W/R>q$，在此情况下，敌方需要付出较大的代价才能有效干扰通信。

当跳频最小频率间隔Δf_{min}等于跳频瞬时带宽R时，相邻频率邻接。此时，跳频处理增益G_p等于全部可用频率数，即 $G_p=W/R=q$。

当跳频最小频率间隔Δf_{min}小于跳频瞬时带宽R时，相邻频率重叠。此时，跳频处理增益G_p小于全部可用频率数，即$G_p=W/R<q$。

频谱出现交叠的部分对跳频处理增益的贡献不应重复计算。此时，敌方施放的一个干扰频率可以干扰多个相邻的跳频频率，敌方对干扰$\Delta f_{min}<R$时付出的代价，要小于$\Delta f_{min}=R$的情况。而且，在使用全向天线和相同的频率表进行跳频组网时，己方用户之间还会出现较为严重的相互干扰。

2．跳频序列与跳频图案

跳频系统中，跳频信号具有时变、伪随机的载频，所有可能的载波频率的集合称为跳频集，跳频占用的频谱带宽称为总跳频带宽。跳频信号存在于若干个信道的频带上，每个信道定义为其中心频率在跳频集中的频谱区域。用来控制载波频率跳变的多值序列通常称为跳频序列，跳频码序列是伪随机变化的一组序列，不同的状态对应于一张频率表中的一个频率，不同的跳频码序列就对应于不同的跳频图案。在跳频序列控制下，载波频率跳变的规律称为跳频图样或跳频图案。

跳频序列的作用主要是控制频率跳变以实现频谱扩展和跳频组网时作为地址码。发射机和接收机以同样的规律控制频率在较宽的范围内变化，对接收双方而言，在同步后可实现接收；对非法接收机而言，由于跳频序列是未知的，无法窃听到有效的信息，很难实现有效的干扰。每个用户分配一个跳频序列作为地址码，发射机根据接收机的地址码选择通信对象。当许多用户在同一频段同时跳频工作时，跳频序列是区分每个用户的标志。

在跳频通信中，跳频图案反映了通信双方的信号载波频率的规律，保证了通信方发送频率有规律可循，但又不易被对方所发现。常用的跳频码序列是基于伪随机序列的 m 序列、M 序列和基于数论的 RS 码。这些伪随机序列通过移位寄存器加反馈结构来实现，相关性好，结构简单，性能稳定，能够较快实现同步，但码序列的个数有限，抗截获能力不强。当存在人为的故意干扰（如预测码序列后进行的跟踪干扰）时，这些序列的抗干扰能力较差。

要使跳频图案本身做到随机性好、参加跳频的每个频率出现的概率均等，对跳频图案的选择有以下要求：相关特性好，能抗人为的及非人为的各类干扰；图案本身的随机性要好，要求参加跳频的每个频率出现的概率相同；图案的密钥量要大，跳频图案的数目要足够多，抗跳频图案的破译性能要强；能抗多径衰落，减小多径效应引起的衰落；各图案之间出现频率重叠的机会要尽量的小，要求图案的正交性要好，以利于组网通信和多用户的码分多址，以容纳更多的用户。

3. 跳频系统的特点

与传统的通信方式相比，利用伪随机序列对系统的载波频率进行控制的跳频系统特点显著。跳频通信技术的优点在于：

（1）跳频图案的伪随机性和跳频图案的密钥量使跳频系统具有保密性。扩频通信是一种保密通信，也可以进行信息加密，如要截获和窃听扩频信号，则必须知道扩频系统用的伪随机码、密钥等参数，并与系统完全同步，这样就给对方设置了更多的障碍，从而起到了保护信息的作用。即使是模拟话音的跳频通信，只要敌方不知道所使用的跳频图案就具有一定的保密的能力。载波频率的快速跳变，使敌方难以截获信息；即使敌方获得了部分载波频率，由于跳频序列的伪随机性，敌方也无法预测跳频电台将要跳变到哪一频率。因此，当跳频图案的密钥足够大时，具有抗截获的能力。

（2）由于载波频率是跳变的，具有抗单频及部分带宽干扰的能力，当跳变的频率数目足够多、跳频带宽足够宽时，其抗干扰能力很强。跳频系统采用躲避干扰的方法来抗干扰，只有当干扰信号频率与跳频信号频率相同时，才能形成干扰，因而抗干扰能力较强，能有效地对抗频率瞄准式干扰；只要跳频频率点数足够多，跳频带宽足够宽，也能较好地对抗宽频带阻塞式干扰；只要跳频速度足够高，就能有效地躲避频率跟踪式干扰。

（3）利用载波频率的快速跳变，具有频率分集的作用。只要跳变的频率间隔大于衰落信道的相关带宽，并且跳频时隙宽度很短的话，跳频通信系统就具有抗多径衰落的能力。

（4）利用跳频图案的正交性可构成跳频码分多址系统，共享频谱资源，并具有承受过载的能力。不同的码，可以得到不同的跳频图案，从而组成不同的网。虽然占据了很宽的频带，但由于可实现码分多址，各用户可在同一时间、同一频带内发送信号，完成信息的传输，因此频谱利用率很高，比单路载波系统的频谱利用率还高，比直扩系统也略高，适合于机动灵活的战术通信和移动通信。

（5）跳频系统为瞬时窄带系统，能与现有的窄带系统兼容。即当跳频系统处于某一固定载频时，可与现有的定频窄带系统建立通信。另外，跳频系统对模拟信源和数字信源均适用。

（6）跳频系统无明显的远近效应。这是因为大功率信号只在某个频率上产生远近效应，当载波频率跳变至另一个频率时则不再受其影响。这一点，使跳频系统在移动通信中易于得到应用与发展。

（7）目前所有的跳频电台兼容性都很强，可在多种模式下工作，如定频和跳频，数字和模拟，话音和数据等。

但是，跳频系统也有其自身的局限性，主要体现在以下几个方面。

（1）信号的隐蔽性差。跳频系统的接收机除跳频器外与普通超外差式接收机没有什么差别，它要求接收机输入端信号功率远大于噪声功率。所以在频谱仪上能够明显地看到跳频信号的频谱。特别是在慢跳频时，跳频信号容易被敌方侦察、识别与截获。

（2）跳频系统抗多频干扰及跟踪式干扰的能力有限。当跳频的频率数目中有一半的频率被干扰时，对通信会产生严重影响，甚至中断通信。抗跟踪式干扰要求快速跳频，使干扰机跟踪不上而失效。

（3）快速跳频器的限制。产生宽的跳频带宽、快的跳频速率、伪随机性好的跳频图案的跳频器在制作上存在很多困难，而且有些指标是相互制约的。因此使得跳频系统的各项指标也无法太高。

目前，普遍认为对跳频通信实施有效干扰的方法有两种：一是快速跟踪式干扰，二是宽频段梳状谱干扰。跟踪干扰分为两种基本类型：波形跟踪和引导式跟踪。前者从破译跳频图案着手，以实现跟踪，难度较大，目前还没有实用的干扰机。后者以时间为代价，只要出现载频便快速引导干扰，实现相对简单些，但不能实现 100%的干扰效率。跳频通信系统的跳速越高，抗人为跟踪式干扰的能力就越强。跳频系统抗宽频段梳状谱干扰的能力与干扰带宽占跳频带宽的百分比有关，对方要实施有效干扰，干扰机功率要付出很大代价。

4．跳频系统的改进

（1）变速跳频

跳频电台的最佳方式是能够根据战场电磁干扰的性质和强度，自动连续地或随机地改变跳频速率，即采用速率自适应跳频。一部电台可设置有限的几种跳频速率，通过控制程序或按某种预置的协议实现变速和跳速自动牵引，不断扰乱干扰方的跟踪部署，进一步提高抗跟踪式干扰的性能。

（2）自适应跳频技术

自适应跳频是将跳频信道与信道质量联系起来，利用战场频率管理系统管理跳频信道，当某个信道（或频率段）受到干扰时，系统自动识别已经被干扰的频率（成为坏频点），自适应地改变跳频图案，重新跳到无干扰的频段上，从而克服了部分频带干扰带来的影响。

（3）宽间隔跳频

宽间隔跳频是指在同一跳频时隙里不同电台发射的载波频率间隔要大于某个规定的值，即要求伪随机序列具有宽间隔特性。宽间隔跳频最先是由美军 Link-16 数据链系统提出的，该系统中每个频隙的宽度为 3MHz，而在发射信号时，要求相邻发射载频之间的间隔大于 30MHz。宽间隔跳频系统可以有效地防止窄带干扰、宽带噪声干扰和跟踪式干扰。目前，人们已经提出了很多实现宽间隔跳频序列的算法，如去中间频带法、对偶频带法、可控叠加法、平移替代法等。

（4）差分跳频技术

差分跳频（Differential Frequency Hopping，DFH）技术，利用频率和时间的冗余，无须额外增加数据码元，如果有一两个信号接收不到，系统可以重新产生丢失的数据，克服了纠错控制算法由于采用冗余数据，导致速率降低所产生的负面影响，具有很高的传输速率和很高的跳速，可以有效地对抗跟踪干扰，并且具有相当强的抗衰落能力。

9.3.4　跳时技术

时间跳变也是一种扩展频谱技术，与频率跳变相似，时间跳变系统是使发射信号在时间轴上离散地跳变。我们先把时间轴分成许多时隙，这些时隙在时间跳变扩频通信系统中通常称为时隙，若干时隙组成一组跳时时间帧。在一个时间帧内哪个时隙发射信号由扩频码序列来控制。因此，可以把时间跳变理解为：用一个伪码序列进行选择的多时隙的时移键控。由于采用了窄很多的时隙去发送信号，相对来说，信号的频谱也就展宽了。图 9.9 是时间跳变系统的原理方框图。

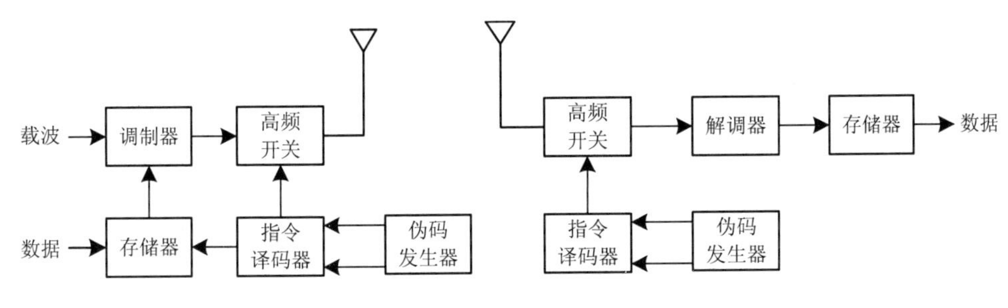

图 9.9　时间跳变系统的原理方框图

在发送端，输入的数据先存储起来，由伪随机码发生器产生的伪码序列去控制存储器的输出与高频开关的通断，经数据调制后的信号通过高频开关经天线发射。在接收端，当接收机的伪码发生器与发端同步时，所需信号就能每次按时通过高频开关进入接收机。接收机中解调后的数据也经过缓冲存储器，以便恢复原来的传输速率、不间断地传输数据，提供给用户均匀的数据流。只要收发两端在时间上严格地保持同步，就能正确地恢复原始数据。

时间跳变系统也可以看成是一种时分系统，区别在于时间跳变系统不是在一个时间帧中固定分配一定位置的时隙，而是由扩频码序列控制的，按一定规律位置跳变的时隙。时间跳变系统能够用时间的合理分配来避开附近发射机的强干扰，是一种理想的多址技术。但当同一信道中有许多跳时信号工作时，某一时隙内可能有几个信号相互重叠，因此，时间跳变系统也和频率跳变系统一样，必须很好地设计伪码序列，或采用协调方式构成时分多址系统。由于简单的时间跳变系统抗干扰性不强，故很少单独使用。时间跳变系统通常与其他方式的扩频系统结合使用，组成各种混合扩频方式。

从抑制干扰的角度来看，时间跳变系统得益甚少，其优点在于减少了工作时间的占空比。又因为干扰机不易侦破时间跳变系统所使用的伪随机码参数，所以一个干扰发射机为取得干扰效果就必须连续地发射。时间跳变系统的主要缺点是对定时的要求严格。

9.3.5 线性调频

调频信号是一种信号瞬时频率随时间变化的信号，根据频率的递增或递减关系，又分为正斜率和负斜率调频信号两种。当频率的递增或递减与时间呈线性关系时，称为调频扩谱信号，又被称为 Chirp 信号。

调频扩谱系统是基于调频信号产生和压缩的扩谱系统，由于调频信号在压缩过程中对多普勒频移不敏感，因此被广泛应用在脉冲压缩体制的雷达系统中。

调频扩谱信号可以表示为

$$s(t)=\mathrm{rect}\left(\frac{t}{T}\right)\cos\left(\omega_0 t+\frac{1}{2}\mu t^2\right) \tag{9.11}$$

式中，rect( )为宽度为 1 的矩形函数，ω_0 为中心角频率，T 为调频扩谱信号的时宽，μ 为调频斜率，$\mu=\pm 2\pi B/T$，其中正负号对应调频扩谱信号的正负斜率，B 为调频扩谱信号的调频带宽，当信号的时间带宽积很大时，B 约等于信号的实际带宽。

由式（9.11）可知，调频扩谱信号的频谱为

$$\begin{aligned}S(\omega)&=\int_{-\infty}^{\infty}s(t)\exp(-\mathrm{j}\omega t)\mathrm{d}t\\&=\frac{1}{2}\int_{-\frac{T}{2}}^{\frac{T}{2}}\exp\left\{\mathrm{j}\left[(\omega_0-\omega)t+\frac{1}{2}\mu t^2\right]\right\}\mathrm{d}t+\frac{1}{2}\int_{-\frac{T}{2}}^{\frac{T}{2}}\exp\left\{-\mathrm{j}\left[(\omega_0+\omega)t+\frac{1}{2}\mu t^2\right]\right\}\mathrm{d}t\end{aligned} \tag{9.12}$$

从式（9.12）可以看出，信号的频谱集中在 $\pm\omega_0$ 附近。通常情况满足 $\omega_0 >> 2\pi B$，可以认为正负两部分频谱互不重叠。

由上述讨论的结果可见，调频扩谱信号的格式比较简单，但是同样可以达到类似于直接序列扩频信号的结果，通过匹配解扩提高信号的信噪比。一般调频扩谱系统的处理增益等于调频信号的时间带宽积，这刚好对应雷达系统中常用压缩比的概念。调频扩谱信号经过匹配滤波输出的连续相关峰信号的处理，与其他扩谱信号匹配后处理的过程类似。

前面讨论了 4 种基本扩频系统，它们各有优缺点。在系统设计中若仅用一种基本调制方式，往往达不到使用性能上的要求，若将两种或多种基本的扩展频谱方法结合起来，结合各自的优点，就能得到只使用一种扩频方法所不能达到的性能，甚至有可能降低系统的实现难度。常用的混合扩展频谱调制方式有跳频和直扩的混合调制（FH/DS）、调频扩谱和直扩的混合调制（Chirp/DS）、跳时和跳频的混合调制（TH/FH）、跳时和直扩的混合调制（TH/DS）。

9.4 Link-16 数据链的通信安全

Link-16 数据链作为具有较强抗干扰能力的数据链系统，为适应电子战环境的要求，综合采用了多种抗干扰措施，以应对战场严重的敌对电磁环境。

9.4.1 抗干扰措施

1. 扩频

在 Link-16 数据链中，采用了 CCSK 扩频调制技术，以进一步提高其系统的信息传输可

靠性。CCSK(Cyclic Code Shift Keying，循环码移位键控调制)是一种多进制非正交的编码扩频技术，它是通过选用一个周期自相关特性优良的函数作为基函数 S_0（基码），并用 S_0 及其循环移位序列 S_1，S_2，…，S_{M-2}，S_{M-1} 表示数据信息（即从数据信息序列向循环移位的函数集作映射），并对载波进行调制而得到的。由于 $2^k=M$，所以函数集$\{S_0，S_1，…，S_{M-2}，S_{M-1}\}$中 M 个元素最多可表示 $k$bit 数据信息。

CCSK 信号是一种（M,k）扩频信号，与传统的二进制直接序列扩频信号不同的是，它是以编码方式来实现扩频的，在相同的带宽和扩频码长度下，CCSK 信号具有更高的信息传输速率，为直接序列扩频的 k 倍，信道利用率被大大提高。CCSK 信号的扩频处理增益由下式计算：

$$G_{\mathrm{P}}=\frac{R_{\mathrm{c}}}{R_{\mathrm{b}}}=\frac{1/T_{\mathrm{c}}}{k/(MT_{\mathrm{c}})} \tag{9.13}$$

由于 $k=\log_2 M$，因此：

$$G_{\mathrm{P}}=\frac{M}{\log_2 M} \tag{9.14}$$

其中，R_{c} 为伪随机码速率，R_{b} 为信息码元速率，T_{c} 为码片宽度，M 为扩频码长度，k 为数据符号 bit 数。

对于 Link-16 数据链系统来说，采用了 CCSK(32，5)扩频调制技术，由一个 32bit 的伪随机码循环移位，形成 32 个伪随机码序列，将信息序列按 5bit 组成一个符号，而后将每一个符号的不同状态对应于不同移位状态的伪随机码序列。

CCSK 调制也是直接序列扩谱技术的一种，它与 DSSS 扩谱技术相比，都能达到了扩频的目的，它们都有各自的特点，具体体现在以下几个方面。

（1）DSSS 编码所用的伪随机码序列速率一般是信息码速率的整数倍，CCSK 编码则不一定，不过二者扩频之后的扩频码速率都和伪随机码序列速率一样。

（2）DSSS 编码其本质是信息序列和伪随机码序列之间的模 2 加，CCSK 编码则是分组编码，相应的信息序列由基准伪随机码序列的移位序列表示，所以从扩频序列中可以根据 CCSK 编码所用的伪随机码序列及移位数来了解信息序列，而 DSSS 编码则不行。

（3）一般来说，在伪随机码序列速率一定的条件下，CCSK 编码具有较高的数据传输速率，而 DSSS 编码则具有较高的扩频增益。

（4）在解扩方面，CCSK 解码需要进行相关运算来确定伪随机码序列的移位数，并且还要对应出信息序列，所以较为复杂。

2．跳频

作为联合作战用的战术数据链，Link-16 数据链系统的脉冲信号载频是从 960～1215MHz 频段内一共 51 个频点上伪随机选取的，频点之间的最小间隔为 3MHz。在相邻脉冲之间，所选频点的间隔要大于等于 30MHz。由于脉冲间隔为 13μs，每个脉冲采用载频跳发时，跳频速率为 76923 次/s。

Link-16 数据链中的主要跳频技术指标有以下几个。

（1）频率范围：Link-16 数据链系统跳频点分布在三个频段上，即 969～1008MHz（一共设 14 个频点），1053～1065MHz（共设 5 个频点），和 1113～1206MHz（共设 32 个频点）。

（2）跳频带宽：数据链系统跳频工作时，最高频率与最低频率之间所占的频率宽度。跳频带宽的大小与抗宽带或者部分频带噪声干扰的能力有关。跳频带宽越宽，抗噪声干扰能力越强。Link-16 数据链脉冲信号的跳频带宽为 255MHz。

（3）信道间隔：任意两个相邻信道之间的标称频率之差称为信道间隔。在 Link-16 数据链系统中，相邻脉冲之间所选频点的间隔要大于等于 30MHz。

（4）跳频数目：数据链系统跳频工作时跳变的载波频率点的集合，称为跳频频率集，也称为跳频频率表。在一次通信中，用于跳频的频率是预先设置好的。通信双方根据电磁波传输条件、电磁环境条件以及敌方的干扰条件等因素，制定一张或者多张跳频频率表，输入到数据链端机。跳频数目与抗单频、多频及梳状干扰的能力有关。跳频频率越多，抗干扰的能力越强。Link-16 数据链按照跳频图案随机选择 51 个频率作为脉冲信号传输的载波频率。

（5）跳频速率：数据链端机载波频率跳变的速率，通常用每秒钟频率跳变的次数来表示。跳频速率与抗跟踪式干扰的能力有关，跳频速率越高，抗跟踪式干扰的能力越强。跳频速率受到通信信道和元器件水平的限制，信息传输频段越高的数据链跳频系统，容易实现更高的跳频速率。Link-16 数据链跳频速率为 76923 跳/秒，属于快速跳变系统。

（6）跳频周期：跳频每一跳占据的时间即为跳频周期，与跳频速率成倒数关系；Link-16 数据链的跳频周期为 13μs。

3. RS 纠错编码

Link-16 数据链的第三重抗干扰措施是纠错编码。由前面章节内容可知，每一个消息封装格式的消息本体均由 1 组、2 组或 4 组 93 个字符构成。每组 93 个字符又包括 3 个码字（Code Word），每个码字有 31 个字符。然而这并不说明每个字符都载有信息，这 31 个字符是由 RS（31,15）前向纠错编码后形成的，这就意味着每个码字只有 15 个字符载有信息，其余 31–15=16 个字符是在发射机中为在接收时纠错而附加上去的监督字符。当 Link-16 数据链的信号在传输过程中因干扰或其他原因，使接收后有些脉冲的数据解调错了或解调不出来时，这些监督字符便发挥作用了，通过 RS（31,15）编码，即使在 15 个字符中出现了 8 个字符的错误，也可以得到纠正。图 9.10 示出了 Link-16 数据链的纠错编码方案。图中只画出 93 个字符组中 1 个码字的情况，对于其余的码字，编码也相同。

Link-16 数据链的纠错编码设置是提高其抗干扰能力的重要措施，这虽然会降低系统的吞吐率，然而对于保证战场上的信息可靠传输来说是必要的。

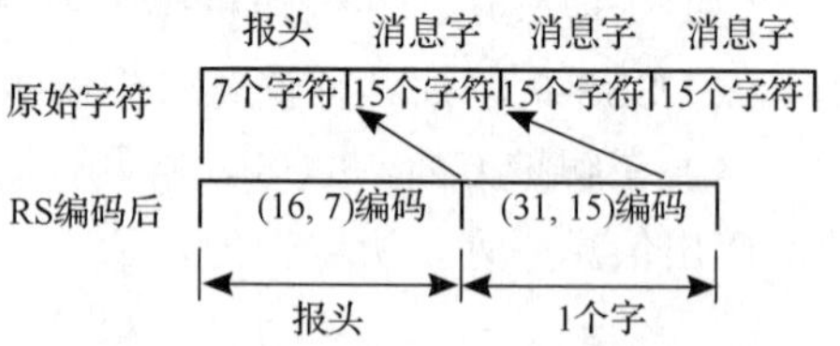

图 9.10 Link-16 数据链的纠错编码方案

4. 交织

我们看到，即便用了纠错编码，其能够承受的干扰仍是有限度的。例如，如果采用短促的宽频段强功率干扰，便有可能超过报头或一个码字编码的纠错能力。这种类型的干扰也称为突发干扰。为了对付这种干扰，Link-16 数据链系统采取了交织措施。

所谓交织，指字符不是按照正常顺序发射，而是把这个顺序打乱，在报头与码字之间伪随机地选择字符，形成新的顺序进行发射。在各种用于纠正突发错误的方法中，交织最为常用，因为它不但有着良好的纠突发错误的性能，而且并不增加编码的冗余度。交织通过打乱传输数字信息次序来减少突发错误的发生概率，换句话说，也就是使突发错误随机化。在扩频通信系统中，引入交织不但可纠正突发错误，而且可以获得时间分集，达到抗衰落的目的。利用交织重新组织序列，将属于同一符号的相邻不同时隙不再连续传输，当时间间隔足够大时，对这些时隙中的每一个而言，其幅度和相位在衰落过程的时间变化中相互独立，从而获得了时间分集。

常用的交织方法有分组交织、卷积交织、伪随机交织等。Link-16 数据链采用的是分组交织方法。交织是一种很实用而且常用的方法，它能把比较长的突发错误或多个突发错误在时间上得以扩散为较短的或离散为随机的错误，用交织的方法构造出来的码称为交织码。

交织码的基本思想与纠错码的思路不一样，所有的纠错码的基本思路是适应信道，即什么类型信道就采用什么类型纠错码。然而交织编码的设计思路不是为了适应信道，而是为了改造信道，它通过交织与去交织将一个有记忆的突发差错信道，改造为基本上是无记忆的随机独立差错信道，然后再用纠随机独立差错的纠错码来纠错。

通过交织，如果 Link-16 数据链的某条消息的某段受到干扰，使这段中的字符在接收机中解调不出来或解调错了，报头和每一个码字会差不多均等地分担损失，因而不容易超过报头和每一个码字的纠错能力。

对于不同的消息封装，交织方法也略有不同。在 STD-DP 封装格式中，把报头的 16 个字符和消息本体 3 个码字的 93 个字符合起来一共 109 个字符加在一起作交织。在 P2SP 封装格式中，把报头的 16 个字符和消息本体的前 3 个码字的 93 个字符合起来一共 109 个字符加在一起作交织；再把本体余下的 3 个码字的共 93 个字符合在一起作交织。在 P2DP 封装格式中，把报头的 16 个字符和消息本体的 6 个码字的 186 个字符合起来一共 202 个字符作交织；再对消息本体的后 6 个码字的 186 个字符作交织。在 P4SP 封装格式中，把报头的 16 个字符和消息本体的前 6 个码字的 186 个字符合起来一共 202 个字符作交织；再对消息本体的后 6 个码字的 186 个字符作交织。

5. 跳时

Link-16 数据链采用 TDMA 方式构建网络，在分配给本终端平台的时隙内发送战术消息。在消息封装结构中，STD–DP 和 P2SP 封装格式还采用了抖动方式来提高系统的抗干扰性能。通过抖动，每次发射脉冲信号的起点不与时隙起点对齐，而作为随机时延出现。这种伪随机的时延变化使敌方不易掌握发射时间的规律性，因而不能准确判明时隙起点的划分。抖动的大小是由传输保密加密变量（TSEC）控制的。这种抖动可以看作一种跳时技术。

6. 双脉冲

Link-16 数据链的脉冲波形有两种结构，一种是使相邻的两个脉冲成对使用，两脉冲所载信息完全相同，只是载频不同，形成双脉冲字符。另一种则是每个脉冲单独工作，叫单脉冲字符。采用双脉冲字符时，可提高抗干扰能力。而用单脉冲字符时，信息传输速率更高一些。

7. 检错编码

除上述抗干扰措施外，Link-16 数据链传输固定格式消息时，为了提高信息传输的可靠性，还采用了检错编码方式。检错编码与上述所有抗干扰措施不同，上述措施是在字符位上施行的，包括跳频、直序扩频、纠错编码和交织，双脉冲字符及抖动也是。而检错编码是在数据位上实施的。对固定格式 J 消息字，每个字有 75bit 信息，然而事实上只载有 70bit 信息，因为在 75bit 中有 4bit 用做了检错编码的监督位，有一位总是为 0。监督位产生过程是：由于每个字有 70bit 信息，3 个字一组，共有 210bit 信息，再加上报头中关于航迹号（源）的 15bit 信息一共是 225bit 信息，通过（237,225）检错编码产生了 12bit 的检错监督位。就是说这 12 个监督位监督的是整个 225bit 的差错。标准双脉冲（STD–DP）封装格式的检错编码监督位的位置如图 9.11 所示。图中 P_0，P_1，…，P_{11} 指检错监督位。

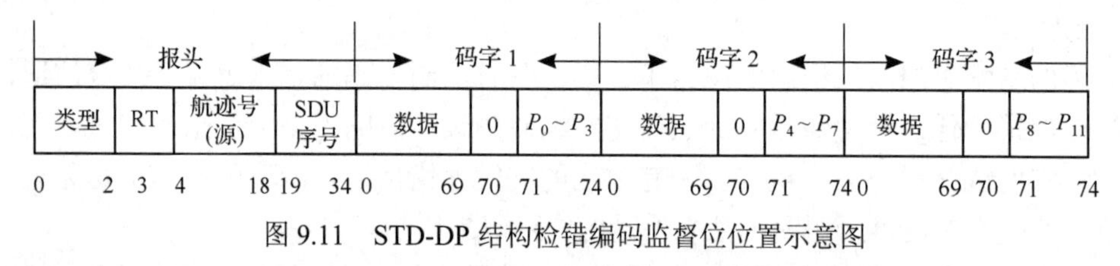

图 9.11 STD-DP 结构检错编码监督位位置示意图

9.4.2 通信加密

Link-16 数据链除采用多重抗干扰措施来提高信息传输的可靠性外，还采用了多重加密措施来保证信息传输的安全性。加密是由 Link-16 数据链的端机来完成，并用一个 SDU（保密数据单元）来操作，用来产生消息保密变量（MSEC）和传输保密变量（TSEC）。Link-16 数据链端机采用两层来加密机制。首先，通过消息保密变量（MSEC）对消息本身进行加解密；其次，发射波形采用传输保密变量（TSEC）进行加解密，TSEC 决定了端机传输的伪随机跳频图案、抖动时间、扩频序列、交织、粗同步头字符、精同步头字符的加解密，用于提高其抗干扰能力和降低截获概率。Link-16 数据链加密变量如表 9.1 所示。

表 9.1 Link-16 数据链加密变量

变 量 名 称	保 密 类 型
MSEC	消息加密变量
TSEC	传输波形加密变量 ✓ 抖动 ✓ 伪随机噪声 ✓ 跳频图案 ✓ 交织 ✓ 精、精同步头

端机只有具有与发射端机相同的 TSEC，才能知道跳频图案和扩频序列，从而接收信号。同时，只有具有与发射端机相同的 MSEC 加密变量，才能解调出信息。不同的网号给予不同的加密变量。如果 TSEC 传输加密变量相同，而 MSEC 消息加密变量不同，则未授权的用户也可以接收信号、纠正错误和传输，但不能解密信息内容；这种加密变量结构主要用于建立盲中继。如果传输加密变量 TSEC 不同，则未授权的用户不能接收信号。如果传输加密变量 TSEC 和消息加密变量 MSEC 都不同，就可以实现完全隔离。

每一个 SDU 有一个唯一的序列号，MSEC 提供报头中修改了的 SDU 序号，用于对消息的解密。对于每条消息来说，修改 SDU 序号的方式不同，因此，一部端机发射的每条消息中不会出现相同的 SDU 序号，从而进一步提高数据传输的安全性。

小　结

本章从通信干扰与抗干扰技术的理论基础出发，分析了通信干扰与抗干扰的类型、准则和特点，详细阐述了数据链系统中采用的扩频抗干扰技术，主要包括直接序列扩频技术、跳频技术、跳时技术、线性调频技术。扩频技术具有抗干扰、抗噪声、抗多径衰落、高保密、低功率谱密度、高隐蔽性、低截获概率等优点；并以外军典型的战术数据链 Link-16 为对象，重点分析了它的抗干扰和保密措施。Link-16 数据链的固定格式消息采用了扩频、跳频、跳时、交织、纠错编码、双脉冲和检错编码共 7 项抗干扰措施；并采用了双重保密机制：消息保密变量（MSEC）和传输保密变量（TSEC），以进一步提高信息传输的安全性。

思　考　题

（1）简述通信干扰和抗干扰的基本准则。

（2）请问扩频技术的理论基础是什么？扩频技术有哪些特点？

（3）请问什么是处理增益和干扰容限？两者有何联系？

（4）请问扩频技术主要有哪些？各项扩频技术的基本原理是什么？

（5）Link-16 数据链固定格式消息采用了哪些抗干扰措施？

（6）Link-16 数据链采用了哪些保密措施？

参 考 文 献

[1] 孙义明, 杨丽萍. 信息化战争中的战术数据链[M]. 北京：北京邮电大学出版社, 2005.

[2] 骆光明, 杨斌, 邱致和, 等. 数据链——信息系统连接武器系统的捷径[M]. 北京：国防工业出版社, 2008.

[3] 孙继银, 付光远, 车晓春, 等. 战术数据链技术与系统[M]. 北京：国防工业出版社, 2009.

[4] 吕娜, 杜思深, 张岳彤. 数据链理论与系统[M]. 北京：电子工业出版社, 2008.

[5] 梅文华, 蔡善法. JTIDS/Link16 数据链[M]. 北京：国防工业出版社, 2008.

[6] 樊昌信, 曹丽娜. 通信原理[M]. 北京：国防工业出版社, 2006.

[7] 杨丽春. 通信抗干扰技术的综合优化及评价研究[D]. 成都：电子科技大学, 2006.

[8] 暴宇, 李新民. 扩频通信技术及应用[M]. 西安：西安电子科技大学出版社, 2011.

[9] 王海亮. 内部飞行数据链系统关键技术的研究–JTIDS 干扰技术的研究以及跳频和 MSK 的硬件实现[D]. 上海：东南大学, 2007.

[10] 陈小康. JTIDS 的抗干扰技术研究[D]. 北京：北京交通大学, 2007.

[11] 邓雪群. 宽带数据链抗干扰传输技术研究[D]. 西安：电子科技大学, 2008.

[12] 李华辉. 航空数据链数据传输的可靠性研究[D]. 武汉：武汉理工大学, 2007.

[13] 胡雁. JTIDS 对象研究及其干扰效能分析[D]. 西安：电子科技大学, 2010.

[14] 薛春晖. 联合战术信息分发系统（JTIDS）的干扰技术研究[D]. 武汉：武汉理工大学, 2008.

[15] Wang H, Kuang J M, Wang Z, etc. Transmission performance evaluation of JTIDS[C]. Military Communication Conference, 2005, New Jerrsey: IEEE, 2005: 2264-2268.

[16] Kao C, Roberston C, Lin K. Performance analysis and simulation of cyclic code-shift keying[C]. Proc. IEEE Military Communications. Conf., 2008.

[17] Pursley M, Royster T, IV, Tan M. High-rate direct-sequence spread spectrum [C]. Proc. IEEE. Military Communications. Conf., 2005,4: 2264-2268.

[18] Kao C, Robertson R C, Kragh F. Performance of a JTIDS-type waveform with errors-and-erasures decoding in pulsed-noise interference[C]. Proc. IEEE Military Communications. Conf., 2009:1 8-21.

[19] Wu, N, Hua Wang, Jingming Kuang. Performance analysis and simulation of JTIDS network time synchronization[C]. Proceedings of the 2005 IEEE International on Frequency Control Symposium and Exposition, 2005:836-839.

[20] Svetislav V Martic, Edward L Titlebaum. A class of frequency hop codes with nearly ideal characteristics for use in multiple access spread-spectrum communications and radar and sonar systems[J]. IEEE Transaction on Communications, 1992, 40(9):l442-1447.

第 10 章　典型数据链系统的作战运用

Link-11 数据链和 Link-16 数据链是美军数据链发展史上两个重要的数据链系统。本章以 Link-11 数据链和 Link-16 数据链为例，介绍美军数据链的作战运用情况。在 Link-11 数据链方面，分别从装备应用、网络管理和组网运用三个方面介绍了该数据链的运用情况；在 Link-16 数据链方面，分别从装备应用、网络管理和飞机指挥权交接三个方面介绍了该数据链的运用情况。

10.1　Link-11 数据链的装备情况

Link-11 数据链于 20 世纪 70 年代开始服役，随后在美国海军、空军、陆军、海军陆战队服役，配备规模非常大。其中舰船包括航空母舰、巡洋舰、驱逐舰、护卫舰和两栖攻击舰；飞机包括 E-2、E-3、S-3A、P3-C 等；潜艇包括“鲟鱼”级和“洛杉矶”级核动力潜艇。地面平台包括美海军舰队的区域控制监视中心，美空军的区域作战控制中心和战区空中控制系统，美海军陆战队的空中指挥和控制系统等。

10.1.1　舰载 Link-11 数据链系统

下面以美军航母配备的 AN/USQ-125 数据终端设备为例，介绍美军舰载 Link-11 数据链系统的基本配置。舰载 Link-11 数据链系统配置如图 10.1 所示。

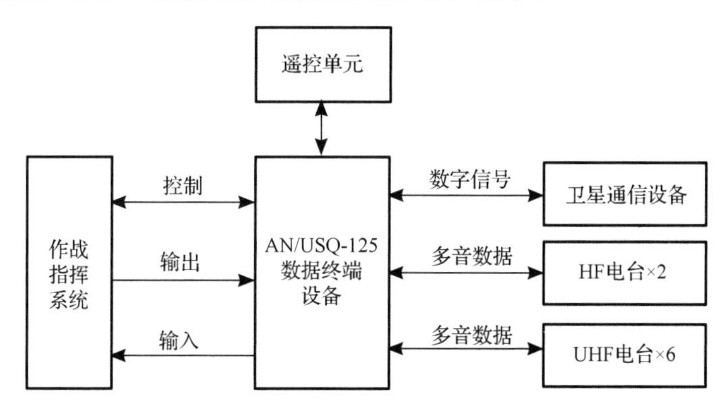

图 10.1　舰载 Link-11 数据链系统配置

如图 10.1 所示，舰载 Link-11 数据链系统主要由作战指挥系统、数据终端设备（DTS）、无线电设备和遥控单元组成。

作战指挥系统由数据处理部分、显示系统等组成，其中数据处理部分一般包括 3～4 台大型计算机和外设，显示系统由多台水平和垂直显控台组成，用于显示带有目标符号、速度、高度等数据的航迹以及其他态势信息。它通过与传感器系统、武器系统有机交联，完成对目标的检测、识别、分类、情报综合、威胁评估及武器分配等功能。作为数据链系统的信息来源，作战指挥系统向数据终端设备输入战术消息。

海军战术数据系统（NTDS）是美军使用最早且较为广泛的海军舰载作战指挥系统，自20世纪50年代开始，配装于美军水面舰艇、航空母舰以及两栖舰船。20世纪90年代研制的先进作战指导系统（ACDS）是NTDS系统的升级版，在反水面舰艇和反潜作战能力方面有所提升，能够提供更快、功能更强的数据处理能力，可得到更详细的作战态势。

数据终端设备（DTS）实现调制解调器的功能，以半双工模式工作。其主要完成纠错编码、多音/单音信号生成、链路协议控制等功能。纠错编码是指数据终端设备（DTS）在帧结构中插入了监督位，用于对数据中的错码进行检错和纠正；多音/单音信号生成是指通过一定的调制方式将数据转换为复合音频信号，并交由无线电设备进行射频处理；链路协议控制是指数据终端设备（DTS）能够生成和识别控制链路类型、链路数量、链路状态的协议数据，以保证网络的正常工作模式。数据终端设备（DTS）有6种工作模式：网络同步、网络测试、轮询、短广播、广播和静默。

无线电设备一般配置2部HF电台、6部UHF电台和1部卫星通信设备，无线电设备负责对信号进行射频处理，完成射频调制、功率放大、滤波等功能。在HF频段，采用天线耦合器将不同频率的信号传送至相应频段的天线上，以增加辐射效率；在UHF频段，采用天线耦合器实现多部电台共用一部天线，具有频率管理功能，避免多信道之间的相互干扰。卫星通信设备可将Link-11数据链的战术数据通过国防卫星通信系统（DSCS）、军事卫星通信系统（MILSATCOM）、舰队卫星通信系统（FLTSATCOM）等发送至距离较远的岸基站点或实现不同战斗群之间远距离的战术数据传输。

舰载HF天线有35ft单极天线、35ft双极天线、伞状天线等类型。舰载UHF天线与HF天线相比，尺寸较小，可安装在桅杆的高处，以增加视距通信距离。不同的天线类型，其工作频率、天线增益、驻波比有较大差异。

遥控单元可供操作员在与数据终端设备（DTS）保持一定距离时实现对其远程控制，可输入节点站类型、站编号等工作参数，可启动或停止工作状态，改变网络模式。

10.1.2 机载Link-11数据链系统

美国海军和空军的大量飞机装备了Link-11数据链，比如E-2C、E-3、S-3A、P-3C等。平台不同，其设备配置也会有所不同，下面以E-2C和P-3C为例，介绍机载Link-11数据链的配置情况。

1. E-2C机载Link-11数据链系统

E-2C是舰载预警、战术指挥和控制飞机，用于舰队防空和空战指挥引导，也可用于执行陆基空中预警任务。E-2C机载Link-11数据链系统配置如图10.2所示。

先进战术指挥系统（ATDS）除数据处理计算机外，还包括作战指挥（CICO）、空中管制（ACO）、飞行驾驶（FT）三个显示屏。

无线电设备包括两部HF电台和两部UHF电台，支持话音业务，但数据通信与话音通信不能同时进行。HF-1电台通过耦合器、滤波器连接到150ft的可伸缩天线。该天线在飞行过程中可展开，电台功率为400W或1000W。HF-2电台连接到飞机前部和尾部之间的固定天线，电台功率为400W。无线电设备由天线接口单元（AIU）集中控制和管理。

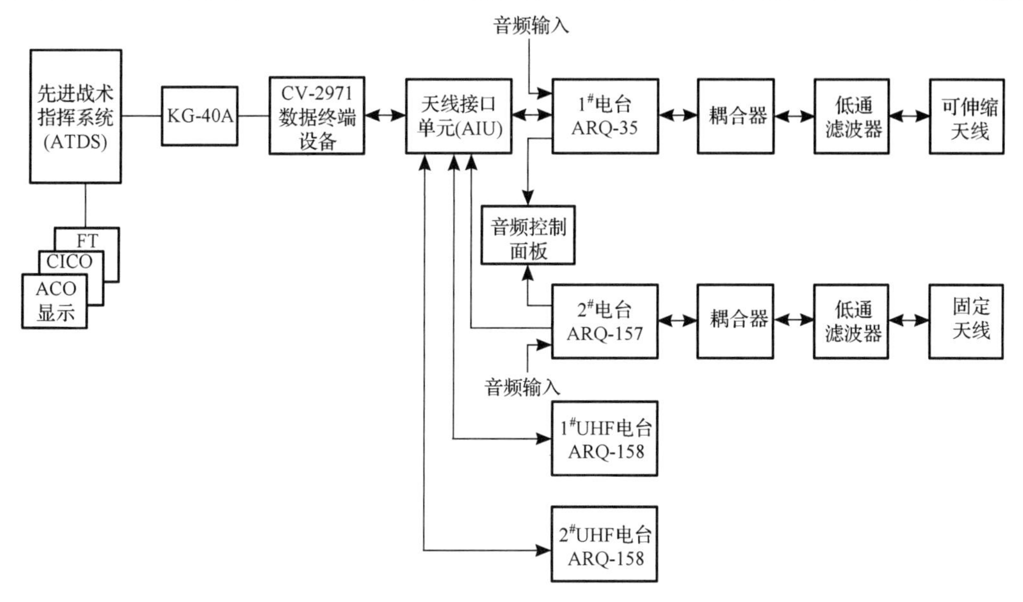

图 10.2　E-2C 机载 Link-11 数据链系统配置

E-2C 的 Link-11 数据链设备布局如图 10.3 所示。其中，标注序号 1、2、3 分别为作战指挥（CICO）、空中管制（ACO）、飞行驾驶（FT）的工作台，标注序号 4 为作战指挥系统的计算机，标注序号 5 为加密设备，标注序号 6 为数据终端设备（DTS），标注序号 7 为 HF 电台，标注序号 8 为 UHF 电台，标注序号 9 为 UHF 天线，标注序号 10 为 HF 可伸缩天线，标注序号 11 为 HF 固定天线。

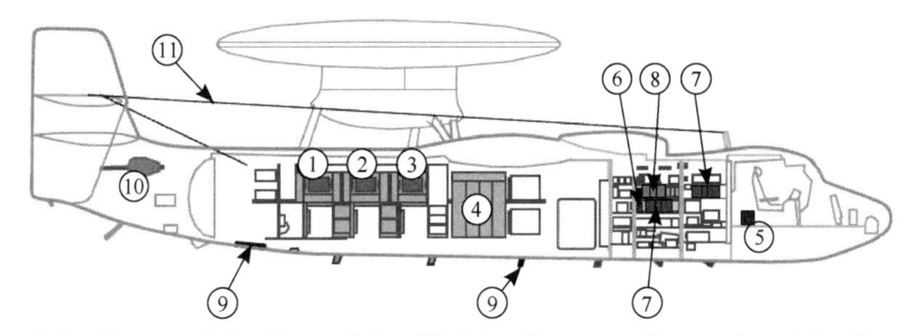

①ACO 工作台；②CICO 工作台；③FT 工作台；④计算机；⑤KG-40A；⑥DTS；⑦HF 电台；⑧UHF 电台；⑨UHF（数据链路）天线；⑩HF 可伸缩天线；⑪HF 固定天线

图 10.3　E-2C 的 Link-11 数据链设备布局

2. P-3C 机载 Link-11 数据链系统

P-3C 是一种陆基海上巡逻机和攻击机，它的主要任务是探测、定位、识别和摧毁水下的敌方潜艇，还可遂行远程海上巡逻和布雷行动。它可利用 Link-11 数据链系统将反潜相关战术信息分发至网内其他成员。P-3C 机载 Link-11 数据链系统配置如图 10.4 所示。

P-3C 操作台位设置有战术协调（TACCO）、领航通信（NAV/COM）、声学探测、非声探测等，这些台位与战术数据计算机 CP-901 相连，组成战术数据系统。加密设备型号是 KG-40A，数据终端设备的型号为 AN/ACQ-5。无线电设备包括两部 HF 电台和两部 UHF 电台。P-3C 飞机 Link-11 数据链设备布局如图 10.5 所示。

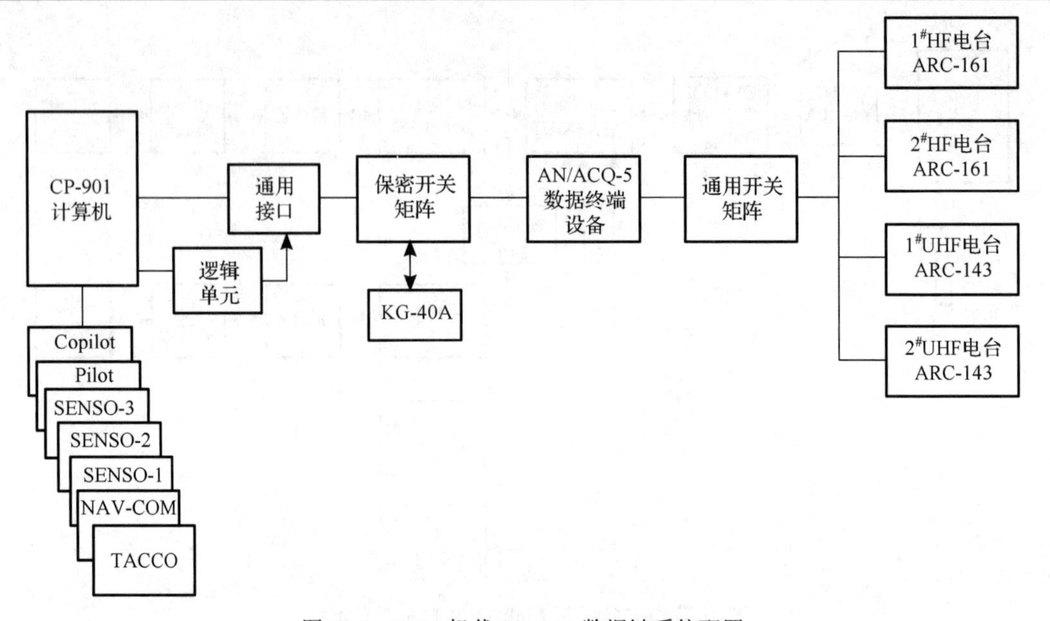

图 10.4 P-3C 机载 Link-11 数据链系统配置

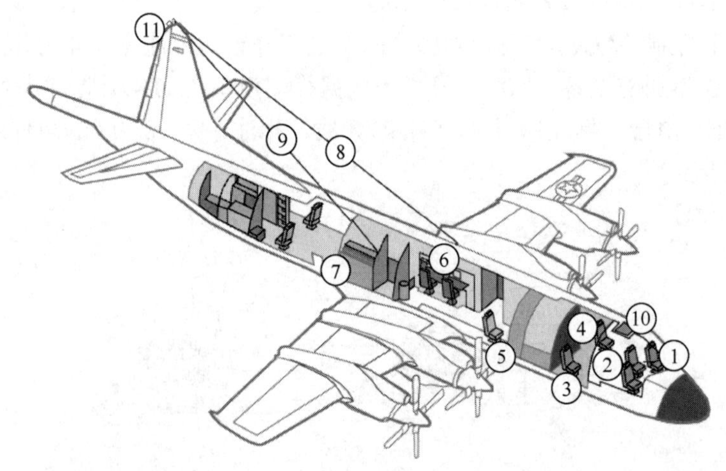

图 10.5 P-3C 飞机的 Link-11 数据链设备布局

10.1.3 陆基 Link-11 数据链系统

Link-11 数据链的装备使用，并不局限于美海军舰艇之间或者舰艇与飞机之间的战术数据交换，美军陆基的重要节点也利用 Link-11 数据链增强指控能力和扩大监视范围。陆基 Link-11 数据链系统与舰载和机载系统差异较大。下面以典型的美军陆基节点为例，介绍陆基 Link-11 数据链系统的配置情况。

1. 美海军舰队区域控制监视中心

舰队区域控制监视中心（FACSFAC）在其管辖范围内协调和调度所有舰队的行动，相当于一个交通管制机构。一般来说，舰队区域控制监视中心（FACSFAC）的 Link-11 数据链系统配置包括 UYK-7 计算机、KG-40A 加密设备、USQ-74 数据终端设备、URT-23C/R-1051G 短波无线电台和 WSC-3 超短波无线电台，如图 10.6 所示。通常来说，发射机和接收机的位置远离电台控制设备。例如，在圣地亚哥，FACSFAC 发射机和接收机位于 80 英里外的一个岛上。在这种情况下，数据传输路径可以由一个或多个无线中继站或有线链路组成。

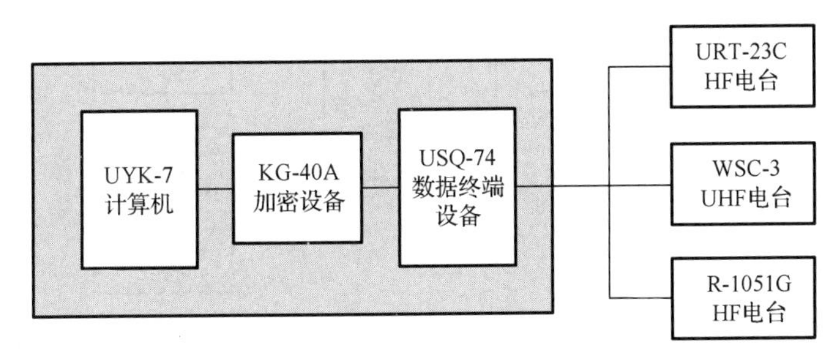

图 10.6　舰队区域控制监视中心（FACSFAC）的 Link-11 数据链系统组成示意图

2. 战术监视中心

战术监视中心（TSC）的任务是支援由 P-3 飞机和 S-3 飞机组成的海上巡逻飞机中队，提供近实时的操作控制、任务规划、协调和评估支持。各战术监视中心之间也可交换信息。战术监视中心中的移动微型作战控制中心（MOCC）是一种可快速部署的指挥控制系统。战术监视中心通常设在 P-3 飞机的作战中心，分布于世界各地的美军基地。

战术监视中心的内部配有战术数据系统及 MX-512P 型数据终端设备，无线电设备设置在战术监视中心外部，利用军用或商用通信电缆，通过海军通信站的通信指挥设备和技术控制中心与战术监视中心相连，战术监视中心采用远程控制方式对无线电设备进行控制。战术监视中心的无线电设备包含多部发射机和多部接收机，发射机、接收机与电台控制设备的距离通常在 10～400 英里不等。

3. 区域作战控制中心

区域作战控制中心（ROCC）由美国空军司令部管辖，负责北美和平时期的战略防空任务。通过 Link-11 数据链或有线数据链路，将来自多个区域作战控制中心的信息汇集至联合监视系统（JSS），形成整个美国领空的实时空中态势。

区域作战控制中心的 Link-11 数据链装备包括 S-120 计算机、KG-40A 加密设备、USQ-76 数据终端设备和无线电设备，如图 10.7 所示。无线电设备一般有 2 部 HF 电台和 1 部 UHF 电台组成。无线电设备通常位于距离控制中心数英里的地方。各区域作战控制中心（ROCCs）之间通过固定线路相连接。

4. 战区空中控制系统

战区空中控制系统（TACS）为美空军指挥官提供了规划、指挥和控制空中行动的手段，并协调与其他军兵种部队的联合行动。战区空中控制系统（TACS）由空基和陆基要素构成。空基要素包括预警机（AWACS）和联合监视与目标攻击雷达系统（JSTARS）。陆基要素包括空中作战中心（AOC）、管制报告中心（CRC）、空中支援作战中心（ASOC）和战术空中管制小组（TACP）等。管制报告中心（CRC）和预警机（AWACS）负责为空中作战提供指挥控制，空中支援作战中心（ASOC）、战术空中管制小组（TACP）和联合监视与目标攻击雷达系统（JSTARS）负责为支援地面部队作战提供指挥控制手段。

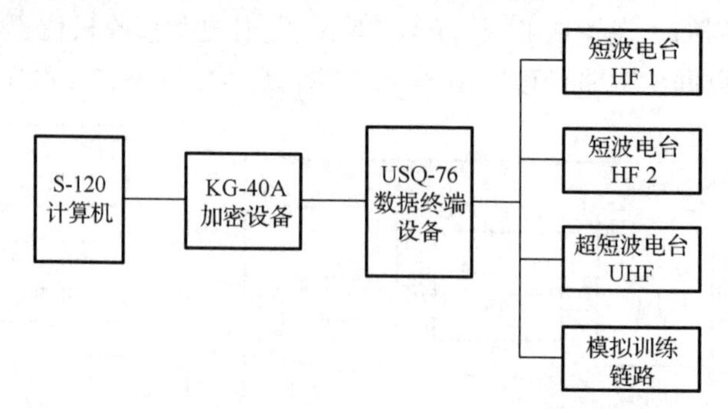

图 10.7 区域作战控制中心（ROCCs）的 Link-11 数据链组成示意图

陆基要素中管制报告中心（CRC）承担的作战任务包括空域管理、空域管制、威胁探测预警、任务控制、搜索救援协调以及电子战控制等。下面以美军陆基管制报告中心（CRC）为例，介绍其 Link-11 数据链系统的配置情况，其他陆基要素参考此配置。

管制报告中心（CRC）的 Link-11 数据链系统的基本单元为可移动操作模块（OM），可根据需求灵活配置，通常一个管制报告中心（CRC）由 4 个可移动操作模块（OM）组成。如图 10.8 所示，每个可移动操作模块（OM）都配备有 CP-1931 计算机、KG-40A 加密设备、AN/USQ-111(V) 数据终端设备和电台，每个可移动操作模块（OM）配备四部 UHF 电台、两部 HF 电台用于数据链路操作。此外，每个可移动操作模块（OM）还设置有敌我识别设备、搜索雷达和控制台，为操作员提供实时态势显示。管制报告中心（CRC）通过 Link-11 数据链能够与 15 个 PU 成员进行战术信息交互。

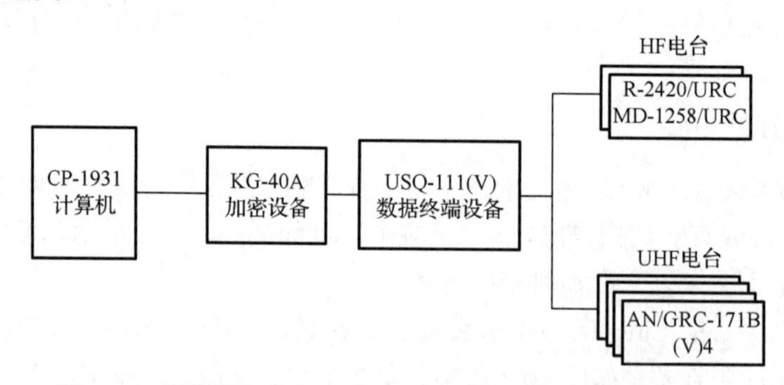

图 10.8 管制报告中心（CRC）Link-11 数据系统配置示意图

10.2 Link-11 数据链的网络管理

网络管理主要用于网络规划、网络监控和调整网络参数，其目的是保证为战术行动提供所需的连通性和吞吐量。网络管理涉及的内容较多，贯穿网络运行始终。下面针对 Link-11 数据链网络管理中的几个关键问题进行讨论。

10.2.1　主站选择

主站是 Link-11 数据链网络的中心控制成员，网内任何成员必须保持与主站的联通性，影响其联通性的因素有装备性能和主站所处的位置。网络管理人员要了解网内所有成员的装备情况，如天线、天线耦合器、收发信机和数据终端设备等，都会影响装备的性能。比如某个网内成员的无线电接收机灵敏度较低，此时若将该成员指派为主站，那么该成员的数据链装备性能将对网络的性能有较大影响。因为网内所有成员的数据链信号都要汇集到主站，该主站较差的装备性能将直接反映在每一次呼叫应答中，可能会丢失对呼叫单元的响应，从而造成网络瘫痪。

在理想情况下，主站应位于整个网络的地理中心，可以接收网内每个成员的射频信号，与网内每个成员保持直接连接。实际应用中，应根据任务的通联需求和不同频段的通信距离，合理安排主站。UHF 通信受到视距限制，其对地通信距离为 10～50km，如果选取地面或海面成员作为主站，会限制地面成员间的通信距离。而在地-空 UHF 通信时，通信距离可扩展到 270km。因此，当有预警机成员参与时，通常会指定预警机作为主站。

10.2.2　网络效率

网络循环时间是 Link-11 数据链最重要的网络性能指标，但它是一个绝对的指标，实际的网络性能与网络循环时间和成员数也有关系。因此，需要用一个相对指标来衡量，这就是网络效率。它表示为网络最小循环时间与实际循环时间的比值。例如，理论上最小循环时间为 5s，实际时间为 10s，此时网络效率就为 50%。实际的时间是可以测量得到的，而理论上最小循环时间需要通过理论计算得到。

在非理想情况下，网络效率很难达到 100%，甚至很低。主要是由于信道、装备性能等因素会导致主站多次呼叫后网内成员才应答，甚至没有应答。此时应该通过其他网络监控手段，去排查具体哪个成员的装备出了问题，如果是因为信道原因，看看能不能采取调整频率或调制方式等抗干扰手段，以保证一定的网络效率。

10.3　Link-11 数据链的组网运用

传统基于轮询的 Link-11 数据链组网有很多不足之处。比如 HF 频段的电磁波受电离层的影响较大，信道条件变化较为剧烈，导致 HF 数据链可靠性降低；而 UHF 频段的电磁波是视距传输，且衰减较快，导致通信距离较近；传统轮询协议，当网络成员数较多时，轮询周期会增加，影响战术信息的时效性。为此，美军针对传统的 Link-11 数据链网络进行了升级优化，其中较典型的组网运用形式有卫星网络、多频网络和级联网络。下面对这三种网络进行介绍。

10.3.1　卫星 Link-11 数据链网络

Link-11 数据链有 HF 和 UHF 两种传输频段，UHF 频段只能视距传输，HF 频段虽然能够实现超视距传输，但其最大传输距离通常也只有 500km 左右，且链路质量不稳定。为此美军使用卫星作为中继站，使 Link-11 数据链的传输距离不受限制。典型的美军卫星系统有国防卫星通信系统（DSCS）、军事卫星通信系统（MILSATCOM）、舰队卫星通信系统（FLTSATCOM）、海事卫星通信系统（MARISAT）等，可为 Link-11 数据链提供中继通信链路。早在 1984 年，美军就使用过卫星信道，向黎巴嫩地区部队传输西地中海的态势信息。基于卫星中继的 Link-11 数据链有单向和双向两种网络类型。

单向网络，是指网内成员将战术信息通过卫星单向转发至距离较远的作战平台，不需要对方平台的应答，如图 10.9 所示。比如可将舰船探测到的态势信息通过卫星转发至美军本土指挥所或导弹阵地。由于对方不回应，可以等效为通过中继方式接入的静默站。因此，单向卫星链路不会对正常的 Link-11 数据链的网络运行造成影响，对循环时间和网络效率这两个指标也没有影响。但是单向卫星链路会产生传输延迟。假如轨道高度为 3 万多千米的静止卫星，不算处理延迟，上行和下行就有 200 多毫秒的传输延迟，这对高机动目标捕获跟踪和交战命令响应会有一定的影响。

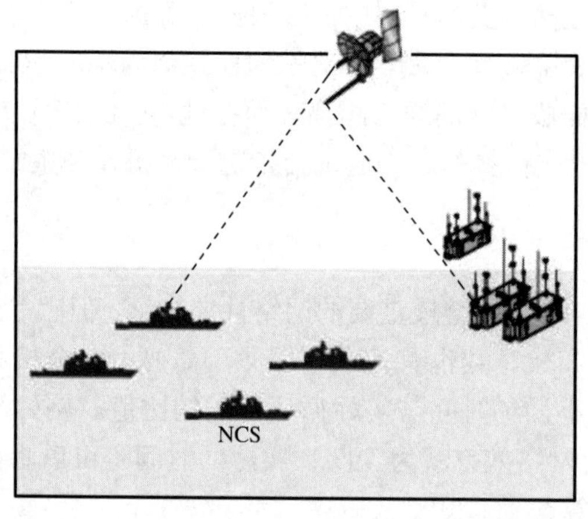

图 10.9 基于卫星转发的 Link-11 数据链单向网络

双向网络和单向网络不同，主站通过卫星链路对其进行轮询，对方也要进行应答，如图 10.10 所示。主站在接收到对方应答后，才会对下一个成员进行询问。和单向网络相比，双向网络的传输延迟是单向的 2 倍，能达到 500 多毫秒的传输时延，而且如果由于信道或装备的问题，有可能会出现二次或二次以上的询问呼叫。此时的传输延迟就能达到秒这个量级。很显然，这种卫星双向链路会严重影响战术消息的时效性，在对态势的实时性要求较高，或对指控命令的响应速度要求较快时，一般不采用双向卫星链路。

图 10.10 基于卫星转发的 Link-11 数据链双向网络

10.3.2　多频 Link-11 数据链网络

我们知道，HF 频段主要依靠天波进行传输，其信道条件随电离层的变化较为剧烈，导致 HF 频段的可靠性较差。多频 Link-11 数据链网络是改善 HF 数据链连通性的一种方式。多频 Link-11 数据链网络是指网内成员在多个频率上收发同一信息。例如，主站使用 f_1 至 f_4 四个频率同时对编号为 30 的网内成员进行询问，该成员可同时接收这四个频率的询问信号，选取信噪比较高的频率信号进行解调，还原出询问信息；然后还使用这四个频率同时向主站发出应答信号，主站也是同时接收这四个频率的应答信号，选择质量较高的频率信号还原应答信息。

频率选择性衰落是 HF 链路的主要衰落样式之一，该衰落形式会随机地对某些频率的衰减较大，而对某些频率的衰减较小。可选取多个分散的频率发送信息，信道对这些频率衰减影响是不同的，在接收端选择这四个频率中衰减最小的那个频率信号进行接收处理，这相比单个频率链路来说，明显增加了提高信号传输质量的能力。

使用多频网络要求装备配备四个无线电设备和四个数据终端设备，无线电设备一般配置 3 个 HF 和 1 个 UHF，如图 10.11 所示。多频网络的缺点也是显而易见的，它要同时占用多个频率，频率利用率较低。而且所选的多个频率之间设置的频率间隔要足够大，一方面是为了避免相互干扰，一方面是为了增加高质量信号的出现概率。

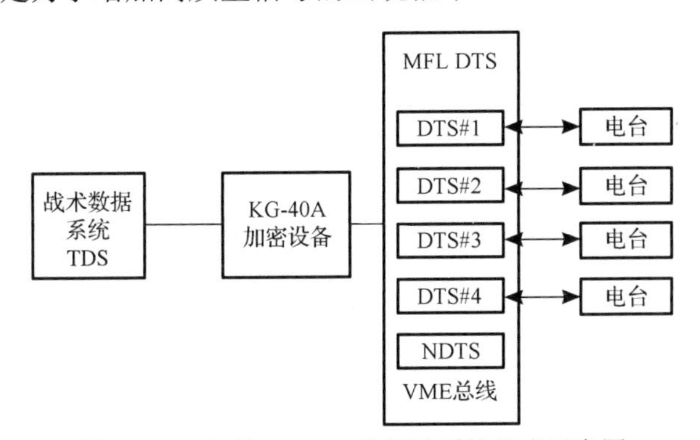

图 10.11　多频 Link-11 数据链系统组成示意图

10.3.3　级联 Link-11 数据链网络

Link-11 数据链单网模式组网简单，容易实现。但是随着军事节点的增多，作战空间的扩大，网络规模随之增大，若仍然采用由一个主站轮询各个从站的单网模式，显然会大大增加网络循环时间。美军结合实战经验，对网络结构进行优化，提出了一种级联 Link-11 数据链网络。

级联模式由多个子网（单网）组成，子网之间通过主网在不同信道上协同通信。级联模式的构成如图 10.12 所示，其中主网由 1 个主站和若干次主站组成。次主站具有双重身份，从逻辑上它既是各子网中的主站，也是主网中的从站。级联模式在实战中有很多应用形式，比如主网用于战斗群，而子网用于其他支援兵力。

在多网级联模式下，Link-11 数据链中的各子网仍然采用轮询方式进行通信。首先由主站选择一个信道 0 向各个次主站发送轮询分组，次主站收到后，根据地址码检查是否轮询到自己，若是则这个次主站首先返回一个应答报文给主站，然后自动切换到信道 1，并利用该信道逐次向本子网的所有从站发送轮询报文，子网内部的轮询过程与单网一样。与此同时，主站可以轮询下一个次主站。各个次主站在收到属于自己的轮询报文后，需要切换不同的信道轮询其子网内各从站，每个子网内部采用相同的信道进行通信，而子网之间采用不同的信道。

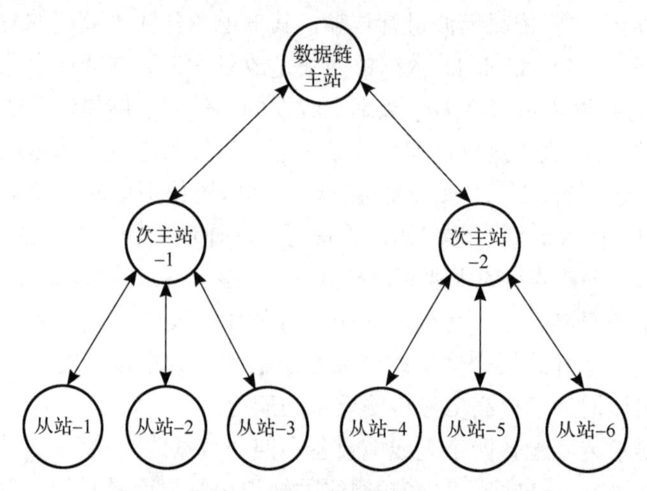

图 10.12 级联 Link-11 数据链网络结构

由于每个被轮询到的次主站都可以动态切换信道，这样每个子网内部的次主站与其中的从站采用轮询方式通信的同时，主站仍可以利用信道 0 向其他次主站轮询通信。同理，被轮询到的第二个次主站切换为信道 2 向本子网内的从站发送轮询报文，这样就提高了整个网络的信息传输总量。

多网模式采用二级轮询方式，对次主站进行轮询时，其他次主站可并行对子网的从站进行轮询。相比单网模式的优点有信息传输总量大，轮询周期较短，但不足之处是端到端时延大。若只考虑主站到某一从站的一个链路，单网模式需要一个询问应答的时间，而如果是多网模式，则需要两个询问应答，才能把信息发送给该从站。因此，针对子网中的从站，多网模式下的端对端时延要比单网模式下的时延大。

10.4 Link-16 数据链的装备情况

Link-16 数据链是目前美军应用最广的数据链，已大量装备于美国陆军、海军、空军、联合部队和北约部队等，为美军及其盟军提供完备的互操作能力，支持高容量、加密、抗干扰的数据与语音通信，相对导航与网内识别，提供高效的态势感知与战术指挥控制信息分发能力。

美军的主战武器平台基本都装备了 Link-16 数据链。指挥控制系统包括爱国者导弹系统（PATRIOT）、“霍克”导弹系统、战区高空防御（THAAD）、联合战术地面站（JTAGS）、战场指挥/控制中心、地面移动指控系统、指挥与报告中心等。舰艇平台包括美国海军航空母舰（CV 和 CVN 级）、导弹巡洋舰（CG/CGN 级）、导弹驱逐舰（DDG 级）和水陆两栖攻击舰（LHD 和 LHA 级）等。飞机平台包括美海军 E-2C 预警机、F-14D 战斗机、F/A-18 战斗机、EA-6B 电子干扰机、AV-8B 攻击机，美空军 E-3A 预警机、E-8 指挥机、RC-135 战略侦察机、EC-130 飞机、B-1B 战略轰炸机、F-15 战斗机、F-16 战斗机、F-22 战斗机、F-35 战斗机等主要预警机、侦察机、轰炸机、战斗机等。进一步，Link-16 数据链正逐步推广应用于无人机武器系统（如全球鹰、捕食者等），并推出了 BATS-D 单兵手持式 Link-16 终端。

本节主要以舰载平台和机载平台为例，介绍美军的 Link-16 数据链装备及网络管理系统。

10.4.1　舰载 Link-16 数据链系统

舰载 Link-16 数据链系统包括战术数据系统（TDS）、JTIDS/MIDS 终端及其天线。TDS 生成用于交换的战术数据，处理数据链终端接收的战术情报，维护战术数据库；JTIDS/MIDS 终端负责对战术消息打包封装，并转换为具有保密和抗干扰能力的传输波形，在分配时隙到来时送往天线发射消息。装备 Link-16 数据链系统的舰艇通常还装备有 Link-11 等其他数据链，在舰载平台上集成为多链路系统。此时带来了多链消息转换和融合处理的问题，因此要引入指挥与控制处理器（C^2P），它在战术数据系统和终端间提供接口，支持多链共存。

TDS 集成于指控系统中，通过相应接口与 C^2P 相连。指控系统数据库基于 Link-16、Link-11 等数据链消息格式，统一由指控系统生成标准化战术消息，与任何特定链路无关。C^2P 将从战术数据系统接收来的战术消息，转换为相应消息格式后通过相应链路发射。C^2P 接收从这些链路中输入的消息，转换后传输给战术数据系统计算机，供其处理与显示。此外，C^2P 还能使所接收的来自一条链路的信息转换后通过另一条链路重新发射出去。

舰载 Link-16 数据终端为 JTIDS 2H 型，包括收/发信机、高功率放大器组、数字处理器组（DDP）、保密数据单元、接口单元等。终端组成及接口关系如图 10.13 所示。

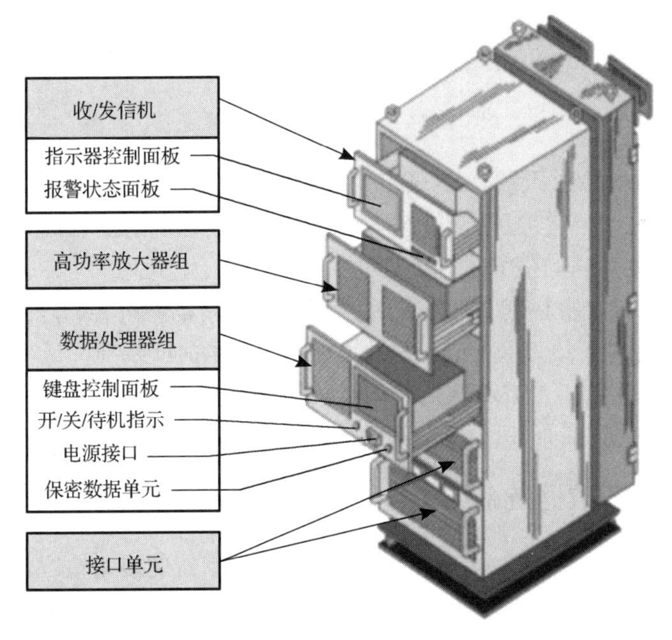

图 10.13　舰载 Link-16 数据终端组成及接口关系示意图

舰载 Link-16 数据终端安装在电子设备柜（ECA）中。接口单元通过 1553B 总线连接 C^2P 和数字处理器组；DDP 控制 R/T 和 HPA 的工作，对 Link-16 数据链信号进行基带处理，其处理过程包括加解密、RS 编解码、交织、跳频图案、载频选择、TOA 测量、同步计算等，处理后的中频信号交由收/发信机处理。收/发信机对信号进行中频和射频处理；将天线接收的射频信号下变频到中频，然后送至 DDP 处理；从 DDP 接收中频信号，上变频至射频信号，输出至高功率放大器单元处理。高功率放大器对射频信号进行放大，输出 1000W 信号；陷波滤波器滤除 IFF 敌我识别器的 1030～1090MHz 的频率信号以及塔康和 Link-16 数据链的共用频率信号。

正常操作情况下，终端由配有 C²P 的操作控制台控制，但在执行维护或备份操作时，需要用到指示器控制面板（ICP）和密钥控制面板（KCP）。ICP 用于监视终端的状态，允许执行自检功能并显示结果，也可通过 ICP 人工对终端进行初始化和控制操作。KCP 在终端初始化时，用于将密钥通过外部设备加载至保密单元。舰载 Link-16 数据链的天线包括 2 副宽带垂直极化天线，其天线形状如图 10.14 所示。

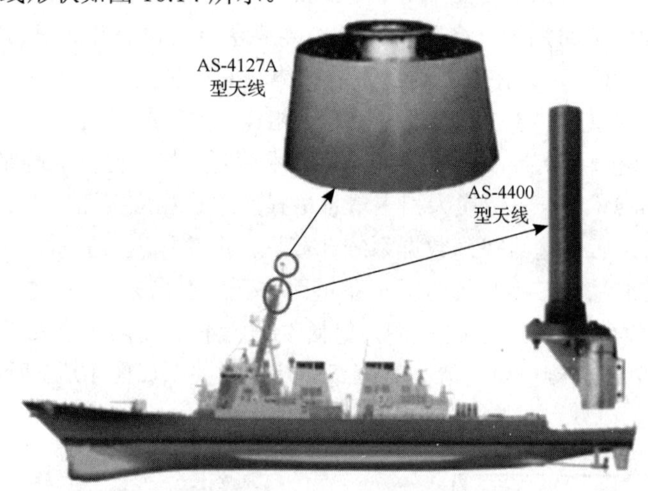

图 10.14 舰载 Link-16 天线

AS-4127A 型天线为收发天线，AS-4400 型天线为接收天线，均为柱形天线。两副接收天线提供了接收信号的冗余，增加了抗干扰能力。Link-16 数据链的接收机对所接收的 2 路信号进行比较，选择信噪比较高的信号进行处理。

Link-16 数据链终端与舰上的时钟设备、话音通信链路、消隐设备和静音系统等多个系统交联。时钟设备为舰上指控系统以及 Link-16 数据链系统提供时间基准。话音线路通常为 2 路，将舰上通信中心的话音接入 JTIDS 终端。消隐系统用于电子对抗或电子支援时，用于关闭 Link-16 数据链的接收，防止同频段射频对抗信号对其产生干扰。静音系统用于舰艇无线电静默。

10.4.2 机载 Link-16 数据链系统

下面以 E-2C 预警机为例，介绍 Link-16 机载数据链系统的装备情况。机载 Link-16 数据链系统包括任务计算机、JTIDS/MIDS 终端和天线；其中，JTIDS/MIDS 终端包括数据处理单元、保密单元、收/发信机、高功率放大器、电源和天线。任务计算机提供战术数据，JTIDS/MIDS 终端提供保密、大容量、抗干扰波形，天线用于发射和接收微波射频信号；JTIDS/MIDS 终端通过接口单元与驾驶舱中的显示控制器、敌我识别系统（IFF）、机内话音系统等大量设备交联，如图 10.15 所示。机载平台的配置不包含 C²P，任务计算机直接与终端连接。除天线外，E-2C 预警机的 Link-16 数据链设备都装在预警机的设备舱中。

JTIDS/MIDS 终端中的数据处理单元、HPA 及 IU 承担的功能与舰载平台相同；收/发信机除了内置有塔康功能外，其余也与舰载平台相同。

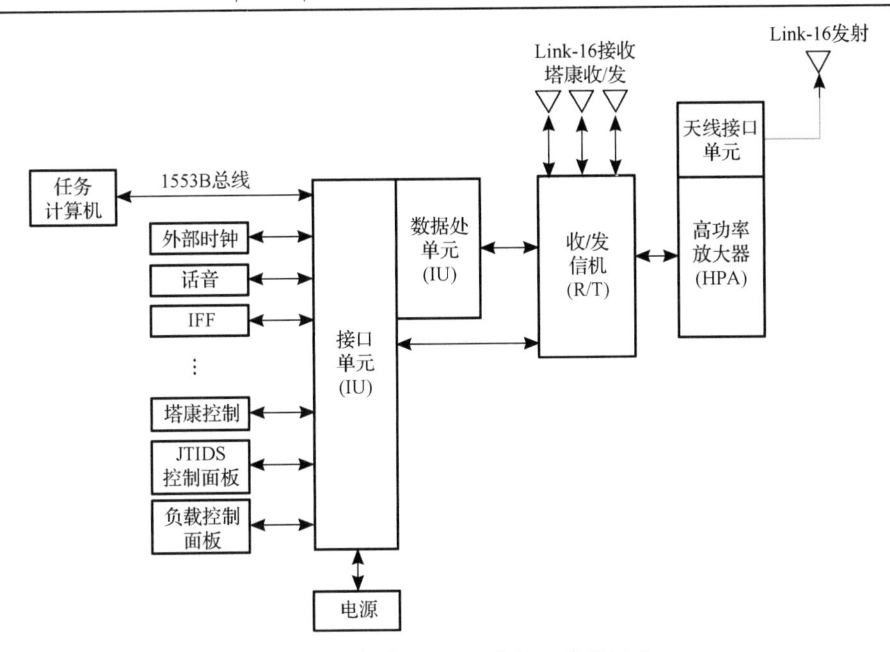

图 10.15 机载 Link-16 数据链系统组成

Link-16 数据链在 E-2C 预警机中的装备布局如图 10.16 所示。

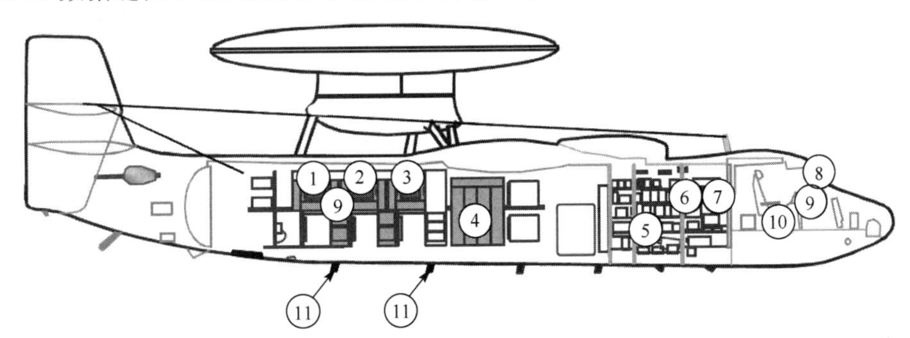

①空中控制官显控台（ACO）；②机长显控台（CICO）；③雷达操作员显控台（FO）；④任务计算机；⑤JTIDS 数据处理单元；⑥JTIDS 收/发信机；⑦JTIDS 的高功率放大器；⑧塔康控制面板；⑨多任务显示控制单元；⑩JTIDS 音频选择面板；⑪天线

图 10.16 E-2C 飞机 Link-16 数据链设备布局

Link-16 数据链在 E-2C 预警机中装备有 4 副天线，其中，1 副是安装在机身中部下方的主接收天线，1 副是安装在机身后下方的发射天线，另外 2 副分别是安装在两侧机翼下方的抗干扰接收天线。主接收天线是宽带全向垂直极化天线，接收 JTIDS 信号或收发塔康信号；发射天线也是宽带全向垂直极化天线。两副抗干扰天线可选择信噪比较高的信号进行接收，在干扰环境中可通过机身对一侧干扰信号遮蔽，保证另一侧接收信号的信噪比。

10.5 Link-16 数据链网络管理系统

数据链网络管理负责设置数据链网络运行的各项参数，监视战场状况和作战部队的位置，控制并维护网络的正常运行，对数据链的正常使用至关重要。相比 Link-11 数据链，Link-16 数据链网络结构复杂，需要配置的参数较多，对网络管理的依赖性较大。下面简要介绍 Link-16

数据链网络管理系统的组成及工作过程。

如图 10.17 所示。Link-16 数据链的网络管理系统主要包括网络管理工作站、接收机和数据分析工作站。网络管理工作站是核心部件，负责监视各数据链终端的工作状态，同时管理和控制各数据链终端的工作。网络管理工作站配备两个显示器，一个为终端状态显示器，另一个为系统管理控制显示器。接收机能在不影响 Link-16 数据链网络运行和网络性能的基础上接收 Link-16 数据链网络所传输的数据，逐个时隙获取 Link-16 数据链报文，解析处理后通过 1553B 接口传递给网络管理工作站。网络管理工作站将处理后的数据报文通过以太网传输至数据分析工作站，用于分析 Link-16 数据链的网络性能、使用状态以及关键性能参数等。

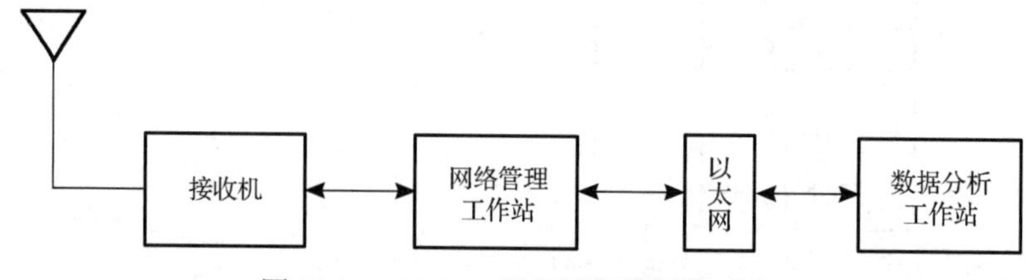

图 10.17　Link-16 数据链网络管理系统

Link-16 数据链网络的工作过程主要包括四个阶段：网络设计、通信规划、初始化和网络运行控制。

网络设计阶段和通信规划阶段是 Link-16 数据链作战任务与通信参数映射的过程，环节多且流程复杂，对 Link-16 数据链通信性能以及作战效能发挥具有关键作用；初始化阶段和网络运行控制阶段包括从网络建立到网络运行直至网络结束期间的监控维护。在网络管理过程中，不仅需要 Link-16 数据链管理员，也需要作战机关（各级指挥官）、设计部门以及链路规划员的相互配合和协调。数据链管理员主要在初始化阶段和网络运行控制阶段承担网络维护责任；而作战机关人员、设计人员和规划人员在网络设计阶段和通信规划阶段担负网络规划设计职责。

网络设计阶段根据训练/作战任务、作战兵力部署，确定合理的网络结构，按通信需求为每个用户分配发送时隙，将最终的网络设计转换为网络初始化参数。其基本流程包括需求生成、修改与设计、鉴定与发布等。

通信规划阶段选择满足具体任务要求的网络，指派网络角色，对每个平台的时隙容量进行微调，产生作战任务数据链报文和终端初始化参数，使终端能够入网运行。

初始化阶段是指将前阶段的网络初始化参数和终端初始化参数，与各平台专用参数相结合，生成初始化文件，并加载至终端运行。其中终端初始化参数用来确定平台的设备和接口参数，网络初始化参数用来确定发送时隙、中继时隙和网络编号等网络参数。

网络运行控制阶段是指从网络建立至网络终止整个过程对网络进行的管理活动，由数据链管理员负责监视部队组成和分布，维持合理的网络配置及链路管理，可通过数据和话音方式来执行。

10.6　Link-16 数据链在飞机指挥权交接中的运用

数据链的战术功能是通过数据链消息实现的。Link-16 数据链使用的是 J 系列消息，网内成员在各自分配的时隙内发送这些消息。在战术运用中，网内成员不需要接收其他所有成员发送的消息，而是根据战术任务，选择需要参与接收或发送的网络参与组类型。

10.6.1　指挥权交接条件

对飞机平台的控制是指一个单元控制一架或多架飞机的功能。控制是一个动态过程，控制单元和受控单元都必须根据上级确定的规则和条令做出响应。规则的执行依赖于场景、交战规则、任务条令、控制单元和受控单元的能力以及当前任务的特定背景。飞机指挥权交接是指将飞机的控制权从一个控制单元转移给另一个控制单元。飞机指挥权交接是 Link-16 数据链的一个重要功能，是实施对飞机平台指挥、控制、战术协同等任务的关键。

飞机指挥权交接是为了让新的控制单元获得受控飞机的控制权，建立控制通道和数字语音通道，移交的内容包括：

① 控制通道；

② 话音通道；

③ 电台类型；

④ 话音呼号；

⑤ 敌我识别模式码。

飞机平台的指挥关系移交主要有以下 4 种情形：

① 承担控制请求：当前控制单元请求另一个控制单元承担控制；

② 转移控制请求：一个控制单元请求当前控制单元将控制权转移给它；

③ 承担控制指令：相应指挥员引导一个控制单元承担对当前由另一个控制单元控制或未受任何控制单元控制的某架飞机的控制；

④ 转移控制指令：相应指挥员引导当前控制单元将控制权转移给另一个控制单元。

10.6.2　指挥权交接涉及的消息

飞机平台的指挥权交接是 Link-16 数据链的一个重要功能，涉及的消息包括：J10.3、J10.5 和 J12.4。

J10.3 交接消息，用于在控制单元之间移交飞机和遥控飞行器/导弹的控制权。J10.5 控制单元报告消息，用于标识数据链单元正在控制某个航迹，并提供协同任务号。J12.4 控制单元变更消息，在被移交给新控制单元之前，使用控制单元变更消息向飞机提供新控制单元的信息。作战飞机可以使用控制单元变更消息向控制单元发起控制请求，也可以响应控制单元的变更指令以完成控制关系的变更。其中，J10.3 和 J10.5 属于任务管理/武器协调与管理网络参与组（NPG8），J12.4 属于空中控制网络参与组（NPG9）。

任务管理/武器协调与管理网络参与组（NPG8）为指控单元协调武器系统提供了一种手段，用于指控授权平台开展武器平台协同、发布武器攻击命令、电子对抗协同，控制单元报告交战状态、控制单元状态以及进行武器平台与目标配对工作。通过交互 NPG8 的 J 消息，使作战平台在战术行动中指导武器系统部署和其他防止相互干扰影响所必需的行动。它为指挥控制单元（C^2JU）提供了指挥其他指挥控制单元、报告己方武器系统的武器配对和交战状态的能力。非指挥控制单元（非 C^2JU）不会产生武器协同和管理数据。非指挥控制单元可以接收武器协同和管理数据，以便掌握战场态势。NPG8 的 J 消息如表 10.1 所示。

如表 10.1 所示，网络参与组 NPG8 除用于移交指挥权外，还可用于电子战协调、控制单元报告功能。NPG8 的数据也可以转发到 Link–11 数据链。美海军 C^2 平台可通过 NPG8 报告交战状态；美海军陆战队 C^2 平台可通过 NPG8 发送任务分配和武器协调消息。

表 10.1 任务管理/武器协调与管理网络参与组（NPG8）消息

消息	功能	消息	功能
J9.0	指令	J10.2	作战状态
J9.1	交战协同	J10.3	移交
J9.2	电子抗干扰（ECCM）协同	J10.5	控制单元报告

空中控制网络参与组（NPG9）为 C^2 单元控制非 C^2 单元提供了手段。控制单元可以是空中、水面或者地面平台，包括预警机、航空母舰、地面指挥所，受控单元是指战斗机。NPG9 分为上行链路和下行链路两部分，每个部分都可设置为一个重叠网。每个重叠网都指定一个具体 C^2 单元（地面平台或空中平台）和受控飞机。在每个空中控制 NPG 子网中，由于时隙资源限制，最多只能允许 16 架战斗机参与其中，一般情况下，一个空中控制 NPG 子网只包含 4 架或 8 架战斗机。控制单元在分配上行链路的时隙内，提供任务分配、引导指令和目标报告给战斗机；战斗机通过下行链路用 NPG9 将雷达目标、引导指令的应答和参战状态信息传输给控制单元。NPG9 的 J 消息如表 10.2 所示。

表 10.2 空中控制网络参与组（NPG9）消息

消息	功能	消息	功能
J12.0	任务分配	J12.5	目标/航迹相关
J12.1	引导	J12.6	目标分类
J12.2	飞机的精确指示	J12.7	目标方位
J12.3	飞行路径	J17.0	目标上空气象
J12.4	控制单元变更		

10.6.3 指挥权交接流程

飞机平台指挥权移交的核心内容是控制通道、话音通道。控制通道是指 Link-16 数据链的网络控制参与组，话音通道是指 Link-16 数据链的数字话音网络参与组（NPG12/13）。

控制单元和受控飞机都可以启动控制初始化程序。控制初始化是控制单元和受控飞机在 Link-16 数据链空中控制网上建立数字通信和控制的过程。控制单元指定受控飞机启动控制初始化程序，受控飞机的操作员通过选择分配给控制单元的控制通道来启动控制初始化程序。

下面以“承担控制请求”为例，介绍 Link-16 数据链中关于飞机指挥权交接过程，如图 10.18 所示。

飞机指挥权交接过程主要包括以下步骤：

① 当前控制单元的操作员因作战需要，选择一个控制通道向新控制单元发起“交接请求”；

② 新控制单元收到“交接请求”后，向操作员发出警示信息，并向当前控制单元发送响应信号。如果不能够实施控制功能，则发送“不能执行/CANTCO”响应信号；如果能够实施控制功能，则发送“将要执行/WILCO”响应信号；

③ 当前控制单元收到新控制单元的响应信号，根据响应信号进行相应的操作。如果收到“不能执行/CANTCO”响应信号，则停止交接过程，交接失败；如果收到“将要执行

/WILCO”响应信号，则针对某个受控飞机的控制权移交达成一致意见，向受控飞机发送“控制单元变更消息”。该消息包含受控飞机与新控制单元进行联络的全部控制通道信息；

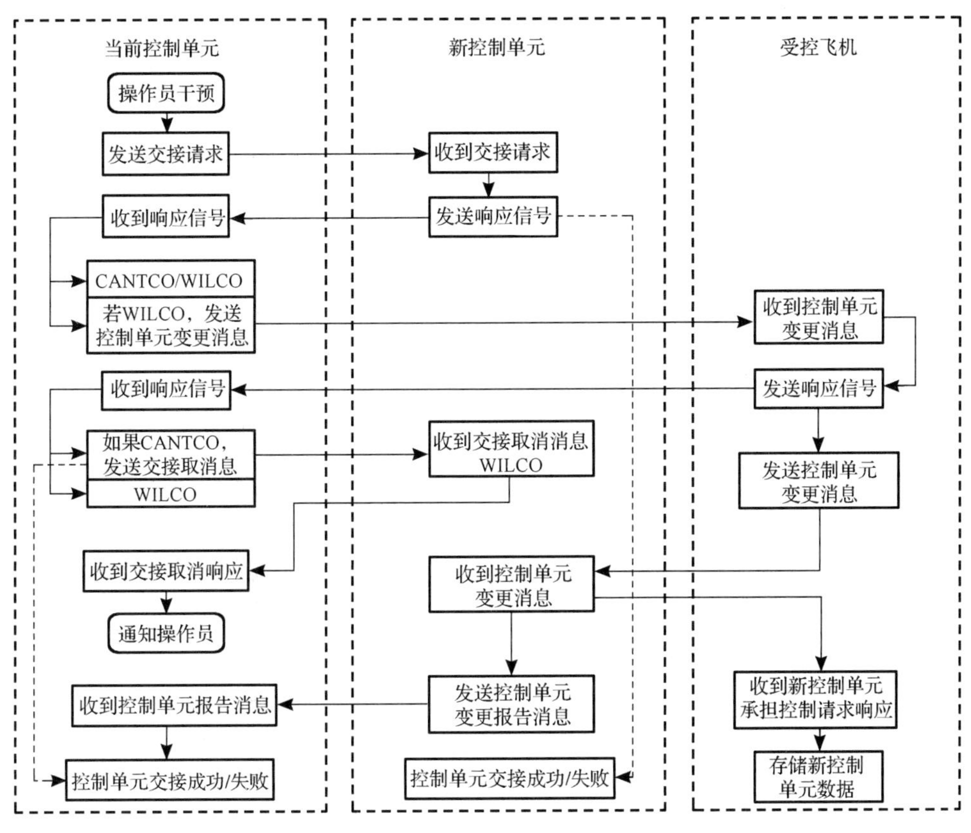

图 10.18　指挥权交接示意图

④ 受控飞机收到“控制单元变更消息”后，向当前控制单元发送响应信号。如果不能够实施控制功能，则发送“不能执行/CANTCO”响应信号；如果能够实施控制功能，则发送“将要执行/WILCO”响应信号；

⑤ 当前控制单元收到受控飞机的响应信号，根据响应信号进行相应的操作。如果收到“不能执行/CANTCO”响应信号，则向新控制单元发送“交接取消消息”，新控制单元收到“交接取消消息”后，向当前控制单元发送回执响应信号，结束交接过程。如果收到受控飞机的“将要执行/WILCO”响应信号，则当前控制单元的交接过程完成；

⑥ 受控飞机向当前控制单元发送响应信号后，向新控制单元发送“控制单元变更消息”发起控制请求，进行控制所需的控制通道、话音通道等相关信息的交互；

⑦ 新控制单元收到受控飞机的“控制单元变更消息”后，接管受控飞机，并向当前控制单元发送“控制单元变更报告消息”，宣布控制关系建立完成；

⑧ 当前控制单元收到新控制单元的“控制单元变更报告消息”后，完成飞机指挥权交接。

在指挥权移交过程中，当前控制单元如果没有接收到应答，或者接收到受控飞机的“不能执行/CANTCO”响应信号，则移交过程将终止。如果没有接收到应答，操作员应该通过话音通道进行沟通，或者重新发起移交。如果接收到“不能执行/CANTCO”响应信号，操作员应该通过话音通道去确认不能执行的原因。

美军 Link-16 数据链的指挥权交接通常是在交战过程中实施的。控制单元为飞机提供实时态势保障，受控飞机实时向控制单元报告机载雷达发现的目标和交战状态，两者通过数据链进行协同，从而发挥出更高的作战效能。空中平台的指挥权不同于一般意义上的控制权，飞机指挥权交接是为了实现更好的控制效果，提高作战效能；一个控制单元能够控制的飞机数量也是有限的。指挥权交接所涉及的控制通道和话音通道的规划设置，以及控制交接传递的信息，各数据链系统不尽相同。因此应结合实际战术需求及协同要素，拟制相应的交接消息和处理流程，方能提高协同作战效能。

小 结

Link-11 数据链于 20 世纪 70 年代开始服役，随后广泛服役于美国海军、空军、陆军、海军陆战队等，涉及装备类型包括舰载数据链、机载数据链和陆基数据链多种类型。美军针对传统的 Link-11 数据链网络进行了升级优化，其中较典型的组网运用形式有卫星网络、多频网络和级联网络。Link-16 数据链是目前美军应用最广的数据链，主要应用于多军兵种之间的联合作战。相比 Link-11 数据链，Link-16 数据链网络结构复杂，需要配置的参数较多，对网络管理的依赖性较大。Link-16 数据链的战术功能是通过交换 J 系列数据链消息实现的。飞机指挥权交接是 Link-16 数据链的典型应用，涉及 3 种 J 消息和两个网络参与组，这些参与组和消息在一定的指控关系下完成空中交接功能。

思 考 题

（1）请简述美军 Link-11 数据链的装备应用情况。

（2）请对比分析美军 Link-11 数据链卫星网络、多频网络和级联网络这三种组网运用形式的特点。

（3）请简述美军 Link-16 数据链的装备应用情况。

（4）请简述美军 Link-16 数据链的网络管理系统组成及各部分的作用。

（5）请简述美军 Link-16 数据链在飞机指挥权交接时所涉及的消息及网络参与组。

（6）请简述美军 Link-16 数据链飞机指挥权交接的流程。

参 考 文 献

[1] 骆光明, 杨斌, 邱致和, 等. 数据链——信息系统连接武器系统的捷径[M]. 北京: 国防工业出版社, 2008.

[2] 吕娜, 杜思深, 张岳彤. 数据链理论与系统（第二版）[M]. 北京：电子工业出版社, 2018.

[3] 赵文栋, 张磊. 战术数据链[M]. 北京：清华大学出版社, 2019.

[4] 张子龙, 万飞, 王兴, 等. 近距空中支援的演变与趋势: 从战术数据链、战术云到马赛克战[J]. 指挥信息系统与技术, 2021, 12(1): 8-15.

[5] 徐大勇, 王裕. 美军数据链作战应用及其启示[J]. 指挥信息系统与技术, 2015, 6(6): 69-75.

[6] 陈赤联，唐政，胡军锋，等. 数据链 2. 0：智能化战争的制胜利器[J]. 指挥与控制学报, 2020, 6(1): 5-12.

[7] 石教华，张维利. 基于 Link-16 数据链的飞机控制交接流程研究[J]. 中国电子科学研究院学报，2020, 15(2): 183-189.

[8] 宋发兴，许俊奎，焦中科. Link-16(JTIDS 终端)的 TDMA 体系结构分析[J]. 舰船电子工程，2008, 28(4): 65-67.

[9] 于国荣. Link16 数据链通信组网技术分析[J]. 无线通信技术, 2010, 36(3): 4-7.

[10] Dimitrios L, Robertson R C. Performance analysis of a Link-16/JTIDS compative waveform transmitted over a channel with pulsed-noise interference[C]. Military Communications Conference, MILCOM 2009, 2009: 15-19.

第 11 章　数据链的新发展

随着美军全球战略的推进，现有的数据链已经无法满足信息化战争的远距离、高动态、大容量、低延时的信息传输要求。为此，美军正在研究和发展各种新型数据链技术，并逐步将更加先进、成熟的电子技术、通信技术、网络技术等应用到数据链作战网络，以进一步提升数据链网络的战技性能。本章主要从数据链端机设计、网络协议及新兴数据链系统三个方面介绍数据链技术的新发展。

11.1　软件无线电技术及其在数据链端机中的应用

11.1.1　软件无线电的基本概念

软件无线电（Software Radio，SR）完整的概念和结构体系是在 20 世纪 90 年代初由美国科学家 Joseph Mitola 提出的，其核心思想是构造一个具有开放性、标准化、模块化的通用硬件平台，通过软件编程完成对不同工作频段、调制解调类型、数据格式、加密模式、通信协议等无线电信号的处理，即用软件的方式实现不同的通信模式和功能。

软件无线电是一种新的无线通信体系结构，它以现代通信理论为基础，以数字信号处理为核心，以微电子技术为支撑。宽带模数转换、信号处理技术、硬件工艺水平的快速发展，加上日益成熟的逻辑可编程器件和 EDA 开发工具，使软件无线电的概念有了转化为实际应用的可能性。

软件无线电除具有基本的无线通信功能外，还具备以下特点：

（1）通过加载不同的软件模块实现动态配置系统功能，从而改变使用硬件实现通信业务功能的形式；将通信系统的设计与开发转变为软件的设计与开发，从而大大地缩短了通信系统的研发周期，并降低了成本。

（2）对系统功能的更新和升级可以通过更新系统所装载的软件实现。如果要实现新的调制方式或者业务，只需要加载新的信号波形或数据类型。

（3）由于采用了标准化、模块化的结构，使得软件无线电支持不同电台系统的互联互通，使原来相互独立运行的电台系统之间能够传递信息，不仅能够与新体制电台通信，同时也能够与现有的旧体制电台兼容。

11.1.2　软件无线电提出的背景

1．传统通信系统的体系设计理念

传统的通信系统主要研制工作在于天线、放大器、滤波器、混频器和模拟电子线路等硬件设计上，系统的设计主要围绕硬件来展开。基于硬件的无线电系统其功能模块的参数几乎是固定的，因此这种以硬件模块化为代表的设计理念不仅限制了无线电系统的应用领域和灵

活性要求，而且与现代通信技术的发展潮流不符。

一般而言，传统的通信设备仅能满足单模式和窄频段的通信需求。不同通信系统之间很难实现信息交互，通常只能采用组合式无线电的方式来实现，通过激活硬件的不同状态来完成不同系统之间的切换。这种组合无线电的体系结构需要不断地扩展硬件才能支持更多的系统，结果导致系统尺寸的无限膨胀。另外，随着技术的发展，用户不得不因为设备的“落后”而更换通信设备。这些问题严重限制了用户对通信业务的广泛需求。

2. 软件无线电的提出

随着新的标准和协议的发布，无线电通信正在迅猛地向前发展，人们期待出现一种无线电系统，能够使系统的软件和硬件在未来得到继续应用，而不是频繁地更新换代。在海湾战争期间，由于各军兵种的无线通信系统自成体系，各系统之间的通联有很大的困难，在执行联合军事行动时，经常出现联合行动步调不统一、指挥控制失灵等问题，甚至在同一军种内都出现了不同程度的由于系统不兼容带来的通信问题，这无疑降低了部队执行作战任务的能力。

海湾战争后，美军更加深刻地认识到在未来的数字化战场上，能否实现军种之间的实时信息交互，实现有效的通信传输，为身处战场的作战单元提供全方位的战场信息，已成为确保战斗效果和保护士兵安全的重要因素。为此，美军开始寻求一种能够在多频段、多模式条件下工作的无线电系统。

在这样的背景下软件无线电诞生了。1992 年 5 月 Joseph Mitola 首次给出了软件无线电的定义，他认为：软件无线电组成架构的中心点是将宽带模/数（A/D）和数/模（D/A）转换器尽可能地靠近天线，将尽可能多的电台功能以软件的形式定义（即用软件来实现）。软件无线电的基本思想则是以一个通用的、标准化的、模块化的硬件平台为依托，通过软件编程来实现电台所需的各种功能。这就意味着同样的硬件可以在不同软件支持下完成不同的功能。无线电系统的功能是由软件来实现的，而不是由硬件来决定的。在同一无线电系统中，通过多种软件模块来适应不同通信体制下的信息交互，并可以灵活地接入新功能，而无须硬件组件的更新或升级。软件无线电思想大大提高了通信系统的灵活性和适应性。

3. 软件无线电的演进

本着让电台之间互联互通的目的，美国军方希望研制三军通用的无线通信设备，能够实现用一部无线电台就可以包容所有体制的多频段、多模式的通用平台，它可以完成不同通信体制之间的互通，还具有通信的准确性、抗干扰性，维护性好，可更新成本低，以及可批量生产等优点，于是在 1992 年启动了名为 Speakeasy（易话通）的软件无线电项目，1995 年启动了二期工程，其目标是实现一种系统，能兼容多种电台，可以包容较宽的频率范围、接收多种常用调制方式及跳、扩频方式的设备，含有许多专用的软件模块，以及电台特定的调制方式。1997 年，Speakeasy 项目更名为 JTRS（Joint Tactical Radio System），继续开展软件无线电相关的开发和研究工作。JTRS 项目的目标是：以提高部署在全球范围内的通信系统的互联互通性和操作灵活性为根本出发点，同时减少系统开发、运行、升级和支持的相应成本。

JTRS 项目研制计划划分三个阶段。

第一阶段，定义体系结构。波音公司、摩托罗拉公司和雷声公司领导的模块化可编程软件无线电联盟（MSRC）参加了这一阶段的计划，并按照 JTRS 计划的要求开发了“软件通信体系结构”(Software Communication Architecture, SCA)最初的版本。

第二阶段，开发和验证JTRS体系结构。期间，MSRC通过开发系统样机来验证系统架构的可行性，并于2000年5月发布了软件通信架构（SCA）规范1.0版，同年12月发布了2.0版的SCA规范。

第三阶段，JTRS系统的实施阶段。JTRS已经大量服役于美国陆军、空军和海军，JTRS计划使美国陆军、空军和海军实现了作战通信一体化。

自1992年起美军软件无线电技术主要演进路线如表11.1所示。

表11.1 美军软件无线电技术演进路线

时　间	演 进 路 线
1992年	启动易话通（Speakeasy）项目，目的是研制具有多个频段、多种模式的电台，电台信号格式可重新定义，验证软件无线电技术的可行性
1994年	易话通一期电台样机验收完毕，信号格式采用软件实现，可同时处理4种以上不同调制信号格式，占用多个频段，兼容15种电台
1997年	启动可编程模块化通信系统项目，同年该项目升级为联合战术无线电系统（Joint Tactical Radio System, JTRS）计划
1998年	成立JTRS系统办公室（JPO），开始对JTRS系统体系的研究
1999年	易话通电台二期验收完毕，电台大部分使用商业货架产品。同年JPO完成体系结构设计方案征集，模块化可编程软件无线电协会（MSRC）提出的软件通信结构（Software Communication Architecture, SCA）方案被接纳。同年JPO第一次对外发布SCA规范
2003年	JTRS进入采购和装备阶段，此时JTRS已经可以实现多种宽带和窄带信号格式，支持数据、话音、图像等多种业务
2004年至今	波音、泰勒斯等公司向美国国防部交付多种信号格式电台，美国国防部开始采用JTRS装备部队，计划逐步取代各军种现有无线电台

11.1.3 软件通信体系结构

软件通信体系结构（SCA）是由JTRS联合项目办公室（Joint Program Office, JPO）发布的规范，是一种独立于电台实现细节的软件无线电系统框架。它说明了无线电硬件以及软件间的交互过程，提供了一种标准、开放、可互操作的无线电通信软件平台。它集中对影响系统互换性的部分加以严格的约束，以确保JTRS系统中电台通信软件和硬件的可移植性、可配置性、可扩充性和可互换性。SCA规范经过不断更新，已经成为在软件无线电领域较为成熟和实用的标准。

SCA是软件无线电的一个重要部分，更确切地说应该是关于软件无线电系统的一个顶层设计规范，它虽然并未直接明确规定各个系统构件的具体实现方法，却为所有通信系统的设计、开发提供了标准化的指导性框架。作为一个开放式的设计框架，SCA让通信系统的设计者们知道了什么样的软件和硬件组件才能够在软件通信结构兼容的系统中协调运作。SCA通过定义一系列接口、运作规则及其系统需求的方法，来促进系统的可移植性、互操作性和组件的互换性，实现软件互换框架结构可扩展的目标。软件通信结构使得软件无线电之类的通信平台可以通过装载应用软件的方式，完成用户所需的通信功能及业务。在一定条件下，各平台也可以通过组网的方式整合为一个新的通信网络。

1. 软件通信体系结构的基本目标与实现

软件通信结构的基本目标如下。

（1）实现多频段、多模式无线电系统的功能。

（2）与所有使用领域的互操作能力。为了实现 JTRS 系列所需要的互操作性要求，SCA 必须与每个领域中各种不同的物理要求相兼容，开发的信号格式应用程序或组件能够在不同平台中运行。另外，还需要对 SCA 中使用的硬件加以规范的说明，以便使相同的硬件组件也能够被用在不同的环境当中。

（3）与传统系统的兼容性。SCA 要求具备与传统系统的兼容性；另外，与传统代码的兼容性能够减少程序开发的时间。

（4）支持技术革新。JTRS 系列能够通过增加新代码或者新硬件来适用最新的技术发展，允许军方利用经得住考验的系统来保持技术优势，并延长无线电体系结构的生命周期。

（5）支持先进的组网方式。预想中的每个 JTRS 无线电系统，都可以作为战场移动自组网中一个节点，以确保战场信息快速、及时地分发，从而尽可能提高军事效能。

（6）主要使用商业货架产品。使用硬件和软件的商业货架产品简化了组件标准化的过程，反过来也有助于避免可能的互操作性问题。从更传统意义上来说，可以把商业现货组件的使用看作降低系统价格的途径，从而降低 JTRS 系统开发、维护以及升级的成本。

实现 SCA 的目标主要通过以下 6 个基本途径。

（1）运用公共的软件接口和框架来定义一个分布式的、面向对象的、语言独立和平台独立的操作环境，以便完成对应用程序的开发以及在系统域中的部署、配置、拆分和域管理的标准化处理。

（2）运用层次化设计的理念，对信号格式应用、支持信号格式应用的软环境以及硬件进行有效的分离，提高各组件的独立性、可互换性和可移植性。

（3）软件组件设计与开发的标准化处理，通过一系列的标准化接口的定义来增强系统各模块的可移植性。

（4）把应用程序的功能分配到各个软件组件中。

（5）采用统一规范的域配置文件来描述信号格式的配置特性，为标准化配置信号格式提供规范的步骤及说明。

（6）采用标准化的接口来完成软件组件之间和各层的通信连接，增强应用程序的可移植性。

2. 软件通信体系结构的特点

随着对软件无线电技术研究的不断深入，系统结构的设计已成为一门新兴的研究学科，用什么样体系结构去构建一个可重构、可扩展的标准化系统，实现一个方便、灵活并能够经得起考验的无线电系统，已成为影响软件无线电发展的重要课题。目前，在软件无线电的开发和实现当中虽然尚未形成一个国际性的标准化体系结构，但是在 JTRS 计划中，美军所提出的软件通信结构作为一个以软件为核心的柔性结构所表现出来的种种优势，证明了它是一种值得借鉴的柔性结构标准。该结构特征顺应了软件无线电基本要求，能够和现有的计算机技术、通信技术、网络技术相匹配，较好地完成联合军事行动通信保障要求。

具体地说软件通信体系结构有以下几个特征。

（1）以柔性结构为核心。作为柔性体系结构的代表，软件通信结构全面地贯彻了以软件技术为核心的设计思路，采用动态加载的方式赋予通用硬件以不同的系统功能，以实现系统的重构和升级，因此它的设计思路和软件无线电的基本设计原则及其目标都是相符合的。

（2）以开放式的层次结构作为标准化的基础。通过制定一系列的标准接口定义、消息传输机制，实现软硬件的层次分离，使得各层各组件在系统中的相关性大大减小，由于接口的定义是公开的，因此这种组件独立的形式就扩展了软件组件的开发市场，减小了系统的运作成本，使得在系统的研发中可以最大限度地采用现有的商业现货组件。

（3）模块化。模块化涉及对每种功能任务的封装，这些功能任务或者以软件的形式或者以硬件的形式将系统定义为单个而独立的模块，通过这些模块本身的接口采用某种逻辑方式将这些模块连接在一起从而构成所期望的系统。

（4）灵活性。由于软件通信结构的设计规范中明确了对软件应用程序和各个类模块组件的接口限制，这就使得在对系统进行重构时，无须改变系统结构，重构系统的方法变得更加灵活方便。

正是基于以上几点特征，软件通信结构得到了软件无线电论坛、OMG等多个无线电组织的认可，成为当前比较典型的、比较成熟的和比较完善的软件无线电体系结构。

3. 软件通信结构的基本构成

软件通信体系结构由硬件框架、软件结构和规则集3个基本的部件组成。

1）硬件框架

由于按照软件通信结构设计的无线电系统是一个以软件为核心的无线电处理平台，这就意味着该平台必须反映出软件无线电可重构和可扩展等一系列重要的特征，这就使得采用的系统硬件必须具备通用性以满足新技术及其软件的加载、更新或整体结构的扩展，而不能只针对某种特定功能来设计，因此软件通信结构的硬件构架并没有规定专门的硬件结构，而采用了面向对象的方法划分各个功能组件的类模块，并规定与硬件设备相关联的各种属性，这些应用功能可以由硬件也可以由软件来实现。在运行时，依据这些属性把软件资源分配给相应的硬件设备，从而能支持软件通信结构兼容系统的重构要求，能进行动态的软件信号格式加载。软件通信结构的硬件分成机箱类和硬件模块类两大类，机箱类包含的属性都是关于与软件通信结构相兼容的硬件所具有的物理硬件属性，例如设备名称和序列号等；硬件模块类的子类包含更多特定的功能属性，而每一个子类都有特定的类型对象，其中包括射频类、调制解调类、处理器类、信息保密类、输入/输出类、电源类、GPS类、频率标准类、公共系统连接类以及天线类和同机部件类等。

软件通信结构硬件框架定义了与硬件设备有关的属性以及在为硬件资源分配合适的软件资源的方法。属性是一些能反应不同的使用域的硬件对象的参数。通过属性的注册实现对系统的重载。之所以采用这种方式来定义硬件是由于不同的场合对硬件的要求差异非常大，因此很难用一个统一的硬件来实现所有的功能。如果采用面向对象的方法对硬件进行描述，即硬件类（class），那么所有不同域的硬件就可以比较容易地包含在一个框架中，该框架也可以使用不同的属性（行为和接口）来表示不同硬件之间的实现差别。划分类的重点在于把系统分成不同的物理单元，以及把这些单元组成一个功能单元。

硬件模型类从与SCA相兼容的硬件继承系统级属性，硬件模型以下的类从硬件模型中继承类属性。不同的属性值满足不同的要求，可以在实现过程中进行选择。硬件设备，即类的物理实现，具有相应的物理平台环境和设备性能要求的属性值。一些属性由设备配置文件给出，用于产生信号格式应用程序，核心框架可以解读设备的配置文件。插槽类具有独立的物理结构、接口、供电和扩展环境属性，因为这些属性是最底层的，不同模块的插槽类属性不能共享。硬件模块类的层次结构图如图 11.1 所示。

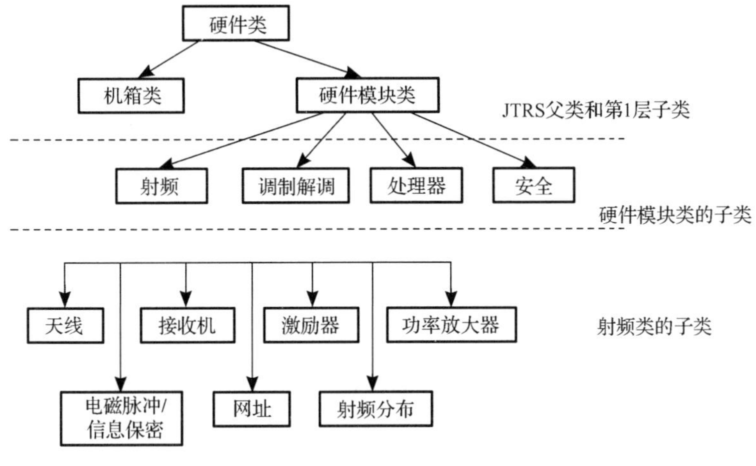

图 11.1　硬件模块类层次结构图

2）软件框架

JTRS 系统中软件通信结构的软件框架（见图 11.2）具有一般性和典型性，能够通过相应的扩展，将其推广到所有的使用环境和实现中。

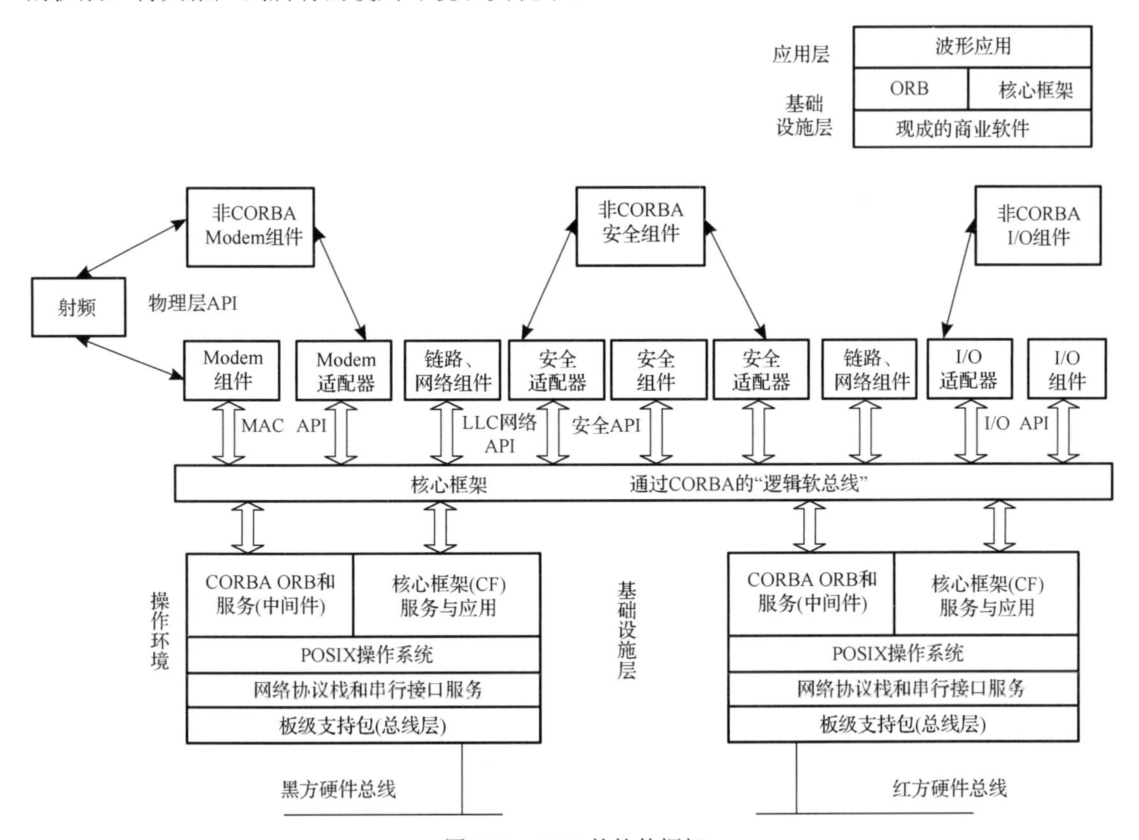

图 11.2　SCA 的软件框架

软件通信结构的软件框架是由核心框架和操作环境来定义的。操作环境包括了核心框架，各种接口以及操作系统。核心框架是一个由接口、配置文件和服务组成的集合，在系统的分布式计算结构中负责管理、连接各个组件，完成组件之间的通信任务。

核心框架通过使用请求代理来实现不同软件单元（对象）之间的通信。软件通信结构中基本的软件单元是资源，即一组具有特定无线电功能的软件。资源可以提供对硬件设备的直接控制，但是资源未必与硬件设备相关联，它可以简单地为某些软件提供服务。通过请求代理，资源可以与其他资源实现通信，并建立复杂和动态的相互依赖性。

软件通信结构采用可扩展标记语言（XML）编写的配置文件，使其能描述系统的硬件和软件能力，并且由域管理器来使用它。当开始构建一个信号格式应用程序以及删除该程序时，域管理器便通过访问 XML 的方法来完成相关操作。

3）规则集

它对系统硬件软件的设计和实现提供一般性的指导，目前只提出了形状参数、接口、环境要求、软件操作系统 4 种属性的有关规则集。这些规则集强制采用开放性标准和商用元件，例如形状因数应从开放性商用标准选择，装在 JTRS 中的模块接口应支持 UNIX 可移植操作系统接口，软件应使用更高级的语言进行软件开发，以易于在处理器中实现可移植性。这套规则集将会进一步发展和完善，给计划管理者对具体的应用提供精确的指导选择。

（1）软件规则

① 形状参数将从开放的商用标准中进行选择，JTRS 例程中的模块接口应该支持 UNIX 的便携操作系统接口；

② 软件应该用高级语言开发，以便于处理器的移植；

③ 新软件应该使用标准的高级语言编写，并且最大限度地独立于硬件平台和环境，便于移植和互换；

④ 使用现有的软件时要通过适配器进行转换或封装，使之提供标准的接口。

（2）硬件规则

① 在硬件方面必须实现技术的特殊性和使用域特殊性与扩展性和互换性之间的平衡，硬件规则规定了软件通信结构对硬件对象的需求，使硬件对象尽量实现上述平衡；

② 每个支持的硬件设备必须有一个使用域描述文件，用 XML 语言编写；

③ 在接口控制文档中应该定义硬件临界接口，该文档应无限制地提供给其他部门；

④ 外部接口应该根据商用或政府标准制定；

⑤ 硬件对象应该使用根据商用标准制定的格式化参数；

⑥ 根据便于技术引入和模块替换的原则分割模块。

11.1.4 软件无线电技术在数据链中的应用

1. 在 MIDS 端机中的应用

多功能信息分发系统小型终端（MIDS–LVT）计划是一个由多个国家（包括美、法、德、意和西班牙五国）合作开发的计划。它用以设计、开发和提供 Link-16 数据链终端。这些终端体积小、重量轻并且与 Link-16 数据链的 2 类终端完全兼容。由于多功能信息分发系统小型终端缩小了体积，降低了成本，提高了可靠性，所以它非常适用于空中平台以及海上和地面的机动平台。

战术数据链的互操作性和开放式系统结构要求开发不同的多功能信息分发系统小型终端，现已设计了三种 LVT 改型：①一种国际通用结构，它也用于美海军的 F/A–18 平台和美空军的 F–16 平台；②美国陆军用以替代 JTIDS–2M 类终端；③多功能信息分发系统战斗机数据链（FDL）：一种先进的多功能信息分发系统终端，用于美空军的 F–15 平台。

但是，根据 JTRS 定义，MIDS–LVT 是一种非软件可编程的单信道终端，不能在采用专用模块的 Link-16 上实现信号格式的可重新配置。因此，美国防部在 JTRS 计划中增加了 MIDS 群集。MIDS JTRS 将保持 MIDS–LVT 结构形式，共有 4 个信道。其中一个信道具有信号格式可编程的Link-16和TACAN功能，并保留其200W的射频功率放大器；另外还提供3个2MHz～2GHz 的 JTRS 信道，可实现具有 22 种附加信号格式的可编程信道、可编程通信加密、Ad Hoc 组网、路由/重发等 JTRS 全部功能，从而增强了空—地的互通能力。

MIDS–LVT 与 MIDS JTRS 有相当多的共性，这就意味着，符合软件通信体系结构的设备将可重复使用 LVT 设备套件以及与 Link-16、TACAN 和功率放大器的现有接口。在美国，BAE 系统公司的数据链解决方案小组、洛克威尔・科林斯公司和 ViaSat 公司都分别在生产 MIDS JTRS 终端设备。

2．在宽带通信数据链系统（CDLS）中的应用

2003 年，Cubic 公司赢得了一项为期 5 年的合同，开发美海军下一代 CDLS，旨在将机载传感器搜集的信号和图像情报数据传输至航空母舰和其他水面平台。这些系统将安装在美海军的航空母舰和大甲板两栖战舰上。CDLS 含两副定向天线，能提供视距定向能力。每一副天线指向接收其下行链路的侦察、预警飞机。当飞越舰只时，飞机从一副天线切换至另一副。CDLS 能进行编程，以使用多种信号格式，包括 CDL、TCDL 和其他数据链信号格式。2005 年，CDLS 进行了与其他平台现行数据链的互通测试，能支持所有 14 种传统数据链信号格式的系统。

根据 CDLS 合同，Cubic 公司将与其他数据链提供商一起展开初步的研究，为符合新的联合战术无线电系统软件通信体系结构的公共数据链制定标准。该研究由 Cubic 公司牵头，由美海军提供资金。JTRS-CDL 能在 JTRS 体系结构中运行 14 种传统信号格式。更重要的是，这项研究将确定未来的发展方向。从这一点上讲，有望提出高级组网概念。

11.2　移动自组织网络技术

Link-16 数据链能较好地适应信息化战争的需求，但是随着现代战争规模的扩大和空天一体化的作战思想形成，各个作战单元都有加入数据链网络的迫切需求；同时由于战场态势的瞬息万变，各作战单元对进出网络的需求又必须是随机的、完全自由的。而 Link-16 数据链采取的是预定组网方式，未列入规划的作战单元不能入网。显然，这种类型的数据链不能根据战场态势的需要实时灵活地调整，即无法适应作战单元随机、自由地进出网络的需求。

11.2.1　数据链的动态组网

图 11.3 给出了飞机的组网示意图。传统的数据链（如 Link-11 数据链）采用的是有中心的网络，如以节点 N_1 为中心，则在 N_1 通信范围内的节点（S、N_2、N_3、N_4、N_5）能够参与组

网，节点 D 在 N_1 的通信范围之外，无法参与组网。如果 N_1 遭到攻击，整个网络将无法继续工作。由于该类型数据链采用的是点对点的或点对多点的组网方式，所以这一类型的数据链还没有涉及路由技术。Link-16 数据链采用无中心的网络结构，网络中各节点地位均等，不再需要指定中心节点，因此可以实现整个网络内节点的动态组网。如图中的 S 节点要与 D 节点实现通信，而 D 在 S 的通信范围之外，S 必须通过中继才能实现与 D 的通信联络，因此 S 指定 N_1、N_2、N_3 之一作为中继节点，然后被指定的节点再指定下一级节点（N_2、N_4）作为中继，最终实现与 D 的通信。在这个过程中，参与组网的全部节点（S、N_1、N_2、N_3、N_4、N_5、D）都必须提前规划好，未规划的机载作战单元不能入网，因而无法根据战场的动态需要适时调整，组网灵活性较差。如图中 N_6 因为任务需要入网，但未提前规划，因此无法入网。由于采用的是 TDMA 方式组网，中继节点需要通过预先设置，因此这类数据链的网络层不具有自动路由功能。

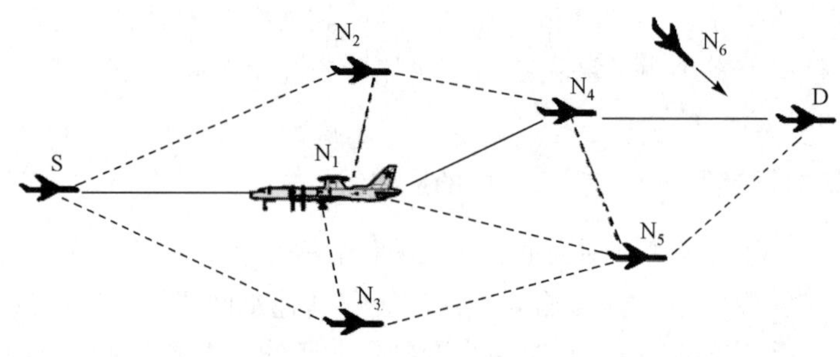

图 11.3　飞机组网示意图

如前所述，自由的动态组网功能是指作战单元随机、自由地进出数据链网络。在图 11.3 中，即使要求网络中的所有节点地位均等，无中心节点，某一节点或几个节点的加入或离开不会影响网络的组成和使用，同时节点随机加入该网络后，能够实现与网络中其他节点的自由通信。在图中，假设 N_6 节点要求入网，如果按照 Link-16 数据链的要求，N_6 未被提前规划，故不能入网。但动态的组网功能要求 N_6 加入网络后，可以自由地与目的节点建立通信链路，如与 N_5 之间可以建立 N_6–N_4–N_5 或 N_6–D–N_5 的通信链路，这就要求 N_6 具有自动建立到目的节点的通信链路的功能，这种功能其实就是路由功能。再假设节点 S 要与节点 D 实现通信联络，选择的路径是 S–N_1–N_4–D，N_6 入网后，S 可以选择 N_6 作为中继节点（S–N_1–N_4–N_6–D），也可以不选择 N_6（S–N_1–N_4–D），即 N_6 加入与离开不会影响到网络的组成与使用。由此可见，具有路由功能的网络才能真正地实现自由的动态组网功能。

11.2.2　移动自组织网的关键技术

Ad Hoc 网络技术作为一种新的网络技术，近年来在数据链网络中逐渐得到推广应用。“Ad Hoc”一词源于拉丁语，是“专门为某一特定目的形成或与某一特定目的有关的”意思。Ad Hoc 网络是一组带有无线收发装置的移动终端组成的一个多跳临时性自治系统，移动终端具有路由功能，可通过无线连接构成任意的网络拓扑结构。与其他通信网络相比，Ad Hoc 网络没有中心控制器，所有节点分布式运行，共同承担网络构造和管理功能；它可以随时建立和拆除，具有很强的容错性和鲁棒性，它具有无中心网络的自组织性、动态变化的网络拓扑结构、多跳组网方式等特征。

随着作战平台性能的提升和战场环境的日益复杂，必将要求数据链向高速率、高带宽、抗干扰、自适应、智能化、网络化等方向发展。虽然 Ad Hoc 网络技术具有不可替代的优越性和诱人的应用前景，但将 Ad Hoc 网络技术应用于数据链还有许多关键技术问题有待解决，主要包括 MAC 协议、路由协议、网络管理、信息安全等。

（1）MAC 协议

在通信网络中，信道的共享方式有单点对单点、单点对多点和多点共享三种。单点对单点是指两个通信节点共享一个有线（或无线）信道。早期的数据链一般采用单点对单点的信道共享方式。单点对多点共享一般用于无线信道，网络中一般存在中心控制节点。在这种模式下，网络中所有节点都必须在中心节点的通信范围内，由中心节点控制信道的共享方式。对于自组网数据链，超视距通信是必然的要求，因此这两种信道共享方式显然不能全部满足要求。

多点共享是指网络中多个节点通过一个广播信道实现共享通信，最典型的应用是以太网。在该模式下，其他节点都能收到网络内任一节点发送的报文。即相当于网络中的节点相互之间全部联通。这符合自组网数据链的特点，但常见的共享广播信道多数只具备一跳的能力，而自组网数据链的超视距传输功能可能要求是多跳的。Ad Hoc 网络中的无线信道也采用多跳的模式。但在 Ad Hoc 网络中，当一个节点发送报文时，只有在该节点通信范围内的节点（称为邻居）才能收到，在该节点通信范围之外的其他节点由于不能感知此节点通信的存在，可以同时发送报文，因而容易产生报文冲突。在自组网数据链中，这一问题将更加突出。

由于 Ad Hoc 网络采用的是多跳的信道共享方式，而先前的信道接入协议一般多是针对一跳的，不能将先前的信道接入协议直接移植过来，因而需要设计专门的移动自组织网络协议，信道接入协议便是其中研究的重点。

（2）路由协议

由于自组网数据链网络中节点的运动速度快，其网络拓扑结构的变化更加频繁。常规设计的路由协议算法所需的收敛时间一般较长，当路由协议算法达到收敛状态时，网络的拓扑结构可能又已改变，因而容易导致路由协议跟不上拓扑变化而一直无法进入到收敛状态。所以自组网数据链要求路由算法具有极高的效率，且能够跟踪和感知节点运动造成的链路状况变化，以进行动态路由维护。Ad Hoc 网络的路由协议针对的节点虽也具备一定的运动特性，但这种运动特性远远小于机载自组网数据链中的飞机，因此必须对现有的 Ad Hoc 网络的路由协议进行改进或者重新开发新的路由协议。

（3）网络管理

节点的移动特性带来拓扑结构的频繁变化，因此自组网数据链的网络管理较其他网络更加复杂。网络的动态特性决定了网络管理必须动态地自动配置，而且系统的整体时延、网络控制开销等因素也必须纳入整体考虑的范围。自组网数据链的主要功能是实现成员之间的语音通信和各种数据传输业务。由于拓扑结构动态变化，数据分组通过中继节点转发或直接在两个节点之间传输时，参与传输数据的节点要由路由协议、服务质量要求两者控制，这样一来网络管理不仅涉及了常规移动通信中的介质访问层，还有可能涉及路由层和/或更高的传输层。

Ad Hoc 网络管理的关键在于协议算法，目前已经比较完善的管理协议有 3 个：ANMP（Ad Hoc Network Management Protocol）、CNR（Combat Net Radio）管理和 Terminodes 计划。

(4) 网络安全问题

由于自组网数据链的特殊性，其对安全方面的要求更加严格。但是由于通过无线通信，且是多跳的，因此自组网数据链安全方面的要求只能通过协议和算法来实现。这一点可以借鉴 Ad Hoc 网络的已有技术。

由于 Ad Hoc 网络无中心节点，各节点的地位均等，节点之间采用无线通信，任一节点均是数据转发器同时还是路由器，网络中产生和传输的数据也具有不确定性，同时节点还具有移动的特性，因而对网络控制信息的实时性要求较高，所以传统的网络安全方案不适用。目前提出的解决方案仍然是借鉴有线网络领域内取得的经验。

11.2.3 移动自组织网的 MAC 协议

MAC 协议可以分为同步协议和异步协议。同步 MAC 协议中，所有节点在时间上是同步的。异步 MAC 协议采用分布式的控制机制，其信道接入多是基于竞争模式的。

MAC 协议也可以分为发方驱动协议和收方驱动协议。收方驱动协议是由收方通知发方自己已经准备好接收数据。发方驱动协议是发方通知收方自己有数据需要发送。现有的大多数协议都是发方驱动的，也有少数协议是混合式的。

MAC 协议还可以分为单信道、双信道和多信道协议。单信道协议中，所有的信号都在同一个信道上传输。为了减少冲突，可以把信道分成控制信道和数据信道，分别传输控制信号和数据信号，避免数据信号和控制信号的冲突。

1. 单信道 MAC 协议

(1) MACA 协议

MACA（Multiple Access with Collision Avoidance）是一种用于单频网络的媒体接入控制协议，力求解决 Ad Hoc 网络中的隐终端和暴露终端问题，它使用 RTS/CTS（Request To Send，请求发送）/（Clear To Send, 清除发送）握手机制。发送节点在发送数据前，首先向收方发送 RTS 信号，进行信道预留，接收节点收到 RTS 信号后，回送一个 CTS 信号，其他收到 RTS 或 CTS 信号的节点采用二进制指数退避算法延迟数据发送，以避免冲突。

此外，MACA 还考虑了功率控制，对节点的发送功率进行控制，从而提高网络负载能力并节约能量。如果一个节点监听到了 CTS 信号（发送 RTS 者除外），就暂时禁止发送数据，降低输出功率，这使得信道可以在空间复用。

由于 RTS/CTS 帧的长度很小，与 CSMA 相比，MACA 减少了数据包冲突。但是，在 MACA 协议中依然存在冲突，特别是在 RTS/CTS 帧交互期间。另外，MACA 没有采用链路层确认机制，冲突后需要超时重发。由于采用二进制指数退避算法，信道接入的公平性很差。

(2) MACAW

MACAW（MACA for Wireless）协议，针对 MACA 的缺陷做了改进。除了使用 RTS/CTS 握手信号外，还使用了其他控制信号，进一步解决暴露终端和隐终端问题。MACAW 采用了一种乘法增加线性减少退避算法（MILD）代替二进制指数退避算法，同时也实现了退避复制机制，使得传输到同一个目的点的节点使用统一的计数器，保证了接入的公平性。另外，它还使用了多流模型以达到平衡传输。

但是，过多的握手信号占用了大量的网络资源，如果考虑无线收发装置的转换时间，其效率并不是很高。MILD 退避可以在一定程度上解决公平问题，但是使用单一的计数器会使拥塞问题过度扩散，需要的内存也更多。所以尽管 MACAW 提高了网络的吞吐量，但是网络开销和传输时延比 MACA 大。

（3）MARCH

为了减少冲突，节点在发送数据前需要采用握手信号监听信道，但是不断监听信道会导致不必要的能量消耗和网络资源浪费。现今的大多数无线装置都采用了全向天线，MARCH（Media Access with Reduced Handshake）协议正是利用了全向天线的广播特性来减少握手信号。与一般的收方驱动协议相比，MARCH 协议不需要进行任何流量预测。节点一旦监听到不是发送给自己的 CTS 信号，就知道邻节点处将有数据要到达，通过监听 CTS 信号，触发一系列邀请发送过程，进行数据包的中继传输。该协议除了第一跳传输是发方驱动的，后续的中继传输都是收方驱动的，可以看作“先请后推”的过程，也可以看作发方驱动和收方驱动的混合形式。在 MARCH 协议中，需要的握手信号数是路由长度的函数，路由越长，节省的握手信号数越多。

（4）IEEE 802.11 协议

IEEE 802.11 协议在 RTS/CTS 控制帧基础上又增加了确认（ACK）机制。并且 802.11 摈弃了传统的 CSMA 技术，采用了 CSMA/CA 技术。在 802.11 协议中，DCF（Distributed Coordinated Function）机制是节点共享无线信道进行数据传输的基本接入方式，它把 CSMA/CA 技术和确认（ACK）技术结合起来。除了使用基于 RTS/CTS 的虚拟载波侦听机制，还可以使用帧分割技术，使得在信道差错率较高的情况下提高网络性能。802.11 协议同样采用了二进制指数退避，所以无法保证信道接入的公平性。现有的 Ad Hoc 网络的实现大多数都是基于 802.11 协议的，该技术主要是针对无线局域网的，推广到多跳 Ad Hoc 网络还有许多工作要做。

（5）MACA–BI

MACA–BI（By Invitation）协议是在 MACA 基础上改进的由收方驱动的 MAC 协议。它没有使用 RTS/CTS 握手信号，而只采用了 RTR（Ready To Receive）信号。在 MACA–BI 协议中，节点只有在收到收方的邀请后才能发送数据。由于收方不知道源节点是否有数据要发送，所以它必须预测哪些节点有数据要发送。另外收方不断的请求发送也影响了网络的性能。通过估计源节点数据队列的长度和到达的速率，可以规范邀请信号的发送。一种可行的方法就是把源节点的估计信息放入每个发送的数据包中，使得收方可以知道源节点的预约传输。由于只使用了一种控制信息，所以减少了发送/接收反转时间，发生冲突的可能性也更小，但是需要流量预测，算法实现上比较复杂。

2．双信道 MAC 协议

实践表明，单信道接入协议在网络负载比较重时效率是很低的，这是由于冲突和退避造成了信道带宽的巨大浪费。从上文可以看出，冲突主要包括控制信号之间的冲突，以及由此导致的数据信息和控制信息的冲突。对此可以考虑采用信道分割技术，把信道分成数据信道和控制信道分别传输数据信息和控制信息，避免数据信息和控制信息之间的冲突。由于控制帧的长度很小，所以冲突发生的概率大大减少，并且可以更好地解决暴露终端问题。

（1）DBTMA 协议

前文中的 MAC 协议都是假设所有的相关节点可以收到 RTS/CTS 帧，但是在高速移动的

Ad Hoc 网络中假设并不成立。此外，当网络负载很重时，RTS/CTS 帧冲突的概率很大。为了解决这些问题，提出了双忙音多址接入协议（DBTMA，Dual Busy Tone Multiple Access)。DBTMA 把信道分割成控制信道和数据信道，分别传输数据信息和控制信息，并且在控制信道上还增开了2个带外忙音信号，一个指示发送忙，一个指示接收忙。2个忙音在频率上是分开的，以免干扰。理论分析和仿真结果表明，DBTMA 优于纯 RTS/CRS 系列的 MAC 协议。与 MACA 和 MACAW 相比，DBTMA 的效率有很大提高。由于忙音信号在通信期间一直存在，可以确保不存在用户数据帧之间的冲突。

（2）PAMAS 协议

PAMAS（Power–Aware Multi–Access Protocol with Signaling）协议是基于 MACA 的双信道 MAC 协议。RTS/CTS 握手信号在控制信道上交互，数据在数据信道上传输，在数据传输过程中，控制信道上发送忙音。此外 PAMAS 协议还考虑到了能量控制问题，它有选择地关闭某些不需要接收和发送的节点以节省能量。

在 PAMAS 协议中，当节点监听到不是发送给它们的数据时，可以关闭收发器以节省能量。节点自主地决定是否关闭收发器，其关闭策略如下：如果节点无传输数据，并且其邻节点正在发送数据，就关闭电台；如果节点有数据要传输，但是其邻节点中至少一个在发一个在收，就关闭发射器。节点关闭期间既不能发也不能收，这可能会严重影响网络时延和吞吐量，所以关闭的时间需要严格控制。可以考虑采用探测帧在适当的时候唤醒关闭的节点，但是需要额外开销。一种有效的措施是有选择地关闭数据信道，保持信令信道处于激活状态。另一种改进措施是节点一旦获得信道可以发送多个数据包，从而提高信道利用率。

3. 多信道 MAC 协议

如果有多个信道可以使用，而且网络规模也很大的话，可以给不同节点分配不同的信道以提高网络吞吐量。多信道的使用减少了冲突的发生，使得更多的节点可以同时传输，因而提供了更高的带宽利用率。

（1）HRMA

HRMA（Hop–Reservation Multiple Access）协议利用了频率跳变时的时间同步特性，使用统一的跳频图案，允许收发双方预留一个跳变频率进行数据的无干扰传输。跳变频率的预留采用基于 RTS/CTS 握手信号的竞争模式。握手信号成功交换后，收方发送一个预留数据包给发方，使得其他可能会引起冲突的节点禁止使用该频率进行数据传输。在预留跳变频率的驻留时间里，数据可在该频率上无干扰传输。HRMA 使用了一个公共的跳变频率保持相连节点之间的同步。由于在每个 HRMA 时隙中都存在同步信息，所以节点很容易创建或者加入一个基于 HRMA 的系统，也易于两个独立 HRMA 系统的融合。但是 HRMA 协议只能用在慢跳变系统中，并且与使用不同跳频图案设备的兼容性不好。此外由于数据传输需要的驻留时间比较长，所以数据冲突的概率会增加。

（2）多信道 CSMA 协议

多信道 CSMA 协议是在单信道 IEEE 802.11 的 CSMA/CA 基础上改进的多信道 MAC 协议。它把可用带宽分割成互不重叠的 N 个子信道，N 远小于网络中的节点数。子信道的产生可以在频域也可以在码域，但不提倡在时域，因为 Ad Hoc 网络中缺乏网络范围内的时钟同步。只要有空闲信道，节点就可以在 N 个信道中的任何一个上工作。它采用了“软”预留机制，也就是说一个节点尽量选择上次成功发送数据的信道进行本次数据传输，如果该“预留”信道忙，或者最近使用的信道发送数据失败，则选择另外的空闲信道进行数据传输。在网络负载较重的情况下，信道个数不足以提供无冲突传输，但是由于每个节点为自己持续的“预留”了信道，冲突可以大为减少。这种基于预留的多信道机制比纯粹的随机选择空闲信道机制性能要好，即使在每个子信道的带宽很小时，采用预留机制的优势依然存在，然而传输时延会增大。

（3）DPC

DPC（Dynamic Private Channel）协议信道包括一个广播控制信道（CCH）和多个单播数据信道（DCH）。其中 CCH 可以被所有的节点共享，接入该信道是基于竞争模式的。每个节点都可以使用任何一个 DCH 信道进行数据传输，只要它是空闲的。DPC 是面向连接的，如果节点 A 有数据要发给 B，A 将在 CCH 上发送 RTS 信号给 B，同时 A 会预留一个数据端口以备和 B 通信。在发送 RTS 信号前，节点 A 选择一个空闲的 DCH 信道并把信道码字包含在 RTS 头中，当 B 收到 RTS 信号后，它将会检测 A 选择的信道是否可用，如果可用，就发送 RRTS（Reply to RTS）信号给 A，RRTS 字头中包含相同的信道码字，如果不可用，B 会选择一个新的信道码字，并把该码字放入 RRTS 头中，征求 A 的同意。A、B 双方相互协商，直到找到可用的信道，或者一方放弃协商。如果信道选择好了，B 发送 CTS 信号给 A，然后两者开始交换数据，直到通信结束或者预留时间到期释放信道。DPC 协议采用了信道动态分配机制，很好地解决了多跳 Ad Hoc 网络中多个子信道间的连接性和负载平衡问题。

11.2.4　移动自组织网的路由协议

MANET（Mobile Ad Hoc Net，移动自组织网）、WMN（Wireless Mesh Networks，无线网状网）、WSN（Wireless Sensor Networks，无线传感器网）是现有 Ad Hoc 网络的三种典型应用。三者之中 MANET 对节点的运动特性适应性最好。

MANET 是一种由无线运动节点组成的 Ad Hoc 网络，网络中的任一节点均可以以任意速度向任意方向自由运动，因此网络的拓扑结构不断变化，网络的动态组网能力较强。由于移动自组网部署方便，确认快捷，因此可广泛地应用于军事、自然灾害救援等场合，故存在极大的军事、民用需求。

路由协议是指自动查找网络的连接状态，根据设定好的算法找到传送数据的最佳路径，将数据成功传输到目的节点的规定和标准。目前已经开发出的 MANET 路由协议较多，划分的依据也不尽相同，通常有表 11.2 中几种划分方式。

表 11.2　MANET 路由协议的划分

划 分 标 准	协议类型名称	
发现路由的模式	主动型路由协议（又称先验式或表驱动型）	按需型路由协议（又称反应式）
网络的逻辑结构	分层结构协议	平面结构协议
是否使用地理定位信息	基于地理定位信息的路由协议	非基于地理定位信息的路由协议

本节中按照是否使用地理定位信息划分 MANET 路由协议，其分类如图 11.4 所示。

1. 非地理定位信息辅助路由

（1）主动型路由协议、按需型路由协议、混合型路由协议主动型路由协议要求网络中任一节点都在自己的内存表中建立一张路由表，路由表中含有到网络其他节点的最新路由信息。路由信息由网络周期性地广播路由控制数据进行更新。路由表在节点通信之前就已经建立。当节点有数据要发送时，节点查找自己保存的路由表，从中找到本节点到目的节点的最佳路由，然后按照查找到的最佳路由将数据发送到目的节点。典型的主动路由协议有 DSDV（Destination Sequenced Distance Vector Routing，目的节点序列距离矢量路由协议）、WRP（Wireless Routing Protocol，无线路由协议）、CGSR（Cluster Gateway Switch Routing，分群交换网关路由协议）等。

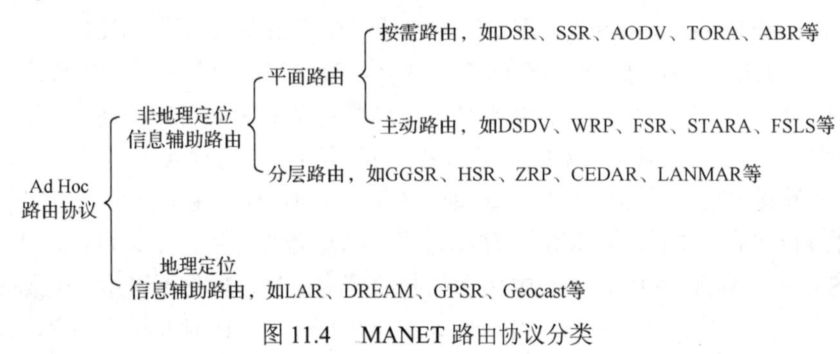

图 11.4　MANET 路由协议分类

从协议的工作原理可以得出：主动型路由协议由于预先保存有其他节点的路由信息，因此建立路由时查找速度很快，所需的时延很小。但是，每个节点均要建立一张去往全网其他所有节点的路由表，所占用的资源（如带宽、CPU 资源及能耗等）较大，而且当网络中的节点处于运动状态时，节点均必须周期性地更新自己的路由表，以动态修正所保存的各节点的路由信息，因而网络的控制开销较大。当节点的运动速度大到一定程度时，花费较大代价得到的路由信息很有可能已经成为陈旧信息，最终使路由算法无法达到收敛状态而失效。

按需型路由协议要求网络中的节点只有当任务需要时才进行路由查找。经查找建立路由后，采取相应的措施动态地维护该路由，直到数据传输完毕、任务完成后才拆除路由。如果传输数据过程中发生路由中断，则重新开始路由查找。每个节点只维护与邻节点（节点通信范围内的其他节点，又称一跳节点）的路由信息，不需要周期性地向全网发送本节点的路由信息。

由该类协议的工作原理可以看出：由于节点只维护邻节点的路由信息，其所需的资源相对较少；不需要周期性地向全网其他节点发送本节点的路由信息，所以网络开销较小。但要发送数据时，由于没有预先保存好的目的节点的路由信息可以查找，因而必须先发起路由查找，直到路由建立后方可发送数据。因此，数据发送所需的时延较大。典型的按需路由协议有 DSR（Dynamic Source Routing，动态源路由）、AODV（Ad Hoc On–Demand Distance–Vector Routing Protocol，Ad Hoc 按需距离矢量驱动路由）、LAR（Location–Aided Routing Protocol，地理信息辅助路由协议）等。

混合型路由协议汲取以上两种路由协议的长处，利用分层路由协议将网络划分为两层：内层网络节点负责维护路由表，外层网络节点负责采用按需路由协议查找、建立路由。内层网络节点保存的路由表在路由维护阶段更新。该类路由协议能较好地利用上述两种协议的长处，但是节点的运算量较大，由此带来网络的整体开销较前两种协议要高。目前典型的混合型路由协议有 ZRP（Zone routing Protocol，区域路由协议）、CEDAR（Core Extraction Distributed

Ad Hoc Routing，分布式核心抽取 Ad Hoc 路由）等。

（2）平面结构路由协议、分级结构路由协议

平面结构路由协议，其网络采用逻辑空间中的二维平面结构。由于移动节点在平面的逻辑空间里运动，因此全部节点的功能都一样，节点之间的通信通过相互的共同协作来实现。由于是平面结构，所有节点均采取分布式控制，节点地位均等，而且平面结构内的节点也不参与节点移动性的管理，因此路由协议的实现相对简单、可靠性较好，但是平面结构也限制了网络的规模，不利于扩展。特别是当网络的规模增大到一定程度时，想要继续利用平面结构来维护全网络的路由信息或查找、建立路由都将变得十分困难，因此在此基础上又产生了分级结构路由协议。

分级结构路由协议，采用某种算法，将网络中的节点按照某一标准（或属性）划分成不同的层（或群）。层的划分标准可以是地理位置、信道编码等不同参数。分级结构网络通常由骨干网络和分支子网组成。两者可以组成两级的分层结构或更多级的分层结构。分层结构网络如果只含两级结构，则骨干网由运动速度较低、性能较为稳定的节点（称为“群首”）组成，分支网（称为“群”）则由运动速度较快的节点组成，可以按照设定的标准将分支子网进一步划分。在同一个节点的群间通信时，数据只经过群内节点转发，相当于减小了网络规模。在不同的群间通信时，必须通过“群首”进行联络，这相当于互联网络中的网关实现。

由此可见，分级结构路由协议的优点是网络容量大，扩展能力较强。但由于需要“群首”，因此担任“群首”的节点承担的任务较重，当“群首”无法正常工作时，容易影响整个网络的通信，即该类型网络对“群首”节点的依赖性太强。而且由于网络中的节点是运动的，使得相对于平面结构的路由协议，分级结构路由协议的维护要复杂得多。目前分级结构路由协议中较典型的有 CEDAR、ZHLS（Zone based Hierarchical Link State routing protocol，基于区域的分级链路状态路由协议）等。

2．基于地理定位信息辅助路由

由于 GPS、北斗等新型导航系统的出现，使得获取运动节点的地理定位信息成为可能。不少学者将地理定位信息引入到路由协议中来，以改进路由协议的性能。基于地理定位信息的路由协议其路由选取的标准是基于地理定位坐标的。这一类型的路由协议要求网络中每个节点都在自己的内存中保存一张位置信息表，该表周期性地更新。表中包含所有邻居节点的地理定位信息。当节点运动时，按照设定的周期发送附带自身新位置的控制信息到所有邻居节点，邻居节点据此更新自己的位置信息表。由于建立位置信息表的信息量比建立链路查找表要小得多，所以可以有效地减少网络的控制开销。同时采用地理定位信息作为路由选择的标准，查找、建立路由所需的时延相对也较小。因而这一类型的路由协议比较适合机载自组网数据链的需求。典型的协议主要有以下几种。

（1）LAR 协议

LAR（Location–Aided Routing，地理信息辅助路由）协议是一种按需路由协议。该协议是在动态源路由（DSR）协议的基础上提出的，主要特点是在所有的数据包中均发送地理定位信息，从而有效地利用节点的地理位置信息来减少路由发现过程的网络控制开销。LAR 协议假定网络中的每个节点都能获取自身的地理定位信息并且已经获得了目的节点的地理定位信息。基于以上两点，LAR 协议将目标节点的查找范围限制为网络中的某一部分区域——请

求区域（Request Zone）。只有在请求区域内的节点才允许转发路由查找数据包（RREQ）消息。即当网络中的节点收到RREQ包时，该节点首先判断它是否属于该RREQ消息所包含的请求区域，如果属于，判断自身是否是目的节点，是目的节点则返回RREP包，包中含有此刻的时间信息和该节点的地理定位信息，不是则转发该RREQ包；如果不在请求区域内，则不转发、直接丢弃该RREQ包。如果RREQ包中设定的时间用完，该包仍未被送达目的节点，则转发该包的最后节点产生RERR包，沿RREQ包中已获取的路由，退回到RREQ包的源节点，通知此次路由查找失败，由源节点再次发起路由查找。

（2）RDMAR协议

RDMAR（Relative Distance Micro–discovery Ad Hoc Routing，相对距离微观发现路由）协议是由George Aggelou等人提出的一种按需路由协议，其思想是当节点需查找路由时，采用迭代算法根据平均节点移动速度和节点的路由信息距离上一次更新的时间，估计该节点与目的节点之间的当前相对距离（Relative Distance，RD），由此只允许那些在以RD为最大半径、源节点为圆心的圆内节点才可以参与路由、转发RREQ包，从而比普通宏中继协议减少了转发RREQ包的节点数量，因而降低了路由负载和网络发生拥塞的可能。

按照该协议，每个节点维护一张包含该节点到其他所有可达目的节点的路由表，每个可达目的节点的路由信息包括：当前节点所能到达的目的节点的下一跳节点的路由区域，当前节点与目的节点的相对距离的估计值（跳数），当前节点关于目的节点路由信息的上一次更新时间（Time_Last_Update，TLU），当前节点到目的节点有效路由的剩余时间，当前节点到目的节点路由是否有效的标志这五项内容。

（3）GeoCast协议

GeoCast（Geographic Addressing and Routing Protocol，地理定位信息寻址路由协议）是Julio C. Navas等人提出的一种将信息送到某一地理区域的部分（或全部）节点的路由协议，它是多播路由协议的一个子集，可以通过将某一特定的地理区域定义为多播群组从而实现多播功能，具有分级的网络结构。

一般该路由协议的实现系统由GeoHosts、GeoNodes、GeoRouter三部分组件构成。GeoRouter（Geographic Routers）负责地理定位信息的路由传送。GeoNodes是地理定位信息寻址路由系统的出入点，负责将接收到的地理定位信息转发给自己的邻居节点。GeoHost负责地理定位信息的发送与接收，告知地理定位信息的有效性、当前节点的地理位置、当前GeoNode的地址。

与IP的功能相似，地理定位信息在协议中的作用主要是实现地理定位与网络协议的有机结合，从而满足网络中需要地理定位的相关业务。地理信息寻址路由协议通过在网络节点的地址和路由中采用地理定位信息，从而根据地理定位信息在某一范围内实现群组通信，因此可满足群发需求，同时具有较合理的层次和结构，网络可扩展性较好。但是对路由节点的位置要求相对固定，对其他节点的移动性要求则不那么严格，因而适用范围受到一定的限制。

（4）DREAM协议

DREAM（Distance Routing Effect Algorithm for Mobility，移动距离效应路由）协议是Basagni等人提出的一种基于距离效应和地理定位信息的路由协议。

DREAM协议采用按需型路由协议的工作方式。该协议要求每个节点维护一张包含网络中其他节点地理定位信息的路由表（地理定位信息可由GPS等定位设备得到）。当网络中某个节点（源节点）需要传递信息到目的节点时，该节点根据自己路由表中目的节点的地理定位信息，解算出目的节点的方向，然后将数据传往自己在目的节点方向的一跳邻居节点，所有邻居节点继续采用相同的方式，传递数据到自己的下一跳邻居节点，直至信息传递至目的节点。该协议的关键在于找到目的节点的方向，而目的节点的方向取决于地理定位信息在网络中的传播方式。按照 DREAM 协议，每个节点是根据当前自身相对于其他节点的位置来传递控制信息的。

由以上原理可知：由于 DREAM 协议选取距离和运动速率作为度量值，在网络中不存在大量控制信息的交换，也不存在按需路由协议所带来的时延，所以具有高效、节省带宽、适合移动网络的优点。但是由于节点的地理定位信息需要在全网络传递，因此，当网络规模达到一定程度或网络内节点的运动速度较快时，控制开销会显著增加，故该协议的可扩展性不强。

（5）GPSR 协议

GPSR（Greedy Perimeter Stateless Routing）协议是 Brad Karp 等人提出的一种基于地理定位信息的、用于无线数据报网络的路由协议。GPSR 协议要求每个节点按照一定的频率向其邻居节点广播自己的地址和地理定位信息，每个节点只保存自己邻居节点的路由信息，因此路由表中仅含最小的、一跳的拓扑信息。为进一步降低网络的控制开销，各个节点的地理定位信息附带在传送的数据分组中。源节点将目的节点的地理定位信息附带在数据包中传送，因此每个中间节点可以根据自己保存的路由信息来选择最佳（地理位置上距离目的节点最近）的下一跳贪婪型转发节点，下游节点继续采用这种方式，直至数据分组成功传送到目的节点。

11.3 TTNT 数据链

11.3.1 TTNT 数据链提出的背景

美军经过近几场高技术局部战争后，其武器装备具备了对地面固定目标实施精确打击的能力，但是对于地面移动目标，由于其跟踪、定位能力差，在打击地面移动目标时精度不高，容易造成误伤。因此，美军在总结历次高技术局部战争的经验教训之后，将打击地面移动目标作为其提高作战能力的关键技术领域之一，积极研究。

在未来网络化前沿战区，美军只有使用分布式传感器平台，才能快速而准确地确定战术目标的位置，并支持实时火控过程，这需要实时的网络形成和数据传递。灵活、动态、快速、大容量的战术数据链对于满足分布式战术瞄准的全部需求来说将是非常关键的。在涉及这种时间敏感性目标的瞄准和攻击领域，美国各军兵种和美国国防高级研究计划局（Defense Advanced Research Projects Agency, DARPA）有着同样迫切的需要。

为了加强探测、定位、跟踪和打击目标的综合能力，美军提出了 C^4KISR 概念，即在 C^4ISR 中加入杀伤（Kill）功能，而网络瞄准正是美军为实现 C^4KISR 而重点开发的技术。未来战场 C^4KISR 系统将由传感器、指挥控制系统和武器系统组成，构成从传感器到武器的“杀伤”链。这一概念使 C^4KISR 系统不仅用作部队指挥和武器系统控制，而且直接摧毁敌方目标。C^4KISR 的发展方向是加快信息的收集、传输、处理、分发的速度，缩短“从传感器到射手”的信息传输时间，提高摧毁敌方时间敏感目标的能力。在未来的 C^4KISR 系统中，每位士兵既是信息源，也是情报用户。美陆军未来战斗系统和法国计划设想中的 21 世纪作战士兵，都装备能将信息传送到指挥所的侦察设备，通过先进通信网将获得的图像传送到任何一级指挥部。未来的 C^4KISR 系统不仅传送指挥员命令，而且将无人侦察机等各种传感器获取的敌方目标图像近实时地传送给武器平台和武器操作人员，以便及时摧毁敌方目标。将战场 C^4ISR 系统建设成 C^4KISR 系统是实现网络瞄准的重要一步。

为推动该技术发展，DARPA 制定了三项计划，即经济型的地面动目标作战系统（Affordable Mobile Surface Target Engagement, AMSTE）和用于打击机动防空系统的先进战术瞄准技术（Advanced Tactical Targeting Techniques, AT^3）以及支持这两项计划的战术目标瞄准网络技术（TTNT）。

1. 地面动目标作战系统（AMSTE）

地面动目标作战系统（AMSTE）又称为“阿姆斯特”，由美国 DARPA 负责，其目标是研发一种低成本可以全天候对地面移动目标进行精确跟踪和打击的系统。系统利用防区外多部地面动目标指示合成孔径雷达、飞机和监视系统完成对地面移动目标的精确定位与跟踪，用目标信息引导装有低成本 GPS 的制导武器。精确制导武器加装低成本数据链，在飞行中不断接受修正的目标数据，实时更新目标位置信息，完成打击任务，打击精度在 10m 以内。

AMSTE 计划的主要目的是攻击敌地面移动目标，该项目希望使用现有的技术，不开发新的传感器、武器和通信系统，以较小的代价实现 AMSTE 计划，形成节省型的解决方案。为此，系统在设计时，将系统分为两部分，第一部分为技术复杂、成本高的探测器组件，其费用较昂贵，由可重复使用的传感器系统实现，它们以各种形式存在于地面、机载武器平台上，脱离于武器装备，可以为攻击武器提供精度很高的目标位置信息。第二部分技术相对简单，即对于攻击武器，只需加装低成本的数据链装备，在飞行过程中实时接收目标位置的更新信息，即可以很高的精度对移动目标进行攻击。所以，该项目在经济上是可以承受的，而且作战效果十分明显。

AMSTE 计划的应用是瞄准地面移动目标，因此要求对地面移动目标的位置估算精度高，并保持很高的跟踪概率，因此高精确的位置跟踪是系统需解决的关键技术。系统中多个动目标指示合成孔径雷达的数据需要用先进跟踪算法进行融合，最终生成高精度的位置目标跟踪信息，同时还需将目标报告和已有的轨迹或新开始的轨迹进行相关处理，尤其是在虚警概率较高的密集目标环境中。

2. 先进战术瞄准技术（AT^3）

在科索沃战争中，南联盟防空系统为减少暴露雷达目标，采用短时开机等战术，极大削弱了北约的反辐射导弹瞄准目标能力，北约仅仅消灭了南联盟 25 个机动 SA–6 导弹营中的 3 个。为此美军提出了一种先进的战术目标指示（AT^3）技术，将各作战平台组成一个网络系统，多个平台协同工作，同时定位，快速确定敌雷达在短暂开机时间内暴露的位置信息，从而为攻击武器提供实时、精确的定位信息，完成攻击任务。

AT^3 技术是分布式目标定位技术，适用于战斗机、无人机等空中平台，采用类似于罗兰 C 的定位原理，通过数据链系统共享探测到的敌方雷达目标数据。AT^3 系统利用多部雷达告警接收机，测量敌方雷达信号的抵达时间差和频率差，计算出敌方雷达位置。敌方雷达一开始工作，多架飞机上的雷达告警接收机即可发现并识别敌方雷达，通过数据传输系统，实时交换获取的敌方雷达信息，快速定位敌方雷达位置，同时为处于最有利地位的攻击飞机提供相关信息，实施快速打击。AT^3 计划的目标是 50∶50∶10，即在 50 n mile 的距离上，从雷达发射机开机之后的 10s 内，将敌方雷达定位精度在 50m 内。

为使 AT^3 技术充分发挥其作战效能，系统必须处理好三方面的技术问题：一是要求系统各平台的接收机灵敏度高，确保各平台能够接收到敌雷达天线旁瓣或后瓣发射的弱信号；二是要求系统各平台的时间和频率的测量精度高，以满足定位精度的要求；三是要求系统各平台的导航精度高，测量的各平台的速度、时间和位置等数据准确可靠。

3. TTNT 数据链的提出

为应对未来反恐之类战争的需要，发展装备的优先级应该是“信息优势”，即建立“从传感器到射手”的信息传递网络。解决这一问题的措施，除了在目标探测传感器方面采取相应的措施（AMSTE 计划和 AT^3 计划）以外，还须研制一种新型的高速宽带数据链，以及时有效地传输信息，为战术飞机提供战术定位、持续瞄准能力。

美军现役的 Link-16 数据链是一种静态的且必须按照事先分配的时隙进行数据传输的数据链，它采用的传输模式近似于蜂窝通信，而且传输的速率比较低，主要用于传输作战空间战场态势数据，不能满足动态战场上多平台之间快速的数据交换。因此，也就无法实现对快速移动的活动目标进行精确定位和实时打击的需要。

另外，Link-16 数据链存在着一些明显的缺陷，例如，①Link-16 数据链无法在飞机之间实现连续的通信，飞机在起飞后进行数据接收和传输的时间都必须在起飞以前设置好；②传输带宽也受到限制，很难满足目前网络的需要；③Link-16 数据链用于共享战术飞机之间态势感知数据传输方面并不理想。为了解决上述 Link-16 数据链存在的不足和缺陷，最终美军选择了 TTNT（Tactical Targeting Network Technologies,战术目标指示网络技术）技术。

AMSTE 计划和 AT^3 计划的实现都依赖于 TTNT 技术。TTNT 技术是解决“从传感器到射手”的数据链接问题的一种传输量大、反应时间短的解决方案。它以互联网络协议（IP）为基础，可使美军能够迅速瞄准移动目标及时间敏感目标，实现快速的目标瞄准与再瞄准。这一技术可使网络中心传感器技术能够在多种平台间建立信息联系。

TTNT 技术主要应用于武器协同作战，利用高速宽带通信链路，使各作战平台、指挥控制平台之间能够共享探测信息，提供对 AMSTE 和 AT^3 的支持，完成系统内各作战平台对时间敏感目标的快速定位和精确打击，使 AMSTE 和 AT^3 可以充分发挥其潜力。TTNT 最初被设计为一种空–空通信的武器协同宽带数据链，现在逐渐发展成为空–空、空–地通信的数据链。

11.3.2　TTNT 数据链的技术特点

TTNT 数据链采用宽带模式，支持机动平台的高速动态快速组网，尤其适宜在高速、高机动的战斗机平台上使用。

（1）传输性能

TTNT 数据链工作在 L 频段高端，使用 Link-16 数据链的 J 系列消息格式，通信容量根据战时情况可实时配置；信息等待时间短，高优先级信息的时间延迟最短；TTNT 数据链对用户是透明的，操作人员打开 TTNT 终端并插入启动密钥，在 5s 内即可进入网络实现通信；系统能够在 185km 范围内的 200 个以上平台之间传输数据，全系统的数据率达到 10Mb/s，单个平台的数据率可达到 0.01～2Mb/s，等待时间为小于 2ms。

（2）天线工作模式

TTNT 数据链采用了全向与定向天线的混合模式。TTNT 数据链可以在全向信道上采取全向波束传输，以快速发现邻居、加入网络并启动数据传输。全向信道可以独立于定向传输数据的业务信道频段。业务数据的定向传输可以降低截获概率，增强传输信号抗干扰能力，实现更远距离的传输。

（3）入网安全认证

TTNT 数据链信道分为一个全向控制信道与至少 4 个的数据传输信道，这些信道的频率为相互正交的。TTNT 数据链节点的入网、安全认证和 IP 地址分配过程，可以通过这个全向控制信道来实现。4 个数据传输信道可以与 4 个邻节点建立波束较窄的定向传输的业务数据链路。

（4）速率自适应、编码自适应以及功率控制

TTN 数据链可以根据相互距离与接收信号质量自适应地改变纠错编码方式以及功率，在距离增大时自动降低数据传输速率。在 185km 距离时的数据传送速率能够达到 2Mb/s；在 370km 距离时的数据传送速率能够达到 500kb/s；在 555 km 距离时的数据传送速率能够达到 220kb/s。

TTNT 数据链的定向天线的窄波束不仅能够提高系统的低截获性和抗干扰性，更有利于实现高数据传输率。另外，TTNT 数据链是集成到原有的 JTRS 通信组件之中的，数据加密也是采用 Link-16 数据链原有的加密系统，要达到高吞吐量、高数据速率，要采用较高阶的调制方式和较高的编码速率。

（5）波束方向自动跟踪与调整

TTNT 数据链支持的最大移动速度 4800km/h，因而采取了专门的波束方向自动快速跟踪算法。目前美军研制了一种可以高速切换方向的多波束天线，再配合特殊的天线对准及跟踪算法，能够在快速机动中保持天线波束对准。

（6）Ad Hoc 组网及路由功能

TTNT 数据链是一种基于 IP 协议、高速、动态和无中心的网络，可实现多个平台，尤其是像战斗机这种高速机动平台的动态组网。TTNT 数据链采用全分布式、实时的、完全动态的扁平网络管理方法，灵活性很强，操作使用简单。节点一旦启动 TTNT 数据链工作模式，可以通过全向控制信道传输，每秒发送 20 次以上的 HELLO 消息，实现邻节点的发现与入网安全认证；建立邻链路后，通过定向传输链路快速广播自组织路由协议，以此实现节点快速发现邻居、快速入网，以及快速退网。网络中的节点作为其邻近节点的路由器，通过节点的转发，实现节点间的通信，各作战平台之间自动形成一个动态的 Ad Hoc 网络，可满足空军对时间敏感目标精确打击的需求。

（7）多路收/发器同时工作

TTNT 数据链采取了先进的模/数转换技术与 VHDL 设计技术，达到了微型化的设计水平，因此 TTNT 数据链模块体积上完全可以容纳 4 套独立收/发处理器，使 TTNT 数据链节点总吞吐量达到 10Mb/s。

（8）业务流 QoS 保障

TTNT 数据链将业务流分类为 7 个优先级，优先级控制可以实现分级服务，为不同等级业务流提供相应的优先服务级别。

（9）网络容量高

在空域上进行空分组网，只要波束宽度足够窄（如达到 5°～10°），理论上其网络容量只受地址编码的限制。

（10）与 Link-16 数据链兼容

由于 Link-16 数据链在战场态势感知和指挥控制等方面仍具有很强的优势，并且已在北约各国广泛应用，因而 TTNT 数据链的研制目标之一，不是在现有设备的基础上增加新的终端，而是通过在现有 Link-16 数据链终端中增加一个模块来实现 TTNT 数据链的功能，战术飞机进入 TTNT 数据链的有效范围后，通过密钥启动 TTNT 功能，在 5s 以内即可加入 TTNT 网络。

TTNT 数据链工作在扩频或跳+扩模式，因而与 Link-16 数据链互不产生干扰，而且 TTNT 数据链信息消息格式也是与 Link-16 数据链完全相同的，因而能够与美军的 Link-16 数据链网络实现互操作。

11.3.3　TTNT 数据链的信道接入机制

CSMA 类协议采用载波侦听技术检测信道上的信号能量大小，判断当前信道有无节点数据正在发送，以此将信道划分为忙、闲两种状态。只有当信道为空闲时，才启动节点数据发送过程。当节点设备采用单频点发送数据时，这种检测机制可大幅降低冲突概率。然而，TTNT 数据链采用跳频多网多频点发送模式，网内节点按约定的跳频图案选择频点，实现多频点传输。如果仍采用载波侦听技术判断信道的忙/闲状态，将大幅度降低信道资源的利用效率。

TTNT 数据链的信道接入协议采用基于统计优先级的多址接入(Statistical Priority-based Multiple Access，SPMA)协议。SPMA 协议采用统计优先级方式实现信道接入控制，在发送某一优先级分组时，SPMA 协议将信道占用统计值与待发送数据分组所对应的优先级阈值进行比较，从而判定该优先级分组是否允许发送。当全网业务量较大时，SPMA 协议采用退避低优先级分组的方式，保证高优先级分组传输的实时性，从而将信道控制在良好的状态，以解决随机竞争类协议在全网业务量较大时由于信道碰撞导致的网络性能恶化问题。

1．基于优先级判决的发送机制

TTNT 数据链数据分组发送判决示意图如图 11.5 所示。在该数据链中，数据发送判决由优先级队列、优先级阈值、信道占用统计值、回退窗口、分布式控制算法、发射/接收机等组成。TTNT 数据链设立了优先级队列，通过 MAC 层与物理层的交互，获得信道占用统计值，来决定分组的发送。信道占用统计值用来描述在一定统计时间段内信道的活动状态。待发送数据分组根据优先级分别进入对应的优先级队列；在发送某一优先级分组时，将信道占用统计值与待发送数据分组所对应的优先级阈值进行比较，从而判定该优先级分组是否允许发送；只有当数据分组的优先级阈值大于信道占用统计值时，才允许发送，否则按退避算法回退后再次尝试。

SPMA 协议的状态转移图如图 11.6 所示。数据分组按照优先级顺序进入相应的优先级队列，然后将信道占用统计值与待发送数据分组的优先级阈值进行比较，如果信道占用统计值小于所述数据分组的优先级阈值，则发送该数据分组；如果信道占用统计值大于于所述数据分组的优先级阈值，则该数据分组按退避算法等待随机回退时间，当回退时间减为零时，再将该数据分组的优先级阈值与当前的信道占用统计值进行比较，以判断是否发送。当数据分组超时时，则将该数据分组从队列中删除。

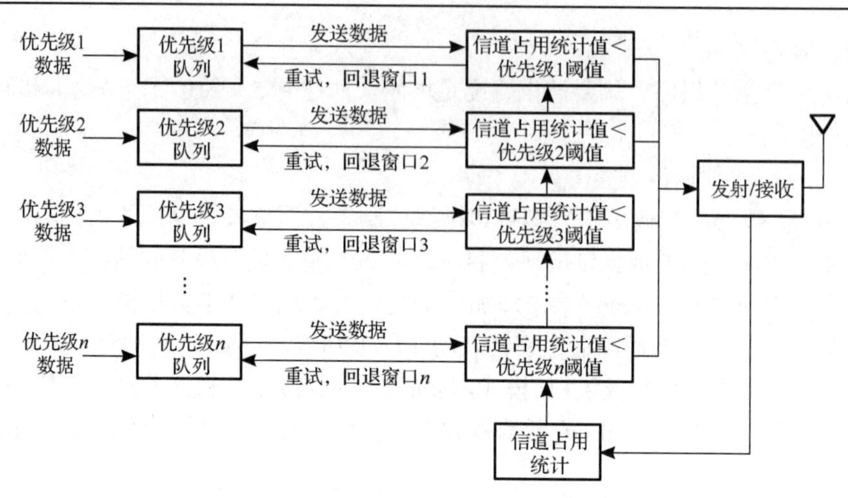

图 11.5 数据发送判决框图

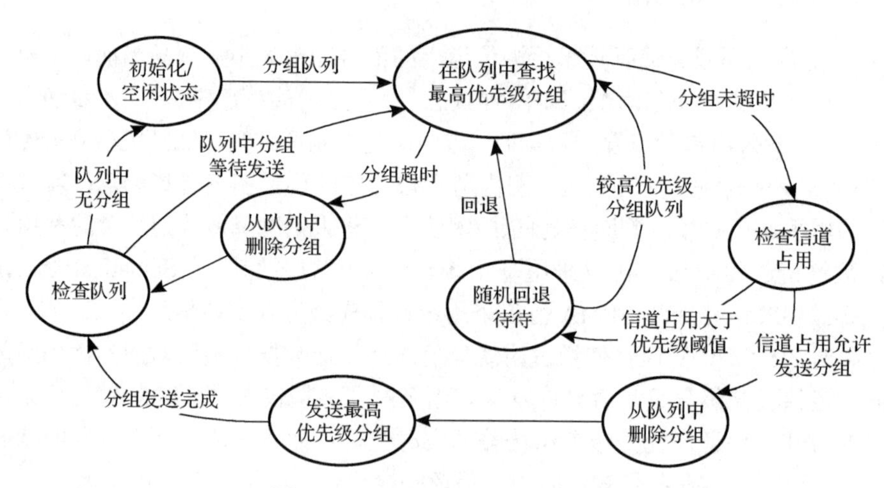

图 11.6 SPMA 协议的状态转移图

2. 信道占用统计

SPMA 协议采用信道占用统计方式实现信道接入控制，在发送某一优先级分组时，SPMA 协议将信道占用统计值与当前待发送数据分组所对应的优先级阈值进行比较，从而判定该数据分组是否允许发送。当全网业务量较大时，SPMA 协议算法退避低优先级分组，保证高优先级分组传输的实时性，从而将信道使用控制在良好的状态，以解决随机竞争类协议在全网业务量较大时由于信道碰撞加剧导致的网络性能恶化问题。由此可知，信道占用统计是控制数据链信息发送的关键。

现有文献主要采用信道占用统计的方式检测信道占用状态。关于数据链信道占用统计主要有两类方法。一类方法是采用广播消息的方式，网内各节点通过广播消息将近一段时间内发送的脉冲数发送给网内其他节点，根据广播消息获取脉冲数，以此统计计算信道占用统计值。另一类方法是通过统计物理层接收到的脉冲数计算信道占用统计值。

在基于广播消息的方法中，网内成员分别统计在统计周期内的脉冲数，包括本平台向信道所发射的脉冲数和所接收到其他成员的脉冲数。通过负载统计指令周期性地向网内单跳范围内的成员广播所统计的脉冲数。通过该指令，网内成员可以得到在统计周期时间内每个成员所发送和接收到的脉冲数，从而得到在统计周期内信道中传输的脉冲数，以获得信息负载值。所述信道负载指令格式如表 11.3 所示。

表 11.3　信道负载指令格式

位置	类型	字段描述
第 0 位	消息类型指示符	0 表示负载统计指令，1 为非法值
第 1～4 位	$\text{Pulses}_{\text{Tx}}$	本地平台在统计周期内发送的脉冲数
第 5～8 位	$\text{NetLoad}_{\text{local}}$	本地平台所统计的节点信道负载值

单跳范围内的成员通过接收所述信道负载指令，提取出各平台在统计周期内所发送的脉冲数 Pulse_{Tx} 和节点信道负载值 $\text{Netload}_{\text{Local}}$，从而获得在统计周期内所有成员发送的脉冲数，再与本平台所发送的脉冲数相结合，即可求出统计周期内的信道负载值，即：

$$\text{Netload}_{\text{Local}} = \sum \text{Pulses}_{\text{Tx}}^{i} + \text{Pulses}_{\text{Tx}} \tag{11.1}$$

其中，$\text{Pulses}_{\text{Tx}}^{i}$ 表示单跳范围内接收到其他平台发射的脉冲数。通过式（11.1），网内成员都可独立计算出统计时间窗内的信道负载值，然后再与信道负载指令接收到的其他平台的节点信道负载值进行比较，取最大信道负载值即为当前信道占用统计值，即：

$$\text{Netload} = \max\{\text{Netload}_{\text{Local}}^{i}, \text{Netload}_{\text{Local}}\} \tag{11.2}$$

其中，$\text{Netload}_{\text{Local}}^{i}$ 表示单跳范围内其他平台所计算的节点信道负载值。

根据式（11.1）和式（11.2）可知，网内成员可获得当前统计周期的信道占用统计值，与待发送数据分组的优先级阈值进行比较，从而判定该优先级分组是否允许发送。

与 CSMA 类协议不同，SPMA 协议将信道划分为多种状态，采用信道占用统计的方式来衡量当前信道的传输能力，将信道占用统计值与数据分组的优先级阈值进行比较，以控制数据分组的发送。该信道占用统计值也可采用基于物理层统计侦听脉冲数来计算得到。在该方法中，在设置的统计时间窗内，通过本地平台对物理层信道上出现的脉冲数进行统计，以获得单位时间和单位频点数内的脉冲数值，作为信道占用统计值。在统计时间窗 T_S 内，网内第 k 个节点所计算的信道占用统计值 C_k 可表示为：

$$C_k = \frac{\sum_{i=1}^{M} n_{f_i}^{r}(\tau+\delta) + \sum_{i=1}^{M} n_{f_i}^{t}(\tau+\delta)}{M \cdot T_S} \times 100\% \tag{11.3}$$

其中，f_i 表示数据链的跳频频点，$n_{f_i}^{r}$ 表示本数据链端机在跳频频点 f_i 上统计接收到的其他节点发送的数据链脉冲个数，$n_{f_i}^{t}$ 表示统计本数据链端机在跳频频点 f_i 上发送的数据链脉冲个数，M 表示数据链端机的跳频频点数，τ 表示数据链脉冲持续时间长度，δ 表示数据链脉冲间隔时间长度，T_S 表示统计时间窗长度。

3. 阈值设置

在 SPMA 协议中，在发送某一优先级数据分组时，SPMA 协议将信道占用统计值与待发送的数据分组所对应的优先级阈值进行比较，以判定该优先级分组是否允许发送。由此可知，在 SPMA 协议中，不仅要知道当前的信道占用情况，还要预先设置数据分组的各优先级阈值。设定合适的优先级阈值可以有效提升 SPMA 协议的性能。

现有文献公开了一种基于 ALOHA 的设置方法。在该方法中，优先级阈值设置首先采用 ALOHA 方式，当分组成功率降低至 99%时，获得此时的信道占用统计值作为最低优先级阈值，其他更高优先级阈值可通过式（11.4）求得。

$$\text{Threshold}_i = \text{Threshold}_{N-1} \times \frac{\sum_{j=0}^{N-1} r_j}{\sum_{j=0}^{i} r_j} \tag{11.4}$$

其中，Threshold_{N-1} 为最低优先级阈值，优先级从高至低为 0,1,⋯,N–1，0 为最高优先级，N–1 为最低优先级，Threshold_i 为优为级为 i 的阈值，r_i 为各优先级数据占总数据的比例。

典型地，通过 ALOHA 方式，数据分组发送成功概率为 99%时，此时的信道占用统计值为 4%，即最低优先级阈值为 4%（$\text{Threshold}_{N-1} = 4\%$）。当设置业务数据为 8 个优先级时，即优先级从高至低为 0～7；假定优先级从高至低的数据分组占总数据的比例依次为：5%、10%、10%、15%、15%、15%、15%、15%。按照式（11.4），可计算得到各优先级由高至低的阈值分别为：80%、26.7%、16%、10%、7.3%、5.7%、4.7%、4%，如表 11.4 所示。

表 11.4　各优先级阈值对照表

优先级	0	1	2	3	4	5	6	7
比例	5%	10%	10%	15%	15%	15%	15%	15%
阈值	80%	26.7%	16%	10%	7.3%	5.7%	4.7%	4%

4．流量控制机制

由于高优先级数据分组的阈值高于低优先级数据分组的阈值，在信道统计窗口内，信道占用统计随数据分组的发送不断累积，首先达到低优先级数据分组的阈值，此时低优先级的数据分组将不能发送，而信道占用统计还没有达到高优先级的阈值，所以高优先级的数据分组可以继续发送。在当前信道统计窗口结束后，将产生出新的信道统计窗口并检测得到新的信道占用统计值，此时较低优先级的数据分组可以重新尝试发送。依据此算法可实现对数据流量的控制。

可见，当系统超载时 SPMA 协议首先控制低优先级数据的流量，延迟发送低优先级的数据分组。如果流量减少到一定水平，低优先级的数据分组就可以被发送。如果流量始终很高，系统会开始丢弃低优先级的数据分组。随着系统变得严重超载，会相继丢弃优先级逐渐升高的数据分组。这样做的效果是随着负载增加控制流量，保持流量在一个稳定水平，以保证较高优先级数据分组的服务质量，并使得整个网络在超载的情况下不会产生拥塞。图 11.7(a)是没有流量控制机制时的情况，水平线以上区域流量已经超载，这将导致数据分组碰撞加剧，出现大量重传，发送成功率下降。图 11.7(b)是有流量控制机制时的情况，在信道负载变大时，延迟低优先级数据分组的发送，等待负载变小时，再次发送。保持流量在一个稳定的水平，从而保证了数据分组的成功传输成功率，可以形象地称这种流量控制机制为“削峰填谷”。

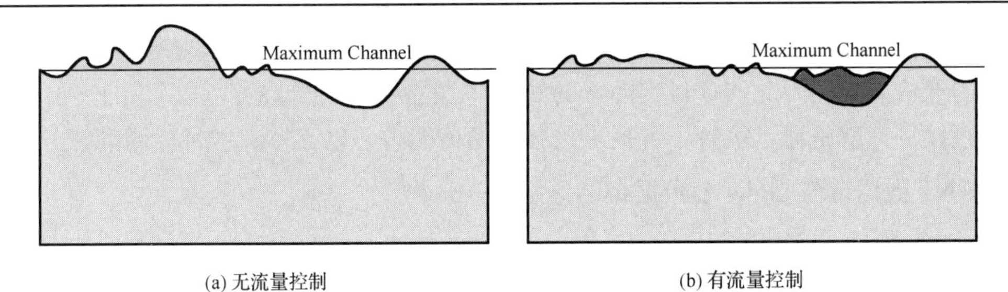

(a) 无流量控制　(b) 有流量控制

图 11.7　流量控制对比示意图

11.3.4　TTNT 与 Link-16 数据链的关系

1．TTNT 与传统数据链技术

TTNT 与传统的数据链技术具有许多不同之处。

（1）TTNT 数据链采用的是相对开放的 Ad Hoc 网络技术，组网、入网灵活，无须预先规划网络；而传统数据链网络是预先规划配置好的，新节点不易实现动态入网。

（2）TTNT 技术的应用服务范围比数据链宽广得多，网络上传输的报文，可以承载多种类的信息，如在机载网络中可应用于友军态势感知、协同定位、图像视频传送、网络聊天、电子邮件及天气预报等；而传统数据链应用比较单一，只能针对特定的应用，传输特定含义的格式化信息。

（3）TTNT 技术具有路由的概念，它的数据传输方式灵活，网络中信息流向不固定，数据在整个网络中共享，TTNT 节点是对等的；而传统数据链系统的数据流向一般都是特定的，信息的共享是针对特定用户的，数据链节点是非对等的。

（4）TTNT 技术以网络节点互联为目的，使用户能够灵活、快速组网从而达到共享信息，各平台间的链接关系是由网络的性能及特点而建立的；而数据链的链接关系是由战术应用建立的，其信息共享服从战术作战需要。

将 TTNT 视为数据链，主要是着眼于其具备“传感器到射手”的信息实时转发能力，在 TTNT 中实际上都被看成是一些特殊的、功能强大的、承载于网络层上的应用程序，其应用层面是可以不断拓展的。TTNT 虽然可以与 Link-16 数据链无缝链接，是指它们在信息层面上的连接，TTNT 中传输的数据链格式信息，都被作为一种特殊的应用来对待。因此，相比于数据链，TTNT 系统的通用性更强，这是系统资源（带宽、处理能力等）丰富条件下的一种技术发展趋势。

2．TTNT 与 Link-16 数据链的互操作

Link-16 数据链虽已广泛用于空中、海上和地面平台，但仍不足以支持美军日益增长的通信、瞄准需求，它不能实时重新分配通信容量，不适用于高度机动的平台。TTNT 数据链作为一种响应型通信技术弥补了 Link-16 数据链的信息共享能力，可在各参战飞机间自动生成灵活的动态自组网，从而加速信息流动并支持对时间敏感目标的精确打击，其反应时间是 2ms（实际测试过程中可达到 1.7ms），远远低于 Link-16 数据链的几分之一秒。不过，由于 Link-16 数据链是美国与北约广泛使用的通用数据链，为满足经济可承受性要求，TTNT 数据链是以 Link-16 数据链为基础的一种低成本的可插入到 Link-16 数据链终端中的硬件模块，能够实现与 Link-16 数据链完全兼容与互操作。

促成 TTNT 项目的主要因素就是各军种希望利用先进的数据链技术获得快速组合、低延迟、宽带的通信方式，因此该项目实际上是对现有 Link-16 数据链的改进。总的来说，TTNT 数据链的直接目标就是通过机载平台提供更强的通信能力，以支持战术目标瞄准。

3．TTNT 数据链与 Link-16 数据链的区别

（1）功能不同

这是二者最大的不同之处。Link-16 数据链目前主要还是用于机载网络的干线网，而 TTNT 数据链主要用于机载网络的战术边缘网络。

（2）TTNT 数据链的网络能力比 Link-16 数据链有了大幅提高

① 数据速率等明显提高。Link-16 数据链单个平台的最高速率为 238.08kb/s，而 TTNT 数据链单个平台的数据率可达到 2Mb/s，系统的数据率达到 10Mb/s。

② 组网方式更加灵活。Link-16 数据链采用的是一种 TDMA 多用户同步结构。为了在同一空域能有更多的用户入网工作，Link-16 数据链在时分多址的基础上，进一步采用码分多址方式形成多层网络。在采用 7 位网络识别码的情况下，理论上可支持 128 个网络，因采用跳频通信方式，考虑到跳频工作时频率碰撞和用户数的关系，为避免互相干扰，在覆盖区同时工作的网络最多 15～20 个。系统在时间上达到同步时，用户可以从某层网络转移到另一层网络，将多层网沟通。

这种组网方式对于数据链来说已经是非常复杂、有效、高级的一种方式，但终究仍是一种端到端的链路式组网，不具备路由等真正网络所需具备的功能，无法成为典型的网络。而 TTNT 数据链采用了目前非常先进的无中心、自组织 Ad Hoc 组网方式，已经成为了真正的网络。

③ 能够支持的用户数量明显增加。如前所述，Link-16 数据链理论上最多可支持 128 个用户，而 TTNT 数据链已经在仿真测试中实现了对 204 个用户的支持。

（3）不存在替换与被替换的关系，其发展前景不同

Link-16 数据链仍将在中短期内负责机载网络的干线网功能。而 TTNT 数据链将会在战术边缘网络中大有作为，且有可能与 ISR 边缘网络合并；另外，TTNT 数据链还将与 JTRS 实现兼容，这样就会将该网络扩展到级别更低的战术终端。

小　　结

本章主要从数据链端机设计、网络协议及新兴数据链系统三个方面介绍了数据链技术的新发展。随着软件无线电技术的发展和成熟，美军将其引入到数据链端机设计中，使端机硬件平台具有通用化、标准化、模块化特点，通过软件编程来实现端机所需的各种功能，并可以灵活地接入新功能，大大提高了数据链端机的灵活性和适应能力。随着现代战争规模的扩大和空天一体化的作战思想形成，及战场态势瞬息万变，对数据链作战网络的动态组网需求日益迫切，而以 Link-16 数据链为代表的典型战术数据链显然不能满足上述作战需求；Ad Hoc 网络技术作为一种新的网络技术，其优越性和诱人的应用前景使其近年来在数据链网络中逐渐得到推广应用，基于 Ad Hoc 网络技术的数据链作战网络具有自组织性、动态变化的网络拓扑结构，显著提高了数据链网络的动态组网能力。为满足对快速移动的活动目标进行精确定位和实时打击的需要，建立“从传感器到射手”的信息传递网络，缩短从发现目标到摧毁目

标所需要的时间，美军除了发展目标探测传感技术，还研制了一种新型的高速宽带数据链——TTNT 数据链；TTNT 数据链采用 Ad Hoc 动态自组织网络协议，实现高速机动平台的动态组网，满足了对时间敏感目标的快速定位和精确打击需求，现已逐渐发展成为一种用于空–空、空–地作战平台的数据链。

思　考　题

（1）请问什么是软件无线电技术？软件无线电除了具有基本的无线通信功能，还应该具备什么特点？

（2）什么是软件通信体系结构（SCA）？具有什么特点？

（3）请问基于软件无线电技术的数据链端机具有何种优势？

（4）与 Link-16 数据链相比，基于 Ad Hoc 网络协议的数据链系统将会具有何种优势？

（5）什么是 TTNT？TTNT 数据链具有哪些技术特点？

（6）TTNT 数据链与 Link-16 数据链相比有什么不同之处？

参 考 文 献

[1] 孙义明, 杨丽萍. 信息化战争中的战术数据链[M]. 北京：北京邮电大学出版社, 2005.

[2] 骆光明, 杨斌, 邱致和, 等. 数据链——信息系统连接武器系统的捷径[M]. 北京：国防工业出版社, 2008.

[3] 孙继银, 付光远, 车晓春, 等. 战术数据链技术与系统[M]. 北京：国防工业出版社, 2009.

[4] 吕娜, 杜思深, 张岳彤. 数据链理论与系统[M]. 北京：电子工业出版社, 2008.

[5] 梅文华, 蔡善法. JTIDS/Link16 数据链[M]. 北京：国防工业出版社, 2008.

[6] 樊昌信, 曹丽娜. 通信原理[M]. 北京：国防工业出版社, 2006.

[7] Murphy A L, ROMAN G C, Varghese G. An exercise in formal reasoning about mobile communications[C]. Ninth International Workshop on Software Specification and Design, 1998: 25-33.

[8] Teemu Karhima, Petri Lindroos, Michael Hall, et al. A Link Level Study of 802. 11b Mobile Ad-hoc Network in Military Environment[C]. IEEE Proceedings of Militray Communition Conference, 2005: 1883-1891.

[9] Justin P Rohrer, Abdul Jabbar, Egemen K, et al. Airborne Telemetry Networks: Challenges and Solutions in the ANTP Suite[C]. IEEE Proceedings of Military Communications Conference, 2010: 74-79.

[10] Dan Broyles, Abdul Jabbar, James P G. Design and Analysis of a 3-D Gauss-Markov Mobility Model for Highly Dynamic Airborne Networks[C]. IEEE Proceedings of 2010 International Telemetering Conference, San Diego, 2010: 45-55.

[11] 蹇成钢, 高晓军, 顾颖彦. 海战场移动自组网网络构建设计[J]. 指挥控制与仿真, 2010, 32(1): 82-84.

[12] 陈志辉, 李大双. 对美军下一代数据链 TTNT 技术的分析与探讨[J]. 通信技术, 2011, 5: 76-79.

[13] 李耀民. TTNT 技术及其在 AMSTE 计划和 AT^3 计划中的应用[J]. 通信导航与指挥自动化, 2009, 6: 3-6.

[14] 史萍莉, 吴晓进. TTNT–战术瞄准网络技术[J]. 导航, 2006, 9: 13-18.

[15] Steven Okamoto, Katia Sycara. Augmenting Ad Hoc networks for data aggregation and dissemination[C]. Military Communication Conference, 2009, IEEE MILCOM2009, 2009: 1-7.

[16] Juha Huovinen, Teemu Vanninen, and Jari Iinatti. Demonstration of synchronization method for frequency

hopping Ad Hoc network[C]. IEEE MILCOM 2008, 2008: 1-7.

[17] Sakhaee E, Jamalipour A. The global in-flight internet[J]. IEEE Journal on Selected Areas in Communications, 2006, 24(9): 1748-1757.

[18] Kimon Karras, Theodore Kyritsis, Massimiliano Amirfeiz, et al. Aeronautical Mobile Ad Hoc Networks[C]. IEEE Proceedings of the 14th European Wireless Conference. Prague, 2008: 1-6.

[19] Ehssan Sakhaee, Abbas Jamalipour, Nei Kato. Aeronautical Ad Hoc Networks[C]. IEEE Proceedings of Wireless Communications and Networking, 2006: 246-251.

[20] Miguel Garcia Fuente, Houda Labiod. Performance Analysis of Position Based Routing Approaches in VANETS[C]. Proceedings of the 9th International Conference on Mobile and Wireless Communications Networks, 2007: 19-21.

[21] C A Tee, Alex C. R. Lee. Survey of Position Based Routing for Inter Vehicle Communication System[C]. IEEE First International Conference on Distributed Framework and Applications, 2008: 174-181.

[22] Theofanis P. Lambrou, Christos G. Panayiotou. A Survey on Routing Techniques supporting Mobility in Sensor Networks[C]. 5th International Conference on Mobile Ad-hoc and Sensor Networks, 2009: 80-85.

[23] 李建中, 高宏. 无线传感器网络的研究进展[J]. 计算机研究与发展, 2008, 48(1): 1-15.

[24] 于继明，卢先领，杨余旺，等. 无线传感器网络多路径路由协议研究进展[J]. 计算机应用研究，2007, 24(6): 1-3.

[25] Young Bae Ko, Nitin H. Vaidya. Location-Aided Routing in mobile Ad Hoc networks[C]. IEEE MILCOM , 1998: 66-75.

[26] Y. Ko, N. H. Vaidya. Location-aided routing(LAR)in mobile Ad Hoc networks[J]. Wireless Networks, 2000, 6(4): 307-321.

[27] Y. Ko, N. H. Vaidya. Flooding-based geocasting protocols for mobile Ad Hoc networks[J]. Mobile Networks and Applications, 2002, 7(6): 471-480.

[28] Y C Tseng, S Y Ni, E Y Shih. Adaptive Approaches to Relieving Broadcast Storms in a Wireless Multihop Mobile Ad Hoc Network[J]. IEEE Trans. on Computers, 2003, 52(5): 545-557.

[29] 牟强, 姚丹霖, 姚宗福. 一种改进的 LAR 方向路由算法[J]. 微电子学与计算机, 2011, 28(4): 30-33.

[30] Kong lin Zhu, Biao Zhou, Xiao ming Fu, et al. Geo-assisted Multicast Inter-Domain Routing(GMIDR)Protocol for MANETs[C]. 2011 IEEE International Conference on Communications, 2011: 1-5.

[31] 王雪伟. 无线移动自组织网络路由算法的研究[D]. 天津：天津大学, 2007.

[32] 徐盛. 战术数据链网络协议体系结构及 MAC 协议研究[D]. 长沙：国防科技大学, 2009.

[33] 徐达峰，杨建波. TTNT 数据链收发机消息处理机制的 MATLAB 仿真[J]. 电子设计工程，2015，23 (23): 155-164.

[34] 王玉龙. TTNT 战术数据链媒体接入控制协议关键技术研究[D]. 北京：北京交通大学, 2018.

[35] 郑文庆，金虎，郭建蓬，等. 基于信道占用及优先级的 MAC 协议退避算法[J]. 计算机工程与应用，2019, 55(11): 80-84.

[36] 郑文庆，金虎，郭建蓬，等. 一种新型数据链 MAC 协议及其信道占用研究[J]. 计算机仿真，2019，36(7): 148-152.